一発合格！よくわかる

第1種

放射線

取扱主任者試験

テキスト&問題集

第2版

戸井田良晴［著］

ナツメ社

は じ め に

　第1種放射線取扱主任者の業務は、土木・工業分野などの非破壊検査、工場の生産ライン、医療機器や放射性医薬品の製造、分析化学など、さまざまな分野にわたり、本試験でも物理、化学、生物、法律、実務の幅広い知識が要求されます。また、放射線独特の専門用語が多いうえ、さらにその説明に別の専門用語の知識が必要になるなど、限られたページ数でそれらすべてを解説するのは困難です。そのため、本書では、関連する用語を網羅的に取り上げるのではなく、基本的な事項をベースとして、ここ10数年間に試験で多く出題された用語を中心に解説をしています。

　また、放射線の理解を困難にしている1つの理由として、同じ技術でも分野や時代によって異なる専門用語が使われることが挙げられます。本書では、それら用語を現在使われているものに統一しました。

　さらに、試験は5課目に分かれているので、本書もそれにほぼ対応した5章に分けて説明をしています。しかし、実際の試験では、同一事項が違う課目から異なる観点で出題されています。このため、索引以外に矢印で他章の関連ページを容易に見つけることができるように配慮しました。

　章末問題の一部には、本文で説明していないものを入れてあります。応用問題として、一度問題を解いた後、解答・解説で内容を理解してください。

　毎年の試験問題では、各分野とも選択問題で1〜2題の新規問題が出題されますが、それらはその後、数年連続して出題されることが多くあります。また、応用問題は、それ自体が教科書のような内容になっています。ですから、本書を読んだ後、原子力安全技術センターのWebサイト（http://www.nustec.or.jp/）に掲載される数年分の過去問と解答にも取り組んでください。

　第2版ではこれらの方針を踏襲したうえで、機器の測定原理が中心であった"管理測定技術"が、機器による測定法を問う"実務"に変わったこと、従来、放射線による障害防止を主目的につくられた法律の体系に事故や核を用いるテロ対策が加わったこと、さらに医療分野で放射線の利用が広がり、この分野からの出題が増えたことを踏まえた改訂を行いました。

　最後に本書が目指すところは読者の皆様が試験に合格されることです。そのことに少しでもお役に立てれば、これに勝る喜びはありません。

著者　戸井田良晴

本書の特長と使い方

　本書は、第1種放射線取扱主任者の資格取得を目指す方のために、試験に出るポイントのみを丁寧に解説しています。本書を有効に活用し、合格に必要な知識を身につけて試験に臨みましょう。

学習のポイント

ここで学習する上でのポイントが書かれています。はじめに読んで、学習内容を理解しましょう。

図版で理解する

文章だけではわかりにくいところには、図やイラストが掲載してあります。図版を見て本文の理解を深めましょう。

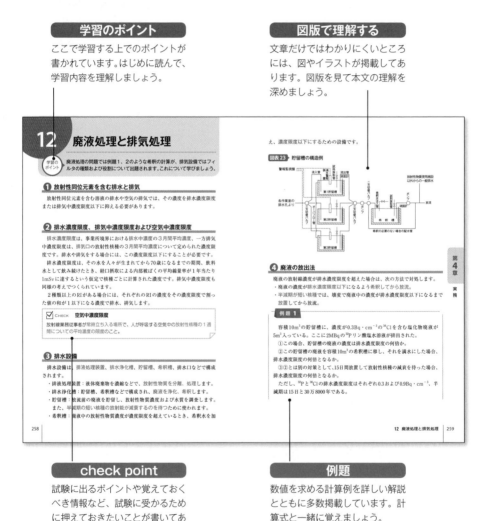

check point

試験に出るポイントや覚えておくべき情報など、試験に受かるために押えておきたいことが書いてあります。

例題

数値を求める計算例を詳しい解説とともに多数掲載しています。計算式と一緒に覚えましょう。

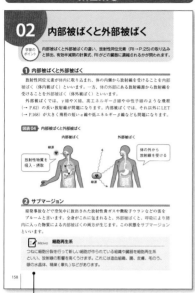

02 内部被ばくと外部被ばく

学習の
ポイント　内部被ばくと外部被ばくの違い、放射性同位元素（Fll →P.25）の取り込み
と排出、有効半減期の計算式、Fllがどの臓器に濃縮されるかが問われます。

① 内部被ばくと外部被ばく

放射性同位元素が体内に取り込まれ、体の内側から放射線を受けることを内部被ばく（体内被ばく）といいます。一方、体の外部にある放射線源から放射線を受けることを外部被ばく（体外被ばく）といいます。

外部被ばくでは、γ線やX線、高エネルギーβ線や中性子線のような飛程（→ P.62）の長い放射線が問題になります。内部被ばくでは、それ以外にLET（→ P.168）が大きく飛程の短いα線や低エネルギーβ線なども問題になります。

図表04　内部被ばくと外部被ばく

本文に関連する補足情報が書かれています。
一緒に覚えるとさらに知識が深まります。

各章の最後には、一問一答形式の確認テスト
があります。その章で学習したことが理解でき
ているか確認しましょう。

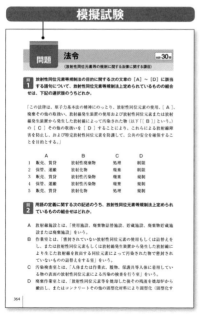

巻末には、実際の試験に即した模擬試験を掲
載しています。試験前に挑戦し、苦手課目を
把握して克服しましょう。

試験に出題される重要な項目をまとめていま
す。本冊から取り外して持ち運ぶことができる
ので、試験直前まで復習することができます。

第1種放射線取扱主任者試験

試 験 概 要

■■ 第1種放射線取扱主任者とは？

　放射線障害の防止について監督を行う放射線取扱主任者は、放射線取扱主任者免状（免状の区分）を有している者から選任する必要があります。

　第1種放射線取扱主任者免状を取得するためには、法令に基づいて第1種放射線取扱主任者試験に合格し、かつ第1種放射取扱主任者講習を修了した後、原子力規制委員会に対して免状交付の申請を行う必要があります。

■■ 受験資格

　特に制限はありません。

■■ 試験日

　8月中旬～下旬（2日間）　※合格発表は10月下旬予定

■■ 受験料

　14,565円（消費税込み）　※令和3年5月現在

■■ 試験会場

　札幌／東京／大阪／福岡

■■ 受験申込書の提出

　受付期間は試験日の3カ月～2カ月前。詳細の日程はセンターのホームページを参照。
※直接受付の場合、10：00～12：00および13：00～17：30（土・日・祝日を除く）。
※郵送の場合、受付期間の最終日の消印があるものまで有効。料金別納郵便または料金後郵便の場合は、受付期間の最終日までに到着したものに限り有効。

■■ 出題形式と合格基準

　試験は、多肢択一式および五肢択一式で、マークシート方式で出題されます。6課目を2日間に分けて行われます。合格基準は、試験課目ごとの得点が5割以上であり、かつ、全試験課目の合計得点が6割以上である必要があります。

	試験課目	問題形式	試験時間
1日目	放射性同位元素等の規制に関する法律に関する課目（※1）	30問 五肢択一式	75分
	第一種放射線取扱主任者としての実務に関する課目（施行規則（※2）別表第二に掲げる第一種放射線取扱主任者試験の課目第二号）	6問 多肢択一式	100分
	物理学のうち放射線に関する課目	30問 五肢択一式 2問 多肢択一式	110分
2日目	化学のうち放射線に関する課目	30問 五肢択一式 2問 多肢択一式	110分
	生物学のうち放射線に関する課目	30問 五肢択一式 2問 多肢択一式	110分

（※1）令和3年4月1日現在施行されているものについて出題する。

（※2）放射性同位元素等の規制に関する法律施行規則（昭和35年総理府令第56号）

問い合わせ先および受験申込書の提出先

【公益財団法人原子力安全技術センター】

●主任者試験グループ

　〒112-8604　東京都文京区白山 5-1-3-101　東京富山会館ビル4階
　電話 03-3814-7480　FAX 03-3814-4617

●西日本事務所

　〒550-0004　大阪府大阪市西区靱本町 1-8-4　大阪科学技術センタービル3階
　電話 06-6450-3320　FAX 06-6447-6900

原子力安全技術センターホームページ　https://www.nustec.or.jp/

目　次

第1章　物理学

第2章　化　学

第3章　生物学

目 次

第4章　実　務

第5章 法 令

目 次

巻 末 模擬試験

別 冊 試験直前 頻出重要項目BOOK

第 1 章

物理学

01 物理学の基礎知識

学習の
ポイント

まずはじめに放射線を学ぶ基礎となる物理の原理や用語の概略を説明します。本書を読む基礎となりますので、よく理解しましょう。

❶ 運動量とエネルギー

古典力学では、粒子の速度ベクトル v とその質量 m との積、すなわち

$P = mv$

で表されるベクトル P を物体の運動量と呼びます。また、運動エネルギーは

$T = 1/2mv^2$

で与えられます。

> ✓ CHECK **運動量保存の法則とエネルギー保存の法則**
>
> 複数の物体が衝突など互いに力を及ぼしあうとき、物体の内部構造などが変化しない場合を弾性衝突といいます。このとき、運動量の和とエネルギーの和は一定に保たれます。これをそれぞれ、運動量保存の法則、エネルギー保存の法則といいます。一方、励起など、粒子の内部エネルギーが変化し、運動エネルギーの和が衝突の前後で変わる場合を非弾性衝突といいます。

❷ 光子の運動量とエネルギー

光子（X線、γ線などを含む電磁波）は、波の性質と粒子の性質の両方を持っています。光子は質量がゼロですから、上の定義におけるエネルギーと運動量はゼロになりますが、波としてのエネルギーと運動量は、光の振動数を ν とすると、

エネルギー$E = h\nu$

運動量$P = E/c = h\nu/c$

という式で与えられます。ただし、h はプランク定数、c は光速を表します。

つまり、運動量とエネルギーは比例し、振動数に比例するということになります。

❸ 相対性理論的運動量とエネルギー

電子は質量が小さいため、わずか100kVの電位差による加速で光の速度の54.8％になります。このため電子の場合は相対論的取り扱いが必要です。

特殊相対性理論では、質量はエネルギーの一形態であり、$E = mc^2$ という式の

関係が成り立っています。つまり、相対論の運動量とエネルギーの保存の法則は「質量を含めた運動量とエネルギーの総和が保存される」という主張になります。

　このとき、粒子の質量mに光の速度の自乗をかけた値mc^2を粒子の静止エネルギーといいます。この場合の運動量とエネルギーは次式で与えられます。

運動量$P = mv/\sqrt{(1-(v/c)^2)}$

エネルギー$E = T + mc^2 = \sqrt{(p^2c^2+m^2c^4)}$
$= mc^2/\sqrt{(1-(v/c)^2)}$

　なお、運動エネルギーという場合は、エネルギーから静止エネルギーを引いた値をいいます。

運動エネルギー$T = mc^2/\sqrt{(1-(v/c)^2)} - mc^2$

❹ 粒子のド・ブロイ波長

　電子などは、粒子の性質とともに波の性質を持っています。

　質量mで速度vで運動する場合、以下の式で示される波長λ

$\lambda = h/(m \cdot v) = h/P$

で粒子が振動しているとみなします。これをド・ブロイ波といいます。なお、hはプランク定数です。

　すなわち、ド・ブロイ波長は運動量の逆数に比例するということです。

❺ 衝突断面積

　古典力学では、ある粒子が標的に衝突する確率は、標的の断面積に比例します。電子など量子力学で表される粒子には明確な大きさがないので、古典粒子的な断面積を定義できません。しかし、量子力学でも粒子の衝突（散乱、反応）が起こる確率を表す量として、面積の次元を持つ量としての衝突断面積が定義されました。

　原子の断面積はおおよそ$10^{-20}m^2$で、核の断面積は$10^{-28}m^2$程度で、核の断面積は原子の断面積の10^{-8}の大きさです。また、$10^{-28}m^2$を核反応の特別の単位とし、これをバーンと呼びます。

　しかし、核では弾性散乱、非弾性散乱、捕獲反応や破砕反応など、複数の機構で反応が起こります。この場合、これら起こりうるすべてによる反応断面積の和を全断面積と呼びます。

　また、古典粒子の断面と異なり、量子力学的粒子の衝突断面積では、運動エネルギーが変わると断面積も変化します。

02 単位の基本

学習の
ポイント
固有名称の付いた単位のSI基本単位での表記、SI接頭辞（せっとうじ）の桁数がよく問われます。これらの単位をしっかりと覚えましょう。

❶ SI基本単位

国際単位系（SI）では、7つの定義定数は次のように定義されています（国際単位系〈SI〉第9版〈2019〉）。

- セシウム133原子の摂動を受けない基底状態の超微細構造遷移周波数Δv_{Cs}は、9 192 631 770 Hz
- 真空中の光の速さcは、299 792 458 m/s
- プランク定数hは、$6.626\ 070\ 15 \times 10^{-34}$ J s
- 電気素量eは、$1.602\ 176\ 634 \times 10^{-19}$ C
- ボルツマン定数kは、$1.380\ 649 \times 10^{-23}$ J/K
- アボガドロ定数N_Aは、$6.022\ 140\ 76 \times 10^{23}$ mol^{-1}
- 周波数540×10^{12} Hzの単色放射の視感効果度K_{cd}は、683 lm/W

この定義定数によりあらゆる単位を直接構築することができますが、従来使われている、基本単位と組立単位の概念は残されました。

図表01 ▶ SI基本単位

基本量		基本単位	
名称	代表的な記号	名称	記号
時間	t	秒	s
長さ	l, x, r など	メートル	m
質量	m	キログラム	kg
電流	I, i	アンペア	A
熱力学温度	T	ケルビン	K
物質量	n	モル	mol
光度	Iv	カンデラ	cd

CHECK　SI接頭辞

物理の試験では毎回のように、いろいろな量の単位の次元についての問が出題されています。また問題の中には、異なるエネルギー単位間の変換が必要な計算が多くありますが、そこでは数値の桁数がSI接頭辞で示されています。また、数値の大小を比較する問もありますが、その解答を得るには、各接頭辞が何桁の数値を表すのかについての知識が要求されます。

❷ SI接頭辞

物理量にはメートル、キログラムなど、基準となる1つの単位だけを定義し、それに10のべき乗倍の数を示す接頭辞を付けることで、大きな量や小さな量を表します。放射線では、極めて広範囲の数値を扱うので、次表のように、さまざまな接頭辞が使われます。

図表02　SI 接頭辞の記号と値

接頭辞	記号	乗数	接頭辞	記号	乗数
ヨタ	Y	10^{24}	デシ	d	10^{-1}
ゼタ	Z	10^{21}	センチ	c	10^{-2}
エクサ	E	10^{18}	ミリ	m	10^{-3}
ペタ	P	10^{15}	マイクロ	μ	10^{-6}
テラ	T	10^{12}	ナノ	n	10^{-9}
ギガ	G	10^{9}	ピコ	p	10^{-12}
メガ	M	10^{6}	フェムト	f	10^{-15}
キロ	k	10^{3}	アト	a	10^{-18}
ヘクト	h	10^{2}	ゼプト	z	10^{-21}
デカ	da	10^{1}	ヨクト	y	10^{-24}

❸ SI組立単位

ある量を求めるための単位を、基本単位のべき乗の積の形で表したものを組立単位と呼びます。この組立単位は科学の分野ごとにさまざまなものが使われますが、その中で頻繁に使われる22個には、固有の名称と記号、例えばヘルツ（Hz：周波数の単位)、ジュール（J：仕事、熱、エネルギーの単位）などが与えられています。

図表03に、放射線に関係する固有名称のある単位を示します。

図表03 固有名称のあるSI組立単位

組立量	名称	記号	SI基本単位による表し方	他のSI単位による表し方
周波数	ヘルツ (hertz)	Hz	s^{-1}	—
力	ニュートン (newton)	N	$m \cdot kg \cdot s^{-2}$	—
圧力・応力	パスカル (pascal)	Pa	$m^{-1} \cdot kg \cdot s^{-2}$	$N \cdot m^{-2}$
エネルギー・仕事・熱量	ジュール (joule)	J	$m^{2} \cdot kg \cdot s^{-2}$	$N \cdot m$
仕事率・工率・放射束	ワット (watt)	W	$m^{2} \cdot kg \cdot s^{-3}$	$J \cdot s^{-1}$
電荷・電気量	クーロン (coulomb)	C	$s \cdot A$	—
電位差(電圧)・起電力	ボルト (volt)	V	$m^{2} \cdot kg \cdot s^{-3} \cdot A^{-1}$	$W \cdot A^{-1}$
電気容量	ファラド (farad)	F	$m^{-2} \cdot kg^{-1} \cdot s^{4} \cdot A^{2}$	$C \cdot V^{-1}$
電気抵抗	オーム (ohm)	Ω	$m^{2} \cdot kg \cdot s^{-3} \cdot A^{-2}$	$V \cdot A^{-1}$
磁束	ウェーバ (weber)	Wb	$m^{2} \cdot kg \cdot s^{-2} \cdot A^{-1}$	$V \cdot s$
磁束密度	テスラ (tesla)	T	$kg \cdot s^{-2} \cdot A^{-1}$	$Wb \cdot m^{-2}$
放射性核種の放射能	ベクレル (becquerel)	Bq	s^{-1}	—
吸収線量・比エネルギー分与・カーマ	グレイ (gray)	Gy	$m^{2} \cdot s^{-2}$	$J \cdot kg^{-1}$
線量当量・周辺線量当量・方向性線量当量・個人線量当量・等価線量	シーベルト (sievert)	Sv	$m^{2} \cdot s^{-2}$	$J \cdot kg^{-1}$

次の図表04には、放射線に関係する固有名称のない単位を示します。

図表04 固有名称のないSI組立単位

組立量	名称	記号	SI基本単位による表し方	他のSI単位による表し方
面積	平方メートル	m^{2}	m^{2}	—
体積	立方メートル	m^{3}	m^{3}	—
速さ・速度	メートル毎秒	$m \cdot s^{-1}$	$m \cdot s^{-1}$	—
加速度	メートル毎秒毎秒	$m \cdot s^{-2}$	$m \cdot s^{-2}$	—
波数	毎メートル	m^{-1}	m^{-1}	—
密度・質量密度	キログラム毎立方メートル	$kg \cdot m^{-3}$	—	—
量濃度・濃度	モル毎立方メートル	$mol \cdot m^{-3}$	—	—
質量阻止能	—	$MeV \cdot kg^{-1} \cdot m^{2}$	—	$J \cdot m^{2} \cdot kg^{-1}$
線減弱係数	—	m^{-1}	m^{-1}	—

組立量	名称	記号	SI 基本単位による表し方	他の SI 単位による表し方
照射線量	—	$C \cdot kg^{-1}$	$kg^{-1} \cdot s \cdot A$	—
照射線量率	—	$C \cdot kg^{-1} \cdot s^{-1}$	—	—
吸収線量率	—	$J \cdot kg^{-1} \cdot s^{-1}$	—	—
吸収断面積	—	m^2	—	—
粒子フルエンス	—	m^{-2}	—	—
エネルギーフルエンス	—	$J \cdot m^{-2}$	$kg \cdot s^{-2}$	—
W値	—	J	$kg \cdot m^2 \cdot s^{-2}$	$N \cdot m$
線エネルギー付与	—	$J \cdot m^{-1}$	$kg \cdot m \cdot s^{-2}$	—
線エネルギー吸収係数	—	$MeV \cdot m^{-1}$	—	—

❹ 物性定数

図表05は放射線に関連する定数です。赤字で示した定数は、数値を知っていることを前提に計算問題が出題される場合があるので、ぜひ記憶しましょう。

図表05 放射線に関連する定数

定数名	記号	値	単位
理想気体のモル体積	V_m	22.413968×10^{-3}	$m^3 \cdot mol^{-1}$
真空中の光速	c	299792458	$m \cdot s^{-1}$
電子ボルト	eV	1.6022×10^{-19}	J
アボガドロ定数	N_a	6.0221412×10^{23}	mol^{-1}
ファラデー定数	F	96485.336	$C \cdot mol^{-1}$
プランク定数	h	$6.6260695 \times 10^{-34}$	$J \cdot s$
電気素量	e	$1.6021765 \times 10^{-19}$	C
リュードベリ定数	R_∞	10973731.6	m^{-1}
古典電子半径	r_e	$2.8179403 \times 10^{-15}$	m
統一原子質量単位	u	$1.6605389 \times 10^{-27}$	kg

❺ いくつかの数字

試験の計算問題では、次式の数値を知っていることを前提にして出題されます。値を記憶しましょう。

$\ln (2) \fallingdotseq 0.693$ $\qquad \sqrt{2} \fallingdotseq 1.41$ $\qquad \sqrt{3} \fallingdotseq 1.73$

$2^{10} \fallingdotseq 1000$ $\qquad \pi \fallingdotseq 3.14$

03 放射線とその用語

学習の
ポイント

放射線の基礎となる用語です。赤字の用語を中心に内容をしっかりと覚えましょう。

❶ 放射線の定義

原子力基本法では、次に掲げる電磁波または粒子線を放射線と定義しています。
・α線、重陽子線、陽子線その他の重荷電粒子線および β線
・中性子線・γ線および特性X線（軌道電子捕獲に伴って発生する特性X線に限る）
・1MeV以上のエネルギーを有する電子線およびX線

❷ 直接電離放射線と間接電離放射線

電離放射線とは、物質に電離作用を及ぼすことができる放射線のことで、一般に「放射線」というときは、この電離放射線を指します。電離放射線が物質に入射すると、散乱や吸収によりそのエネルギーを物質に与え、またそれを電離や励起（→P.26）します。

電荷を持つ粒子線（α線、β線など）は、それ自体が直接、原子の軌道電子あるいは分子に束縛された電子に電気的な力を及ぼして、電離や励起を起こさせます。このような放射線を直接電離放射線といいます。

これに対し、電荷を持たない光子（特性X線を含むX線、γ線などの電磁波の粒子性に着目するときは、光子と呼びます）や中性子線は、電子とは直接相互作用しませんが、原子核との相互作用を介して二次的に荷電粒子線を発生させ、それが分子や原子の電離を起こします。このような放射線を間接電離放射線といいます。

☑ CHECK　**2種類の電離放射線**

直接電離放射線：α線（ヘリウムの原子核）、重陽子線（重水素の原子核）、陽子線（水素の原子核）その他の重荷電粒子線（炭素の原子核など）および β線（核から放出される電子線）、1MeV以上の電子線。
間接電離放射線：γ線および特性X線（軌道電子捕獲に伴って発生する特性X線）、中性子線、1MeV以上のエネルギーを有するX線。

---

❸ 放射能に関する用語と単位

▮ 放射能

放射能とは放射線を出す能力のことで、単位時間当たりに壊変する原子数で定義されます。単位はs^{-1}で、その名称としてベクレルBqが用いられます。

▮ 照射線量

照射線量は、間接電離放射線のうち光子（X線およびγ線）の照射により、単位質量の空気中に発生したすべての電子－イオンの対が空気中で完全に停止するまでにつくる、イオンの正または負のどちらか一方の全電荷の絶対値、と定義されています。単位は$C \cdot kg^{-1}$です。

照射線量率とは単位時間当たりの照射線量で、単位は$C \cdot kg^{-1} \cdot s^{-1}$です。

▮ 吸収線量

吸収線量は、電離放射線の照射により単位質量の物質に付与されたエネルギーを測るための物理量です。単位は物質1kg当たり1Jの吸収エネルギーで$J \cdot kg^{-1}$となり、名称としてグレイGyが用いられます。吸収線量はすべての電離放射線で使われます。

吸収線量率とは、単位時間当たりの吸収線量で、単位は$J \cdot kg^{-1} \cdot s^{-1}$または$Gy \cdot s^{-1}$です。

▮ カーマ

カーマとは、X線、γ線、中性子線の電荷を持たない非荷電放射線の照射により、物質内部の単位質量中に生じた全荷電粒子の初期運動エネルギーの総和です。単位は$J \cdot kg^{-1}$で、名称としてグレイGyが用いられます。

図表06 ▶ 物理効果に関係する線量

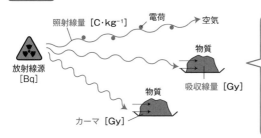

照射線量：X線やγ線が空気をイオン化して生じたすべての電荷量。
吸収線量：すべての放射線で、物質に吸収されたエネルギー。
カーマ：X線などの非荷電粒子が物質に吸収されて生じた全荷電粒子のエネルギーの和。

5 フルエンス

単位面積当たりの放射線量を表すのがフルエンスです。照射されるエネルギー量を表すエネルギーフルエンス $[J \cdot m^{-2}]$ と、照射される放射線の数を表す粒子フルエンス $[m^{-2}]$ の2つの単位があり、さらに放射線がくる方向が一方向からか多方向からか、ということにより、別々に定義されています（図表07）。

①エネルギーフルエンス

・**放射線の飛ぶ方向が一方向の場合**：飛行方向と垂直な単位断面積を通過する放射線のエネルギーを、断面積で割った量をいいます。

・**放射線が多方向からくる場合**：単位径のある球体に入射してくる放射線のエネルギーを、その球体の断面積で割った量をいいます。

②粒子フルエンス

・**放射線（粒子）の飛ぶ方向が一方向の場合**：飛行方向と垂直な単位断面積を通過する放射線の個数を、断面積で割った量をいいます。

・**放射線（粒子）が多方向からくる場合**：単位直径の球体に入射してくる放射線の個数を、その球体の断面積で割った量をいいます。

図表07 ▶ フルエンスの定義

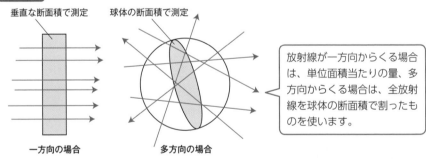

垂直な断面積で測定　　球体の断面積で測定

放射線が一方向からくる場合は、単位面積当たりの量、多方向からくる場合は、全放射線を球体の断面積で割ったものを使います。

一方向の場合　　　　多方向の場合

6 質量阻止能

荷電粒子がある物質を通過したとき、物質を励起や電離することで粒子が失うエネルギーを、面積当たりの質量 $g \cdot cm^{-2}$ で除したものをいいます（→P.61）。

7 質量エネルギー吸収係数

光子が物質と相互作用したとき、物質を電離や励起して二次電子を放出します。このとき、光子が物質に与えたエネルギーを $g \cdot cm^{-2}$ で除したものをいいます。

④ 放射線分野で使われるエネルギー単位

1 電子ボルト

電子などの荷電粒子に、直流電圧をかけることで加速できます。このとき、粒子が得るエネルギーが直流電圧に比例するので、電子ボルト［eV］という単位が使われます。電圧差が1Vの2つの電極間で1個の電子が得るエネルギーを1eVとし、1eVは約 1.6022×10^{-19} Jに相当します。

ただし、α粒子のように電荷が2の場合は電圧差が1Vで2eVのエネルギーが、電荷がNの場合、電圧差が1VでNeVが得られます。

> ☑ CHECK　**放射線のエネルギー単位**
>
> エネルギーの基本単位はジュール（J）ですが、放射線の分野では電子ボルトや質量をエネルギーの単位として使用します。

---

2 運動エネルギー

ニュートン力学によると、物体の運動エネルギーは、物体の質量と速さの自乗に比例します。物質の質量をM、速度をVとすると、エネルギーEは次式で与えられます。

$E = 1/2 \cdot M \cdot V^2$

1電荷の荷電粒子がAeVで加速された後の速度は次の式になります。

$V = \sqrt{(A \times 1.6022 \times 10^{-19} \times 2 \cdot M^{-1})}$

すなわち、同じ電圧で加速しても軽い粒子ほど速度が速くなります。

⑤ 質量とエネルギーの等価性

アインシュタインは特殊相対性理論の帰結として、質量とエネルギーが同じものであるとし、その定量的関係式を光速をcとして $E = mc^2$ を与えました。

統一原子質量単位uは、静止して基底状態にある自由な炭素12（^{12}C）原子の質量の1/12と定義された単位で、約 1.66054×10^{-27} kgに相当します。これをエネルギーに換算すると、約931MeVに相当します。また、電子の静止エネルギーの値は0.511MeVになります。

原子と核の構造

学習の
ポイント

原子と核の構造とその大きさ、原子質量単位の意味、原子質量欠損の値、そしてＡ＝60付近で最大値になることを覚えましょう。

❶ 原子の構造

① 原子と核の大きさ

すべての物質は、原子が集まってできています。原子は原子番号Ｚに等しい正の電荷といくつかの中性子を持つ原子核と、その周りに負の電荷を持つＺ個の電子が運動しているという構造で、全体として電気的に中性です。原子の大きさは、元素によって異なりますが、直径が0.1nmのオーダーです（1nmは10^{-9}m）。また原子核は、直径が数fm（1fmは10^{-15}m）程度です（図表08）。

図表08 ▶ 物質と原子、原子核の関係

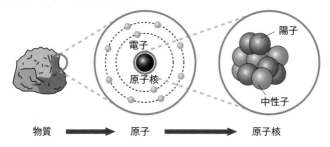

電子は、質量が9.109×10^{-31}kgの軽い粒子で、1.602×10^{-19}C（クーロン）のマイナス電荷を持っています。

原子核は、電子と同じ1.602×10^{-19}Cのプラス電荷を持ち、質量が電子のおよそ1840倍の陽子Ｚ個と、陽子よりわずかに質量が大きく電荷を持たない中性子Ｎ個で構成されています。この中性子と陽子を核子といいます。

原子核中の陽子と中性子の個数の和Ａ（＝Ｚ＋Ｎ）を質量数と呼びます。

❷ 原子核の構造

原子核の核内の陽子数と中性子数および核のエネルギー準位で決まる、特定の原子の種類を核種といいます。

同じ原子番号でも、中性子の数が異なる核種を同位体または同位元素と呼びま

す。例えば、水素の核は1個の電子と1個の陽子（p）でできていますが、これに加え、中性子（n）を1個持つ重水素、2個持つ三重水素（トリチウム、$_1^3$H）があります（図表09）。このような同位体は、元素記号の左上に質量数、左下に原子番号を付けて区別します。同位体の中で水素、重水素など放射線を出さないものを安定同位体、三重水素など放射線を出すものを放射性同位元素または放射性核種やラジオアイソトープ（RI）などと呼びます。

また、質量数（A）が等しい核種を同重体、中性子の数が等しい核種を同中性子体、原子番号も質量数も等しいが核のエネルギー準位の異なる核種を核異性体、陽子と中性子の数が互いに入れ替わった核種を鏡像体といいます。

図表09 ▶ **水素の3種の同位体**

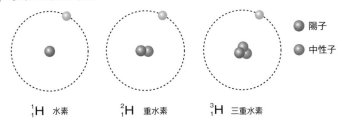

・陽子
・中性子

$_1^1$H　水素　　　$_1^2$H　重水素　　　$_1^3$H　三重水素

❸ 原子の質量

原子の質量は陽子6個、中性子6個、電子6個からなる中性の炭素原子^{12}Cの質量の1/12である1.66054×10^{-27}kgを1原子質量単位uとして、物質の質量を相対的に表します。この単位で、陽子の質量は1.007276u、中性子の質量は1.008665u、電子の質量は0.000549uとなります。つまり、中性子は陽子と電子の質量の合計よりわずかに大きくなります。また、重量単位ではそれぞれ、1.673×10^{-27}kg、1.675×10^{-27}kg、9.11×10^{-31}kgです。

✓ CHECK　**統一原子質量単位**
放射線試験ではuを原子質量単位と呼びますが、正確には「統一原子質量単位」です。

❹ 原子の電子構造

ボーアの原子模型によると、電子は原子核との間に働くクーロン力に引かれて特定のエネルギーを持った軌道上を回っています。この電子を軌道電子といいます。

軌道は原子核に近いエネルギー的に安定な順に K軌道、L軌道、M軌道……と名付けられます。また各軌道には、K軌道に2個、L軌道に8個、M軌道に18個の電子を入れることができます。

各軌道のエネルギーは元素の種類によって変わりますが、同じ元素では値は常に一定となります。同時にKとLなどの軌道間のエネルギー差も一定となります。

原子番号Zの原子ではZ個の電子がありますが、その電子はエネルギーが安定的なK、L、M軌道を順に埋めていきます。例えば、Z＝8の酸素ではK軌道に2個、L軌道に6個の電子が入ります。

図表10 ▶ 原子の電子構造

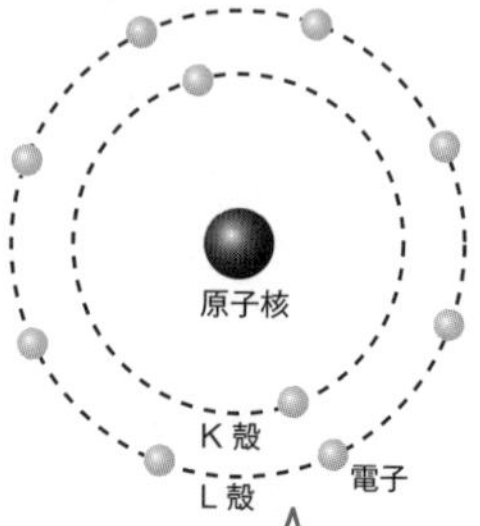

原子核の周りにエネルギーが一定の殻が取り囲み、そこに2、8、18、……個の電子が入ります。

❺ 励起と電離

Z個の各電子が、エネルギーの安定軌道順に入った状態を基底状態といいます。基底状態にある原子に電子や他の原子が衝突、または同原子が波長の短い電磁波を吸収することで、例えばK軌道の電子が、エネルギーが不安定（エネルギーが高い）なM軌道に移ることを励起といいます。励起された電子は10^{-8}秒程度の短時間で軌道間のエネルギー差に等しい電磁波（特性X線）を放出して基底状態に戻ります。

衝突などによって電子が大きなエネルギーを得ると、電子が原子から飛び出します。これを電離といい、これに要するエネルギーを電離エネルギーといいます。電離エネルギーの大きさは、軌道電子と原子核の結合エネルギーと同じです。

なお、励起状態の原子は励起エネルギーを特性X線として放出しますが、これと競合する過程として、軌道電子が励起エネルギーと同じ運動エネルギーを持って放出され、電離することもあります。これをオージェ効果、放出される電子をオージェ電子といいます。

❻ 原子核の安定性と結合エネルギー

■ 原子核の安定性

原子核は、ほぼ大きさの等しい陽子と中性子が互いに接触して詰まった状態であると考えられています。このため、原子核の半径は質量数の1/3乗に比例し、次のようになります。

$$R = 1.25 \times 10^{-15} A^{1/3} \ (m)$$

核の中で、陽子間のクーロン反発力と核子同士を引きつける核力がバランスをとることで形態を維持します。

核力は10^{-14}m以下の距離で、つまり、ほぼ隣同士の核子間のみに働くので、1個の核内では核力は核子の数に比例します。一方、クーロン力は"1／距離の自乗"で減衰するので遠距離まで到達し、核内ではすべての陽子間で力が働くので全体では陽子数Zの自乗に比例します。このため、Zが大きくなるとクーロン力が相対的に大きくなるので、中性子数を増加することで原子核を安定に保ちます。

水素核の半径は1.25×10^{-15}mで質量が1uですから、その密度はおよそ2.0×10^{14} g・cm^{-3}となります。

❼ 原子核の平均結合エネルギー

質量数A、原子番号Zのある核種について、その原子核の質量をM、単体の陽子および中性子の質量をそれぞれM_p、M_nとすると、次のような関係があります。

$$B = M_p Z + M_n (A - Z) - M$$

この式のBを質量欠損といい、Bの値は水素原子を除いてプラスとなります。すなわち、陽子と中性子が集まってできる原子核の質量は、陽子と中性子がバラバラに存在する場合より小さくなります。この質量欠損は、陽子と中性子を結合するための結合エネルギーとして使われます。

質量とエネルギーの等価性から、質量欠損に光速の自乗をかけたものがその原子核の結合エネルギーになります。

ある原子核のMeV単位で表した質量欠損Bを、その核の質量数Aで割った値B/Aは、質量数が小さいところでは質量数とともに急激に増加し、^{4}Heで極大になってから、一度小さくなった後徐々に大きくなり、A＝60付近で最大値8.7MeVに達し、以後質量数の増加とともに緩やかに減少、ウランのあたりで7.6MeVとなります。平均的には約8MeVです。物質の化学結合エネルギーは4eV程度ですから、これの2×10^6倍にあたる大きなエネルギーです。

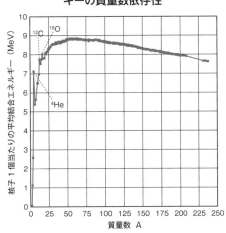

図表11 核子1個当たりの平均結合エネルギーの質量数依存性

放射性壊変

> 学習の
> ポイント
> 図表 17 にまとめた 6 種の壊変の内容をしっかりと覚えましょう。また、α壊変とβ壊変の回数の計算法を理解しましょう。

❶ α壊変（アルファ壊変）

原子番号 Z、質量数 A の放射性核種の核から、陽子 2 個、中性子 2 個のヘリウム 4 の原子核がトンネル効果で核の核力壁を通り抜けて放出し、原子番号 Z − 2、質量数 A − 4 の原子核に変わる過程のことです。このとき、放出されるヘリウム 4 の原子核を α 粒子、α 粒子の流れを α 線といい、エネルギーは線スペクトルとなります。

図表 12 ▶ α壊変の例

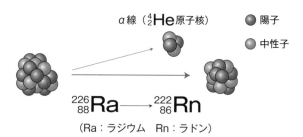

α 線（$^4_2$He 原子核）　● 陽子
　　　　　　　　　　　　● 中性子

$$^{226}_{88}\text{Ra} \longrightarrow {}^{222}_{86}\text{Rn}$$

（Ra：ラジウム　Rn：ラドン）

☑ CHECK　**壊変**

原子核が**不安定な状態**から、放射線を放出して別の不安定な原子核または安定な状態の原子核に変わっていく現象を壊変（または崩壊）といいます。放出する放射線によって α 壊変、β⁻壊変、β⁺壊変、γ 壊変、電子捕獲および内部転換があります。また、壊変前の原子核を親核、壊変後の原子核を娘核といいます。

---

❷ β壊変（ベータ壊変）

β壊変には、β⁻壊変、β⁺壊変および軌道電子捕獲があり、いずれも弱い相互作用によって起こります。素粒子論の 4 つの相互作用（重力相互作用、電子相互作用、強い相互作用、弱い相互作用）の 1 つで、主にβ壊変を引き起こす力です。
① 電子（β⁻粒子）と反ニュートリノ（力を媒介する素粒子で電子と同時に壊変に関与する）を放出する β⁻壊変（陰電子壊変）

②陽電子とニュートリノを放出するβ^+壊変（陽電子-壊変）
③軌道電子を核に取り込み、ニュートリノを放出する電子捕獲（EC）
その他に、二重β壊変、二重電子捕獲があります。

　また、電子と陽電子をあわせてβ粒子と呼びます。

　いずれの壊変も、質量が同じ同重体へ推移する現象です。また、β線の運動エネルギーは連続分布となります。

1 β^-壊変

　中性子が電子（β^-粒子）と反ニュートリノを放出して陽子になる壊変で、単にβ壊変という場合はこれを指します。一般的に、安定同位体よりも中性子の多い核で生じます。原子番号は1つ大きくなりますが、質量数は変化しません。

　n　→　$P^+ + \beta^- + \nu_e$

　壊変エネルギーQ（→P.40）は、生成核、電子および反ニュートリノの運動エネルギーに分配されます。一般に、β線の運動エネルギーは連続分布となりますので、電子の運動エネルギーというときには、電子が持ち出す最大のエネルギーが用いられます。

　この壊変の例として、図表13のものがあります。

図表13 β^-壊変の例

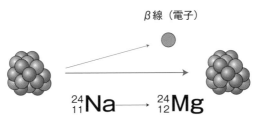

$$^{24}_{11}\text{Na} \longrightarrow {}^{24}_{12}\text{Mg}$$

（Na：ナトリウム　Mg：マグネシウム）

2 β^+壊変

　陽子が陽電子（β^+粒子）とニュートリノを放出して中性子になる現象で、陽電子崩壊とも呼びます。一般的に、陽子数が過剰で不安定な原子核で起こります。原子番号は1つ小さくなりますが、質量数は変化しません。

　P^+　→　$n + \beta^+ + \nu_e$

　放出される陽電子のエネルギーには分布があり、その形状は核中の陽子によるクーロン反発力があるため、高エネルギー側に移動します。このため、引力により、核に引かれ、低エネルギー側に移動するβ^-線のエネルギー分布と異なります。

β^+壊変では、壊変後の原子番号が1つ減り、陽電子が放出されるので、親核の質量をX、娘核の質量をYとすると、壊変エネルギーQは $(X - Y - 2m) \cdot c^2$ と表すことができます。ただし、cは光速度、mは電子の静止質量です。

この壊変の例として、次のものがあります。

$$^{132}_{60}\mathrm{Nd} \rightarrow \ ^{132}_{59}\mathrm{Pr} + \beta^+$$

図表14 壊変で放出されるβ^-電子とβ^+電子のエネルギー分布

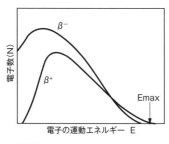

β^+のほうがエネルギーの最大値が大きくなっています。

3 軌道電子捕獲

軌道電子捕獲 (EC：electron capture) は、原子核の陽子が軌道上の電子を捕獲して中性子に変わり、ニュートリノと特性X線 (→P.53)、またはオージェ電子を放つ現象で、β粒子は放出されません。一般的に、陽子数が過剰で不安定な原子核で起こります。原子番号は1つ小さくなりますが、質量数は変化しません。

$$p^+ + e^- \rightarrow \ n + \nu_e$$

壊変の機構は異なりますが、β^+壊変と電子捕獲はともに原子番号が1つ小さい同重体となります。電子捕獲は多くの場合、β^+壊変と競合して起こります。

軌道電子捕獲壊変の場合は、核は軌道電子から電子を1個取り込みますので、親核の質量X、娘核の質量Yとすると、壊変エネルギーQは $(X - Y - m + m) \cdot c^2 = (X - Y) \cdot c^2$ となります。

つまり、この反応のQ値は、β^+より電子2個分の質量に相当する1.022MeV分小さいため、β^+のQ値が親核と娘核のエネルギー差＋電子2個分の質量に相当する値以下の場合は電子捕獲のみが起こります。

軌道電子捕獲壊変により、電子軌道に空孔が生じますが、このとき外側の軌道であるLやM軌道の電子より、K軌道の電子のほうが多く核に取り込まれます。そこへ外側の軌道電子が遷移した場合には、特性X線またはオージェ電子が放出されます。K軌道およびL軌道の電子の結合エネルギーをE_KとE_Lとすると、特性X線のエネルギーはE_KとE_Lのエネルギー差 $(E_K - E_L)$ となります。

一方、オージェ電子のエネルギーはL軌道の結合エネルギー分だけ小さくなるので、$(E_K - E_L) - E_L = E_K - 2E_L$ となります。

この壊変の例として、次のものがあります。

$$^{37}_{18}Ar + e^- \rightarrow {}^{37}_{17}Cl$$

❸ γ壊変

励起状態にある原子核がγ線を放出してエネルギーのより低い状態に変わることをγ壊変といいます。励起状態の原子核は、α壊変やβ壊変などによって生成するものが多く、励起状態の寿命は一般に短いです。例えば、^{60}Coは5.27年の半減期でβ壊変し、99.93%が^{60}Niの2.506MeVの励起準位をとりますが、その励起準位の寿命は1×10^{-12}秒のオーダーで、直ちにγ線を放出して次の1.333MeVの励起準位になります。この準位の寿命も同程度でγ線を放出して、^{60}Niの安定状態になります。

γ線とX線は波長範囲が重なる短波長の電磁波（光子）ですが、原子核の内部から放出されるものをγ線といい、原子の電子軌道やX線発生装置など原子核以外から放出される電磁波をX線といいます。

図表15 γ壊変の例

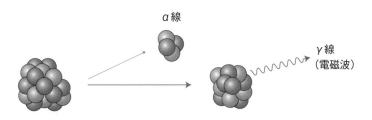

❹ 核異性体と核異性体転移

通常励起状態の原子核は短時間でγ線を放出しますが、励起状態の寿命が長いものもあります。例えば、医療診断に広く使用される^{99}Tcの励起状態^{99m}Teの半減期は約6.01時間、代表的な核分裂生成物の^{137}Csが壊変した生成物、^{137}Baの励起状態は半減期が2.55分です。これらの核種のうち半減期が長いものを核異性体といいます。また、核異性体からの転移を核異性体転移といいます。核異性体は^{99m}Tcや^{137m}Baのように質量数の後ろにmを付けて表記します。

❺ 内部転換

　β壊変と類似する壊変に、励起状態の原子核がγ線を放出せず、エネルギーを軌道電子に直接与えて、その軌道電子を放出する現象があります。この現象は内部転換といい、放出される電子を内部転換電子といいます。この電子のエネルギー分布は線スペクトルになります。また、原子核による束縛が強いK殻の電子はL殻の電子より高エネルギーとなります。この過程は、電磁相互作用として起こり、常に核異性体転移と競合する反応です。

図表16 内部転換電子の模式図

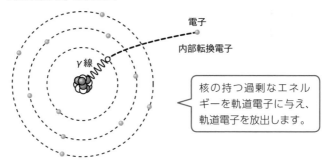

電子

内部転換電子

γ線

核の持つ過剰なエネルギーを軌道電子に与え、軌道電子を放出します。

　陽子や中性子の数に変化がないので、原子番号と質量数は変化しません。
　また、内部転換に引き続き、特性X線またはオージェ電子が放出されます。
　電子を放出しますが、中性子が陽子に変化しませんので、β壊変ではなくγ壊変に分類されます。
　内部転換の起こる確率は、原子番号のほぼ3乗に比例し、原子核から放出されるエネルギーが小さいほど大きくなります。内部転換にあずかる電子はK軌道電子が約80%です。壊変の際に電子が放出される確率I_eとγ線が放出される確率I_γの比a（$= I_e / I_\gamma$）を内部転換係数といい、軌道電子の種類に応じてa_K、a_L、……と表します。全内部転換係数をa_t（$= a_K + a_L + \cdots\cdots$）、ならびに遷移の確率をP（$= I_e + I_a$）とすると、γ線放出の確率$I_\gamma$は、$I_\gamma = P / (1 + a_t)$となります。

　以上の内容を図表17にまとめます。なお、表中の特性とは、放出物の運動エネルギーまたは放出されるγ線のエネルギーが一定のものをいいます。エネルギーの分布は線スペクトルを示します。また連続とは、放出物の運動エネルギーが連続分布を持つものをいいます。エネルギーの分布は連続スペクトルとなります（P.54 図表36参照）。

図表17 各種壊変に伴う原子番号、質量数などの変化

壊変の種類	原子番号	質量数	陽子数	中性子数	放出物	エネルギー
α壊変	$Z-2$	$A-4$	-2	-2	α線	特性
β^-壊変	$Z+1$	A	1	-1	β^-線、反ニュートリノ	連続
β^+壊変	$Z-1$	A	-1	1	陽電子、ニュートリノ	連続
電子捕獲	$Z-1$	A	-1	1	特性 X 線 またはオージェ電子、 ニュートリノ	特性
γ壊変	Z	A	0	0	γ線	特性
内部転換	Z	A	0	0	β^-線、特性 X 線 またはオージェ電子	特性

⑥ 多重壊変に伴う原子番号と質量数の変化

　いくつかの核種は数回の α 壊変と β^- 壊変を起こして安定核となります。このときに起こる α 壊変と β^- 壊変の回数は次のようにして算出できます。

　1回の α 壊変で原子番号は2、質量数は4だけ小さくなります。一方、1回の β^- 壊変では原子番号が1大きくなり、質量数は変わりません。

　α 壊変の回数をx、β^- 壊変の回数をyとすると、これにより原子番号と質量数はそれぞれ次のように変わります。

　原子番号：Z　→　Z－2x＋y
　質量数　：A　→　A－4x

　例えば、$^{238}_{92}U$ は α 壊変と β^- 壊変を経て、安定な $^{206}_{82}Pb$ に変わります。すなわち、原子番号は10減り、質量数は32減ります。これを上式にあてはめると、次の連立方程式が得られますので、これよりxとyを求めます。

　$-10 = -2x + y$　　　　$-32 = -4x$　→　$x = 8$、$y = 6$

つまり、8回の α 壊変と6回の β^- 壊変を起こします。

　この8回の α 壊変と6回の β^- 壊変を起こす核種の集まりをウラン系列といいます（→P.82）。同様にトリウム系列は6回の α 壊変と4回の β^- 壊変、アクチニウム系列は7回の α 壊変と4回の β^- 壊変、ネプツニウム系列は8回の α 壊変と4回の β^- 壊変を起こします。

06 原子核を構成する粒子の性質

学習の
ポイント

β線の運動エネルギーが連続スペクトルになること、電子－陽電子対として生成・消滅し、エネルギーが1.022MeVであることを学びましょう。

❶ 電子（β^-）の性質

核の壊変で放出されるβ^-線は、物理的には電子と同じもので、運動エネルギーは連続スペクトルとなります。この連続スペクトルの平均エネルギーは、最大エネルギーの1/3程度です。物質に照射したとき、β^-線のエネルギーは指数関数的に減衰します。エネルギーを失うまでの移動距離（最大飛程）には、放出された最大のエネルギーのβ^-線の飛程を用います。

❷ 陽電子（β^+）の性質

陽電子は、電子の反粒子で、絶対値が電子と等しいプラスの電荷を持ち、質量などその他の性質は電子と同じ値を持ちます。

陽電子はβ^+壊変によって生じますが、それ以外に電子2個分の質量に相当する1.022MeV以上のエネルギーの光子と電磁場の相互作用により、電子－陽電子対（ポジトロニウム）が生成します。いずれも運動エネルギーは連続スペクトルで、壊変エネルギーは放出エネルギーに1.022MeVを加えた値になります。

陽電子は真空中では安定ですが、物質に照射すると、陽電子の停止位置で物質内の軌道電子と結合し、準安定状態の電子－陽電子対をつくった後に消滅し、消滅放射線と呼ばれる511keVの2本のγ線を放出します。この消滅放射線の波長はドップラー効果により広がり、また同時に制動放射線（→P.52）も放出します。さらに軌道電子が抜けた後に特性X線やオージェ電子が放出されます。

β^+線の最大飛程は、同じエネルギーのβ^-線とほとんど同じですが、β^+線を遮へいする場合は消滅放射線からのγ線の遮へいも考慮する必要があります。

❸ 陽子の性質

陽子は水素原子の原子核で、中性子とともに原子核を構成する素粒子のひとつとして、すべての原子核に原子番号と同じ数だけ含まれています。中性子と陽子を合わせて核子といいます。質量は938.3MeVで、中性子よりやや軽く、正電荷e^+（eは電気素量）を持ちます。寿命は極めて長く、実質的には安定な粒子です。

034

❹ 中性子の性質

中性子は陽子とともに原子核を構成する素粒子のひとつで、水素と³Li以外のすべての原子で陽子とともに原子核を構成しています。

質量は939.6MeVで、陽子の質量938.3MeVや陽子と電子の和938.8MeVよりもわずかに重く、電子の質量の約1840倍です。電荷はゼロの中性です。

単独では不安定で、半減期10.2分でβ⁻壊変して陽子に変わります。

$$\text{n} \rightarrow \text{P}^+ + \text{e}^- + \nu$$

電気的に中性で、陽子による反発力が生じませんので、原子核内に入りやすく、容易に核反応を起こします。

原子炉から取り出される中性子は高速で運動していますが、周りの物質と衝突しながら運動エネルギーを失い、最終的には周りの原子や分子と熱的に平衡状態に達します。この状態になった中性子を熱中性子といい、運動エネルギーは約0.025eVとなります。中性子はそのエネルギーにより冷中性子（＜0.005eV）、熱中性子（～0.025eV）、低速中性子（～100eV）、中速中性子（100eV～100keV）、高速中性子（100keV以上）などと呼びますが、いずれも定性的な表現で、熱中性子のように明確に定義されたものではありません。

❺ α粒子の性質

α粒子は、不安定核のα壊変によって放出されるヘリウム4の原子核で、陽子2個と中性子2個からなります。α粒子を物質に照射すると、強い電離作用のために透過力は小さく、比電離は速度の減少とともに急激に増大します（→P.62）。また、金などの重い原子核と衝突すると、大角度で散乱します。

原子核を構成する各粒子の物性を一覧にすると、下表のとおりです。

図表18 各粒子の物性

粒子	質量 kg	質量 MeV	統一原子質量単位	質量数	電荷
β⁻線	9.109×10^{-31}	0.511	0.00055	0	−1e
β⁺線	9.109×10^{-31}	0.511	0.00055	0	+1e
陽子	1.6726×10^{-27}	938.27	1.0073	1	+1e
中性子	1.6749×10^{-27}	939.56	1.0085	1	0
α線	6.6447×10^{-27}	3727.44	4.0015	4	+2e

07 半減期と壊変図式

> 学習の
> ポイント
>
> 壊変定数と半減期の関係、放射能の意味、壊変図式の見方や各数値の意味を学びましょう。

❶ 半減期

❶ 壊変定数の計算

　放射性同位元素（放射性核種ともいいます）は、壊変して α 線や β 線などを放出します。個々の核は確率的に壊変しますが、平均的に見ると、単位時間に壊変する放射性核種の数は、その時刻に存在するその数に比例します。すなわち、ある時刻tにおける原子数をN（t）とすると、次の微分方程式が成り立ちます。

　$dN(t)/dt = -\lambda N(t)$

　ここで λ は壊変（崩壊）定数といい、壊変の起こりやすさを表し、核種に固有な値です。この方程式から時間0における原子数を N_0 とすると、

　$N(t) = N_0 \exp(-\lambda t)$

が得られます。図表19にN（t）の時間変化の様子を示します。

　原子の数がはじめの1/2になる時間 $t_{1/2}$ を半減期といいます。$t_{1/2}$ と λ の関係は、

　$N(t_{1/2})/N_0 = 1/2 = \exp(-\lambda t_{1/2})$

となり、この式の両辺の対数をとって、－1をかけると、次式が得られます。

　$t_{1/2} = \ln(2)/\lambda = 0.693/\lambda$

図表 19 ▶ 放射能の強さの時間変化

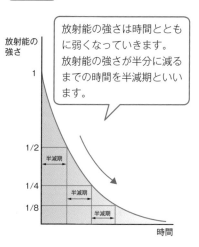

> 放射能の強さは時間とともに弱くなっていきます。
> 放射能の強さが半分に減るまでの時間を半減期といいます。

❷ 放射能の定義

　ある量の放射性核種が単位時間に壊変する個数（個／秒）を放射能といい、単位はベクレル（Bq）です。

　ある時刻tの放射能をA（t）［Bq］とすると、A（t）はN（t）の微分に相当しますので、

　$A(t) = |dN(t)/dt| = \lambda \cdot N_0 \exp(-\lambda t)$

となります。

② 壊変図式

　放射性核種には、^{32}Pのように1種類のみの壊変を起こし、安定な核種に変わるものがあります。一方、^{137}Csなど多くの核種では、2種類以上の壊変が競合して起こり、その後、さらに別の壊変を起こし、安定な核種（基底状態）に変わるものもあります。このような、壊変の様相を一見してわかるようにまとめた図が壊変図式です。

1 ^{137}Csの壊変図式

　図表20は、^{137}Csの壊変様式を表す壊変図式です。この図では、横軸が原子番号（陽子数）を表し、左から右へと増加します（$_{55}$Cs→$_{56}$Ba）。また、縦軸の水平線は各核種を表し、水平線の上または下に核種の記号を記します。水平線の高さは、基底状態のエネルギーを0とした場合の、その核種の励起エネルギーの値に比例して描きます。水平線の下には、その核種の半減期が示されます。

　^{137}Csから右下に2本の矢印が出ていますが、これは^{137}Csには次の2種類のβ^-壊変があることを示しています。なお、β^-の場合、単にβと記すことがあります。

・^{137}Csから^{137}Baへのβ^-壊変：^{137}Csの壊変のうち5.6%がこの壊変を起こします。また、このとき、最大エネルギー1.176MeVのβ^-線を放出します。

・^{137}Csから^{137m}Baへのβ^-壊変：^{137}Csの壊変のうち94.4%がこの壊変を起こします。また、このとき、最大エネルギー0.514MeVのβ^-線を放出します。

　核種^{137m}Baを表す水平線から（図には核種が明記されていません）は下向きの矢印がありますが、これは^{137m}Baがγ線を放出し、^{137}Baに変わることを表しています。この壊変は、^{137m}Baが2.55分の半減期で0.66MeVのγ線を放出することを意味します。

図表20 ▶ ^{137}Csの壊変図式

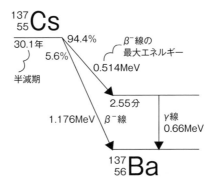

2 ^{40}Kと^{22}Naの壊変図式

図表21は^{40}Kの壊変図式です。この図では横軸に３種の核が示されています。これは^{40}Kがβ^-壊変で^{40}Caになるものと電子捕獲で^{40}Arになるものの２種類に分岐壊変することを表しています。また、２つの核種の基底状態のエネルギーが異なるため、両者の縦軸上の高さが異なります。さらに、β^-壊変も電子捕獲

図表21 ^{40}Kの壊変図式

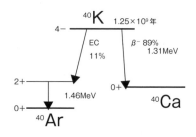

も壊変で質量変化を起こさないので、３核種とも質量数の40は変化しません。

このように複数の分岐壊変がある場合、その壊変定数にそれぞれの分岐の比率をかけたものを、その壊変の部分壊変定数といいます。^{40}KでＥＣ壊変の分岐比は0.11ですから、部分壊変定数は0.11×壊変定数（＝ln(2)/半減期）となります。また、図左にある２＋などの記号は、核スピン量子数とパリティを表します。

図表22 いくつかの壊変の記載項目

壊変の種類	略式表記	矢印の向き	その他
β^-壊変	β^-	右下	β^-線の最大エネルギーを付記
β^+壊変	β^+	左下	β^+線の最大エネルギーを付記
電子捕獲	EC	左下	電子捕獲のエネルギーを付記
γ壊変	γ	下	γ線のエネルギーを付記

図表22にいくつかの壊変についての記載項目を示します。このうちβ^+壊変と電子捕獲は矢印の向きが同じため、図表23のように、これらをまとめて１本にする場合もあります。

図表23 ^{22}Naの壊変図式

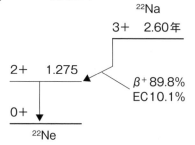

β^+と電子捕獲の競合の場合、２つの反応を１つの矢印で表し、それにそれぞれの比を付記します。

❸ γ壊変

励起状態にある原子核がγ線を放出して他の励起状態や安定状態になる壊変をγ壊変といいます。例えば図表20の右側にある、$^{137}_{56}$Baの励起状態（^{137m}Ba）が半減期2.55分でエネルギー0.66MeVのγ線を放出する壊変がこれにあたります。

この壊変はα壊変やβ壊変などと異なり、核の電荷も質量も変化しないので、壊変後の核種の原子番号と質量数は変わりません。

この壊変の利用例には、核医学検査（→P.209）で使用される^{99m}Tcがあります。そこでは^{99}Moのβ^-壊変で生じた^{99m}Tc核種を人体に投与し、それがγ壊変で放出するγ線から腫瘍の位置を求め、画像化します。

例題 1

^{11}Cが1TBq、^{14}Cが1MBqある。100分後の^{11}C/^{14}C原子数の比はいくつか。ただし、^{11}Cと^{14}Cの半減期は、それぞれ20分、3.0×10^9分とする。

解答・解説

➡ 正解　2×10^{-4}

^{11}Cは半減期が20分ですから、100分は半減期の5倍になります。他方、^{14}Cの半減期は3.0×10^9分ですから、100分間ではほとんど減少しません。

また、放射能Aと半減期Tおよび原子数Nには、A＝（ln (2) /T) Nの関係があります。これより、100分後の^{11}Cと^{14}Cの原子数比は、

（（$1 \times 10^{12} \times (1/2)^5$）×20) /ln (2)）÷（（$1 \times 10^6 \times 3.0 \times 10^9$) /ln (2)）≒**$2 \times 10^{-4}$**となります。

例題 2

図表20に示す$^{137}_{55}$Csの壊変で、Cs1壊変当たりのγ線放出の割合はいくつか。ただし、^{137m}Baの内部転換係数aは0.11とする。

解答・解説

➡ 正解　0.85

^{137m}Baの遷移で、電子が放出される確率I_eと、γ線が放出される確率I_γの比aが0.11です。これより、全遷移でγ線が放出される割合をXとすると、X＝I_γ/ ($I_e + I_\gamma$)。この分子と分母をI_γで割ると、X＝1/ (a+1) となります。これにaの値を入れると、X＝0.9。これに^{137}Csから^{137m}Baが生じる割合の0.944をかけると、Cs1壊変当たりのγ線放出の割合になります。すなわち、0.9×0.944＝0.85

08 荷電粒子の核反応

学習の
ポイント

原子核と電子の断面積の比、Q値の意味、バーンの単位、核反応式の見方をしっかりと覚えましょう。

❶ 核反応

陽子、α粒子などの荷電粒子を高エネルギーに加速して、標的となる原子核に衝突させると、核とのクーロン力の反発による障壁を越えて核力の働く 10^{-14} m 程度にまで近づけます。すると、陽子やα粒子と標的核が反応し、新しい原子核（生成核または残留核といいます）が生じます。このとき、反応に伴って放出される粒子を放出粒子といいます。

なお、原子の直径は 10^{-10} mに対し、核の直径は約 10^{-14} mですので、核反応の起こる断面積は、原子衝突の起こる断面積のほぼ 10^8 分の1となります。

また、核反応が起こる確率は、核の断面積に比例します。このため、核反応の確率は「断面積」と表され、その単位は、面積と同じ次元のバーン（1バーン＝ 10^{-28} m²）を用います。

❷ 荷電粒子と核の反応とQ値

図表24のように ^{14} N に、高エネルギーのα線を衝突させると、^{17} O核が生成し、陽子を放出します。

図表24 ▶ ^{14} Nとα線の反応

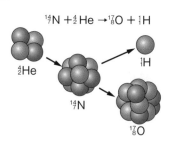

$$^{14}_{7}\text{N} + ^{4}_{2}\text{He} \rightarrow ^{17}_{8}\text{O} + ^{1}_{1}\text{H}$$

ここで統一原子質量単位 u を用い、各粒子の質量を表すと、

^{14} N	+	^{4} He	→	^{17} O	+	^{1} H
14.003074		4.002604		16.999133		1.007825

となり、この反応前後の質量の和を比較すると、反応後のほうが0.00128だけ大きくなります。

これは反応の結果、0.00128（≒1.2MeV）だけ質量が大きくなったことを意味します。この反応の左右でエネルギー保存則が成り立つためには、

$$^{14}\mathrm{N} + {}^4\mathrm{He} \rightarrow {}^{17}\mathrm{O} + {}^1\mathrm{H} + Q$$

で示すエネルギーQを供給・放出する必要があります。

このエネルギーQを反応のQ値といい、この反応では − 1.2MeVとなります。Qが正の場合にはエネルギーを放出するので発熱反応、負の場合にはエネルギーを供給する必要があるので吸熱反応といいます。

上の反応例では、衝突したα線の運動エネルギーが1.2MeV以上なら、1.2MeV分のエネルギーを供給します。実際の反応では、α粒子が核とのクーロン障壁を越える必要があるので、1.2MeVにこの分のエネルギーを加えたものが必要です。

❸ 核反応の表記と核反応式

ある標的原子核Xに入射粒子aが衝突し、Yという原子核と放出粒子b_1b_2……b_nを生じる核反応を、

$$X + a \rightarrow Y + b_1 + b_2 + \cdots + b_n$$

と表記しますが、核反応の分野では、より簡略化した次式を用います。

$$X (a, b_1 b_2 \ldots b_n) Y$$

この式を核反応式といいます。式の書式は一番左に標的核種、次の（　）内には、はじめに入射粒子を、続いて放出粒子を列記します。ただし、陽子はp、中性子はn、α線はα、γ線はγと略記します。例えば、

$$^{14}\mathrm{N} + {}^4\mathrm{He} \rightarrow {}^{17}\mathrm{O} + {}^1\mathrm{H}$$

を$^{14}\mathrm{N}$ （α, p） $^{17}\mathrm{O}$と書きます。

また、放射捕獲反応の項で出た$^{59}\mathrm{Co}$と中性子の反応は、

$$^{59}\mathrm{Co} (n, \gamma) {}^{60}\mathrm{Co}$$

荷電粒子放出反応の$^{10}\mathrm{B}$の反応は、

$$^{10}\mathrm{B} (n, \alpha) {}^7\mathrm{Li}$$

と表します。

ただし、核と中性子が反応して分裂した場合、反応生成物は一定ではありません（→P.44）。この場合、生成物をf（fission products）と表記します。例えば、ウランの核分裂反応は、

$$^{235}\mathrm{U} (n, f)$$

となります。

09 中性子と核の相互作用

> **学習の ポイント** 中性子が核反応しやすい理由、熱中性子の意味と運動エネルギー、反応断面積が中性子のエネルギーの √ の逆数に比例することを覚えましょう。

❶ 高速中性子と熱中性子

中性子のエネルギーはその速度で決まります。核反応で放出される中性子は、光の速度に近く、そのようなものを高速中性子といいます。

高速中性子は他の原子核と衝突を繰り返して速度が遅くなります。十分遅くなって周りの物質と熱平衡に達した中性子を熱中性子といい、運動エネルギーとしては約0.025eVとなります。原子核との反応性は熱中性子で高くなります。

❷ 中性子と荷電粒子の核反応の相違

原子核（標的核）に中性子や荷電粒子などが衝突すると核反応が起こり、標的核は変化します。原子核は、正の電荷を持つ陽子と、電荷がゼロの中性子から構成されるため、全体として正の電荷を持ちます。原子核に核反応を起こさせるためには、核に中性子、陽子、他の原子核などを衝突させればよいのですが、原子核や陽子では標的核とのクーロン力による反発があるため、非常に大きなエネルギーが必要となります。

一方、中性子には電荷がなく、標的核とのクーロン力による反発が生じないため、小さなエネルギーで衝突させることができます。

❸ 中性子と原子核との反応

原子核（標的核）に中性子が衝突した場合に起こる現象には、中性子の散乱と、標的核が中性子を吸収する吸収反応があります。

❹ 散乱

散乱とは、光などの波や中性子などが標的核と衝突や相互作用を行い、方向が変わる現象で、これには弾性散乱と非弾性散乱の2種類があります。

弾性散乱は、入射中性子の運動エネルギーの一部を標的核の運動エネルギーとして与え、中性子は運動の方向が変わり、エネルギーの一部を失いますが、標的

核の内部状態は変化しません。

　非弾性散乱は、入射中性子のエネルギーの一部を標的核に与えて、その内部状態を変化させます。その後中性子は運動の方向が変わり、エネルギーの一部を失います。一方、原子核が受け取ったエネルギーは、γ線として放出されます。

❺ 吸収反応

　吸収反応は、標的核に衝突した中性子が標的核に吸収される反応です。
　中性子が核に吸収されると、原子番号は変わらないですが質量数が標的核より1つ大きい原子核が形成されます。これを複合核といいます。この核は生成後、
　・複合核から何も放出しない、またはγ線のみが放出する：放射捕獲反応
　・荷電粒子（陽子、α粒子など）が放出する：荷電粒子放出反応
　・複合核が2つの核に分裂する：核分裂反応
の3つのいずれかの反応が起こります。

■ 放射捕獲反応

　この反応では、中性子と核が反応してできた複合核はγ線を放出し、基底状態、または複合核よりエネルギーが低い励起状態に遷移します。

　この反応の例として、^{59}Coと中性子の反応があります。^{59}Coが中性子を吸収すると、複合核の^{60}Coが生じます。生成した^{60}Co核は不安定で、5.2年の半減期でβ^-壊変し、^{60}Niの2.5MeVの励起核種を生じます。この励起核種は1.17MeV、続いて1.33MeVの2本のγ線を放出し、基底状態に移ります。^{113}Cd（n, γ）^{114}Cd反応は、断面積が20000バーン

図表25 ▶ ^{59}Coの放射捕獲反応

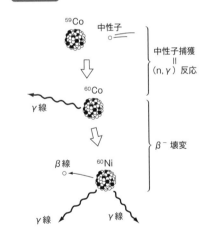

と非常に大きく、熱中性子の遮へいに用いられています。また、^{157}Gd、^{155}Gdは天然元素中で1番および2番目に中性子吸収断面積が大きいので、原子炉の制御材料などに使われます。

2 荷電粒子放出反応

　中性子と核が反応してできる複合核で、通常は陽子や中性子を放出します。原子の原子番号が小さい場合は、荷電粒子を放出するものがあります。例えば、^{10}B は中性子と反応すると、^{10}B (n, α) ^7Li 反応で Li と α 粒子を放出します。また ^{10}B (n, α) ^7Li や ^3He (n, p) ^3H 反応は、核反応断面積も大きく、荷電粒子が発生するため中性子検出器に、ホウ素は中性子の遮へい板にも利用されています。

> ☑ CHECK　　**がん治療への応用**
>
> この反応は、がんのホウ素中性子捕捉療法で使われます（→P.217）。

　また、この荷電粒子放出反応は、原子炉の制御にとって大変重要なものです。^{58}Ni に高エネルギーの中性子が吸収されると、^{55}Fe を生じて α 粒子が放出されます。この反応は原子炉の材料劣化に大きな影響を与えます。

3 核分裂反応

　^{235}U、^{239}Pu、^{233}U などの重い原子核は中性子を吸収し、2つの核に分裂して、2ないし3個の中性子を放出します。これを**核分裂反応**といいます。

　^{235}U が中性子を吸収すると、複合核 ^{236}U が形成されます。中性子のエネルギーが小さい場合、複合核 ^{236}U のうち17%は γ 線を放出して基底状態になりますが、残りの83%は核分裂します。核分裂反応時の2つの原子核（核分裂片という）の質量は一定にならず、図表26に示すように2つのピークを持つ質量分布を示します。^{235}U の場合、質量数が90～105と130～145で多く生成し、特に95と140のものが最も多くなり、110から124のものは非常に少数になります。2つの核分裂片はお互いのクーロン力による反発で、反対方向に高速で進んで行きます。

　ウランが核分裂して質量数100程度の2つの中性子過多の原子核になった場合、2つの原子核の結合エネルギーより標的原子核の結合エネルギーが大きいので、その差がエネルギーとして放出されます。

　^{235}U の核分裂で、仮に ^{93}Rb と ^{143}Cs の2つの核分裂生成物が

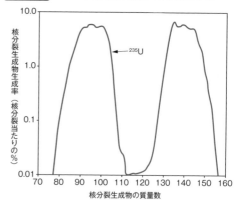

図表 26 ▶ ^{235}U 核分裂生成物の質量数分布

できたとすると、核分裂エネルギーは186MeVとなります。実測値では約200MeVで、大部分は中性子の熱となって放出されます。また^{235}Uの核分裂では、中性子1個の反応で約2.4個の中性子が生み出されます。この中性子が^{235}Uと次々に核反応を起こし、核分裂の連続反応が起こります。

　天然に存在する核種のうち、低エネルギーの中性子で核分裂を起こすのは^{235}Uのみで、これが軽水炉などの原料になります。一方、天然ウランの99.3%を占める^{238}Uも、約1MeV以上のエネルギーの中性子で核分裂を起こします。

▲ 核融合反応

　2つの軽い原子核が反応し、それより重い原子核ができる反応を核融合反応と呼びます。重水素（D）やトリチウム（T）のような軽い元素では、反応によって全質量が減少し、エネルギーが生成する発熱反応です。主な反応にDT反応とDD反応があり、どちらも生成する中性子が、次の反応原料を供給する反応に利用します。

DT 反応は　D + T　　→　^{4}He + n + 17.6 MeV　　の一段反応ですが、

DD 反応は　D + D　　→　^{3}He + n + 3.23 MeV

D + ^{3}He　→　^{4}He + p + 18.3 MeV　　の二段反応で進みます。

❻ 中性子の反応断面積

　核と入射粒子が反応する確率は、入射粒子のエネルギーや種類により異なります。例えば、^{235}Uと中性子の反応の断面積は、中性子のエネルギーが小さいほど大きくなり、1eV以下では、ほぼ運動速度の逆数（エネルギーの$\sqrt{}$の逆数）に比例します。しかし、中性子のエネルギーが1〜数100eV付近では、わずかなエネルギー差で断面積が著しく大きくなります。これは、中性子のエネルギーが複合核の励起準位と一致したときに核反応が起こりやすくなるためで、これを共鳴と呼びます（図表27）。

図表27　^{235}Uの核分裂反応断面積の中性子エネルギー依存性

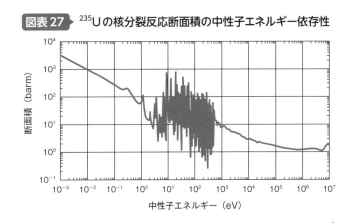

断面積（barm）

中性子エネルギー（eV）

10 弾性衝突の計算

学習の
ポイント

> ここに紹介する計算法はほぼ毎年出題されています。各問題の解法を
> しっかりと覚えましょう。

　本試験で計算問題として出題される、中性子の衝突による減速、コンプトン効果、粒子の反跳などは、粒子や光子の弾性衝突として計算できます。ここでは、これらの計算法をまとめます。

❶ 一次元衝突

中性子、電子や核間の衝突計算などに適用します。

図表28 一次元衝突

○：入射粒子
●：静止粒子

　静止している質量M（図上●）の粒子に質量mで速度v_0の粒子（図上○）が弾性衝突し、それぞれV、vで動き出した場合、エネルギーと運動量の保存則から次式が成立します。

i 　$1/2mv_0^2 = 1/2mv^2 + 1/2MV^2$ 　　　　　　　　エネルギー保存則

ii 　$mv_0 = mv + MV$ 　　　　　　　　　　　　　　運動量保存則

　ここでii式より、$V = m/M (v_0 - v)$、これをi式に代入して整理すると、

　$v = (m - M) / (m + M) v_0$ ……①

が得られます。同様にして、Vは次のようになります。

　$V = 2 \cdot m / (m + M) v_0$ ……②

　これにより、衝突後のm粒子の運動エネルギーは、

　$1/2mv^2 = 1/2m \cdot [1 - 4mM/(m + M)^2] \cdot v_0^2$

　　　　　 $= (m - M)^2 / (m + M)^2 \cdot 1/2mv_0^2$ ……③

　すなわち、衝突後のm粒子のエネルギーは、衝突前に持っていたエネルギーの$(m - M)^2 / (m + M)^2$になります。同様に、

　$1/2MV^2 = 4mM/(m + M)^2 \cdot 1/2mv_0^2$ ……④

となります。この$4mM/(m + M)^2$は、m＝Mのときに最大になります。

例題 1

運動エネルギー10MeVの中性子が^{12}Cの原子核に衝突した場合、1回の衝突で^{12}Cの原子核に移行し得る最大のエネルギーの値（MeV）はいくつか。

解答・解説

➡ **正解** 2.84MeV

　この衝突でエネルギーが最も多く^{12}C核に移るのは、両者が**一次元衝突**する場合です。この場合、中性子がm、^{12}C核がMに相当し、衝突後の^{12}C核のエネルギーは④式で計算できます。この式に$m=1$、$M=12$、$1/2mv_0^2=10$を入れて計算すると、$1/2MV^2=$**2.84MeV**となります。

例題 2

α粒子と原子核との衝突で、反跳エネルギーが最大となる原子核は次のどれか。(1) ^{1}H　(2) ^{4}He　(3) ^{12}C　(4) ^{28}Si　(5) ^{56}Fe

解答・解説

➡ **正解** (2) ^{4}He

　α粒子をm、原子核をMとすると、反跳エネルギーは静止していた原子核が衝突で得たエネルギーに等しくなります。これは④式で算出されますが、この式は$m=M$のときに最大になります。(1)～(5)の核種の中で^{4}Heはα粒子と質量が同じなので、反跳エネルギーが最大となります。

例題 3

高速中性子を減速させるのに水素を多く含む材料を使うのはなぜか。

解答・解説

➡ **正解** 水素の原子核と中性子の質量がほぼ等しいため

　中性子mが他の粒子Mに衝突した後の速度は①式で与えられます。ここで、$m=M$ならば衝突後の中性子速度は0となります。水素の原子核は陽子で、その質量が中性子の質量とほぼ等しいので、衝突で中性子速度は0になり、効率的に減速できます。

❷ 一次元分解

核が壊変し、α粒子を放出する場合などに適用します。

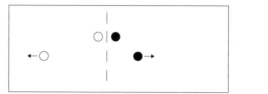

○：α粒子
●：反跳核

　静止している質量M（図上●）と質量m（図上○）の粒子が運動エネルギーE
を受けてそれぞれ速度V、vで反対方向に動き出した場合、次式が成り立ちます。

iii　$E = 1/2mv^2 + 1/2MV^2$　　　　　　　　　エネルギー保存則

iv　$0 = mv - MV$　　　　　　　　　　　　運動量保存則

　iv式から$V = m/M \cdot v$、これをiii式に代入して整理すると次式が得られます。

$1/2mv^2 = M/(m+M) \cdot E$ ……⑤

同様にして、

$1/2MV^2 = m/(m+M) \cdot E$ ……⑥

例題 4

　^{241}Amが5.49MeVのα線を放出したときの、反跳核のエネルギーはいくつか。

解答・解説

➡ **正解**　0.0927MeV

　ここで、mをα粒子、Mを^{241}Amの娘核とすると、その質量はα粒子分だけ小さいので237となります。また、この壊変のQ値がE、また$1/2MV^2$が反跳核のエネルギーに相当します。

　α粒子の運動エネルギーをE_aとすると、⑤⑥式から次式が得られます。
それにm=4、M=237、E_a=5.49を入れると、
反跳核のエネルギー＝$m/M \cdot E_a$＝0.0927MeV
なお、Q値＝E_a＋反跳核のエネルギー＝5.58MeVとなります。

❸ 光子の放出

核が光子を放出する場合などに適用します。

図表30 光子の放出と反跳

●：反跳粒子
←〜〜：光子

　光子の場合、エネルギーE＝hν、運動量P＝hν/c（c＝光速）から、核の質量をM、光子放出後の速度をVとすると、次式が成り立ちます。

v　　$E = h\nu + 1/2MV^2$　　　　　　　　　　　エネルギー保存則

vi　　$0 = h\nu/c - MV$　　　　　　　　　　　　運動量保存則

　vi式から$V = h\nu/(c \cdot M)$となります。光子を放出するときの反跳エネルギーは$1/2MV^2$ですから、

　$1/2MV^2 = 1/2M \cdot [h\nu/(c \cdot M)]^2 = 1/2(h\nu)^2/Mc^2$ ……⑦

　ここで、hνは光子のエネルギー、Mc^2は核の静止エネルギーになります。

　エネルギーの単位がMeVの場合、⑦式は$E = 537E^2/M$となります。

例題 5

　電子の静止質量の10^4倍大きい質量の原子核から1MeVの光子が放出されるときに、原子核が受ける反跳エネルギーの値はいくつか。

解答・解説

➡ **正解**　1×10^{-4}MeV

　核の質量が電子の10^4倍で、電子の静止エネルギーは0.511MeVなので、
　静止エネルギー$Mc^2 = 0.511 \times 10^4$MeV

光子のエネルギーhνは1MeVなので、これを⑦式に入れると、
　$1/2MV^2 = 1/2(h\nu)^2/Mc^2 = 1/2 \cdot 1^2/(0.511 \times 10^4)$
　　　　　$\fallingdotseq 1 \times 10^{-4}$MeV

---

④ コンプトン効果

　コンプトン効果は、光子が軌道電子と衝突し、散乱される現象です（→P.65）。

　図表31のように、入射光子のエネルギーを$h\nu_0$、散乱光子のエネルギーと散乱角をそれぞれhνとθ。コンプトン電子の質量、運動エネルギー、運動量と放出角をそれぞれm、e、pとφ、また光速をcとすると、運動量およびエネルギーの保存則より次の関係が成り立ちます。

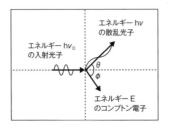

エネルギー hν の散乱光子

エネルギー hν₀ の入射光子

エネルギー E のコンプトン電子

$h\nu_0/c = h\nu/c \cdot \cos\theta + P\cos\phi$ 　　　　　進行方向の運動量保存則

$0 = h\nu/c \cdot \sin\theta - P\sin\phi$ 　　　　　垂直方向の運動量保存則

$h\nu_0 = h\nu + E$ 　　　　　エネルギー保存則

これらの式から ϕ と P を消去すると、次式が得られます。

$$h\nu = \frac{h\nu_0}{1 + [(h\nu_0)/(mc^2)] \cdot (1 - \cos\theta)} \quad \cdots\cdots ⑧$$

なお、この式の mc^2 は電子の静止エネルギーになります。
また、エネルギー保存則からコンプトン電子のエネルギーは次式となります。

$$E = h\nu_0 - h\nu = \frac{[(h\nu_0)/(mc^2)] \cdot (1 - \cos\theta)}{1 + [(h\nu_0)/(mc^2)] \cdot (1 - \cos\theta)} \cdot h\nu_0 \quad \cdots\cdots ⑨$$

　この式から、散乱光子のエネルギーは $\theta = 0°$ で最大となり、入射光子のエネルギーと同じになります。また、180°で最小となり、コンプトン電子のエネルギーは最大になります。このとき、ϕ も180°となります。このコンプトン電子の最大エネルギーをコンプトン端と呼びます。

図表32 コンプトン効果の方向分布

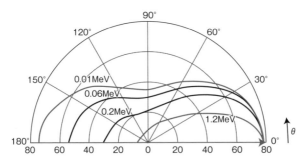

例題 6

　エネルギー500keVの光子が物質に入射してコンプトン効果を起こした場合、反跳のエネルギーの最大値はいくつか。ただし、電子の静止エネルギーを511keVとする。

解答・解説

➡ **正解　331keV**

　コンプトン電子のエネルギーは⑨式で与えられます。この式は、θが180°のときに最大となります。また、光のエネルギー$h\nu_0$は500keV、電子の静止エネルギーmc^2は511です。これらの値を⑨式に入れると、

　E= (0.98·2) / (1+0.98·2) ·500＝**331keV**

例題 7

　1MeVのγ線がアルミニウムに当たってコンプトン効果を起こし、0.5MeVの電子が放出された。この場合、散乱γ線の散乱角はいくらか。

解答・解説

➡ **正解　60°**

　⑨式でE=0.5、$h\nu_0$=1およびmc^2=0.511≒0.5を代入すると、

　$E/h\nu_0$=0.5=2· $(1-\cos\theta)$ / $[1+2\cdot(1-\cos\theta)]$

　これを整理すると、$\cos\theta$=0.5、これより、θ=**60°**

例題 8

　2MeVの光子がコンプトン散乱を起こした場合、散乱角90°の光子のエネルギーE_1と散乱角180°の光子のエネルギーE_2の比 (E_1/E_2) はいくつか。

解答・解説

➡ **正解　1.8**

　⑧式で$h\nu_0$=2およびmc^2=0.511≒0.5を代入すると、

　$h\nu$=$h\nu_0$/ $(1+4\cdot(1-\cos\theta))$

この式からθ=90 ($\cos\theta$=0) と180 ($\cos\theta$=-1) の場合の$h\nu$は、

　E_1=$h\nu_0$/5、E_2=$h\nu_0$/9、これより、

　E_1/E_2= $(h\nu_0/5)$ / $(h\nu_0/9)$ ＝**1.8**

11 放射線の発生

学習の
ポイント

主にX線の発生法、特性X線と連続X線の違い、K、L殻から放出される
X線のエネルギーの大小、デュエンーハントの法則が高頻度で問われます。

❶ 電子線の発生

　真空中で金属を加熱したときに表面から飛び出す電子を熱電子といい、これを
電圧で加速させたものを電子線として利用します。身近な装置として蛍光灯があ
ります。また、X線も同様にして発生させた電子線を利用します。

❷ X線の発生

　融点が高く、抵抗の大きい、タングステン製のフィラメント（図表33の①）
と呼ぶ細い金属線に電流を流し、白熱状態まで加熱して熱電子（図中の③）を発
生させます。この熱電子を10k～数100kV程度の電圧（図中の②、これを管電圧
といいます）で加速し、ターゲットと呼ばれる金属に衝突させると、電子は原子
の核と相互作用して連続X線を放出（図中の④）します。また、原子の軌道電
子と相互作用して特性X線を放出します。

図表33 ▶ X線発生の模式図

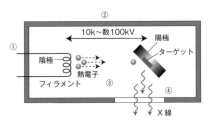

■ 連続X線

　高速運動している電子がターゲット材料の原子核の近くを通ると、核の正電荷
のクーロン力により減速され、進行方向が変わり、同時に電子の運動エネルギー
の一部をX線として放出します。このX線を制動放射線といいます。このとき、
進行方向が変わった電子を反射電子といいます。
　電子は、核の近くを通るほど大きく曲がり、放出されるX線のエネルギーも大
きくなります。このため、X線のエネルギーは連続的に変化するので、連続X線
と呼びます。

連続X線では、電子の運動エネルギーの一部が電磁波に変わることから、最もエネルギーが高い、すなわち最も波長が短いX線のエネルギーは、電子の運動エネルギーと等しくなります。このことから、連続X線の最短波長 λ_{min} [nm] と、管電圧 V [kV] には次の関係が成り立ちます（デュエン－ハントの法則）。

λ_{min} [nm] = 1.240/V [kV]

また、原子核と電子間のクーロン力は、その原子番号Zに比例して大きくなるので、原子番号の大きい材料ほど、連続X線の放出量が多くなります。

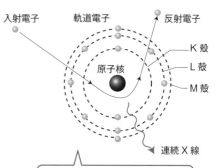

図表34 連続X線の放出過程

入射電子　軌道電子　反射電子
K殻
L殻
M殻
原子核
連続X線

電子が原子核の側を通過すると、原子核のクーロン力により、その進行方向が変わります。このとき、電子は運動エネルギーを連続X線として放出します。

2 特性X線

電子は原子の内部で原子核のクーロン力に束縛され、とびとびのエネルギー準位を持つ電子軌道に存在します。この中で、同じエネルギーを持つ軌道をまとめて殻と呼び、エネルギーが安定な順にK殻、L殻、M殻……と名付けられます。

高速運動している電子が原子の軌道電子と衝突すると、その軌道電子は原子から飛び出します。最も安定なK殻の電子が衝突により放出されると、その殻に電子1個分の空きができます。その空いた殻にはL殻やM殻の電子が遷移し、同時にK殻とL殻やM殻とのエネルギー差に等しいエネルギーのX線を放出します。このエネルギー差は原子ごとに固有なので、このX線は原子ごとに固有なエネルギーを持つ線スペクトルとなります。これを特性X線と呼びます。

この波長の逆数の平方根と原子番号は比例関係にあり、これをモーズリーの法則といいます。

L殻やM殻からK殻に落ち込む場合の特性X線は、それぞれK_a線、K_β線と名付けられます。また、高速電子でM殻やL殻の電子が放出された場合には、それぞれMX線やLX線が放出されますが、この場合の波長はKX線が最も短く、K＜L＜Mの順に長くなります。

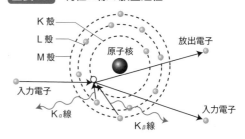

図表35 特性X線の放出過程

K殻
L殻
M殻
原子核
放出電子
入力電子
K_a線
K_β線
入力電子

また、異なる原子間では、原子番号の増加とともにK、L、MのX線のエネルギーは高くなります。

図表36は、15kVと25kVの電圧で加速させた電子をモリブデンに衝突させたときに発生するX線の波長と強度の関係を表したものです。

加速電圧が15kVでは滑らかな曲線となりますが、このX線が連続X線です。強度が0となる波長を最短波長と呼びます。

電圧を25kVにすると、鋭いピークを持つ特性X線が出現し、15kVのときより連続X線の強度が高く、最短波長が短波長に移動します。

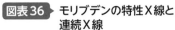

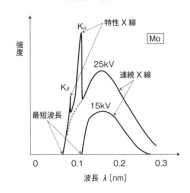

図表36 モリブデンの特性X線と連続X線

❸ α線源

α線源としては、原子炉を使用する方法と、α線を放出する放射性核種（RI）を使用する場合があります。RIとしては、天然のウラン壊変系列核種である^{226}Raなどや、半減期は短いが原子炉での製造が容易な^{210}Poが多く使用されていましたが、最近は、原子炉で製造されたウランより原子番号が大きい、超ウラン元素の核種が市販され、普及しています。

α線の用途としては、煙感知器や、微量のトリウムを含有させてイオン化することにより炎を安定化させるキャンプ用のランタンもあります。

❹ β⁻線源

線源としてのβ⁻線には、厚さ測定用の用途があり、測定する物質の厚さや材質によって異なる線源が使用されます。β⁻線はエネルギーが低いほど物質透過力が小さいので、開口部には数μmの金属箔が使われます。

紙・プラスチックなどの測定には、^{85}Krまたは^{147}Pmのような弱いエネルギーのβ⁻線源が用いられ、ゴムや比較的厚いプラスチックシートの測定には、^{90}Srのような高いエネルギーのβ⁻線源が利用されます。また、蛍光灯の点灯管では^{63}Niや^{147}Pmが、点火時間の短縮用に使われています。

図表37にβ⁻線源として使われる主なβ⁻核種を示します。

図表37 主なβ⁻核種

核種	半減期	エネルギー（MeV）	主な製造反応
^{3}H	12.3 年	0.019	^{6}Li (n, α) ^{3}H
^{63}Ni	100 年	0.066	^{62}Ni (n, γ) ^{63}Ni
^{14}C	5730 年	0.156	^{14}N (n, p) ^{14}C
^{147}Pm	2.62 年	0.225	^{145}Nd (n, γ) ^{147}Nd β → ^{147}Pm
			U (n, f) ^{147}Pm
^{85}Kr	10.7 年	0.687	U (n, f) ^{85}Kr
^{204}Tl	3.78 年	0.763	^{203}Tl (n, γ) ^{204}Tl

❺ 陽電子（β⁺）線源

陽電子はPET装置において、がん診断に用いられますが（→P.211）、その他の用途としては、半導体や高分子分野の研究に使用されています。

陽電子線源として最も広く使用されているのは^{22}Naで、^{24}Mg (d, α) ^{22}Naの核反応で製造されます。

❻ γ線源

γ線源は、主に材料の透過写真測定や厚さ測定などの非破壊検査に使用されます。X線源に比べてサイズが小さく、細い管内や狭い隙間に挿入できること、電源が不要で移動性に優れていること、などの特徴を有しています。γ線の線源としては、使用目的に適し、かつサイズが小さく、線量率の大きい（比放射能が高い）ものが望まれます。放射性核種（RI）としては、イリジウム（^{192}Ir）およびコバルト（^{60}Co）が多く用いられています。これらは、原子炉で元素の単体金属または酸化物に熱中性子照射による放射化反応で製造し、容器に封入して密封線源として利用されます。

■ イリジウム（^{192}Ir）

半減期は73.8日と短いが、多数の異なるエネルギーのγ線を放出する特徴から、非破壊検査用γ線源として広く使われています。平均エネルギーは400keVです。

❷ コバルト（^{60}Co）

γ線の実効エネルギーがイリジウムに比して約3倍高いので、比較的厚物の鋼材・構造物などの検査に使用されます。

11 放射線の発生 | 055

③ イッテルビウム（^{169}Yb）

低エネルギーγ線で、X線装置が使用できない場所での薄い材料の非破壊検査装置に用いられています。

④ セレン（^{75}Se）

半減期が120日と、イッテルビウム（^{169}Yb）やイリジウム（^{192}Ir）に比べて長く、平均エネルギーが両者の中間であるため、欧州ではイッテルビウムの代わりとして使用されています。線量率が高いものの製造が難しいという欠点があります。

図表38 非破壊検査に用いられるγ線源

核種	実効エネルギー (keV)	半減期	鋼材厚適用範囲 (mm)	備考
^{60}Co	1250	5.27 年	20 − 150	厚物材の溶接部検査
^{137}Cs	662	30.0 年	10 − 100	厚物材の溶接部検査
^{192}Ir	400	73.8 日	5 − 80	広範囲に利用
^{75}Se	260	120 日	3 − 60	比放射能に難点
^{169}Yb	200	32.0 日	1 − 10	薄物材に最適
^{170}Tm	84	128 日	< 3	検査に長時間

❼ 中性子線源

中性子線の発生には放射性同位元素（RI）を用いる方法と、加速器や原子炉を用いる方法があります。前者は後者と比べ、小型、可搬で取り扱いが簡単、設備や維持費が安い、強度とエネルギーの安定性が高いという利点を持っています。

RIを利用して中性子を発生させる方法としては、（α，n）反応や（γ，n）反応を用いるものと、核分裂反応を用いるものがあります。ただし実用的には、^{241}Amのα線を^{9}Beに照射する方法と^{252}Cfの核分裂反応に限られています。また、中性子の遮へいには水素含有量が多いパラフィンやポリエチレンが使われます。

以下に、主な中性子線の発生方法を挙げます。

① アメリシウム（^{241}Am）のα線をベリリウム（^{9}Be）に照射

α線を低原子番号元素に照射すると、（α，n）反応で高速中性子が生じます。^{241}Amのα線を^{9}Beに照射すると、約4MeVと比較的高エネルギーの中性子と、比較的少ない量の随伴γ線を発生します。^{241}Amの半減期が433年と長いため、長期間の使用でも取り替えの必要がなく、比較的低コストで運用できます。また

^{252}Cfよりエネルギーの高い中性子が得られます。しかし、中性子発生効率が低いため、高強度の中性子源の製作は困難で、^{252}Cfと比べて費用も高くなります。

2 アメリシウム（^{241}Am）のα線をリチウム（Li）などに照射

中性子線の平均エネルギーを下げるために、^{241}Am/Beのベリリウムの代わりにホウ素、フッ素、リチウムを使用するもので、平均エネルギーが約3MeV、1.5MeV、0.3MeVに下がります。ただし、中性子線強度も数分の1に低下します。

3 カリホルニウム（^{252}Cf）による方法

全壊変のうちの3.1％が中性子を放出する自発核分裂で、1核分裂当たり3.76個放出するので、1壊変当たり0.117個の中性子が得られます。これは^{241}Am/Beの約2000倍も大きく、微量の放射線源でも十分な線量が得られることを意味します。また、強度の高い中性子線源も得られます。平均エネルギーは約2MeVで、きれいな連続分布となります。欠点としては、半減期が2.65年と短いため、長期間の使用ができません。

図表39 ▶ ^{252}Cf線源の例

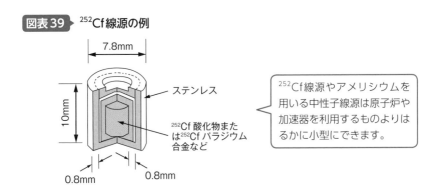

7.8mm

10mm

ステンレス

^{252}Cf 酸化物または^{252}Cf パラジウム合金など

0.8mm　　0.8mm

> ^{252}Cf線源やアメリシウムを用いる中性子線源は原子炉や加速器を利用するものよりはるかに小型にできます。

4 原子炉による方法

原子炉は高線量線源で、冷中性子、高速中性子など、いろいろなエネルギーの中性子線が得られます。欠点として、装置が高価で運用コストが高いため、施設が限られ、施設内への人の立ち入りや物品の出し入れに多くの制限があります。

5 加速器による方法

加速器では、陽子または重陽子ビームを、ベリリウムまたはトリチウムに衝突させ、核反応で生じた高速中性子を、通常熱中性子まで減速して使用します。移動可能な小型装置もあります。

12 チェレンコフ現象

学習の
ポイント

チェレンコフ現象の原理、放出方向の式、チェレンコフ光発生のしきい
エネルギーなどが出題されます。

❶ チェレンコフ現象

荷電粒子が物質中を運動するとき、荷電粒子の電場により物質の電子が振動・
分極して光を放出します。物質の屈折率を n とするとき、荷電粒子の速度が物質
中の光速である c/n より速いと荷電粒子の飛跡上の各点から放出された光の波面
(衝撃波面) がそろうため、粒子の飛跡に沿った可視光線から紫外線領域の弱い光
として観測されます。これをチェレンコフ現象といい、放出された光をチェレン
コフ光といいます。この光は、高エネルギー β^- 線を放出する ^{32}P (最大エネルギー
1.71MeV) や ^{90}Y (2.28MeV) で観測されます。また、発光時間が約 3ps と有機
シンチレーションの 1/1000 程度ですので、^{32}P の放射能の測定にチェレンコフ
検出法が使われます (→P.235)。また、シンチレーション光は、荷電粒子の飛跡
によらず、空間の全方向に等方的に放出されますが、チェレンコフ光の放出は指
向性があり、荷電粒子の飛跡に沿った方向に放出されます。このため、荷電粒子
の進行方向がわかります。

図表40のように、高速の荷電粒子が
物質と相互作用して光を放出すると、光
はその点から円錐状に広がります。電子
の速度が光の速度より速いと各点で放出
され、光の到達点 (各円の包絡線) が互
い同士重なり、衝撃波面が生じ、それ
がチェレンコフ光として観察されます。

図表40 ▶ チェレンコフ現象の模式図

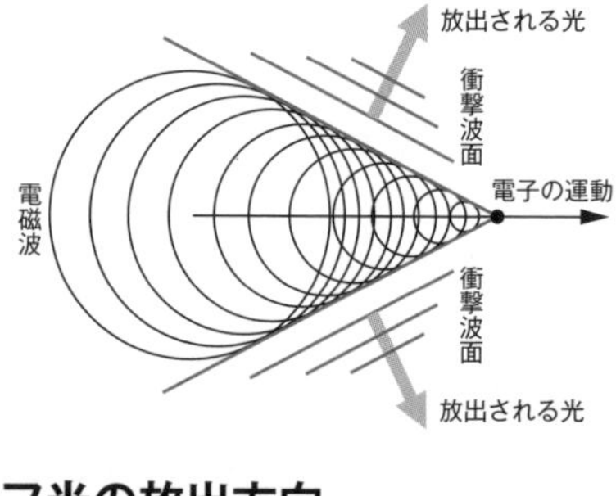

放出される光
衝撃波面
電磁波
電子の運動
衝撃波面
放出される光

❷ 荷電粒子の進行方向とチェレンコフ光の放出方向

真空中の光の速度が c のとき、屈折率
n の物質中の光の速度は c/n となりま
す。速度 v の荷電粒子が物質を通過する
とき、単位時間の間に v だけ進みます
(図表41の底辺)。

一方、同じ時間の間に光は c/n だけ進

図表41 ▶ チェレンコフ光の放出方向

物質中の光の速度 c/n
チェレンコフ光の波面
θ
電子の速度 v

みます（図表41の右上に進む矢印）。この図から、粒子の進行方向とチェレンコフ光の放出方向が成す角度をθとすると、

$v \cdot \cos\theta = c/n$より、$\cos\theta = c/(n \cdot v)$となります。

❸ チェレンコフ光発生のしきいエネルギー

チェレンコフ光の放出のためには、荷電粒子の速度が一定以上であることが必要です。この最低速度は、物質内の光の速度と荷電粒子が等しい値となるところです。

$v = c/n$　　　この場合、$\cos\theta = c/(n \cdot v) = 1$となります。

このとき、荷電粒子の速度vはc/nと光速に近い値なので、この粒子のエネルギーEは相対性理論で与えられます。v/c = 1/nですから、運動エネルギーTはP.15の式より、

$T = E - mc^2 = mc^2 (1/\sqrt{(1 - (1/n)^2)} - 1)$となります。

例題 1

水（屈折率1.33）中を電子が通過する場合、チェレンコフ光が発生するための電子の運動エネルギー［keV］として、最小の値（しきいエネルギー）はいくつか。

解答・解説

➡ **正解**　264keV

運動エネルギーTを求める式に、電子の質量：9.11×10^{-31}kg　光の速度：3.00×10^8m・s^{-1}eV/J：1.602×10^{-19}を代入すると、

$T = 9.11 \times 10^{-31} \times (3.00 \times 10^8)^2 \cdot (1/\sqrt{(1-(1/1.33)^2)} - 1)/1.602 \times 10^{-19}$

$= 264 \times 10^3$eV

$= 264$keV

例題 2

1MeVの電子線を空気に照射したとき（屈折率1.000292、1気圧、0℃）、チェレンコフ光は生じるか。

解答・解説

➡ **正解**　生じない

例題1と同じ計算を行うと、しきいエネルギーは、T＝20.7MeVとなります。
これは電子線のエネルギー1MeVより大きいので、チェレンコフ光は生じません。

13 荷電粒子と物質の相互作用

学習の
ポイント
ベーテ式の入射粒子と阻止能の関係、標的物質の原子番号との関係、重荷電粒子と電子の飛程の計算式を覚えましょう。

❶ 荷電粒子と物質の相互作用

α 粒子や β^{-} 粒子などの荷電粒子は、物質中を通過しながら原子を電離して電子－イオン対を生成し、同時に粒子自身もエネルギーを失うなどのことを繰り返し、最終的には全エネルギーを失って停止します（図表42）。

図表42 ▶ 物質とα粒子およびβ^{-}粒子の相互作用

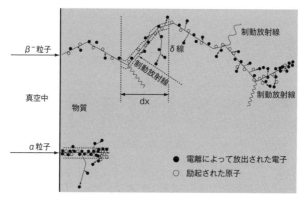

このとき、荷電粒子が単位長さ当たりで生ずるイオン対数を比電離、1組の電子－イオン対を生じるのに必要なエネルギーをW値（→P.139）といいます。

荷電粒子は、物質と次のような相互作用を起こします。

①原子を電離して、電子－陽イオン対を生成する

②軌道電子や原子核によって散乱され、進行方向が変化する（放射阻止）

③原子核の電場によって散乱され、X線（制動放射線）を放出する

これら阻止能の総和を全阻止能といいます。

このうち、①はすべての荷電粒子で起こります。②③は粒子の進行方向を変化させますが、β粒子以外の粒子では無視できる大きさの相互作用です。

荷電粒子の中でβ粒子以外を重荷電粒子といいます。重荷電粒子は②③の相互作用が小さいので、図表42の下図のように、停止するまで直線的に進みます。一方、β粒子は②③で方向が変わるため、上図のようにジグザグに進みます。この β^{-} 粒子が曲がるときに制動放射線としてX線を放出します。また、α 粒子な

どと比べ、物質との相互作用が小さいため、停止するまでに長い距離を進みます。

❷ 阻止能

前記の過程で、粒子が単位長さ当たりに失うエネルギーを阻止能または線阻止能といい、粒子の速度の減少とともに増加します。阻止能のうち衝突（による電離）を行ってエネルギーを失うものを衝突阻止能（S_{col}）といい、粒子が原子核の電場によって曲げられ、電磁波を放射することでエネルギーを失うものを制動放射阻止能（S_{rad}）といいます。また、失う全エネルギー（全阻止能 $S = -dE/dx$）は、衝突阻止能と制動放射阻止能の合計で表され、単位は、J/mまたはkeV/μmです。

◼ 衝突阻止能

衝突阻止能Sは、速度vで入射する重荷電粒子に対して、次に示すベーテの理論式によって算出されます。

$$\frac{dE}{dx} = \frac{4\pi e^4 z^2 N}{mv^2} \cdot Z \times (\ln (2mv^2/I) - \ln (1-\beta^2) - \beta^2)$$

$$= 定数 \times NZ \cdot z^2/v^2$$

ここで、eは電子の素電荷、mは入射粒子の静止質量、zは入射粒子の電荷数（＝原子番号）、Zは粒子が照射される標的物質の原子番号、Nは標的物質の単位体積中の原子数、Iは物質の平均励起ポテンシャル、βはcを光速度としてv/cを表します。この式から衝突阻止能は、

- ・入射粒子の電荷zの自乗に比例し、速度vの自乗に反比例する
  - →速度の遅い電子ほど大きく阻止する
- ・標的物質の単位体積中の原子数Nと原子番号Zに比例する
  - →原子番号と密度が高い物質ほど大きく阻止する

◼ 質量衝突阻止能

阻止能を密度ρで割ったものを質量衝突阻止能といい、S_mで表します。単位は［MeV・cm^2・g^{-1}］です。

質量衝突阻止能の値はその物質の原子番号Zに比例し、質量数A（＝陽子数＋中性子数）に反比例します。原子番号が小さいときは核の中性子数と陽子数はほぼ同じですが、大きくなると陽子数より中性子数が多くなるので、質量衝突阻止能は小さくなります。つまり、原子番号の影響は衝突阻止能と逆になります。

❸ 重荷電粒子と物質の相互作用

　重荷電粒子は、物質中の電子に比べて非常に重いので、物質に照射された粒子は電離作用をしながら、入射位置から停止するまで直線的に進みます。

　このとき、重荷電粒子はベーテの式で表されるように、速度が遅くなるほど急激に阻止能が大きくなります。この結果、β^-粒子と異なり、同じエネルギーの重荷電粒子はほぼ同じ距離で停止します。この停止するまでの距離に対する比電離の大きさを示す曲線をブラッグ曲線といいます（→P.216 −図表56）。

　また、入射から停止するまでの距離を飛程といいます。飛程は粒子の種類、エネルギー、標的物質の種類が同じなら、ほぼ同じになります。また、粒子のエネルギーが大きいほど、また軽い物質中ほど飛程は長くなります。

　放射性核種から放出されるα線のエネルギーは約4MeVから9MeVで、光の速度の20分の1程度の速度になります。このエネルギー範囲でα線の空気中での飛程R（cm）とエネルギーE（MeV）の関係は、次式で表せます。

　R＝0.318E$^{3/2}$

　例えば、^{232}Thのα粒子（4.01MeV）の空気中の飛程は約2.5cmです。ある物質中と空気中の飛程の比を相対阻止能といい、次式で表されます。

　相対阻止能＝（空気中でのα粒子の飛程）／（その物質中でのα粒子の飛程）

　相対阻止能は、水で約1000、鉛で5000以上です。

❹ β^-粒子と物質の相互作用

　β粒子は質量が小さいので、比電離は同じエネルギーのα線の場合より小さく、物質の内部をはるかに奥まで侵入し、数m〜数10mに及ぶこともあります。

　β粒子は重荷電粒子とは異なり、運動エネルギーが連続的な分布のうえ、進行方向が変化するため、重荷電粒子のような決まった飛程がありません。しかし、ある物質に入射したβ粒子の電離は距離とともに指数関数的に減少します。その後、ある厚さ以上になると、ほぼ一定の電離となります。このため、飛程の代わりに、電離が事実上起こらなくなる物質の厚さとして最大飛程を定義しています（図表43）。

　β線の最大飛程R（g・cm^{-2}）は、物質にあまり影響されず、エネルギーE（MeV）との関係は次式で与えられます。

　R = 0.407E$^{1.38}$　　　　　　　　　0.15MeV＜E＜0.8MeV

　R＝0.542E−0.133　　　　　　　0.8MeV＜E

　この飛程の式から実際の飛程距離を求めるには、計算結果を密度で割って算出

します。例えば、3.27MeV の ^{214}Bi の β^- 線では R=0.542 × 3.27 − 0.133=1.64 g·cm^{-2} ですから、密度2.70g・cm^{-3} のアルミ中の最大飛程 = 1.64/2.70 = 0.607cm となります。また、密度1.29 × 10^{-3} g・cm^{-3} の空気では12.7 m となります。同様に、0.15MeV の β^- 線では0.23m となります。

この最大飛程の値は、物質の原子番号Zが大きくなるほど短くなります。これは、原子番号Zが大きくなると、入射電子と衝突する電子数が増加するので、その分だけ大きく減速されるためです。

図表43 ▶ β^- 線のアルミ板による吸収曲線

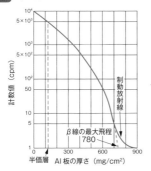

アルミ板の厚さが薄い部分では直線的に減少します。電離が起こらなくなる厚さを最大飛程と定義します。

例題 1

等速の α 粒子の阻止能Aと重陽子の阻止能Bの比A/Bはいくつか。

解答・解説

➡ **正解** 4

荷電粒子の線阻止能Sは、粒子の電荷をZ、速度をVとすると、Z^2/V^2 に比例します。α 粒子と重陽子の電荷はそれぞれ2、1、また速度は同じですから、A/B=$2^2/1^2$=4

例題 2

5.3MeVの α 線が空気中で停止するまでに生成されるイオン対の数はいくつか。

解答・解説

➡ **正解** 1.5×10^{5}個

空気の α 線に対するW値は35eVです。5.3MeVで生じるイオン対の数は、5.3×10^6/35≒1.5×10^5 [個]。空気のW値は覚えておきましょう。

14 光子と物質の相互作用

学習の
ポイント
3種の相互作用のメカニズムと生じる現象、それらが重要となるエネルギー範囲、線減弱係数と半価層の関係を覚えましょう。

❶ 光電効果

光電効果は、原子核の周りにある軌道電子が、入射光子のエネルギーをすべて吸収して原子外に飛び出し、光子が消滅する現象です。このとき、消滅したX線の進行方向に、光電子と呼ばれる電子が放出されます（図表44）。

放出された光電子の運動エネルギーTは、光子のエネルギーE_0から電子の電離エネルギーE_Bを引いたもので、入射光子のエネルギーより小さくなります。

照射される物質の原子番号をZ、エネルギーをEとすると、光電効果の起こる確率は、$Z^5 \cdot E^{-3.5}$に比例します。つまり、原子番号が大きく、光子のエネルギーが小さいほど大きな効果を与えます。鉛では600keV以下、アルミニウムでは50keV以下で生じる主要な相互作用です。

図表44 光電効果

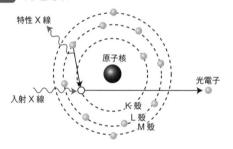

特性X線
原子核
入射X線
光電子
K殻
L殻
M殻

> X線が内殻の電子と衝突して光電子を放出後、外殻の電子が内殻に遷移します。このとき、特性X線を放出します。

光電効果の起こる確率は、原子核との結び付きの強い電子ほど高く、最も内側にあるK殻電子から約80％が放出されます。そのため、光電効果の後、L殻、M殻からK殻に電子が落ち込み、特性X線が二次的に放出されます。

☑ CHECK **光子と物質との主な相互作用**

光子（電磁波）であるγ線やX線は電荷を持たないので、α線やβ線のようなクーロン力による相互作用はありませんが、軌道電子と衝突することなどにより、物質と相互に作用します。光子と物質との主な相互作用には、次の3つがあります。
①光電効果、②コンプトン効果、③電子対生成

---

② コンプトン効果

コンプトン効果は、入射光子が軌道電子と衝突すると、軌道電子が反跳電子（光子と逆向きに動くこと）として飛び出し、光子の運動方向が変わる現象です（図表45）。このとき、散乱される光子は、反跳電子に電離するエネルギーと運動エネルギーを与えるため、入射光子のエネルギーより小さく、波長が長くなります。入射光子の波長 λ_0 と散乱角 θ の散乱光子の波長 λ_s との差 $\Delta\lambda = (\lambda_s - \lambda_0)$ は散乱前後のエネルギーと運動量の保存則から、電子の質量をm、真空中の光速をc、プランク定数をhとすると、次式で与えられます。

$\Delta\lambda = h/mc (1 - \cos\theta)$

この式のh/mcはコンプトン波長と呼ばれ、2.426×10^{-12}mで、この波長のエネルギーは電子の静止エネルギーと等しい0.51MeVとなります。

コンプトン効果は電子による散乱なので、確率は物質の原子番号に比例し、エネルギーEに反比例します。つまり、$Z \cdot E^{-1}$ に比例します。

鉛では0.6〜5MeV、アルミニウムでは0.05〜15MeVで大きな効果を生じます。コンプトン効果では、光子は全方向に散乱しますが、光子のエネルギーが大きくなるほど前方により多く散乱します（→P.50）。

図表45 コンプトン効果

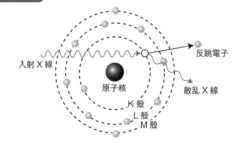

入射X線　反跳電子　原子核　散乱X線　K殻　L殻　M殻

> X線が原子の電子と衝突し、エネルギーの一部を電子に与えて放出させます。このとき、X線は入射方向とは異なる方向に散乱され、エネルギーも小さくなります。

③ 電子対生成

電子対生成とは、電子2個分の静止質量に相当する1.02MeV以上の高エネルギーの光子が原子核の近くのクーロン場を通過したときに電子と陽電子の対が生成され、光子が消滅する現象です（図表46）。電子対生成の反応確率（反応断面積）は Z^2 に比例します。

生成した陽電子は、電子と結合すると、その位置で0.51MeVの2個の γ 線を互いに反対方向に放出します。この γ 線は消滅放射線と呼ばれます。

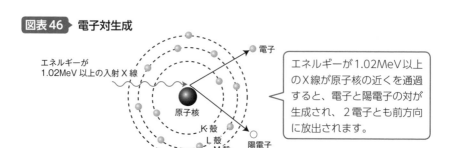

図表46 電子対生成

エネルギーが
1.02MeV以上の入射X線

原子核

電子

K殻
L殻
M殻

陽電子

> エネルギーが1.02MeV以上のX線が原子核の近くを通過すると、電子と陽電子の対が生成され、2電子とも前方向に放出されます。

　エネルギーが1.02MeV以上のX線が原子核の近くを通過すると電子と陽電子の対が生成され、2電子とも前方向に放出されます。

④ レイリー散乱と光核反応

　下記3種以外に、低エネルギーの光子ではレイリー散乱が起こります。原子核に5MeV以上の光子が入射すると励起され、その後、中性子、陽子、重陽子、α粒子などを放出する吸熱反応が起こります。これを光核反応といいます。

図表47 3種の相互作用の性質

	光電効果	コンプトン効果	電子対生成
エネルギー範囲	数10eV～	数100keV～	5MeV以上
エネルギー依存性	$1/E^{3.5}$に比例	$1/E$に比例	1.02MeV以上で発生
原子番号依存性	Z^5に比例	Zに比例	Z^2に比例
光子の変化	消滅	エネルギーが減少し、波長が長くなり、方向も変化	消滅
放出物	軌道電子（光電子）	軌道電子（反跳電子）	陽電子と電子
散乱方向	入射方向と同じ	全方向、エネルギーが高いと徐々に入射方向に近づく	陽電子、電子とも前方向
その他	特性X線を放出		消滅放射線を放出

⑤ 線減弱係数と半価層

■ 線減弱係数

　物質内を進むX線やγ線は、上記の3種の相互作用によって次第に減衰します。この減衰を引き起こす相互作用を行う単位距離当たりの確率を、線減弱係数と呼びます。線減弱係数は、光電効果による減衰（μ_τ）、コンプトン効果によ

る減衰（μ_σ）および電子対生成による減衰（μ_κ）の効果の和で表されます。それを全線減弱係数（μ、単位：cm^{-1}）と呼び、次式で表します。

全線減弱係数　$\mu = \mu_\tau + \mu_\sigma + \mu_\kappa$

　同じ物質でも密度によって単位厚さに含まれる原子数は変化します。そこで線減弱係数の代わりに、μを密度ρで割った質量減弱係数（μ / ρ、単位：cm$^2 \cdot$ kg^{-1}）を用いる場合もあります。

　図表48はγ線のエネルギーによるμの変化をμ_τ、μ_σ、μ_κに分けて表したものです。図からわかるように、μはエネルギーによって大きく変化します。エネルギーが小さい領域では光電効果が、数100keV以上ではコンプトン効果が、5MeV以上では電子対生成が主な効果となります。

　また、光電効果は0.09MeVの部分で大きくなっていますが、これはこのエネルギー以上になると初めてK殻電子が放出されるためです。このエネルギーをKリミットといいます。

図表48 鉛の線減弱係数のエネルギー依存性

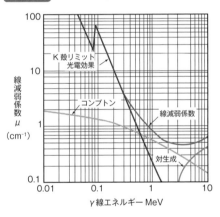

γ線のエネルギーが変わると、各係数がどのように変化するかを表します。また、原子が変わると、線減弱係数も変わります。

2 半価層

　強度I_0のγ線やX線が線減弱係数μの物質中を$x$cm進んだ場合の強度Iは、次式で表されます。

$I = I_0 \exp(-\mu x)$

　ここで、はじめの強度I_0が半分となる物質の厚さxを半価層（単位：cm）といいます。線減弱係数と半価層には次の関係があります。

線減弱係数×半価層＝ ln（2）＝0.693

　また、半価層は線減弱係数と同様、γ線のエネルギーによって変化します。類似の用語として、はじめの強度I_0が1/10となる厚さを1/10価層といいます。

15 加速器

加速器が円形か直線加速か、サイクロトロンとシンクロトロンの違い、直線加速の電場と速度、円形加速の磁場と回転速度の関係を覚えましょう。

❶ 加速器

加速器は、電場や磁場を用いて電子や陽子、イオンなどの荷電粒子を加速して運動エネルギーを大きくする装置です。加速された高エネルギーの荷電粒子は、物質と衝突させて別種の放射線を発生させたり、核反応で別種の核を製造したりするほか、がん治療などに応用されています。

❷ 加速器の種類

加速器の種類として法令では、「サイクロトロン、シンクロトロン、シンクロサイクロトロン、直線加速装置、ベータトロン、ファン・デ・グラーフ型加速装置、コッククロフト・ワルトン型加速装置の7種とその他荷電粒子を加速することにより放射線を発生させる装置で、放射線障害の防止のため必要と認めて原子力規制委員会が指定するもの」を挙げています。

> ✍ MEMO **加速器**
>
> 法令では加速器を放射線発生装置と呼んでいます。また、試験問題では「加速装置」の代わりに「加速器」の語が使用されています。

❸ 加速器の分類

■ 荷電粒子の運動形態による分類

①真っ直ぐ走らせて加速する線形加速器

ファン・デ・グラーフ型加速器、コッククロフト・ワルトン型加速器、直線加速器

②円運動をさせて加速する円形加速器

サイクロトロン、シンクロトロン、シンクロサイクロトロン、ベータトロン

2 荷電粒子の加速方式による分類

・荷電粒子を直流高電圧で直接加速する直接加速方式
（例）ファン・デ・グラーフ型加速器、コッククロフト・ワルトン型加速器
・高周波磁場／電場を用いて加速する間接加速方式
間接加速方式はさらに次の2つに分けられる。
　・高周波電場を利用した線形加速器
　（例）直線加速器
　・磁場を用いて荷電粒子を円運動させる円形加速器
　（例）サイクロトロン、シンクロトロン、シンクロサイクロトロン、ベータトロン

④ 直接加速方式と間接加速方式

　直接加速方式は、イオンや電子を直流の高電圧で加速する方式ですが、高い加速エネルギーが得られません。このため、間接加速方式として、高周波電圧（電場）を利用した線形加速器と、電場・磁場を利用した円形加速器が開発されました。

⑤ 各加速器の特徴

1 コッククロフト・ワルトン型加速器

　線形加速器。直接加速方式。交流電源から多数のコンデンサ（図中の ╪）と整流器（図中の ⇥）を組み合わせた、倍電圧回路と呼ばれる整流回路で、直流の高電圧を発生させます。この高電圧で強い直流電場をつくり、イオン源で発生させた荷電粒子を加速させます。

図表 49 コッククロフト・ワルトン型加速器

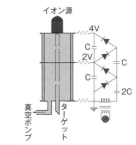

2 ファン・デ・グラーフ型加速器

　線形加速器。直接加速方式。球状の高圧電極の中にある滑車と下端の滑車の間にある、図に赤色で示す電荷移送用絶縁ベルトに、コロナ放電で正電荷を与え、その正電荷を上方

図表 50 ファン・デ・グラーフ型加速器

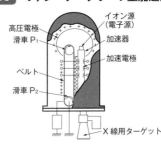

の電極内に運び込み、高圧電極表面に蓄えて高電圧を発生させ、イオン源からの荷電粒子を加速させます。この加速器はRBSなどの表面分析装置として使われます（→P.142）。ベルトの代わりに金属ペレットを用いる方式も開発されています。

❸ 直線加速器（線形加速器）

　線形加速器。間接加速方式。直線状の加速管と呼ばれる真空の円筒内に、中央に穴が空いた円盤状の電極を並べ、その電極を1極おきに接続し、2つの極間を荷電粒子が通過する時間の2倍に相当する高周波電圧を加えて加速させます。電子と他の荷電粒子は質量が大きく異なるため、それに応じて構造の異なる線形加速器が使われます。

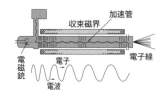

図表51　直線加速器（線形加速器）

　医療の分野では、電子線、陽子線、重陽子線などを加速させ、がんの治療や診断に用いる半減期の短い核種の製造など、先端医療分野で幅広く使われています。また、この分野では、直線加速器の代わりにリニアックという名称が広く使用されています（→P.214）。

❹ サイクロトロン

　円形加速器。間接加速方式。この加速器は、一様な磁場の中に、磁場と直角にディーと呼ぶ2個の半円形電極を一様な磁場の中に向かい合わせに置き、これに高周波電圧を印加します。粒子は2つの電極間ギャップを通過するときに印加された電圧からエネルギーを得ます。加速によって粒子の軌道半径は大きくなりますが、角速度は一定のままです。

図表52　サイクロトロン

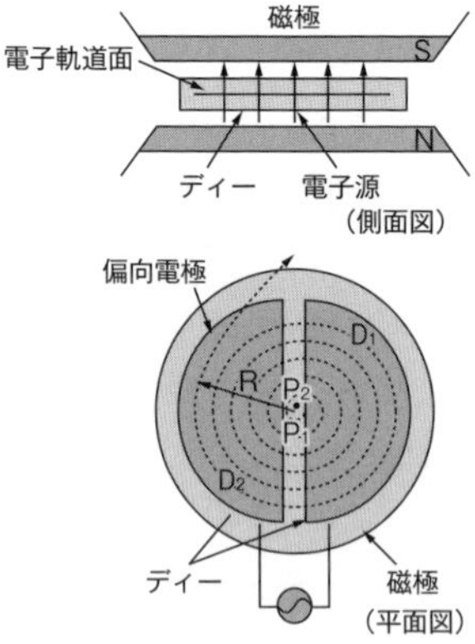

　粒子が半周して、もう一方の電極に達したときに電圧を逆転させると、粒子はさらに加速され、加速とともにその軌道半径は大きくなります。このようにして、粒子は同じ周波数の高周波電圧で徐々に加速され、軌道半径がディーの直径と同じになったところで荷電粒子が取り出されます。この加速器の利点としては、加速された荷電粒子が連続的に得られることです。この特徴を生かし、放射性核種の製造に多く使われます（→P.114）。

5 シンクロトロン

　円形加速器。間接加速方式。サイクロトロンは、粒子が加速するとともに、軌道がらせん状に広がっていきます。このため、高エネルギーを得るには巨大な磁石が必要となります。これを避けるため、円形軌道の直径を一定とし、粒子が加速されるとともに磁場を強くし、同時に加速周波数も変化させて加速させるのがシンクロトロンです。電子や陽子の超高エネルギー加速器としては、ほぼすべてにシンクロトロンが使われます。シンクロトロンはある一定以上の速度を持った粒子でないと加速できないため、前段の加速器が必要となります。通常、この用途には直線加速器が使われます。

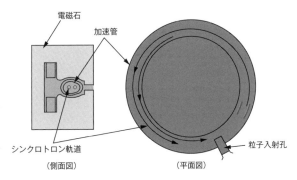

図表53 シンクロトロン

電磁石
加速管
シンクロトロン軌道
（側面図）
粒子入射孔
（平面図）

6 シンクロサイクロトロン

　円形加速器。間接加速方式。サイクロトロンでは、荷電粒子の速度が光速度に近づくと、相対性理論の効果により質量が増大し、回転速度が下がるため、それ以上の加速ができなくなります。シンクロサイクロトロンは、質量の増大に対応し、高周波電場の周波数を徐々に下げることで加速を行う装置です。

7 ベータトロン

　円形加速器。間接加速方式。円形磁石の外周部にドーナツ型の真空容器を置き、その中で電子を高周波磁場で加速させます。加速とともに回転半径が増加するのを円形磁石の磁場を強くすることで一定とし、同時に高周波磁場を増加させます。電子（β粒子）用の加速器ですが、近年は直線加速器に置き換えられています。図表55にこれら加速器の方式をまとめます。

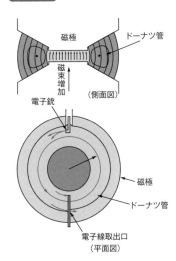

図表54 ベータトロン

磁極
ドーナツ管
磁束増加
（側面図）
電子銃
磁極
ドーナツ管
電子線取出口
（平面図）

加速器の種類—加速方式による分類

形状	加速方式	装置名	加速方式	主な加速粒子	その他
線形加速器	直接加速方式	コッククロフト・ワルトン型加速器	高圧整流	電子、陽子、重陽子	
		ファン・デ・グラーフ型加速器	直流電場	電子、陽子、重陽子	絶縁ベルト
		直線加速器	高周波電場	電子、陽子	円筒空洞共振器
円形加速器	間接加速方式	サイクロトロン	磁場、周波数一定	陽子、重陽子	
		シンクロトロン	磁場、周波数変化	電子、陽子	円形軌道の直径一定
		シンクロサイクロトロン	磁場変化	陽子、重陽子	
		ベータトロン	磁場変化	電子	交流電磁石

❻ 直流電場による荷電粒子の加速エネルギーと速度

荷電粒子の電荷を ze、加速電極間の電場を V とすると、その電場で荷電粒子が得る運動エネルギー E は、$E = zeV$ となります。

一方、荷電粒子の質量を m、加速で到達した速度を v とすると、この運動エネルギーは、$E = 1/2 mv^2$ です。この両式から、

$v = \sqrt{(2zeV/m)}$ が得られます。

例題 1

陽子（p）と $^4\mathrm{He}^{2+}$ を同じ直流電場で加速したとき、2つの粒子の速度の比（v_P/v_{He}）を求めよ。

解答・解説

➡ 正解 $\sqrt{(2)}$

陽子の z は 1、質量は m ですが、He は z が 2 で、質量は 4m です。これを上式に入れると、

$(v_P/v_{He}) = \sqrt{(2eV/m)} / \sqrt{(2 \cdot 2eV/4 \cdot m)} = \sqrt{(2)}$ となります。

❼ 直流磁場中の電子の運動

磁束密度 B の磁場に垂直な平面内を、非相対論的速度 v で運動する粒子（質量

M、電荷ze）の円軌道の半径をrとすると、このとき、ローレンツ力＝zevBと遠心力＝Mv^2/rが釣り合って円運動をします。これより、$zevB = Mv^2/r$となり、これを変形すると、角速度（v/r）は、$v/r = zeB/M$となります。

また、粒子が円軌道を一周するのにかかる時間T_rは、次式となります。

$T_r = 2\pi (r/v) = 2\pi M/zeB$

つまり、非相対論的速度の範囲では、T_rは粒子のエネルギーによらず一定となります。この周回の周波数$1/T_r$が粒子のエネルギーによらず一定となることを利用し、一定の周波数で粒子を加速させるのがサイクロトロンです。

また、このとき加速された粒子の速度は、角速度の式から$v = zeBr/M$となるので、粒子の運動エネルギーEは次のようになります。

$E = 1/2Mv^2 = 1/2M \cdot (zeBr/M)^2 = (zeBr)^2/(2 \cdot M)$

例題 2

上記条件で円軌道を1周するのにかかる時間を求めよ。

解答・解説

➡ **正解** $2\pi \cdot M/zeB$

1周するには2π分だけ回転します。角速度がv/rですから、1周する時間は、
$2\pi (r/v) = 2\pi \cdot M/zeB$となります。

例題 3

円軌道半径0.5m、磁束密度が2Tの磁場中で$^4He^{2+}$を加速すると、この粒子の持つエネルギーは何MeVになるか。ただし、$1[T] = 1[V \cdot s \cdot m^{-2}]$、$1[u] = 1.66 \times 10^{-27}[kg]$とする。

解答・解説

➡ **正解** 48.2MeV

$1[T] = 1[V \cdot s \cdot m^{-2}] = 1[kg \cdot C^{-1} \cdot s^{-1}]$なので、zeBrの次元は、$kg \cdot m \cdot s^{-1}$となります。これより、$(zeBr)^2/2M$の次元はJになります。$^4He$の質量は4uなので、

$2M = 2 \times 4 \times 1.66 \times 10^{-27}kg$

$(zeBr)^2 = (2 \times 1.6 \times 10^{-19} \times 2 \times 0.5)^2 kg^2 \cdot m^2 \cdot s^{-2}$ これより、

$(zeBr)^2/2M = (2 \times 1.6 \times 10^{-19} \times 2 \times 0.5)^2/(2 \times 4 \times 1.66 \times 10^{-27})$

$= 7.71 \times 10^{-12}J$ これをeVに変換すると、

$E = 7.71 \times 10^{-12}J/(1.6 \times 10^{-19}) = 4.82 \times 10^7 eV = $**48.2MeV**

次の問題文を読み、正しい（適切な）ものには○、誤っている（不適切な）ものには×で答えましょう。

1
□□□
★★

1mgの物質の等価エネルギーはおよそ 9.0×10^{13}（J）である。

✕ m（kg）の物質の等価エネルギーE（J）はE＝mc^2で与えられます。これに光速と質量を代入すると、E＝9×10^{10}（J）となります。

2
□□□
★★

軌道電子捕獲（EC）が起こると、それに続いて原子番号が1つ小さい核の特性X線が放出される。

✕ EC後の核は特性X線またはオージェ電子が競合して放出されます。100％特性X線が放出されるわけではありません。

3
□□□
★★★

制動放射X線は高速運動している電子がターゲット材料の原子核に吸収されて発生する。

✕ 制動放射X線は、電子が核の正電荷のクーロン力により減速され、同時に電子の運動エネルギーがX線として放出されます。

4
□□□
★

内部転換係数は1より大きくなる場合がある。

○ γ線放出に対する内部転換電子放出の比（$\lambda_e / \lambda_\gamma$）で表され、1を超える場合があります。

5
□□□
★★★

安定な原子核の核子1個当たりの結合エネルギーは、2.0～5.0MeVの範囲にある。

✕ ほとんどの核種にわたって核子1個当たりの結合エネルギーはおよそ8MeVです。

6
□□□
★★

β^+壊変では、質量数に変化がなく、原子番号が1増加する。

✕ β^+壊変では質量数が変わりませんが、原子番号が1減少します。原子番号が1増加するのはβ^-壊変です。

7
□□□
★

内部転換で放出される電子の運動エネルギーの分布は線スペクトルを示す。

○ β^-線およびβ^+線から放出される電子は連続スペクトルとなりますが、内部転換の電子は線スペクトルになります。

8 □□□ ★

^{51}Cr より ^{65}Zn のほうが、1壊変当たりのオージェ電子の放出確率が小さい。

◯ 内部転換の起こる確率が、原子番号のほぼ3乗に比例するので、原子番号が小さいほど、オージェ電子の確率が大きくなります。

---

9 □□□ ★★

熱中性子と ^{3}He との核反応で、陽子とトリチウムの原子核が放出される。

◯ ^{3}He (n, p) ^{3}H および ^{3}He (n, γ) ^{4}He反応が起こります。このうち前者の反応は、^{3}He比例計数管で使われます。

---

10 □□□ ★★

質量数200の原子核が4MeVの α 線を放出して壊変するとき、生成核の反跳エネルギーはおよそ0.08MeVである。

◯ 壊変後の原子核の質量数は196ですから、反跳エネルギーは 4/196・4MeV ≒ 0.08MeV となります。

---

11 □□□ ★

内部転換が生じると、電子が放出されて原子番号が1つ増加する。

✕ 内部転換は核の持つ過剰なエネルギーを軌道電子に与え、放出しますが、陽子数に変化がないので、原子番号は変化しません。

---

12 □□□ ★★

チェレンコフ光は荷電粒子が結晶の格子面に沿って入射したときに放出される光である。

✕ チェレンコフ光は荷電粒子が物質中での光速（c/n）より速く進むときに放射される光です。

---

13 □□□ ★★★

コンプトン効果の反応断面積は物質の原子番号と入射光のエネルギーEに比例します。

✕ コンプトン効果は電子との散乱なので、確率は物質の原子番号に比例し、エネルギーEに反比例します。

---

14 □□□ ★

シンクロトロンでは荷電粒子を周回させるために磁場を用い、加速させるために高周波電場を用いる。

◯ シンクロトロンは、高周波電場で粒子を加速させ、磁石の磁場強度を変化させて加速粒子の軌道半径を一定に保ちます。

---

15 □□□ ★★

特性X線のエネルギーは原子核のエネルギー準位の差で決まり、分布は線スペクトルを示す。

✕ 特性X線のエネルギーは軌道電子の準位間のエネルギー差で決まる線スペクトルとなります。

16

□□□
★★

真空中では陽電子は安定だが、電子があるとポジトロニウムをつくった後、消滅光子を放出する。

○ 電子対生成（ポジトロニウム）が起こった位置で、連続スペクトルの消滅放射線が発生します。

17

□□□
★★

1MeVの電子がタングステンのターゲットに当たった場合、制動放射線の最短波長は1.2pmとなる。

○ 電子のエネルギーと最短波長には、次のデュエンーハントの法則が成り立ちます。λ min [nm] = 1.240/V [kV]

18

□□□
★★★

0.1MeVと2MeVの光子と水の相互作用は、それぞれコンプトン効果と電子対生成である。

✗ 1.02MeVの光子で電子対生成が起こりますが、2MeV程度の光子と水の相互作用では電子対生成はあまり生じません。

19

□□□
★

相対論的立場では粒子のド・ブロイ波長は、運動量に反比例する。

○ 同様に、光子の運動量はエネルギーに比例し、光子のエネルギーは、波長に反比例します。

20

□□□
★★

核異性体の関係にある原子核では、原子番号および質量数が同じである。

○ 原子番号も質量数も等しいが、核のエネルギー準位の異なる核種を核異性体といいます。高エネルギー準位の核は γ 線を放出し、安定準位に移ります。

21

□□□
★★★

核反応の起こる断面積は、原子衝突の起こる断面積のほぼ10^8分の1である。

○ 原子核の断面積は原子の断面積の約10^8分の1の約10^{-28}m^{2}程度です。10^{-28}m^2＝1バーン（単位）となります。

22

□□□
★★★

荷電粒子の衝突阻止能は入射粒子の速度の自乗に反比例する。

○ 衝突阻止能は、他に入射粒子の有効電荷の自乗に比例しますが、質量には依存しません。

23

□□□
★

吸収線量の単位は、カーマと異なる。

✗ 両者ともGy（J・kg^{-1}）が使われます。カーマは、中性子や光子など、非荷電粒子に対して用いられます。

第2章

化　学

01 元素の分類

> **学習の
> ポイント**　本節では、元素の原子記号をしっかりと覚えましょう。また、同族元素の関係、ランタノイドとアクチノイドの特徴も覚えましょう。

❶ 元素の分類

　元素は物理的・化学的な性質など、さまざまな切り口によって分類されます。その代表的なものの1つとして、元素の周期表による分類があります。周期表では、縦の列を族、横の行を周期と呼びます。

　同じ周期に属する元素は、最外電子殻が同じです。一方、同じ族に属する元素は一般的に価電子の数が同じで性質も似ています。族は1族〜18族に分けられ、同じ族に属する元素を同族元素といいます。族の一部には、最も軽い元素の名前などを付けた別名があります。図表01に主な族と別名および属する元素を示します。

❷ ランタノイドとアクチノイド

　ランタノイドは原子番号57のランタン（La）から71のルテチウム（Lu）までの15の元素の総称で、すべて遷移元素でもあります。ランタノイドは、4f軌道が占有され始める元素の集まりで、セリウムから順に4f軌道に電子が1個ずつ詰まっていき、イッテルビウム（Yb）で14個の全軌道が占有されます。原子番号が増すと原子半径が小さくなりますが、これをランタノイド収縮といいます。また、原子番号61のプロメチウム（Pm）には安定同位体がありません。

　ランタノイドの安定原子価は3価ですが、一部の化合物では2価や4価で安定する場合もあります。特にセリウム（Ce）は4価、ユウロピウム（Eu）は2価が安定です。

　アクチノイドは、原子番号89のアクチニウム（Ac）から103のローレンシウム（Lr）までの15の元素の総称で、ウラン（U）などが含まれます。すべて放射性核種で、壊変系列（→P.82）のトリウム系列とウラン系列に属する元素以外は半減期が短く、天然には全くまたはごくわずかしか存在しません。したがって、これらは人工的につくられたものです。

　アクチノイドの原子価はトリウム（Th）で4価、ウランで6価、ネプツニウム（Np）で5価、プルトニウム（Pu）で4価など元素によってさまざまです。

☑ CHECK **超ウラン元素**

原子番号がウランの92より大きい元素を超ウラン元素といいます。超ウラン元素は半減期が地球の年齢よりかなり短く、地球誕生の頃に存在していたとしても、すでに消滅しています。また、超ウラン元素はすべて人工的につくられるか、つくられた元素が壊変して生じた娘核です。原子番号が92以下の元素で安定核種を持たない次の4元素を欠損元素といいます。

原子番号 43：テクネチウム（Tc）　　原子番号 61：プロメチウム（Pm）
原子番号 85：アスタチン（At）　　　原子番号 87：フランシウム（Fr）

図表01 ▶ **族と別名および属する元素**

族	別名	所属元素
1族	アルカリ金属	リチウム (Li)、ナトリウム (Na)、カリウム (K)、ルビジウム (Rb)、セシウム (Cs)、フランシウム (Fr)
2族	アルカリ土類金属	ベリリウム (Be) *、マグネシウム (Mg) *、カルシウム (Ca)、ストロンチウム (Sr)、バリウム (Ba)、ラジウム (Ra)
3族	希土類	スカンジウム (Sc)、イットリウム (Y)、ランタン (La)
4族	チタン族	チタン (Ti)、ジルコニウム (Zr)、ハフニウム (Hf)
5族	バナジウム族	バナジウム (V)、ニオブ (Nb)、タンタル (Ta)
6族	クロム族	クロム (Cr)、モリブデン (Mo)、タングステン (W)
7族	マンガン族	マンガン (Mn)、テクネチウム (Tc)、レニウム (Re)
8族	－	鉄 (Fe)、ルテニウム (Ru)
9族	－	コバルト (Co)、ロジウム (Rh)、イリジウム (Ir)
10族	－	ニッケル (Ni)、パラジウム (Pd)、白金 (Pt)
11族	銅族	銅 (Cu)、銀 (Ag)、金 (Au)
12族	亜鉛族	亜鉛 (Zn)、カドミウム (Cd)、水銀 (Hg)
13族	ホウ素族	ホウ素 (B) *、アルミニウム (Al)、ガリウム (Ga)、インジウム (In)、タリウム (Tl)
14族	炭素族	炭素 (C)、ケイ素 (Si)、ゲルマニウム (Ge)、スズ (Sn)、鉛 (Pb)
15族	窒素族	窒素 (N)、リン (P)、ヒ素 (As)、アンチモン (Sb)、ビスマス (Bi)
16族	酸素族	酸素 (O) *、硫黄 (S)、セレン (Se)、テルル (Te)、ポロニウム (Po)
17族	ハロゲン	フッ素 (F)、塩素 (Cl)、臭素 (Br)、ヨウ素 (I)
18族	貴ガス	ヘリウム (He)、ネオン (Ne)、アルゴン (Ar)、クリプトン (Kr)、キセノン (Xe)、ラドン (Rn)

＊が付いた元素は族に含めない場合もあります。

放射性核種の分類

> **学習の ポイント**　放射性核種の分類そのものを問う出題はありませんが、各出題はこの分類を単位につくられている場合が多いので覚えておきましょう。

❶ 自然を起源とした放射性核種

　放射性核種（放射性同位元素やラジオアイソトープ（RI）ともいいます）には、自然を起源とした放射性核種と、人工的に生成した人工放射性核種があります。自然を起源としたものは、さらに次の2つに分類されます。

●地球形成過程で宇宙空間から地球に取り込まれた放射性核種

　^{40}K、^{87}Rb、^{138}La、^{147}Sm、^{176}Lu、^{232}Th、^{238}U系列などがあります。

●現在も宇宙線によって自然界で生成される放射性核種

　^{3}H、^{7}Be、^{22}Na、^{14}C、^{36}Clなどがあり、宇宙線起源核種、宇宙線生成核種または誘導放射性核種ともいいます。自然起源の放射性核種を有意に含む物質を自然起源放射性物質（NORM）といいます。

❷ 人工的に生成した人工放射性核種

　人工で生成されたものは、さらに次の2つに分類されます。

■ 特定用途のためにつくられる人工核種

　特定用途用につくられる人工核種には、工業用γ線源の^{60}Co、^{192}Ir、中性子源の^{252}Cf、医療に使用される^{18}Fなどがあり、原子炉や加速器を利用して人工的に製造します。

■ 目的外に発生した放射性核種（原水爆生成物、原発廃棄物）

　目的外で生じた元素には、1950〜1960年代に行われた核実験で生じた^{137}Cs、^{103}Ruなどと、原子力発電所の廃棄物として発生する^{90}Sr、^{137}Csなどがあります。

❸ 原始放射性核種

　原始放射性核種（一次放射性核種ともいいます）は、約46億年前に地球が誕生したとき、宇宙空間から取り込んださまざまな放射性核種のうち、半減期が長い核種が46億年経った現在でも存在し続けているものです。主なものには図表

02に示す核種の他に、
・^{232}Th（半減期140億年）を親核とするトリウム系列核種
・^{235}U（半減期7.04億年）を親核とするアクチニウム系列核種
・^{238}U（半減期44.7億年）を親核とするウラン系列核種
があります。これらはいずれも半減期が長く、一番短い^{235}Uでも7.04億年の値となります。また、原始放射性核種が壊変して生成した核種を二次放射性核種といいます。

図表02 主な原始放射性核種の性質

核種名	壊変とエネルギー（MeV）	半減期	天然存在比（%）
^{232}Th（トリウム）	α：4.01、3.95	140億年	100
^{235}U（ウラン）	α：4.4、4.37、4.22、他	7.04億年	0.72
^{238}U（ウラン）	α：4.21、4.15	44.7億年	99.3

④ 誘導放射性核種

安定核種の原子核に、宇宙線や原子炉からの高エネルギーの中性子、陽子、重陽子、α粒子などの粒子あるいは高エネルギーX線を照射すると、核反応が起こり、放射性核種が生成されます。これを誘導放射性核種といいます。宇宙線によるものは宇宙線起源核種と呼び、それには核反応で生成するものと破砕反応で生成するものの2種類があります。原子炉で生じる誘導放射性核種は、施設内の放射能汚染の原因になります。

> 📝 **MEMO** **用語の定義**
>
> 次に示す用語の定義を覚えておきましょう。
> ・**比放射能**：放射性核種の単位重量当たりの放射能の強さをいいます。単位として Bq・g^{-1} が使われます。
> ・**放射能濃度**：放射性核種の単位体積当たりの放射能の強さをいいます。単位として Bq・cm^{-3} が使われます。
> ・**自発核分裂**：1個の核に外部からα線や中性子などを照射しなくても2個以上に分裂する現象で、原子番号90のTh以上の核種で起こります。自発核分裂の起こる確率は重い核ほど大きく、またある核種の自発核分裂の確率はα崩壊の確率と比べ、原子番号とともに急激に増加します。

03 壊変系列をつくる 原始放射性核種

学習のポイント　原子放射性核種は、質量を４で割った余りにより４つの系列に分類されること、ウラン系列の核種は地球に多く残っていることを覚えましょう。

❶ 壊変系列

　放射性核種の中には１回の壊変で安定核種に到達しないものもあります。このような放射性核種は、壊変によって新たな放射性の娘核が生成され、それがさらに壊変して放射性の娘核が生成されることが繰り返され、最終的に安定核種に到達します。この連続した壊変で生成される核種の列を放射性壊変系列といいます。

　原子放射性核種の中では、ウラン系列、トリウム系列、アクチニウム系列、ネプツニウム系列と名付けられた４つの系列がこれに当たります。

　天然元素で原子番号82の鉛以上の元素はすべて放射性核種を持ち、これらはすべてこの４つの系列に属します。

❷ ウラン系列

　ウラン系列は、半減期44億7千万年の^{238}U（ウラン）から始まり、最後に安定した^{206}Pb（鉛）になるまでの核壊変系列です。この系列では、最終的な壊変の近くで複雑に分岐しますが、いずれも途中８回のα壊変と６回のβ^-壊変を起こします。この系列の核は、質量が4n＋2（nは整数）で表されるので、4n＋2系列と呼びます。

ウラン系列の主な核種

^{234}U、^{238}U（ウラン）	^{230}Th、^{234}Th（トリウム）	^{234}Pa（プロトアクチニウム）
^{226}Ra（ラジウム）	^{222}Rn（ラドン）	^{210}Po、^{214}Po、^{218}Po（ポロニウム）
^{206}Pb、^{210}Pb、^{214}Pb（鉛）	^{210}Bi、^{214}Bi（ビスマス）	^{206}Tl、^{210}Tl（タリウム）
^{206}Hg（水銀）		

❸ トリウム系列

　トリウム系列は、半減期140億年の^{232}Th（トリウム）から始まり、最後に安定した^{208}Pb（鉛）になるまでの核壊変系列です。この系列は最後に１回分岐しますが、いずれも途中６回のα壊変と４回のβ^-壊変を起こします。この系列の

核は、質量がすべて4n（nは整数）で表されるので、4n系列と呼びます。

トリウム系列の主な核種

^{228}Th、^{232}Th（トリウム）　　^{224}Ra、^{228}Ra（ラジウム）　　^{220}Rn（ラドン）
^{212}Po、^{216}Po（ポロニウム）　　^{208}Pb（鉛）　　　　　　　　^{212}Bi（ビスマス）
^{208}Tl（タリウム）

❹ アクチニウム系列

　アクチニウム系列は、半減期7.04億年の^{235}Uから始まり、最後に安定した^{207}Pbになるまでの核壊変系列です。この系列は、はじめから複雑に分岐しますが、いずれも途中7回のα壊変と4回のβ^{-}壊変を起こします。この系列の核は、質量が4n＋3（nは整数）で表されるので、4n＋3系列と呼びます。

アクチニウム系列の主な核種

^{231}Pu（プルトニウム）　　　^{235}U（ウラン）　　　　　　^{227}Th、^{231}Th（トリウム）
^{223}Ra、^{227}Ra（ラジウム）　　^{227}Ac（アクチニウム）　　^{219}Rn（ラドン）
^{223}Fr（フランシウム）　　　　^{215}At、^{219}At（アスタチン）　^{211}Bi、^{215}Bi（ビスマス）
^{211}Po、^{215}Po（ポロニウム）　^{207}Pb、^{211}Pb（鉛）　　　　^{207}Tl（タリウム）

❺ ネプツニウム系列

　ネプツニウム系列は、半減期214万年の^{237}Np（ネプツニウム）から始まり、最後に安定した^{205}Tlになるまでの核壊変系列です。この系列は最後に1回分岐しますが、いずれも途中8回のα壊変と4回のβ^{-}壊変を起こします。

　この系列の核は、質量が4n＋1（nは整数）で表されるので、4n＋1系列と呼びます。なお、^{237}Npの半減期が短いので、この系列は分裂する最後の核種で半減期が長い^{209}Bi以外は現在天然に存在しません。

ネプツニウム系列の主な核種

^{233}U、^{237}U（ウラン）　　^{229}Th（トリウム）　　　　^{225}Ra（ラジウム）
^{217}Rn（ラドン）　　　　　^{209}Bi、^{213}Bi（ビスマス）　^{205}Tl、^{209}Tl（タリウム）
^{213}Po（ポロニウム）　　　^{209}Pb（鉛）

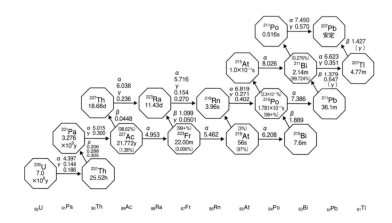

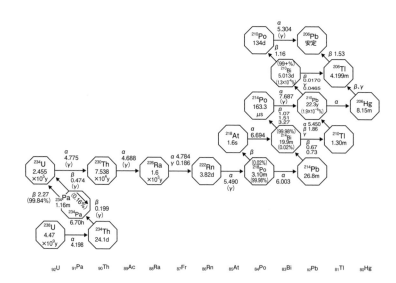

図表 05 ▶ 放射性壊変系列 トリウム系列（4n系列）

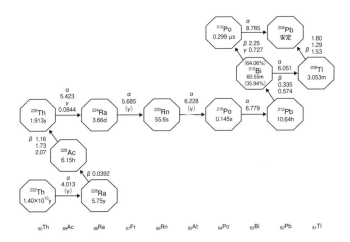

₉₀Th ₈₉Ac ₈₈Ra ₈₇Fr ₈₆Rn ₈₅At ₈₄Po ₈₃Bi ₈₂Pb ₈₁Tl

図表 06 ▶ 放射性壊変系列 ネプツニウム系列（4n＋1系列）

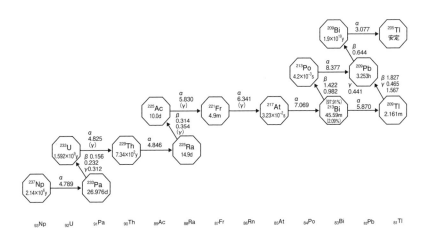

₉₃Np ₉₂U ₉₁Pa ₉₀Th ₈₉Ac ₈₈Ra ₈₇Fr ₈₆Rn ₈₅At ₈₄Po ₈₃Bi ₈₂Pb ₈₁Tl

半減期と放射線のエネルギー(MeV)は
Evaluated Nuclear Structure Data File(1995年2月)

第2章 化学

03 壊変系列をつくる原始放射性核種 | 085

壊変系列に属する放射性核種

各系列には、系列全体の親核と人体の健康に影響を与える核種が含まれ
ています。本節では、これらの系列について説明します。

❶ ウラン系列

1 ^{238}U (ウラン)

^{238}Uは、ウラン系列の最初の核種です。^{238}Uは半減期44.7億年でα壊変して
^{234}Th（半減期24.1日）となり、さらに^{234m}Pa（半減期1.16分）を経て^{234}U（半減
期24.5万年）となります。^{238}Uの半減期は極めて長いので、天然のウラン中では
^{238}U－^{234}Uは放射平衡（→P.109）となり、両者の放射能強度は等しくなります。

^{238}Uは太陽系がつくられたときから存在しており、天然ウランの99.27％を占
めます。また、原子炉の一種である重水炉や黒鉛炉の燃料として使用されています。

また、^{238}Uは中性子を捕獲すると^{239}Uとなり、それが2回β¯壊変して^{239}Puが
生成します。このプルトニウムを核燃料とする高速増殖炉が開発されています。

^{238}Uは地球上の地殻に広範囲に含まれており、日本で多く産出する花こう岩と
石灰岩にも1t当たりそれぞれ、4.7および4.4gの^{238}Uが含まれています。また、
海水中には、この1/1000の1t当たり2～3mg程度が含まれます。

この系列は、ウラン－鉛年代測定法として数億年の年代測定に使われます。

2 ^{210}Po (ポロニウム)

ウラン系列の最後に^{210}Pb→^{210}Bi→^{210}Po→^{206}Pbがあります。^{210}Poは魚介
類に多く含まれ、特に内臓に濃縮します。日本人は魚介類の消費量が多いうえ、
内臓ごと食べる習慣があるため、^{210}Poの摂取量が多くなります。この^{210}Poが体
内に入ると、α壊変で多くの内部被ばくを生じます。これは日本人が自然界から
被ばくする最も大きな原因となっています（→P.202）。

3 ^{222}Rn (ラドン)

^{222}Rnは、^{226}Ra（ラジウムの中で半減期が最も長い1600年）の娘核です。半
減期3.82日（Rnの中で最長）でα壊変し、^{218}Poになります。また、両者は永続
平衡（→P.110）になっています。ラドンは貴ガスなので、生成すると土壌など
から空気中に移行します。これを含む空気を吸入摂取することが内部被ばくの大
きな原因になっています（→P.202）。

❷ トリウム系列

1 ^{232}Th（トリウム）

^{232}Thはトリウム系列の最初の核種で、半減期140億年でα壊変して^{228}Raに変わります。^{228}Raは半減期が5.75年と短く、^{232}Thと永続平衡の関係になります。

2 ^{220}Rn（ラドン、トロン）

トリウム系列には^{224}Raがα壊変で生じた^{220}Rnが含まれ、これは^{222}Rnとともに吸入被ばく源となります。なお、^{220}Rnは歴史的経緯でトロンともいいます。

❸ アクチニウム系列

^{235}Uはアクチニウム系列の最初の核種です。半減期は7.04億年でα壊変して^{231}Thになり、さらに半減期25.5時間でβ壊変して^{231}Paになります。^{235}Uと^{231}Thは永続平衡の関係になります。太陽系がつくられたときから存在し、天然ウラン中の0.72%を占めます。日本では軽水炉型原子力発電所の核燃料として、^{235}Uを3～5%に濃縮したものを使用します。

❹ ネプツニウム系列

ネプツニウム系列の特徴は、最終壊変生成物が鉛でなくタリウムであること、貴ガスのラドンが生じないことです。

1 ^{237}Np（ネプツニウム）

ネプツニウム系列の最初の核種で、半減期214万年でα壊変して^{233}Paになります。半減期は地球年齢と比べて短いため、現在は消滅しています。このように太古には存在したが、現在は天然に存在しないものを死滅放射性核種といいます。

2 ^{209}Bi（ビスマス）

ネプツニウム系列の最後の手前にあり、半減期が長いので現在も存在します。

❺ 系列核種から生成する核種

鉱物中に存在する系列核種から放出されるα線は、ウランやベリリウムに衝突し、中性子を放出します。この中性子は、さらに鉱物中のウランとの核反応で^{237}Npや^{239}Puなどの超ウラン核種を生成します。

05 系列をつくらない原始放射性核種

学習の
ポイント
系列をつくらない核種に^{40}Kや^{87}Rbなどがあります。特に^{40}Kは頻繁に出題される核種です。壊変機構、生成物、半減期が長いなどの物性値を覚えましょう。

❶ 系列をつくらない原始放射性核種

　地球を起源とする原始放射性核種（一次放射性核種）には、4節の4つの系列核種以外に、系列をつくらない核種があります。

　これには、^{40}K（カリウム、半減期12.5億年）や^{87}Rb（ルビジウム、半減期497億年）、その他半減期が100億年以上の長い核種が約10あります。

　人体への被ばく源として、従来は^{40}Kと^{87}Rbのみを考慮していましたが、現在は図表07に示す5つの核種について検討されています。

図表07 系列をつくらない主な原始放射性核種の性質

核種名	壊変	半減期	天然存在比 (%)	単体の比放射能 （Bq/g 金属）
^{40}K（カリウム）	β	1.25×10^9 年	0.0117	30.4
^{87}Rb（ルビジウム）	β	4.97×10^{10} 年	27.84	892
^{138}La（ランタン）	β	1.02×10^{11} 年	0.09	0.82
^{147}Sm（サマリウム）	α	1.07×10^{11} 年	15	127
^{176}Lu（ルテチウム）	β	3.68×10^{10} 年	2.59	51.5

❷ ^{40}K（カリウム）

　^{40}K（カリウム）は、天然に存在する代表的な放射性核種で、太陽系がつくられたときから存在しています。半減期は12.5億年であり、その89.3%はβ^-崩壊でエネルギー1.31MeVのβ線を放出して^{40}Ca（カルシウム）に、残りの10.7%は電子捕獲壊変で^{40}Ar（アルゴン）となり、同時にエネルギー1.46MeVのγ線を放出します（→P.38 −図表21）。

　^{40}Kは超新星の爆発時につくられたもので、地球が形成されたときに宇宙空間から取り込まれました。現在の同位体存在比は0.0117%で、比放射能は30.4Bq/gです。

　^{40}Kは人工的につくられることはほとんどありませんが、同位体存在比や比放射能の高い^{40}Kは同位体濃縮で得られます。

^{40}Kは人体を被ばくする自然放射線であり、被ばく源としては大きな割合を占めます。カリウムは人体の必須元素です。アルカリイオンとして水に溶けるので、それを飲水すると人体の全身に広く分布します。体重60kgの成人男性の体内にはカリウムが140g含まれ、そのうちの0.0117%が^{40}Kです。したがって、この成人男性にはおよそ4000Bqの^{40}Kが存在しています。この^{40}Kが放出するβ線による被ばく線量は、日本人の自然被ばく線量の10%ほどを占めています（→P.202）。

食品中のカリウム含有量は、1kg当たりに換算すると、白米で1.1g、大根で2.4g、ほうれん草で7.4g、りんご、鶏むね肉およびかつおで4.4gとなります。また、外洋海水では0.4gです。

一方、岩石中のカリウム量（%）は、玄武岩0.83、花こう岩3.34、石灰岩0.31です。地球の大気中に約1%存在する気体アルゴンの99.6%は^{40}Arで、これは主に^{40}Kから生成したものです。

「溶岩中にはガスである^{40}Arは含まれないが、溶岩が固まって岩石ができるとその後は^{40}Kの壊変で生成した^{40}Arが岩石中に留まっている」という仮定に基づき、岩石中の^{40}K－^{40}Ar比を求めることで岩石の年代測定を行う方法をカリウムーアルゴン年代測定法といいます。この測定法は、数千万年前から数十億年前程度の年代測定に使われ、黒雲母、白雲母、長石など、カリウム含有量の多い岩石に適用されます。なお、これら岩石の^{39}Ar/^{40}Ar比は、カリウム含有量が多いほど小さくなります。

❸ ^{87}Rb（ルビジウム）

^{87}Rb（ルビジウム）は、半減期が497億年と極めて長い核種で、β^-崩壊を起こして^{87}Srになります。ルビジウム中の天然存在比は27.84%と大きな割合を占めています。

^{87}Rbは^{40}K、ウラン系列核種およびトリウム系列核種に比べると被ばくへの寄与は小さいのですが、放射性系列を構成しない核種としては^{40}Kに次いで重要な核種です。環境中でのルビジウムの挙動には不明な点が多くありますが、人体中の^{87}Rb濃度は約8.5Bq/kgです。

^{87}Rbが^{87}Srに崩壊する現象を利用した年代測定法にRb－Srというものがあります。石英、カリ長石、斜長石、雲母など、複数の鉱物を含む花こう岩などでは、各鉱物に含まれる^{87}Rbと^{87}Srの比は溶岩が固まって岩石になった時点では同じですが、時間の経過とともに変わっていきます。Rb－Srはこの現象を利用した測定法で、岩石からアルゴンが抜け出すために^{40}K－^{40}Arでは正しい年代を測れない場合に利用されます。

第2章
化学

06 宇宙線起源核種

学習の
ポイント
宇宙線起源核種の種類、生成機構、生体への取り込み、^{14}C年代測定による年代計算法と誤差要因をしっかりと覚えましょう。

❶ 宇宙線起源核種

　地球には、太陽からの高エネルギーの陽子や超新星の爆発を起源とする荷電粒子などの宇宙線が降り注いでいます。これら高エネルギーの一次宇宙線は地球の大気と衝突し、中性子、陽子、π中間子、α線などの二次宇宙線、核反応や核破壊で生じる^{3}H、^{7}Be、^{22}Na、^{14}C、^{35}S、^{36}Cl、^{129}Iなどを生成させます。このような起源で生じた放射性核種を宇宙線起源核種、宇宙線生成核種または誘導放射性核種と呼びます。宇宙線起源核種には多くの種類がありますが、いずれも半減期が地球誕生からの時間と比べて短いので、現在の存在量は時間が経っても変わらない平衡状態になっています。また、存在量が少ないため、人体の被ばく線量への寄与はわずかです。なお宇宙線は地磁気の影響で赤道近くで減少するので宇宙線起源核種も減少します。

❷ 主な宇宙線起源核種

■ ^{14}C（炭素）の生成

　^{14}Cは、高層大気中で低速の宇宙線による^{14}N (n, p) ^{14}C反応で生成し、半減期5730年で低エネルギーのβ線を放出し、^{14}Nになります。宇宙線で生じた^{14}Cは、大気中の酸素と直ちに反応してCO_2になった後、大気循環で海水に吸収されたり、光合成で植物に取り込まれ、有機物として固定されます。

　固定された^{14}Cはその後、食物連鎖で人体に取り込まれます。地球表面の炭素の同位体比は次のようになっています。

^{12}C : ^{13}C : ^{14}C = 0.989 : 0.011 : 1.2 × 10^{-12}

　なお、宇宙線強度が大きくなると^{14}N (n, p) ^{14}C反応で^{14}Nが減少するので、^{14}N/^{15}N比は小さくなります。

図表08 ▶ 宇宙線による^{14}Cの生成と大気循環

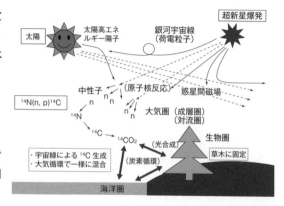

2 ³H（トリチウム）の生成

　³H（Tとも書きます）は宇宙線からの高速中性子が大気中の^{14}Nや^{16}Oなどと衝突し破砕反応（n, ³H）で生成します。³Hは弱いβ線を放出して³Heになります。これによる生成量は7×10^{16}Bq/年、平衡存在量は1.8×10^{18}Bqです。これにより生じたTは、大気中の水と水素交換してHTOとなります（Hと比べTの量が少ないのでT$_2$Oにはなりません）。このHTOは、大気循環を通して大気や海水中に取り込まれます。

　この他に、1945〜63年に行われた原水爆実験で約2.4×10^{20}Bqが大気圏に放出されたことで降水中のT濃度が100Bq/Lまで上昇しました。この値は現在0.5Bq/Lまで減少しています。

　原子炉では約1×10^{-4}程度の確率でウランからTが生成します。この結果出力1GWの原子炉で約1.8×10^{14}Bq/年のTが生成します。これは燃料棒に留まりますが、核燃料再処理工場で処理するときに放出されます。青森県六ヶ所村で建設中の核燃料再処理工場は稼働時、1年間に約1.8×10^{16}Bqを放出する計画です。また福島の原発事故で$1 \sim 5 \times 10^{16}$Bqが海洋に放出したと推定されています。

　Tを核融合の燃料に使う研究が行われています。これに使うTは^{6}Li（n, α）³Hや^{7}Li（n, nα）³Hの反応で製造することが予定されています。使用量は1発電所当たり年間0.5×10^{18}Bqと想定されています。

　他の用途として地下水中の³H：³He比の測定から、降水から湧き出すまでの時間を求める方法があり、富士山の湧き水の年代測定に利用されました。

3 ⁷Be（ベリリウム）の生成

　⁷Beは、宇宙線と大気中の酸素や窒素との反応によって生じ、半減期53.2日で電子捕獲して⁷Li（リチウム）となります。

　温帯では、地表水中に3000Bq/m^3、雨水中に700Bq/m^{3}程度含まれています。宇宙線起源のBeには、他に^{16}O（n, 4p3n）^{10}Beで生成する半減期151万年の^{10}Beがあります。

4 その他の核の生成

　宇宙線起源核種は、この他に、^{22}Na（ナトリウム：半減期2.61年）、^{32}P（リン：半減期14.3日）、^{33}P（リン：半減期25.4日）、^{35}S（硫黄：半減期87.4日）、^{36}Cl（塩素：半減期301万年）などがあります。

❸ ¹⁴C年代測定

大気の上空では、宇宙線から生じた二次宇宙線の中性子が空気中の窒素¹⁴Nと(n, p) 反応し、半減期**5730年**（= 1.8×10^{11} 秒）の¹⁴Cが生成します。もし、地球に飛来する宇宙線強度が一定なら大気中の¹⁴Cの量は一定で、炭素1g当たり約0.23Bqです。放射能Aは、壊変定数 λ（= 0.693/半減期）、原子数Nとした場合、A = $\lambda \cdot$ N の関係になるので（→P.36）、1g中の¹⁴Cの数は、N = 0.23 × (1.8×10^{11}) /0.693 ≒ 5.97×10^{10} となります。また、天然の炭素には、¹²Cが98.9％、¹³Cが1.1％存在するので、1gの $(¹²C + ¹³C)$ 原子数は、

(6.02×10^{23}) / $(0.989 \times 12 + 0.011 \times 13)$ = 5.01×10^{22} 個

となります。これより、¹⁴C/ $(¹²C + ¹³C)$ 原子数比は 1.2×10^{-12} になります。

化学形が¹⁴CO₂となって存在する大気中の¹⁴Cは、光合成により植物体内に取り込まれ、食物連鎖により動物体内にも入るため、動植物中の¹⁴C比放射能は大気中とほぼ同じになります。しかし、動植物が死ぬと¹⁴Cの供給が途絶えるので、¹⁴C比放射能は時間とともに減衰します。

したがって、これら動植物試料中の¹⁴Cを測定すれば、死んでからの経過時間を求めることができます。これを¹⁴C年代測定といいます。

¹⁴Cは β 線を放出して壊変するので、以前は試料をアセチレンなどの気体にして比例計数管で測定する方法や、ベンゼンなどの炭素含有量の多い有機液体にして液体シンチレーションカウンタで測定する方法が使用されていましたが、試料量が1g以上必要なため、試料が少量の場合や数万年前の古い試料では、¹⁴C核の放射能が少なく、その放射能測定は困難あるいは不可能でした。

しかし、1970年代末に、¹⁴C核の数を直接数える小型加速器を用いた加速器質量分析法（AMS）が開発され、1mg程度の試料で測定が可能となり、数万年前の試料でも年代を決定できるようになりました。

例えば、ある試料を測定し、¹³C/ $(¹²C + ¹³C)$ 原子数比の値が0.0107、¹⁴C/¹³C原子数比の値が 7.0×10^{-12} であったとすると、¹⁴C/ $(¹²C + ¹³C)$ 原子数比は 7.5×10^{-14} となります。これは前出の大気中原子数比の1/16ですから、この試料のおよその年代は半減期の4倍の時間、すなわち4 × 5730年 = 23000年前となります。

なお、¹⁴C年代測定では、1950年を時間の原点としています。

❹ ¹⁴C年代測定の誤差

¹⁴C年代測定では、大気中の¹⁴Cの量が一定であること、¹⁴Cの測定値が正確であること、半減期の値が正確であることが必要条件です。誤差が生じるケースと

しては、次のものが考えられます。

① 大気中の^{14}C量が変動する例

太陽の活動は11年周期で変化し、宇宙線の量も変わるため、生成する^{14}C量も変化します。特に西暦774〜775年にかけて急激な増加がありました。

過去の宇宙線強度が現在より大きかった場合、^{14}C含有量は大きくなるため、実年代より新しくなります。

石炭や石油などの化石燃料は数億年前にできたもので、炭素中の^{14}C含有量は少なくなっています。このため、化石燃料起源の炭素が混入すると、得られた年代は実年代より古くなります。このような影響を補正するため、図表09のような国際較正曲線がつくられています。

・黒い線：計算から得られた年代と放射能の関係
・赤い線：国際較正曲線で補正した年代と放射能の関係

補正曲線では、ライン上に波があります。また、年代が古い部分で明らかに補正曲線のほうが、年代が古く測定されます。

図表09 国際較正曲線

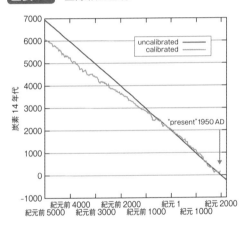

② ^{14}Cの測定値が変動する例

液体シンチレーション法では、計数率から放射能を求めるため、計数率を検出効率で割ります。このため、検出効率を多く見積もると^{14}C量が少なく算出されるので、得られる年代は実年代より古くなります。

③ 半減期の値の正確さの例

半減期の値が変わると、原子数の算出と、原子数比の自然対数と半減期の積での年代の算出の2箇所で、値に影響を受けます。このうち前者がより大きく影響します。

この結果、半減期値に実際より大きな値を用いた場合には、得られた年代は実年代より新しくなります。

07 軽元素の放射性核種

軽元素の放射性核種は生物に多く含まれるので、それぞれの用途や性質をしっかりと覚えましょう。

❶ ^{14}Cと^{11}C（炭素）

炭素には、^{12}Cと^{13}Cの2つの安定同位体と、10種類以上の放射性核種が存在します。^{13}Cは核磁気共鳴分光法（NMR）で用いられ、有機化合物の構造を決める有力な手段となっています。放射性核種で重要なのは^{14}Cと^{11}Cです。

◆ ^{14}C

^{14}Cは宇宙線起源核種で炭素唯一の天然由来の放射性核種で、^{14}C年代測定に使用されます。

人工的な^{14}Cは、原子炉において^{14}N (n, p) ^{14}C反応などにより製造されます。^{14}C化合物は、$^{14}CO_2$を用いた光合成の研究など、放射性トレーサとして古くから使われています。また、最近では、放出するβ線のエネルギーが小さく、^{32}Pより画像分解能の高い画像が得られるため、イメージングプレートを用いたオートラジオグラフィにも利用されています（→P.205）。

◆ ^{11}C

^{11}Cは炭素の中で最も安定した人工放射性核種で、半減期20.4分で陽電子を放出して安定同位体の^{11}Bに変わります。^{11}Cは、陽電子放射断層撮影（PET）の際に使われます。また、^{11}Cは、小型サイクロトロンなどでつくられた陽子を利用して^{11}B (p, n) ^{11}Cなどの核反応で製造しますが、半減期が短いので試料の取り扱いに時間がかかる原子炉では製造しません。

❷ ^{30}P、^{32}Pと^{33}P（リン）

リンは、天然に存在する核種が^{31}Pのみの単核種元素です。リンは、RNAとDNAの構成原子で、骨や細胞膜の主要成分でもあり、さらにエネルギー代謝を制御するなど、生体の必須成分です。^{13}Cと同様に、核磁気共鳴分光法（NMR）で使用されます。放射性核種が20種類以上あり、主なものに^{30}P、^{32}P、^{33}Pがあります。

1 ^{30}P

^{30}Pは、人類初の人工放射性核種です。半減期は2.50分で、β^+壊変して^{30}Siになります。

2 ^{32}P

^{32}Pは、^{32}Sへの中性子照射による^{32}S（n, p）^{32}Pや^{31}P（n, γ）^{32}P反応などで生成します。14.3日の半減期で、エネルギーが1.71MeVと高く、β^-壊変を起こして安定な^{32}Sになります。このとき、γ線は放出されません。

主に同位体標識として、DNAやRNAの塩基配列の決定、生体内の物質循環の研究に使われています。摂取した^{32}Pは、骨や核酸に取り込まれるため、取り扱う場合は手袋などの使用が求められます。また、β^-線のエネルギーが高いため、鉛などの原子番号が大きい物質で遮へいすると制動放射による二次X線が多く放出されるので（→P.60）、10mm厚のアクリル樹脂のプラスチックなど、原子番号が小さい物質での遮へいが必要です。

3 ^{33}P

^{33}Pの半減期は^{32}Pより長く、25.4日です。また、エネルギーが0.25MeVと低いβ^-壊変を起こして安定同位体の^{33}Sに変わります。β線のエネルギーが低いため、DNAシーケンスなどの実験に使われます。

❸ ^{35}S（硫黄）

硫黄には^{32}S、^{33}S、^{34}S、^{36}Sの4種の安定同位体があり、そのうち95%が^{32}Sです。放射性核種は約20種類ありますが、^{35}S以外は半減期が3時間以下です。

^{35}Sは半減期87.4日で、β^-壊変を起こし、0.167MeVのエネルギーが弱いβ^-線を放出して^{35}Clに変わります。このとき、γ線は放出されません。

^{35}Clに中性子を照射する^{35}Cl（n, p）^{35}S反応で生成し、^{35}Sの分離には^{35}S^{2-}イオンをH_2Sとして蒸留します。用途としては、メチオニンを^{35}Sで置換したものがタンパク質の合成量を測定する際に使われます（→P.204）。

また、^{35}Sは宇宙線起源核種で、^{40}Arの破砕によっても生成します。

❹ その他の元素

生体に多く存在する酸素には^{16}O、^{17}O、^{18}O、窒素には^{14}N、^{15}Nの安定同位体がありますが、トレーサに使えるほど長寿命の放射性核種はありません。

08 第4周期の放射性核種

学習の
ポイント
これらの核種では主に、^{60}Coの性質、用途と、^{57}Coおよび^{63}Niの用途について出題されますので、しっかりと覚えましょう。

❶ マンガンの核種

　マンガンは、安定同位体が^{55}Mnのみの単核種元素です。放射性核種は18種類あり、その中で半減期が長いものは370万年の^{53}Mn、5.59年の^{52}Mn、312日の^{54}Mnです。残りはすべて3時間以下の短い半減期の核種です。また、半減期の長い^{53}Mnが電子捕獲して生じる^{53}Crの存在比の測定から、隕石の年代測定に使用されます。

❷ ^{60}Coと^{57}Co（コバルト）

　コバルトは、安定同位体が^{59}Coのみの単核種元素です。放射性核種は22種類あり、その中で半減期が長いものは5.27年の^{60}Co、272日の^{57}Co、70.9日の^{58}Co、77.2日の^{56}Coです。

1 ^{60}Co

　^{60}Coは代表的な人工放射性核種で、^{59}Coに原子炉からの中性子を照射して生成します。半減期は5.27年で、β^-壊変による318keVの低エネルギーのβ^-線を放出後、1.17MeVと1.33MeVというエネルギーが高い2本のγ線を放出して^{60}Niに変わります。^{60}Coのγ線エネルギーが高いことから、γ線源として非破壊検査、密度計、レベル計などの工業用線源、生薬系医薬品の殺菌、がん治療、さらに特殊な用途としてジャガイモの発芽防止など、幅広い分野で利用されています。

　また、^{60}Coは、放射能測定器の校正用標準線源として測定器のエネルギーや計測数の補正に使われます。

　図表10に^{60}Coの主な用途を示します。

2 ^{57}Co

　^{57}Coのγ線を使用し、その共鳴吸収から固体中の鉄の構造を調べるメスバウアー分光装置に使われています。

図表10 ^{60}Co－γ線の用途

用途	線源	原理
密度計	γ線	γ線の透過・吸収
非破壊検査	γ線	γ線の透過・吸収
レベル計	γ線	γ線の透過・吸収
医薬品の殺菌	γ線	汚染菌の除去
ジャガイモの発芽防止	γ線	細胞分裂を阻害
稲の品種改良	γ線	突然変異の高頻度化
害虫駆除	γ線	オスの不妊化
コバルト針によるがん治療	γ線	細胞分裂を阻害

❸ ^{63}Ni（ニッケル）

　ニッケルには、5種の安定同位体と18種類の放射性核種があります。半減期が長いものは^{59}Niの8.1万年、^{63}Niの101年、^{56}Niの6.08日です。

　^{63}Niは、^{62}Niに中性子を照射して起こる捕獲反応などで生成します。半減期は100.1年で、最大エネルギーが67keVのβ^-壊変を起こして安定的な^{63}Cu（銅）になります。放射線はβ線のみで、α線やγ線は放出しません。

　^{63}Niは化合物の同定・定量に使われるガスクロマトグラフィーで、β^-線による電離を利用するエレクトロン・キャプチャ・ディテクタ（ECD）に使用されます。

❹ 亜鉛の核種

　亜鉛には、5種の安定同位体と21種類の放射性核種があります。放射性核種の中で半減期が長いものは、^{65}Znの244日と^{72}Znの46.5時間です。

❺ ^{85}Kr（クリプトン）

　^{85}Krは、半減期10.7年で687keVのβ^-線を放出し、安定な^{85}Rbに変わります。^{85}Krがガスであるという特性を利用し、かつて化学プラントの気密性試験に使用されていました。

09 事故時に放出される放射性核種

> **学習のポイント**
> ストロンチウム、ヨウ素、セシウムは原発事故時の人体への影響が大きいため、頻繁に出題されます。

❶ 原発事故で放出される放射性核種

原発の原子炉内では、ウランの核分裂により、^{133}Xe（キセノン）、^{131}I（ヨウ素）、^{90}Sr（ストロンチウム）、^{137}Cs（セシウム）などの放射性核種が生成します。

これらの多くは半減期が短いため、通常の運転時は原子炉内部にとどまったまま核壊変で消滅します。しかし、原発事故が起こると、それらの核種が環境中に放出されるため、人々に大きな健康被害をもたらします。

図表11は1986年のチェルノブイリ原発事故時に放出された主な核種とその量です。このうち、事故直後では甲状腺に蓄積する^{131}Iが、また長期的には半減期がともに約30年であり、骨などに固定される^{90}Srと、食物連鎖で長期にわたって人体に取り込まれる^{137}Csが特に問題となりました。

図表11 チェルノブイリ原発事故時の主な放射性核種の推定放出量

核種	半減期	放射能 (10^{15}Bq)	核種	半減期	放射能 (10^{15}Bq)
^{133}Xe（キセノン）	5.25日	6500	^{103}Ru（ルテニウム）	39.2日	>168
^{131}I（ヨウ素）	8.03日	～1760	^{106}Ru（ルテニウム）	1.02年	>73
^{134}Cs（セシウム）	2.06年	～54	^{141}Ce（セリウム）	32.5日	196
^{137}Cs（セシウム）	30.1年	～85	^{144}Ce（セリウム）	285.0日	～116
^{132}Te（テルル）	3.20日	～1150	^{239}Np（ネプツニウム）	2.36日	～95
^{89}Sr（ストロンチウム）	50.6日	～115	^{238}Pu（プルトニウム）	87.7年	0.035
^{90}Sr（ストロンチウム）	28.8年	～10	^{239}Pu（プルトニウム）	2.41万年	0.03
^{140}Ba（バリウム）	12.8日	～240	^{240}Pu（プルトニウム）	6.56年	0.042

❷ ^{90}Sr（ストロンチウム）

ストロンチウムは、骨を構成するカルシウムと同じアルカリ土類で、4種の安定同位体と16種類の放射性核種があります。このうち重要なのは^{90}Srです。

^{90}Srは28.8年の半減期で、エネルギーが0.55MeVのβ^-壊変を起こして^{90}Y（イットリウム）となります。^{90}Yはさらに2.67日の半減期でエネルギーが

2.28MeVと高いβ^-壊変を起こして安定的な^{90}Zr（ジルコニウム）になります。このとき、両壊変ともγ線放射は伴いません。

また、^{90}Yの半減期は、^{90}Srと比べてはるかに短いため、両者は2週間以上経過すると永続平衡（→P.110）となり、両者の放射能がほぼ等しくなります。

^{90}Srは、^{238}U（ウラン）の自発核分裂などでも少量発生しますが、主な発生源はウランなどが中性子と反応して生じるもので、核実験や原子炉で発生します。

ウランなどが中性子により核分裂を起こすと、^{90}Srを含む質量数が90〜105付近および130〜145付近の核分裂片を生成します（→P.44）。

図表12にいくつかの核種と中性子の核分裂で生じる^{90}Srの生成率を示します。

図表12 核分裂による^{90}Srの生成率（%）

親核種	熱中性子	高速中性子	14.1 MeV 中性子
^{232}Th（トリウム）	核分裂せず	7.32 ± 0.36	6.2 ± 1.5
^{233}U（ウラン）	6.648 ± 0.073	6.39 ± 0.33	5.07 ± 0.80
^{235}U（ウラン）	5.73 ± 0.13	5.22 ± 0.18	4.41 ± 0.18
^{238}U（ウラン）	核分裂せず	3.11 ± 0.14	3.07 ± 0.16
^{239}Pu（プルトニウム）	2.013 ± 0.054	2.031 ± 0.057	不明
^{241}Pu（プルトニウム）	1.510 ± 0.074	1.502 ± 0.041	不明

^{90}Srは骨と親和性が高いという特徴があります。したがって、体内摂取されると、骨に長く残留して^{90}Yからの高エネルギーβ線で健康に大きな影響を与えます。

^{90}Srの用途には、たばこの葉の詰まり具合を測定するたばこ量目計があります。

核分裂で^{89}Srも同程度生成し、エネルギー1.5MeVの高いβ^-壊変を起こして安定した^{89}Yを生じますが、半減期が短いため生体への影響は大きくありません。

❸ I（ヨウ素）

ヨウ素は、天然に存在する核種が^{127}Iのみの単核種元素で、人工放射性核種は36種類あります。そのうち^{131}Iが原発事故時の放出核種、^{123}I、^{125}I、^{128}Iが医学分野で利用されています。^{129}Iは宇宙線起源核種（→P.90）で、また原子炉内の核分裂でも生じます。

ヨウ素は原子量126.9のハロゲン元素で、通常単体（I_2）やヨウ化イオン（I^-）の形態で存在します。単体は容易に昇華し、酸性のヨウ化イオンは加熱による揮発で空気中に飛散します。また、ヨウ素は甲状腺との臓器親和性（→P.160）が

高いために甲状腺に濃縮され、チロキシンやトリヨードチロニンなど、ホルモンの原料となります。このように１つの器官に高濃度に濃縮されるのは、他の元素ではみられないヨウ素に特徴的な現象です。

1 ^{127}I

甲状腺に蓄積されるヨウ素量には上限があります。このため、原子力災害時にあらかじめ安定同位体の^{127}Iを含むヨウ素剤を飲んで蓄積量を上げ、後から人体に取り込まれる放射性のヨウ素が蓄積されることを防ぎます。

2 ^{123}I

^{123}Iは半減期13.2時間で、100％軌道電子捕獲（EC）で壊変し、低エネルギーγ線159keVとTe（テルル）の特性X線27.5keVを放出します。γ線のエネルギーが159keVと低くて半減期が短いので、人体内部に投与する検査に向いており、シングルフォトン放射断層撮影（SPECT）に利用されます（→P.210）。

^{123}Iは次の反応式のように、^{124}Xeに陽子を照射して製造します。

$$^{124}Xe（p, 2n）^{123}Cs → （\beta^+） → ^{123}Xe → （\beta^+） → ^{123}I$$

3 ^{125}I

^{125}Iは半減期59.4日で、100％軌道電子捕獲（EC）で壊変して^{125m}Teに変わり、35.5keVのγ線と^{125}Teの27.5keVの特性X線を放出します。半減期が長いので体内投与には不向きで、①ラジオイムノアッセイ（RIA）やイムノラジオメトリックアッセイ（IRMA）、②タンパク質の標識利用（K^{125}I）など、体外検査に使われます。医療目的では、前立腺がんの密封小線源療法に使われます。放出されるγ線のエネルギーが小さいので、測定には^{125}I専用の薄型NaI式検出器や井戸型NaI（Tl）を使用します。

4 ^{128}I

^{128}Iは、^{127}Iの中性子照射の（n, γ）反応で生成します。半減期は約25分で443keVのγ線を放出し、ホットアトムによる合成に使われます（→P.130）。また、^{127}Iの中性子が（n, γ）反応で^{128}Iを生じるので、中性子放射化分析による含有量の測定に利用されます。

5 ^{129}I

^{129}Iは半減期1570万年でβ^-壊変を起こして^{129}Xeとなります。^{129}Iは地球誕生時に天然放射性核種として存在していましたが、半減期が短いために減衰して消

滅した死滅放射性核種です。自然界では、Xeと宇宙線との反応や地殻中天然ウランの自発核分裂によっても生成します。

⑥ ^{131}I

^{131}Iは半減期8.02日でβ^-壊変して^{131}Xeとなります。^{131}Iは、^{129}Iと同様、自然界では宇宙線とXeとの反応や、地殻中天然ウランの自発核分裂によって生成します。しかし、環境への最も大きな放出源は、原子力発電所の事故や、再処理工場や原子爆弾から放出される人工放射性核種です。

^{131}Iは、熱中性子による^{235}Uの核分裂で、収率1%以上生成するので、原子炉内に多く溜まっていますが、半減期が短いので通常は問題となりません。しかし、1986年のチェルノブイリ原子力発電所のように、稼働中の原子炉事故では^{131}Iが汚染物質として環境に放出されます。チェルノブイリでは、^{131}Iによる内部被ばくで児童に小児甲状腺がんが発生したことが知られています（→P.203）。

甲状腺にはヨウ素が濃縮するので、甲状腺に生じたがんの治療のため、放射線の到達距離が短いβ線を放出する^{131}Iを服用する内服治療法が行われています。

❹ ^{137}Cs（セシウム）

セシウムはアルカリ金属に属し、天然に存在する核種が^{133}Csのみの単核種元素です。放射性核種は39種類ありますが、その中でも重要なのは^{137}Csです。

^{137}Csの半減期は30.1年で、多くは514keVのβ^-壊変を起こし、^{137m}Ba（バリウム）となります。この^{137m}Baは、2.55分の半減期で核異性体転移し、662keVのγ線を放出して安定な^{137}Baとなります。

環境中に放出されたセシウムは、陽イオンとして土の中に滞留します。このセシウムは、水とともに根から植物に取り込まれ、その後食物連鎖で人体に取り込まれます。セシウムは人体の特定臓器に対する臓器親和性はありませんが、食物として毎日摂取するため、長期にわたってβ線による内部被ばくを引き起こします。

工業的用途では、^{137}Csは鋼板などの厚さ測定や非破壊検査のγ線源として利用されます。

❺ 東海村臨界事故

東海村のウラン加工工場で高濃度ウラン溶液を入れた容器を冷却水中に置いたところ、この水で中性子が減速されて熱中性子となり、ウランと反応して臨界状態に達し、連鎖的核分裂を起こして周辺に中性子を放出する事故が発生しました。

10 その他の重要な放射性核種

利用価値のある核種については、その用途と放射線の種類やエネルギー、半減期を覚えましょう。

❶ ^{95}Zr（ジルコニウム）

ジルコニウムには、4種の安定同位体と多数の放射性核種があります。金属の中で熱中性子の吸収断面積が最も小さいため、ジルコニウム合金は原子炉の燃料棒の被覆材料（燃料被覆管）などに使われます。

❷ ^{99m}Tc（テクネチウム）と^{99}Tc

テクネチウムはマンガン族元素で、安定同位体はありません。多くの放射性核種がありますが、そのうち^{99}Moの娘核の^{99m}Tcは半減期6.01時間で核異性体転移し、エネルギーが141keVと低いγ線を放出して^{99}Tcに変わります。このとき、β⁻線を放出しない特徴を活かし、核医学検査（シンチグラフィ）（→P.209）に使われます。

❸ ^{106}Ru（ルテニウム）

ルテニウムには、7種の安定同位体と34種類の放射性核種があります。半減期が長いものに半減期372日の^{106}Ruがあります。

^{106}Ruは、β⁻壊変して半減期30.1秒の^{106}Rh（ロジウム）となり、さらにβ⁻壊変して安定的な^{106}Pd（パラジウム）となります。

❹ ^{192}Ir（イリジウム）

^{192}Irは半減期73.8日でエネルギーの異なる多数のγ線を放出します。このγ線の透過・減衰を利用して非破壊検査の線源として使われます。また、^{192}Irからのγ線は、エネルギーが平均約350keVと低いので、放射線の遮へいが容易です。さらに、種々の形状の密封小線源（→P.215）が得られ、また国産化されて供給も安定しています。このため、組織内照射線源として、多くの種類のがん治療に利用されています。

❺ ^{169}Yb（イッテルビウム）

　^{169}Ybは、半減期32.0日で電子捕獲（EC）し、63.1keV〜307.7keVの低エネルギー
のγ線を放出します。このγ線を利用し、X線装置が使えない細い薄肉鋼管の溶
接部の欠陥検査に使用されています。

❻ ^{144}Ce（セリウム）

　セリウムには、4種の安定同位体と27種類の放射性核種があります。半減期
が長いものに半減期285日の^{144}Ceがあります。

❼ ^{241}Am（アメリシウム）

　アメリシウムは原子番号95の元素であり、アクチノイド元素の1つです。また、
超ウラン元素でもあります。安定同位体は存在しません。同位体の中で^{241}Am
はα線およびγ線の線源として使われます（→P.56）。その製造は、^{239}Pu（プル
トニウム）に中性子を照射することで行います。

　^{241}Amは、半減期433年でエネルギー5.49と5.44MeVのα線を放出し、^{237}Np（ネ
プツニウム、半減期214万年）になります。また、59.5keVのγ線も放出します。
^{241}Amの用途としては、次のものがあります。

- ・^{241}Amからのα線を^{9}Beに照射して発生させた中性子を用いた水分計
- ・^{241}Amから放出されるα線で煙をイオン化して測定する煙探知機
- ・γ線の透過を利用した厚さ計
- ・γ線を銀板に照射して生じる低エネルギーの特性X線が硫黄に選択的に吸
  収されることを利用した硫黄計
- ・γ線を線源とする可搬式蛍光X線分析装置

❽ ^{252}Cf（カリホルニウム）

　カリホルニウムは原子番号98の元素で、アクチノイド元素の1つです。また、
超ウラン元素でもあります。安定同位体は存在しません。同位体の中で、半減期
2.65年でα線を放出する^{252}Cfは中性子源として使われます（→P.57）。
　製造は、^{235}Uに原子炉からの中性子を照射する方法で行います。
　^{252}Cfからの高速中性子は水素核と衝突しエネルギーを失って熱中性子となり
ます。これをBF$_3$比例計数管で測定し水分量を求める中性子水分計があります。

11 半減期と放射能の計算

学習の ポイント

本試験では毎回、放射能と半減期の関係、およびそれを応用した問題が出題されています。過去問を例に計算方法を学びましょう。

❶ 関連数式（→ 1 章 7 節）

この節の計算に関連する数式には、次のものがあります。

①壊変定数 λ ［s^{-1}］と半減期 $t_{1/2}$ ［s］の関係

$$\lambda = \ln(2)/t_{1/2} = 0.693/t_{1/2}$$

②放射性核種数 $N(t)$ ［個］の経時変化

$$N(t) = N_0 \exp(-\lambda \cdot t)$$

λ ［s^{-1}］：壊変定数　N_0 ［個］：放射性核種数の初期値

③減衰率 $(N(t)/N_0)$ と半減期 $t_{1/2}$

$$t_{1/2} = -\ln(2) \cdot t/\ln(N(t)/N_0) = -0.693 \cdot t/\ln(N(t)/N_0)$$

$t_{1/2} = t/n$　ただし、$N(t)/N_0 = (1/2)^n$

④壊変を起こした壊変核数 $N_d(t)$ の経時変化（＝娘核数）

$$N_d(t) = 初期同位体 - 壊変していない放射性核種数$$
$$= N_0(1 - \exp(-\lambda \cdot t))$$

$\lambda t < 1$ の場合、$\exp(-\lambda \cdot t) \fallingdotseq 1 - \lambda \cdot t$ と近似できるので、

$$N_d(t) = N_0 \cdot \lambda \cdot t = 0.693 \cdot N_0 \cdot (t/t_{1/2})$$

⑤放射能 A と半減期 $t_{1/2}$ の関係

$$A = \lambda \cdot N_0 = 0.693 \cdot N_0/t_{1/2}$$

これより、

$$N_0 = A \cdot t_{1/2}/0.693$$

⑥壊変定数と平均寿命 τ の関係

$$\tau = 1/\lambda = t_{1/2}/\ln(2) = 1.44 \cdot t_{1/2}$$

例題 1

1日で12.5%に減衰する放射性核種の半減期は何時間か。

解答・解説

➡ **正解** 8時間

公式としては数式③を用いて、次のように計算します。

$t_{1/2} = -0.693 \cdot t / \ln (N (t) / N_0) = -0.693 \cdot 24$時間$/ \ln (0.125) = 8$時間

しかし、試験では計算機の持ち込みが禁止されているので、$\ln (0.125)$ の値を求めることは困難です。このため、次のように計算します。

はじめに、放射性核種数が$N (t)$になるまでに、半減期の何倍の時間を経たかを求めます。これをnとすると、次式が得られます。

$(N (t) / N_0) = (1/2)^n$

これより、$t_{1/2} = t / n$となります。

この例題では、$0.125 = (1/2)^3$、すなわち、$n = 3$となりますので、

$t_{1/2} = 24/3 = 8$時間となります。

例題 2

1年間で1000分の1に減衰する放射性核種の放射能が、2000分の1に減衰するのは何年後か。

解答・解説

➡ **正解** 1.1年

1000分の1はほぼ$(1/2)^{10}$ですから、半減期＝0.1年となります。

2000分の1≒$(1/2)^{11}$ですから、半減期の11倍の時間、すなわち1.1年となります。

例題 3

放射能が等しい^{54}Mn（半減期312日）と^{60}Co（半減期5.27年）があるとき、5年後の放射能の比（^{54}Mn/^{60}Co）はいくつか。

解答・解説

➡ **正解** 0.03

5年はMnの約6半減期、Coの約1半減期ですから、放射能はそれぞれ64分の1、2分の1に減ります。これより、放射能の比＝$(1/64) / (1/2) = 0.03$となります。

　地殻中には約4.0×10^{13}トンのウラン（^{238}U）が存在する。これが1年間に起こす^{238}Uの自発核分裂の数はいくつか。ただし、^{238}Uの自発核分裂の半減期は8.2×10^{15}年、アボガドロ定数は$6.0 \times 10^{23}\mathrm{mol}^{-1}$とする。

解答・解説

➡ **正解** 8.5×10^{24}個

　自発核分裂数は$N(t) = N_0(1 - \exp(-\lambda \cdot t))$で与えられます。ここで、1年<<半減期ですから、$N(t) = 0.693 \cdot N_0 \cdot (t/t_{1/2})$となります。
　一方、ウラン4.0×10^{13}トン$= 4.0 \times 10^{19}$gの原子数N_0は、
　　$N_0 = 4.0 \times 10^{19}/238$（質量数）$\times 6.0 \times 10^{23} = 1.0 \times 10^{41}$個
　これより、$N(1) = 0.693 \times 1.0 \times 10^{41} \times 1/(8.2 \times 10^{15}) \fallingdotseq 8.5 \times 10^{24}$個

　^{232}Th900gの放射能（MBq）として最も近い値を求めよ。ただし、^{232}Thの半減期は1.4×10^{10}年（4.4×10^{17}秒）とする。

解答・解説

➡ **正解**　3.7MBq

　放射能Aと半減期$t_{1/2}$には、次の関係が成り立ちます。
　　$A = \lambda \cdot N_0 = 0.693 \cdot N_0/t_{1/2}$
　ここで、^{232}Th900gの原子数N_0は、
　　$N_0 = 900/232$（質量数）$\times 6.02 \times 10^{23} = 2.33 \times 10^{24}$個
　これより、$A = 0.693 \times 2.33 \times 10^{24}/4.4 \times 10^{17} = 3.7 \times 10^6 = 3.7\mathrm{MBq}$

　1TBqの^{7}Be（半減期4.6×10^6秒）の質量[g]はいくつか。

解答・解説

➡ **正解**　7.7×10^{-5}g

　例題5と逆の計算です。
　　$A = 0.693 \cdot N_0/t_{1/2}$から、$N_0 = A \cdot t_{1/2}/0.693$より、
　　$N_0 = 1 \times 10^{12} \times 4.6 \times 10^6/0.693 = 6.64 \times 10^{18}$個
　これをモル数で表すと、$6.64 \times 10^{18}/(6.02 \times 10^{23}) = 1.10 \times 10^{-5}\mathrm{mol}$
　^{7}Beは7g/molですから、質量$= 1.10 \times 10^{-5} \times 7 = 7.7 \times 10^{-5}$g

例題 7

$50kBq \cdot mg^{-1}$ の $Ca^{14}CO_3$ 310mg を酸と反応させて $^{14}CO_2$ を発生させた。この $^{14}CO_2$ の0℃、1気圧での放射能濃度 $[Bq \cdot mL^{-1}]$ はいくつか。ただし、$CaCO_3$ の式量は100、0℃、1気圧での気体の体積を $22.4L \cdot mol^{-1}$ とする。

解答・解説

➡ **正解** 2.2×10^5

試料の全放射能 A は、$50kBq \cdot mg^{-1} \times 310mg = 1.55 \times 10^7Bq$

試料のモル数は、$310mg/100 = 3.1 \times 10^{-3}mol$

この CO_2 の体積は、$22.4L \cdot mol^{-1} \times 3.1 \times 10^{-3}mol = 0.0694L = 69mL$

これより、放射能濃度 $[Bq \cdot mL^{-1}] = 1.55 \times 10^7Bq/69mL = 2.2 \times 10^5$

例題 8

$1.0MBq$ のトリチウム水180mL全量を電気分解して水素ガスを得た。大気圧の気体中のトリチウム濃度 $[Bq \cdot L^{-1}]$ はいくつか。

解答・解説

➡ **正解** 4.5×10^3

電気分解反応は、$H_2O \rightarrow H_2 \uparrow + 1/2O_2 \uparrow$、つまり、水 1mol から水素 1mol が生成します。

水の量は 18 で比重は1ですから、180mL は 10mol となります。

10mol の体積は 224L ですから、トリチウム濃度 $[Bq \cdot L^{-1}] = 1.0MBq/224L = 4.5 \times 10^3$

例題 9

純度100%のトリチウムガス（$^3H_2$）が、1.00気圧で容器に封入されている。これが2半減期経過すると、内部の圧力は何気圧になるか。

解答・解説

➡ **正解** 1.75気圧

トリチウムガス1分子がβ壊変すると、ヘリウム原子が2個生成します。$^3H_2 \rightarrow 2\ ^3He$

2半減期でトリチウム分圧は 1/4 に減少します。

一方、ヘリウム分圧は $(1 - 1/4) \times 2 = 6/4$ なので、

全圧は $1/4 + 6/4 = 7/4 = 1.75$ 気圧になります。

12 放射平衡

> **学習の ポイント** 広範囲から出題されます。過渡平衡と永続平衡の意味、親核と娘核の放射能や半減期の関係など、赤字の字句をしっかりと学びましょう。

❶ 親核、娘核数の経時変化

下図は、ある親核が半減期 T_1（壊変定数 λ_1）で壊変し、それにより生じた娘核がさらに半減期 T_2（壊変定数 λ_2）で壊変して孫核となる逐次壊変を示します。

この場合、親核と娘核の時間0の個数をそれぞれ N_{10}、N_{20} とすると、親核の数 N_1 (t) の時間変化は次式で与えられます（→ P.36）。

$$N_1 (t) = N_{10}\exp (-\lambda_1 \cdot t) \cdots\cdots ①$$

一方、娘核の時間変化は次の微分方程式で与えられます。

$$dN_2 (t) /dt = \lambda_1 \cdot N_1 (t) - \lambda_2 \cdot N_2 (t) \cdots\cdots ②$$

ここで $\lambda_1 \cdot N_1$ (t) は親核が壊変して娘核種が増加する項で $\lambda_2 \cdot N_2$ (t) は娘核が壊変して消滅する項です。この微分方程式を解くと次式が得られます。

$$N_2 (t) = \frac{\lambda_1}{(\lambda_2 - \lambda_1)} \cdot N_{10} (\exp(-\lambda_1 \cdot t) - \exp(-\lambda_2 \cdot t)) + N_{20} \cdot \exp(-\lambda_2 \cdot t) \cdots\cdots ③$$

この式で、時間0での娘核の数、N_{20} が0の場合、娘核の数 N_2 (t) が最大となる時間 t_{Max} は次式となります。

$$t_{Max} = 1/ (\lambda_2 - \lambda_1) \cdot \ln (\lambda_2 / \lambda_1)$$
$$= 1/\ln (2) \cdot T_1 \cdot T_2/ (T_1 - T_2) \cdot \ln (T_1/T_2) \cdots\cdots ④$$

この時間 t_{Max} では、次のようなことが起こります。

- 親核が壊変して娘核が生成する速度と娘核が壊変する速度が等しくなる。
- 親核と娘核の壊変速度が等しいので、放射能も等しくなる。
- t_{Max} の後、娘核の放射能は親核の放射能を常に上回る。

② 放射平衡

逐次壊変や系列壊変で親核が壊変してできた娘核との放射能の量的な関係が、時間的にほぼ一定の比率で推移する状態を放射平衡といいます。

図表13に、親核の半減期T_1が娘核の半減期T_2より短い場合の、放射能の時間変化の様子を示します。

図表13 放射能の時間変化

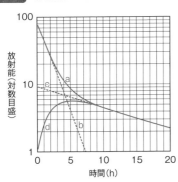

- a：親核と娘核の合計の放射能
- b：親核による放射能
- c：時間が長い曲線部の$t = 0$への外挿
- d：親核の壊変で生成する娘核量

aは親核と娘核の放射能を合計した放射能ですが、時間の短い部分では娘核からの放射能が少ないので、bで示す親核の放射能にほぼ等しくなります。この傾きが親核の壊変定数λ_1になります。時間の長い部分では、親核は消滅し、娘核だけの減衰となるので、このcの傾きが娘核の壊変定数λ_2になります。

親核の半減期T_1が娘核の半減期T_2より短い場合には、両者の比は一定にならず、親核が先になくなるので放射平衡は起こりません。

③ 過渡平衡と永続平衡

③式で$N_{20} = 0$とすると、$N_2(t)/N_{10}$の値は次式で与えられます。

$$N_2(t)/N_{10} = \frac{\lambda_1}{\lambda_2 - \lambda_1} \cdot (\exp(-\lambda_1 \cdot t) - \exp(-\lambda_2 \cdot t)) \quad \cdots\cdots ⑤$$

④ 過渡平衡

$T_1 > T_2$、すなわち$\lambda_1 < \lambda_2$の場合、時間tがT_2の7〜10倍以上に大きくなると、⑤式の2項目の$\exp(-\lambda_2 \cdot t)$の値はゼロに近くなります。

また、$N_{10} \cdot \exp(-\lambda_1 \cdot t) = N_1(t)$なので、⑤式は次のようになります。

$$N_2\,(t) = \frac{\lambda_1}{\lambda_2 - \lambda_1} \cdot N_1\,(t) = \frac{T_2}{T_1 - T_2} \cdot N_1\,(t) \quad \cdots\cdots ⑥$$

　すなわち、娘核は見かけ上、親核の半減期で減衰します。この状態を過渡平衡といいます。また、放射能の比は次式で表せます。

$$A_2\,(t)\,/A_1\,(t) = \frac{\lambda_2}{\lambda_2 - \lambda_1} = \frac{T_1}{T_1 - T_2} \quad \cdots\cdots ⑦$$

　すなわち、親核と娘核の比は一定で、$T_1 > T_1 - T_2$ ですから、$A_2\,(t) > A_1\,(t)$、つまり娘核の放射能は親核の放射能より大きくなります。

図表14 ▶ **過渡平衡の時間変化**

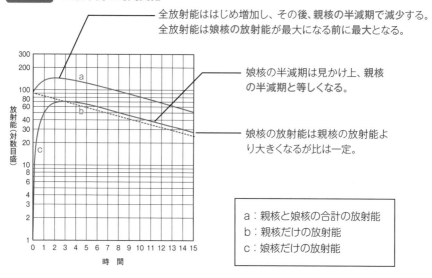

全放射能ははじめ増加し、その後、親核の半減期で減少する。全放射能は娘核の放射能が最大になる前に最大となる。

娘核の半減期は見かけ上、親核の半減期と等しくなる。

娘核の放射能は親核の放射能より大きくなるが比は一定。

a：親核と娘核の合計の放射能
b：親核だけの放射能
c：娘核だけの放射能

❺ 永続平衡

　さらに $T_1 \gg T_2$、すなわち $\lambda_1 \ll \lambda_2$ の場合、⑦式の分母は、
$(\lambda_2 - \lambda_1) ≒ \lambda_2$ となり、$N_2\,(t)\,/N_1\,(t) = \lambda_1/\lambda_2 = T_2/T_1$、
つまり、娘核と親核の数の比は半減期の比と等しくなります。この状態を永続平衡といいます。

　また、放射能の比 $A_2\,(t)\,/A_1\,(t) = (N_2\,(t)\cdot\lambda_2)\,/\,(N_1\,(t)\cdot\lambda_1) = 1$、
つまり、永続平衡状態では親核の放射能と娘核の放射能は同じとなります。

図表 15 ▶ 永続平衡の時間変化

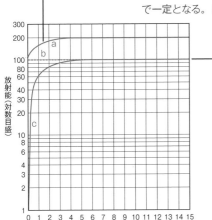

全放射能ははじめ増加し、娘核の半減期の5倍程度以上の時間で一定となる。このときの放射能は親核の放射能の2倍になる。

娘核の放射能は親核の放射能と等しくなる。

a：親核と娘核の合計の放射能
b：親核だけの放射能
c：娘核だけの放射能

図表16・17に過渡平衡および永続平衡が成り立つ核種の組み合わせを示します。

図表 16 ▶ 過渡平衡が成り立つ主な核種の組み合わせ

親核	半減期	娘核	半減期	孫核
^{87}Y	79.8 時間	^{87m}Sr	2.82 時間	^{87}Sr
^{99}Mo	65.9 時間	^{99m}Tc	6.01 時間	^{99}Tc
^{132}Te	3.20 日	^{132}I	2.30 時間	^{132}Xe
^{140}Ba	12.8 日	^{140}La	1.68 日	^{140}Ce
^{28}Mg	20.9 時間	^{28}Al	2.25 分	^{28}Si

図表 17 ▶ 永続平衡が成り立つ主な核種の組み合わせ

親核	半減期	娘核	半減期	孫核
^{90}Sr	28.8 年	^{90}Y	64.0 時間	^{90}Zr
^{137}Cs	30.1 年	^{137m}Ba	2.55 分	^{137}Ba
^{226}Ra	1600 年	^{222}Rn	3.82 日	^{218}Po
^{238}U	44.7 億年	^{226}Ra	1600 年	^{222}Rn
^{42}Ar	32.9 年	^{42}K	12.4 時間	^{42}Ca
^{68}Ge	271 日	^{68}Ga	67.6 分	^{68}Zn

13 放射平衡の計算

永続平衡と過渡平衡の計算方法、および、その特徴をしっかりと覚えましょう。

① 永続平衡と過渡平衡の計算

　ここでの永続平衡と過渡平衡の計算は、放射能の値を求めるのが主要ポイントです。例題にならって公式と解法をしっかりと学びましょう。

例題 1

　^{238}U を40g含む岩石中の ^{222}Rn の放射能〔Bq〕の値はいくつか。ただし、この岩石中のウラン系列核種は永続平衡にあり、^{238}U の比放射能は1.2×10^4Bq・g^{-1}とする。

解答・解説

➡ **正解**　4.8×10^5Bq

　^{238}U と ^{222}Rn は永続平衡にあるので、両者の放射能は同じです。

　　^{222}Rn の放射能 ＝ ^{238}U の放射能 ＝ 40g × 1.2×10^4Bq・g^{-1} ＝ 4.8×10^5Bq

例題 2

　精製した ^{226}Ra（半減期1600年）1gを密封容器に入れて40日間放置して生じた娘核 ^{222}Rn（半減期3.82日）の標準状態での体積〔mL〕はいくつか。ただし、1molの気体の体積は標準状態で22.4Lとする。

解答・解説

➡ **正解**　6.5×10^{-4}mL

　親核と娘核は永続平衡が成立しています。また、Rn の半減期の10倍以上密封しているので、Rn 量も容器内で平衡に達しています。^{226}Ra の半減期、mol 数を T_1、N_1、^{222}Rn のそれを T_2、N_2とすると、$N_1/T_1 = N_2/T_2$ の関係から、$N_2 = T_2/T_1・N_1$ となります。

　1g の ^{226}Ra は 1/226mol ですから、^{222}Rn の mol 数 N_2は、

　　$N_2 = 3.82/(1600 \times 365)・(1/226) = 2.89 \times 10^{-8}$mol

　これをガスの体積にすると、

　　体積 ＝ 22.4×10^3mL・mol^{-1} × 2.89×10^{-8}mol ＝ 6.5×10^{-4}mL

例 題 **3**

1.0MBq の ^{140}Ba と過渡平衡にある ^{140}La の放射能〔MBq〕の値はいくつか。ただし、^{140}Ba と ^{140}La の半減期は 12.7 日、1.68 日とする。

解答・解説

➡ **正解** 1.15MBq

^{140}Ba と ^{140}La の半減期と放射能をそれぞれ T_1、A_1、T_2、A_2 とすると、$T_1 > T_2$ なので、12節の⑦式より、$A_2 = T_1 / (T_1 - T_2) \cdot A_1 = 12.7 / (12.7 - 1.68) \cdot 1.0 = 1.15$MBq

例 題 **4**

^{87}Y（半減期80時間）から、娘核の ^{87m}Sr（半減期2.8時間）が生成するとき、^{87m}Sr の放射能が最大となるのは何時間後か。ただし、$\ln (80) = 4.38$、$\ln (2.8) = 1.03$ とする。

解答・解説

➡ **正解** 14時間

12節の④式より、$t_{Max} = 1/\ln (2) \cdot T_1 \cdot T_2 / (T_1 - T_2) \cdot \ln (T_1/T_2)$
$= 1/0.693 \cdot 80 \cdot 2.8 / (80 - 2.8) \cdot (\ln (80) - \ln (2.8)) = 14$ 時間

❷ 親核と娘核間の関係

1 共通

親核が分岐壊変する場合でも、親核・娘核間の過渡平衡、永続平衡の関係は成立します。しかし、娘核間では成立しません。

2 過渡平衡の性質

娘核の放射能が最大となる前に、親核＋娘核の放射能は最大になります。娘核の放射能が最大のとき、親核の放射能と等しくなります。また、娘核の半減期の $7 \sim 10$ 倍の時間を経た後、娘核は見かけ上、親核の半減期で壊変します。

3 永続平衡の性質

永続平衡の性質としては、①娘核の放射能は一定になる、②娘核の放射能（＝壊変率）は親核の放射能（＝壊変率）と等しくなる、③全放射能は親核の放射能の２倍となる、④娘核の数／親核の数＝T_2/T_1 である、などが挙げられます。

14 放射性核種の製造

> **学習の ポイント**
>
> 図表18に示した各種の核を製造するときに利用する反応は何かを覚え ましょう。また、計算では①～③の式をしっかりと覚えましょう。

❶ 原子炉による放射性核種の製造

放射性核種（RI）の製法には、原子炉で製造する方法と、サイクロトロンや 直線加速器などの加速器で製造する方法があります。前者では、主として標的核 に熱中性子を照射し、（n, γ）反応で標的核と同位元素で質量数が大きい核種を 製造します。この方法は、数種類のRIを大量に製造するのに適しています。し かし、この方法は標的核と生成核が同位体のため、両者を化学的に分離すること が困難で、得られる試料の比放射能が低いものしか得られません。

生成核が β 壊変やEC壊変を起こす場合は、娘核と原子番号が異なるので分離 が容易になり、比放射能の高い試料が得られます。

また、生成核と娘核間に永続平衡が成立している場合は、生成核と娘核を分離 した後、しばらくするとまた生成核から娘核が生じるので、再度娘核を取り出す ことができます。この製法は、牛から毎日牛乳を取るのに似た操作なので、ミル キングと呼ばれます。核医学検査で使われる ^{99m}Tc はこの方法を用いて ^{99}Mo から 生成しています。

❷ 加速器による放射性核種の製造

加速器による製法は入射粒子として、陽子、重陽子、 α 線など、多くの粒子が 利用でき、エネルギー範囲や標的種の組み合わせで多様な核反応が選択可能で、 多種類の放射性核種の製造に使用できます。また、直線加速器（リニアック）な どの加速器による製法は原子炉と比べ生成後の後処理時間が短くできるので、 PETなど半減期が短い核種を使用する試薬の製造に多く使われます。

核反応の選択法として、標的核の原子番号がZ、生成核の原子番号がZ＋1の ときには、（p, n）反応や（ α, pn）反応などが利用可能です。生成核の原子番 号がZ－1のときには、（n, p）や（p, α）反応などが使えます。（n, γ）反 応のように標的核と生成核の原子番号が同じ場合には、生成核の非放射性核種を 含まない放射性核種（これを無担体といいます）を得ることはできません。

図表18に核反応によるZとNの変化をまとめます。

図表18 ▶ 核反応によるZとNの変化

質量数の変化 / 原子番号の変化	-3	-2	-1	0	1	2	3
2	—	—	—	a, 4n	a, 3n	a, 2n	a, n
1	—	p, 3n	p, 2n	p, n / d, 2n	p, γ / d, n	a, pn	a, p
0	—	—	γ, n / n, 2n	—	n, γ / d, p	—	—
-1	p, a	d, a	γ, p	n, p	—	—	—
-2	n, a	—	—	—	—	—	—

標的核と照射粒子の核反応の起こりやすさは反応断面積で表され、反応断面積と照射粒子エネルギーの関係は励起関数と呼ばれます。中性子の捕獲反応の反応断面積は、低いエネルギー領域では中性子エネルギーをE_nとすると、$1/\sqrt{E_n}$に比例しますので、速中性子より熱中性子の反応性が高くなります（→P.45）。

ある元素に中性子や荷電粒子を照射し、（n, γ）反応などで生成する放射性核種の放射能Aは次式で与えられます。

$$A = n\sigma f \cdot (1 - \exp(-\lambda t)) = n\sigma f \cdot (1 - (1/2)^{t/T}) \cdots\cdots①$$

また、λtが小さいとき、$\exp(-\lambda t) \fallingdotseq 1 - \lambda t$と近似できるので、次のようになります。

$$A = n\sigma f \cdot (\lambda t) = n\sigma f \cdot (0.693 \cdot t/T) \cdots\cdots②$$

n：標的核の数　　　σ：反応断面積　　　f：粒子フルエンス率
t：粒子の照射時間　　λ：生成核の壊変定数　　T：生成核の半減期

図表19 ▶ 照射時間と放射能

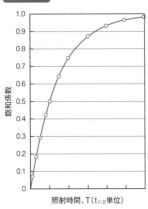

照射時間、T($t_{1/2}$単位)

このAは、図表19のように照射時間とともに増加しますが、Tの4倍を超えるとほとんど増加しなくなります。これを飽和といい、（1 － (1/2)^{t/T}）を飽和係数といいます。また、照射時間が長いと、生成核種が照射粒子と反応して生成核種の核種純度が低下します。したがって照射時間は、半減期の2～3倍程度にとどめます。一方、②式から生成核種量N_0は次式で与えられます。

$$N_0 = n \cdot \sigma \cdot f \cdot t \cdots\cdots③$$

照射時間が半減期の4倍程度を超すと、照射しても放射能はほとんど増加しません。

例 題 1

^{198}Auと^{24}Naを製造するために、金2.0mgとナトリウム2.3mgを同時に、熱中性子フルエンス率1.00×10^{12}cm$^{-2} \cdot$s^{-1}で100秒間照射した。生成した^{198}Auと^{24}Naの放射能の比（A_{Au}/A_{Na}）はいくつか。なお、それぞれの核反応断面積と生成核の半減期は次のとおりとする。

核種	断面積（バーン）	半減期（時間）
^{198}Au	100	65
^{24}Na	0.5	15

解答・解説

➡ **正解**　4.6

2つの核の半減期と比べ、照射時間が短いので、②式が使えます。すなわち、

$A_{Au} = n_{Au} \cdot \sigma_{Au} \cdot f \cdot (0.693t/T_{Au})$

$A_{Na} = n_{Na} \cdot \sigma_{Na} \cdot f \cdot (0.693t/T_{Na})$

これより、$A_{Au}/A_{Na} = (n_{Au}/n_{Na})(\sigma_{Au}/\sigma_{Na})/(T_{Au}/T_{Na})$

ここで、n_{Au}/n_{Na}の比は$(2.0 \times 10^{-3}/198)/(2.3 \times 10^{-3}/24) = 0.10$より、

$A_{Au}/A_{Na} = 0.10 \cdot (100/0.5) \cdot (15/65) = 4.6$

例 題 2

^{238}Puの製造には、次の反応を利用するものがある。

^{237}Np（n, γ）^{238}Np $\rightarrow \beta^{-}$壊変／半減期：2.1日 $\rightarrow ^{238}$Pu

237gの^{237}Npターゲットを熱中性子フルエンス率1.0×10^{15}cm$^{-2} \cdot$s^{-1}で50時間照射した。上記（n, γ）反応の断面積を180バーンとすると、^{238}Npに変化した^{237}Npの総数は何個か。また、このターゲットを30日間冷却した後、すべてのPuを化学分離により回収した。この回収した^{238}Puの重量は何gか。

解答・解説

➡ **正解**　1.9×10^{22}個、8g

生成する核種量は③式、$N_0 = n \cdot \sigma \cdot f \cdot t$で与えられるので、

$N_0 = (237/237 \times (6.02 \times 10^{23})) \cdot (180 \times 10^{-24}) \cdot (1.0 \times 10^{15}) \cdot (50 \times 60 \times 60) = 1.9 \times 10^{22}$個

^{238}Npの半減期は2.1日ですから、30日の冷却期間にほぼすべて壊変して^{238}Puになります。

また、^{238}Puの半減期は88年と長く、30日の冷却の間に壊変する量は小さいので、

^{238}Np生成個数＝^{238}Pu生成個数となります。したがって、

重量＝$238 \cdot 1.9 \times 10^{22}/(6.02 \times 10^{23}) = 8$g

例題 3

半減期20分の核種を製造する場合、20分間照射した場合の生成放射能に対して60分間照射した場合の生成放射能は何倍となるか。

解答・解説

➡ **正解** 1.75倍

放射能と照射時間の関係は①式で与えられます。

$A = n \sigma f \cdot (1 - (1/2)^{t/T})$

$T = 20$ 分なので、20分照射の場合、$A_{20} = n \sigma f \cdot (1 - 1/2)$、
60分照射の場合、$A_{60} = n \sigma f \cdot (1 - (1/2)^3)$。よって、

$A_{60}/A_{20} = (1 - 1/8) / (1 - 1/2) = 1.75$ 倍

例題 4

半減期20分の放射性核種の製造で、20分間照射する場合と比較して、照射電流を2倍、照射時間を40分間とすると、何倍の放射性核種が製造されるか。

解答・解説

➡ **正解** 3倍

$A = n \sigma f \cdot (1 - (1/2)^{t/T})$ の式で、照射電流を2倍にすると f は2倍に、また照射時間が20分と40分で飽和係数は0.5と0.75。これより、$0.75/0.5 \cdot 2 = 3$倍

例題 5

ある核種（半減期T分）を加速器で製造するのに、2T分間照射して2T分間冷却したときの放射能は、T分間照射してT分間冷却したときの放射能の何倍か。

解答・解説

➡ **正解** 0.75倍

T分間照射、T分間冷却の場合、放射能は、時間による減衰の項が加わり、

$A_1 = n \sigma f \cdot (1 - (1/2)^{T/T}) \cdot (1/2)^{T/T} = 1/4 n \sigma f$

2T分間照射、2T分間冷却の場合、放射能は、

$A_2 = n \sigma f \cdot (1 - (1/2)^{2T/T}) \cdot (1/2)^{2T/T} = 0.75 \cdot 1/4 n \sigma f$

これより、$A_2/A_1 = 0.75$ 倍

15 放射性核種の分離

学習の
ポイント
試験には、本節からまんべんなく出題されます。赤字の項目をしっかり
と覚えましょう。また、例題1の計算法に慣れましょう。

❶ 放射性核種の分離

　同位体の分離技術は大きく分けて、医療機器のPETで用いる試薬など、特定の同位体のみが必要で、それを分離する場合と、原子力発電所の廃棄物から半減期の長いものだけを分離するなど、望ましくない特性を持つ同位体を除去する2つの場合があります。

　前節の方法で製造した放射性核種（RI）は、原料の標的物質や原料不純物などが混ざっています。分離はその中から目的のRIを取り出す作業で、沈殿分離（→16節）、溶媒抽出、イオン会合体抽出、イオン交換分離、蒸留分離、析出抽出など、非放射性物質を分離するのと同じ技術が用いられます。

　ただし、次の3つの観点から通常の物質の分離とは異なる扱いが必要です。

① RIは少量でも検出感度は高いが、原子の絶対量は少量です。このため、量が多いときには問題にならない、分離に使う溶媒中の微量不純物、ろ紙やガラス容器表面にある末端OH基がRIと反応し、吸着するなどの問題を起こします。

② 非放射性物質では時間が経っても量が変化しないので、分離方法を検討するとき、時間がかかってもなるべく多く分離できる、純度が高く分離できるなどの方法を採用します。一方、RIの場合、特に半減期が短い物質を分離するときは、作業の間に壊変して量が減少するので、短時間で分離できる方法を選択します。

③ 放射性核種を取り扱うので、放射線防御が重要です。また、ほとんどの場合、密封していないRIを扱うので、その漏えいや体内へ取り込まないような処置が必要です。

❷ 溶媒抽出

　溶媒抽出は、さまざまな物質が溶解している水溶液を分液ロートなどの容器に入れ、それにベンゼンやクロロホルムなど、水と混ざり合わない有機溶媒を入れて振とうし、目的とする成分を有機溶媒に選択的に移動させて分取する方法です。目的とする核種Cの水中の濃度をC_1、有機溶媒中の濃度をC_2とするとき、両者の比は次のような式になります。

$$D = \frac{C_2}{C_1} \quad \cdots\cdots ①$$

このDを**分配比**といい、値が大きいほど目的核種が有機溶媒に多く抽出されます。また、Cが有機相中に移行した割合は**抽出率E**といい、次式で定義されます。

$$E（\%）= \frac{C_2 V_2}{(C_1 V_1 + C_2 V_2)} \times 100 \quad \cdots\cdots ②$$

ここでV_1、V_2は水および有機溶媒の体積です。この式に$D = C_2 / C_1$を代入すると、

$$E（\%）= \frac{D}{\left(D + \dfrac{V_1}{V_2}\right)} \times 100 \quad \cdots\cdots ③$$

が得られます。

溶媒抽出で同じ量の有機溶媒を使用する場合、有機溶媒を分割して複数回抽出を行うほうが抽出率が高くなります。例えば、分配比が8で$V_1 = V_2$とすると、

$$E = 8 / (8 + 1) \times 100 = 88.9\%$$

となります。

有機溶媒を半分ずつの体積に分け、その半分の量で抽出すると、

$$E = 8 / (8 + V_1 / (V_2 / 2)) \times 100 = 8 / (8 + 2) \times 100 = 80\%$$

が抽出されます。

一方、水相には20%が残ります。これから残りの半分の有機溶媒で再度抽出すると20%分の80%、すなわち16%分が抽出されます。この結果、2回の抽出で96%が抽出されますので、1回の抽出率88.9%より高い抽出率が得られます。

一般にアルコールなど、極性の強い有機溶媒は水と混合するので、溶媒抽出に使用できません。一方、ほとんどの金属イオンは極性の弱い有機溶媒に溶けません。このため、金属イオンをビピリジンなどの**キレート剤**で金属の錯体を形成させて**疎水性**を増し、極性の弱い有機溶媒に金属イオンを移行させます。

水相中の金属イオンA^{n+}とキレート剤Lが反応し、中性の錯体AL_nが形成され、それが有機相に抽出される場合、次の反応平衡が成立します。

$$A^{n+}{}_W + nL_O \quad \rightleftarrows \quad AL_{nO} + nH^{+}{}_W$$

ここでWとOの添字は水相と有機相を表します。この平衡定数をK_{eq}とすると、

$$K_{eq} = \frac{[AL_{nO}] [H^{+}{}_W]}{[A^{n+}{}_W] [L_{nO}]} = \frac{D [H^{+}{}_W]}{[A^{n+}{}_W]} \quad \cdots\cdots ④$$

となります。

ここで［AL$_{nO}$］などは、それぞれの物質の濃度を表します。この両辺の対数をとり、式を変形すると、次式が得られます。

$$\log D = \log K_{eq} + n\log [HL_O] + n\,(pH) \cdots\cdots ⑤$$

すなわち、分配比Dの対数と水相のpHには直線関係が成り立ちます。

図表20は硝酸でpHを変化させたときのEu（Ⅲ）およびAm（Ⅲ）の分配比を表します。

図表20 ▶ Eu（Ⅲ）およびAm（Ⅲ）の分配比のpH依存性

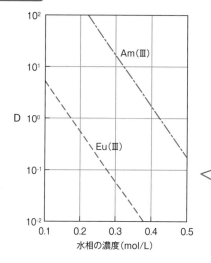

> 線の傾きは⑤式のnに比例します。
> 両イオンとも3価なので傾きが同じになります。
> 2価イオンでは傾きが小さくなり、
> 1価イオンではさらに小さくなります。

キレート剤としてはHDEHP（ジ-2-エチルヘキシルリン酸）などを使用します。複数のイオンの混合水溶液から特定のイオンのみ有機溶媒へ抽出する場合に、目的以外のイオンの水溶性を高めるため、マスキング剤を用いることもあります。マスキング剤としてはEDTA（エチレンジアミン四酢酸）がよく使われます。

例 題 1

図表20の溶媒抽出系で、Eu（Ⅲ）の除去率90％以上、Am（Ⅲ）の回収率90％以上の試料を得たい。抽出時の水相硝酸濃度（mol・L^{-1}）として適切な範囲はいくつか。ただし、有機相と水相の容積は等しく、抽出操作は1回のみ行うものとする。

解答・解説

➡ **正解**　0.28 ≦ 硝酸濃度 ≦ 0.31

　③式で $V_1 = V_2$ ですから、E（%）= D/（D + 1）× 100　となります。

　Am（Ⅲ）の回収率が 90% 以上ですから、D/（D + 1）× 100 = 90 より、D = 9 となります。

　図表 20 から Am（Ⅲ）の D が 9 より大きくなるのは、硝酸濃度が 0.31 以下の範囲です。

　一方、Eu（Ⅲ）の除去率 90% 以上は、回収率が 10% 以下と同じ意味です。

　D/（D + 1）× 100 = 10 から D = 0.11　となります。

　図表 20 から Eu（Ⅲ）の D が 0.11 より小さくなるのは硝酸濃度が 0.28 以上となります。

❸ イオン会合体抽出

　1価の陽イオンまたは陰イオンで、イオン半径が大きく、電荷がイオン全体に分布している試薬は反対電荷のイオンとイオン会合体（イオン対）をつくります。この会合体が有機溶媒に溶解する場合、溶媒抽出ができます。このようにイオン会合体をつくってキレート試薬では抽出できない、陽イオンまたは陰イオンや電荷を持つ金属錯体の溶媒抽出法をイオン会合体抽出といいます。

　イオン会合体抽出の例として、①テトラフェニルホウ酸イオンによるカリウムイオンの抽出、②ローダミンBによる [$SbCl_6$]⁻ の抽出、などがあります。

❹ イオン交換分離

　イオン交換分離は、イオン交換樹脂にRIを吸着させて分離する方法です。

　イオン交換樹脂は、スルホン基（$-SO_3H$）やアルキルアンモニウム基（$-NR_3X$；R = アルキル基、X = 陰イオン）などのイオン交換基を持つ高分子で、イオン交換樹脂に吸着しているイオンと水溶液中のイオンを交換します。

　スルホン基のように、H^+ を解離して陽イオンと交換するイオン交換基を持つものを陽イオン交換樹脂、アルキルアンモニウム基のように、Xと陰イオンを交換するイオン交換基を持つものを陰イオン交換樹脂といいます。

　イオン交換樹脂が、水溶液中のイオンを吸着する強さがイオンによって異なることを利用してイオンを分離できます。例えば、$-SO_3H$ 基をイオン交換部位として持つ強酸性陽イオン交換樹脂では、＋1価イオンの樹脂への吸着強度は Li^+ ＜Na^+＜K^+＜Rb^+の順、つまり水和イオン半径が小さいものほど強くなります。また、価数が異なるイオン間では、一般に＋1価＜＋2価＜＋3価という傾向があります。

イオン交換樹脂に吸着しているＡイオンの濃度を $[A]_r$、水溶液中のＡイオンの濃度を $[A]_a$ とするとき、

$$K_d = \frac{[A]_r}{[A]_a}$$

を分配係数といいます。2種類のイオンがある場合には、K_d の大きいイオンのほうが樹脂により強く吸着されます。

イオン交換樹脂の吸着平衡は、溶液と樹脂吸着のイオンの濃度比で決まり、元素濃度には依存しないので、無担体（ある放射性核種（RI）に同じ元素の非放射性核種を含まない状態）の放射性核種（RI）を得るのに適しています。

一方、アルキルアンモニウム基などを持つ陰イオン交換樹脂では、価数が同じ金属イオンの分離は非常に困難ですが、酸化還元反応によって金属イオンの酸化数を変えることや、塩化物イオンとの錯形成能の違いを利用して分離できます。

例えば、塩化物イオンとの錯形成能の強さは $Fe^{3+} > Co^{2+} > Ni^{2+}$ の順です。強塩基性陰イオン交換樹脂カラムに、Fe^{3+}、Co^{2+}、Ni^{2+} を含む $9\,mol \cdot L^{-1}$ 塩酸溶液を $1.0\,mL$ 流した後、濃度 $9\,mol \cdot L^{-1}$、$4\,mol \cdot L^{-1}$、および $0.5\,mol \cdot L^{-1}$ の濃度の塩酸を順次 $12\,mL$ ずつ流すと、最も錯形成能の弱い Ni^{2+} が最初（a）に、続いて Co^{2+} が（b）、最後に錯形成能が強い Fe^{3+} が（c）に流出します。

図表21 pHとイオン流出の関係

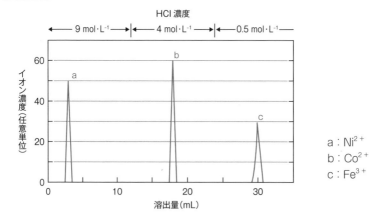

a：Ni^{2+}
b：Co^{2+}
c：Fe^{3+}

いくつかのイオンを錯形成能が強い順に並べると、次のようになります。
$$Zn^{+2} > Fe^{+3} > Cu^{+2} > Co^{+2} > Mn^{+2} > Ni^{+2}$$

❺ 蒸留分離法

　複数の成分からなる混合溶液を加熱し、沸点の差を利用して精製や分離を行う操作を蒸留といい、これによる分離を蒸留分離法といいます。RIを含む水溶液を加熱すると、蒸気圧の高い中性成分のRIが水より先に蒸発するので、その蒸気を冷却してRIを分離できます。主な例として、次のものがあります。

- ^{33}S：Sイオンを含む水溶液を酸性にしてH_2Sとして蒸留。
- ^{36}Cl：塩酸水溶液をそのまま加熱し、HClとして蒸留。
- ^{74}As：亜ヒ酸を塩酸に溶かし、硫酸を吹き込みAsH_3として蒸留。
- ^{82}Br：イオンを酸性下で塩素を吹き込みBr_2として蒸留。

❻ 析出抽出法

　硫酸銅（$CuSO_4$）水溶液に亜鉛金属（Zn）を浸けると、亜鉛がイオンとして溶け出し、代わって銅イオンが金属銅となって亜鉛表面に析出します。このような方法でRIを抽出する方法を析出抽出法といいます。

　これは銅と比べ、亜鉛のほうが電子を放出して陽イオンになりやすく、自分自身は酸化され、銅イオンを還元するためです。このような金属が水溶液中で電子e^-を放出して陽イオンになろうとする性質をイオン化傾向といいます。2つの金属がある場合、イオン化傾向が大きい金属が溶出し、小さい金属が析出します。

　主な金属のイオン化傾向の順は、次のようになります。

Li > Cs > Rb > K > Ba > Sr > Ca > Na > Mg > Th > Be > Al > Ti > Zr > Mn > Ta > Zn > Cr > Fe > Cd > Co > Ni > Sn > Pb > H^+ > Sb > Bi > Cu > Hg > Ag > Pd > Ir > Pt > Au

　また陰イオンのイオン化傾向は、次のようになります。

NO_3^- > SO_4^{2-} > OH^- > Cl^- > Br^- > I^-

❼ その他の分離法

　放射性核種の分離には他に、ガスクロマトグラフィー、ペーパークロマトグラフィーなどのクロマトグラフ法、電気泳動法、ラジオコロイド法、および反跳法などが知られています。

第2章

化学

16 沈殿分離

学習の
ポイント
陽イオンとそれを沈殿させる陰イオンの関係をしっかり覚えましょう。
また沈殿分離では、液中に目的イオンの一部が残ることを学びましょう。

❶ 沈殿分離

　沈殿分離は、水溶液から目的物質を固体の沈殿として分離する方法です。陽イオンAと陰イオンBが反応してA_mB_nの沈殿が生じる場合、沈殿物の水への溶解度が分離の収率を決定します。今それぞれのイオンの水溶液中の濃度を $[A]$、$[B]$とすると、

　　$K_{SP} = [A]^m [B]^n$ ……①

という関係が成り立ちます。ここでK_{SP}は溶解度積と呼ばれ、イオンや溶媒の種類や溶液の温度で決まる定数です。

　それぞれAとBを含む水溶液を混合したとき、①式の右辺がK_{SP}を上回るとA_mB_nが沈殿し、液中のAとBの濃度が、①式が成立したところまで下がります。

　しかし、一般にRIは量が少ないため、このままでは対となるイオンの濃度が高くても、①式の右辺はK_{SP}を上回りません。

　例えば、難溶性塩の$BaSO_4$のK_{SP}は$1.0 \times 10^{-10} mol^2 \cdot L^{-2}$です。70MBqの$^{140}Ba$（半減期$1.1 \times 10^6$秒）は、およそ$1.9 \times 10^{-10} mol$ですから、濃度$0.01 mol \cdot L^{-1}$の$Na_2SO_4$水溶液1Lと混合しても $[^{140}Ba^{2+}] [SO_4^{2-}]$ はK_{SP}以下で、沈殿は生じません。

　このような場合には、溶液中に非放射性のBaイオンを一緒に加え、全Baイオンの量を増やせば沈殿させることができます。例えば、Ba濃度が0.01molになるようにすると、$[Ba^{2+}] [SO_4^{2-}] = 1.0 \times 10^{-4} mol^2 \cdot L^{-2} > K_{SP}$となるので、沈殿が生じます。

　このように超微量のRIを扱いやすくするために加えられる、RIの安定核種や化学的性質がRIに似た他元素の安定核種のことを担体といいます。ただし、$[Ba^{2+}] [SO_4^{2-}] = K_{SP}$の濃度まで、すなわち、$[Ba^{2+}] = [SO_4^{2-}] = 1.0 \times 10^{-5} mol \cdot L^{-1}$の濃度の$Ba^{2+}$が沈殿せず、溶液中に残ります。RIイオンの沈殿分離を行う際には十分な量の担体を加えておくことが必要です。

　ただし、担体を加えると得られるRIの比放射能が低下するので、これが望ましくない場合は、化学的な挙動が類似した他元素の安定核種を担体として加えて沈殿させ、その沈殿から担体を溶媒抽出など他の方法で分離除去します。

❷ 添加薬品と沈殿物

　陽イオンに次のイオンを含む水溶液を添加すると、沈殿が生じます。これらの試薬は沈殿試薬と呼ばれます。

■ ハロゲン

　$AgCl$（白色）、$AgBr$（淡黄色）、AgI（黄色）、$PbCl_2$（白色）、Hg_2Cl_2（白色）

② H_2S（S^{2-}イオン）

　①水溶液が酸性でもアルカリ性でも沈殿（いずれもイオン化傾向が小さいイオン）

　　CuS（黒色）、CdS（黄色）、SnS（褐色）、HgS（赤色）、
　　Bi_2S_3（褐色）、PbS（黒色）、Ag_2S（黒色）

　②水溶液がアルカリ性下でのみ沈殿（いずれもイオン化傾向が中程度のイオン）

　　NiS（黒色）、ZnS（白色）、MnS（淡紅色）、CoS（黒色）

　③水溶液が酸性でもアルカリ性でも沈殿しない

　　アルカリおよびアルカリ土類

③ 硫酸イオン（アルカリ土類と鉛が沈殿する）

　$CaSO_4$、$SrSO_4$、$BaSO_4$、$PbSO_4$（いずれも白色）

④ リン酸イオン

　$BaHPO_4$（白色）、$Ba_3(PO_4)_2$（白色）、Ag_3PO_4（黄色）、$FePO_4$（白色）

⑤ 水酸化物（アルカリとアルカリ土類以外のイオンはすべて沈殿を生じる）

　$Fe(OH)_3$（赤褐色）、$Al(OH)_3$（白色）、$Cr(OH)_3$（灰緑色）

⑥ 炭酸塩（アルカリ土類のみ沈殿する）

　$CaCO_3$、$SrCO_3$、$BaCO_3$が沈殿（いずれも白色）

⑦ クロム酸イオン（CrO_4^{2-}）

　Ag_2CrO_4（赤褐色）、$PbCrO_4$（黄色）、$BaCrO_4$（黄色）

❸ 陽イオンを含む水溶液の系統的分離

いろいろな陽イオンを含む水溶液から沈殿分離するには、次の手順で行います。

①溶液に希塩酸を加える（この時点で溶液は酸性）と、$AgCl$、Hg_2Cl_2、$PbCl_2$ が沈殿します。いずれも白色です。その沈殿物にアンモニア水を加えると、Ag のみ再溶解します。

↓

②①のろ液を強酸性にし、還元作用がある H_2S を吹き込むと、CuS（黒色）、CdS（黄色）、SnS（褐色）、その他に Bi、As、Sb や①で残った Hg イオンも沈殿します。また、Fe^{3+} は還元され、Fe^{2+} となります。

↓

③②のろ液を煮沸して H_2S を除き、硝酸を加えて Fe^{2+} を Fe^{3+} に酸化後、NH_3 と NH_4Cl を加えると（この時点で溶液はアルカリ性）、$Fe(OH)_3$（赤褐色）、$Al(OH)_3$（白色）、$Cr(OH)_3$（灰緑色）が沈殿します。沈殿物に NaOH を加えると、Al は溶解します。

↓

④③のろ液に再度 H_2S を吹き込むと（溶液はアルカリ性）、NiS（黒色）、ZnS（白色）、MnS（淡紅色）、CoS（黒色）が沈殿します。

↓

⑤④のろ液に $(NH_4)_2CO_3$ を加えると、$CaCO_3$、$SrCO_3$、$BaCO_3$ が沈殿し、いずれも白色です。ろ液中に Na^+、K^+、Rb^+、Cs^+ および Mg^{2+} が残留します。

これらをまとめたものが、図表22となります。

❹ 共沈分離

沈殿を用いて微量の RI を分離する他の方法として、共沈分離があります。この方法は、非放射性核種で沈殿物を生成させ、それと一緒に RI も沈殿させるもので、これを共沈分離といいます。

共沈は化学的性質の似たイオンが共存しているとき、そのうちのあるイオンを沈殿して分離させようとすると、その条件では沈殿しないはずの他の物質が、沈殿するイオンを伴って沈殿する現象です。例えば、塩化バリウム溶液に硫酸カリウム溶液を加えると、硫酸バリウムの沈殿とともに硫酸カリウムも沈殿します。

共沈が起こるメカニズムとしては、①沈殿粒子の表面に RI が吸着される、②沈殿粒子の内部に RI が取り込まれる、③沈殿する安定核種と RI が化合物をつく

る、などがあります。

　Fe（OH）$_3$などの金属の水酸化物やCuSなどの硫化物、またBaCO$_3$は陽イオンや陰イオンを吸着して表面積の大きなコロイド状の沈殿を形成しやすいため、共沈分離に用いられます。

　共沈分離の例として、^{140}Baと^{140}Laを分離する方法があります。この両核種を含む塩酸溶液にFe^{3+}を加え、アンモニア水を加えるとFe（OH）$_3$の沈殿とともに^{140}Laが共沈します。ただし、同時にBa^{2+}を加えて^{140}Baが共沈することを防ぎます。

❺ ラジオコロイド

　RIを含むコロイドをラジオコロイドといい、その性質としては、①直径が1～100nm程度の粒子、②繊維、ガラス、沈殿物などに吸着されやすい、③アルカリ性溶液で生じやすい、④ろ紙に吸着される、などがあります。

図表22 陽イオンの系統的分離

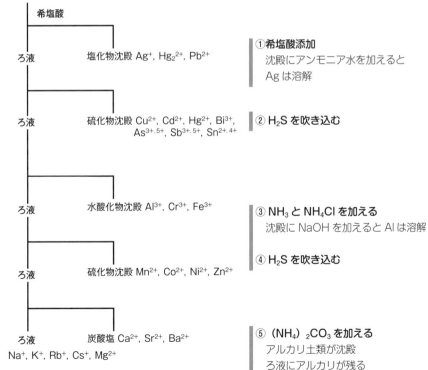

陽イオンの混合溶液

　　　希塩酸

ろ液　　　塩化物沈殿 Ag$^+$, Hg$_2^{2+}$, Pb^{2+}

①**希塩酸添加**
　沈殿にアンモニア水を加えると
　Ag は溶解

ろ液　　　硫化物沈殿 Cu^{2+}, Cd^{2+}, Hg^{2+}, Bi^{3+},
　　　　　As$^{3+, 5+}$, Sb$^{3+, 5+}$, Sn$^{2+, 4+}$

② H$_2$S を吹き込む

ろ液　　　水酸化物沈殿 Al^{3+}, Cr^{3+}, Fe^{3+}

③ NH$_3$ と NH$_4$Cl を加える
　沈殿に NaOH を加えると Al は溶解

④ H$_2$S を吹き込む

ろ液　　　硫化物沈殿 Mn^{2+}, Co^{2+}, Ni^{2+}, Zn^{2+}

ろ液　　　炭酸塩 Ca^{2+}, Sr^{2+}, Ba^{2+}
Na$^+$, K$^+$, Rb$^+$, Cs$^+$, Mg^{2+}

⑤ （NH$_4$）$_2$CO$_3$ を加える
　アルカリ土類が沈殿
　ろ液にアルカリが残る

ホットアトム

試験には、ホットアトムで生じる物質や価数を問う問題が多く出題されます。
特に、ホットアトムの反跳エネルギーのおおよその値を覚えておきましょう。

① ホットアトム

原子が核反応や放射性壊変により放射線を放出したとき、運動量保存の法則に
従って放出された放射線と反対方向に反跳します。こうして反跳エネルギーを受
けた高エネルギーの原子をホットアトムまたは反跳原子といいます。

ホットアトムが持つエネルギー E（eV）は、放出される γ 線のエネルギー E_γ
（MeV）、原子の質量を M とすると、$E = 537E_\gamma^2/M$ で表されます（→P.49）。

すなわち、ホットアトムのエネルギーは原子の質量に逆比例するので、ウラン
などでは数10〜100eV程度ですが、炭素では数100eV〜1keVと、数eVの化学
結合と比べ、はるかに大きなエネルギーを有します。このため、反応性が高く、
熱平衡の原子では起こらない反応を生じます。この性質を利用し、比放射能の高
い放射性核種RIの製造に利用されています。

② ホットアトムによる反応例

■ 化学結合が切断するもの

ヨウ化エチル（C_2H_5I）やヨードフォルム（CH_3I）に熱中性子を照射し、^{127}I (n,
γ) ^{128}I 反応を起こさせると、反跳エネルギーにより化学結合が切断され、水に
溶ける形となります。これを分液ロートで水と振ると、^{128}I のほとんどが水相に
移ります。同様に臭素酸カリウムに中性子を照射すると、臭素酸が Br^- となり、
水に溶け出します。

また、フタロシアニン銅に中性子を照射すると、^{63}Cu (n, γ) ^{64}Cu 反応で生
じる ^{64}Cu がフタロシアニンとの結合が切れ、2価のCuイオンとして水に溶け出
します。

■ 化学結合が形成されるもの

安息香酸と炭酸リチウムを混合し、熱中性子を照射すると、^6Li (n, α) ^3H 反
応で放出されたトリチウムが安息香酸の水素と置き換わり、トリチウムで標識さ
れます。

同様にブタノールと ^3He を混合し、熱中性子を照射すると、^3He (n, p) ^3H 反

応でトリチウムが放出され、それがブタノールをトリチウム標識します。このようにホットアトムのトリチウムなどで有機化合物を標識する方法を反跳合成法といいます（→P.130）。

また、ヘキサアンミンコバルト塩化物（$[Co(NH_3)_6]Cl_3$）に熱中性子を照射すると、$^{37}Cl(n, \gamma)^{38}Cl$反応で生じる$^{38}Cl$が$NH_3$基と交換し、クロロペンタアンミンコバルト塩化物（$[Co(NH_3)_5Cl]Cl_3$）になります。

^{80m}Brで標識した有機化合物では、壊変の反跳エネルギーにより化学結合が切断され、^{80}Brが分離されます。

カルシウムの8−ヒドロキシキノリン（オキシン）錯塩に中性子を照射すると、$^{40}Ca(n, \gamma)^{41}Ca$反応で生じた$^{41}Ca$は錯体から分離するので、イオン交換樹脂で分取できます。

3 価数が変化するもの

クロム酸カリウムK_2CrO_4に中性子を照射すると、$^{50}Cr(n, \gamma)^{51}Cr$で生じた$^{51}Cr$が6価から3価に還元されます。$[Co(NH_3)_6]$の塩素や硝酸塩などに熱中性子を照射すると、$^{59}Co(n, \gamma)^{60}Co$で生じた$^{60}Co$が3価から2価に還元されます。

ヒ酸ナトリウムに熱中性子を照射すると、$^{75}As(n, \gamma)^{76}As$反応で生じる$^{76}As$が5価から3価に還元されます。

4 元素が放出されるもの

^{234}Uは^{238}Uの壊変によって生じ、放射平衡が成立しているので、$^{234}U/^{238}U$放射能比は1となります。しかし、水中の固体表面近くで^{238}Uがα壊変して生じる^{234}Thが反跳で水相に放出され、これがβ壊変を2回行って^{234}Uになります。このため、地下水中の放射能比が1より大きくなることがあります。

ウランに中性子を照射すると、接触して置かれた紙に反跳効果で核分裂生成物が移り、超ウラン元素ネプツニウムはターゲット中に残ります。

タンタルに含まれる微量ニオブの定量のため、同じタンタル箔3枚を重ねて陽子を照射し、$^{93}Nb(p, n)^{93m}Mo$反応で生じた^{93m}Moが、反跳エネルギーにより金属表面から飛び出すため、^{93m}Moの放射能強度は1枚目と2枚目で異なります。

5 その他

ホウ素化合物をがん組織に濃縮させた後、熱中性子照射で腫瘍（しゅよう）を治療する中性子捕捉療法では、$^{10}B(n, \alpha)^7Li$で生じたα線の反跳エネルギーでがん細胞を殺します。

18 標識有機化合物

学習の
ポイント
各合成法の特徴、放射化学的純度と放射性核種純度の違いと算出法を学びましょう。

❶ 標識有機化合物の合成

　生物領域でトレーサ実験のように、化合物の特定の元素を放射性核種で置き換えた標識有機化合物が使用されます。これらの合成には、次の方法が使われます。

◼ 化学的合成法

　特定の元素を放射性核種に置き換えた標識無機化合物や市販中間標識化合物を出発化合物とし、既知の有機合成反応で目的の標識有機化合物を合成する方法です。比放射能が高く、特定位置を標識した化合物を合成できます。

◼ 生合成法

　$^{14}CO_2$などを原料とし、生体内で起こる生合成反応を利用して複雑な生体物質を標識するのに使われます。生体反応には、酵素や微生物などを利用します。この方法で化学合成が難しいホルモンやタンパク質などができます。すべての位置の原子が均一に標識され、光学的活性体が得られるなどの利点があります。

◼ 同位体交換法

　安定核種（安定同位体）Xを持つ化合物AXと放射性核種（放射性同位体）X^*を持つ化合物BX^*を混合し、$AX + BX^* \rightarrow AX^* + BX$反応で放射性核種$X^*$と安定核種Xとを入れ換える方法です。

◼ 反跳合成法（ホットアトム）

　ホットアトムを用いて標識有機化合物をつくる方法で、直接標識法や放射合成法ともいいます。複雑な構造の化合物の標識に使われます。

◼ ウィルツバッハ法

　トリチウムガス$^3H_2$と有機化合物を同じ容器に入れ、数日間放置すると有機化合物の水素の一部が^3Hに変わることを利用して標識有機化合物をつくる方法です。これをウィルツバッハ法といいます。簡便な合成法ですが、標識位置が一定しない欠点があります。

❷ 標識有機化合物の標識位置

有機化合物の炭素や水素のように1分子中に同じ元素が複数ある場合、それらのどの位置の元素をRIで標識したかにより、図表23の4種に分類されます。

図表23 標識有機化合物名の標識位置

標識有機化合物名	標識部位	表記法	表記例
特定位標識化合物	特定の位置の原子だけが放射性核種で95%以上標識されている	標識位置と元素を表記	$[6-^3H]$ ウラシル
名目標識化合物	特定の位置の大部分の原子が標識され、他の位置の原子も標識されているが純度が不明確なもの	元素名の後ろに(N)	$[9.10-^3H(N)]$ オレイン酸
均一標識化合物	すべての位置の原子が均一に標識されているもの	元素名の後ろに(U)	$[^{14}C(U)]$ ロイシン
全般標識化合物	特定元素がすべて標識されている。ただし、分布は不均一で、各位置の純度は不明確	元素名の後ろに(G)	$[^3H(G)]$ ウリジン

❸ 多重標識化合物

1つの分子で炭素と水素などの複数の元素を、放射性核種で標識したものを多重標識化合物といいます。

❹ 放射化学的純度と放射性核種純度

試料中で、全放射能に対する指定の化学形で存在する着目放射性核種の放射能の割合を放射化学的純度といい、化学形とは関係なく存在する着目放射性核種の放射能の割合を放射性核種純度といいます。

標識化合物の放射化学的純度は、同位体希釈法、逆希釈法あるいは二重希釈法で求めることができます（→P.132）。

あるリン化合物で、^{33}Pで標識されたものが772kBq、^{32}Pで標識された同じ化合物が16kBq、他の化学形の^{33}Pが12kBq含まれている場合、放射化学的純度は全放射能に対する特定核種かつ特定化学形の放射能ですから、

放射化学的純度＝$((772) / (772 + 12 + 16)) \times 100 = 96.5$［％］となります。

一方、放射性核種純度は特定核種の割合ですから、

放射性核種純度＝$((772 + 12) / (772 + 12 + 16)) \times 100 = 98.0$［％］となります。

学習の
ポイント
同位体希釈法による濃度の計算法を学びましょう。また、逆希釈法と二重希釈法の違いを理解しましょう。

❶ 同位体希釈法の概要

　同位体を利用した化学定量法で、分析化学で使われる内部標準法の一種です。具体的には、濃度が不明な化合物の溶液に、放射性核種で標識した同じ化合物で比放射能がわかっている物質の一定量を加えてよく撹拌した後、混合液の一定量から化合物を分離し、その比放射能を測定して化合物の濃度を求める方法です。

　同位体希釈法の特徴は、簡易な方法では分離が困難な特定成分を、処理量は少ないが、分離能が高いクロマトグラフィー法などで、試料の一部分のみを高純度で分離後、その重量と比放射能より特定成分の濃度を求めることです。

　同位体希釈法には、直接同位体希釈法、逆希釈法、二重希釈法などがあり、標識化合物の放射化学的純度は、逆希釈法や二重希釈法で求めます。

❷ 直接同位体希釈法

　直接同位体希釈法は、試料中の濃度を求めたい物質に、その物質と同じ化合物の一部を放射性核種に置き換えた比放射能がわかっている標識物質を加え、十分撹拌して均一にした後、混合試料容量から一定量を取り出します。その中から濃度を求めたい目的物質を分離し、その比放射能を求めます。

例題 1

　種々の非放射性アミノ酸の混合試料溶液中のメチオニンを同位体希釈法で定量する。比放射能が$800Bq \cdot mg^{-1}$の［^{35}S］メチオニン$20mg$を試料溶液に加え、十分撹拌して均一にしたのち、メチオニンの一部を純粋に分離し、重量と放射能を測定して比放射能を計算し、$40Bq \cdot mg^{-1}$を得た。求めるメチオニンの重量は何mgか。

解答・解説

➡ 正解　380mg

　添加した放射性核種で標識したメチオニンの放射能量は $800Bq \cdot mg^{-1} \times 20mg =$ 16000Bq。一方、混合試料中のメチオニン量を Xmg とすると、添加後の全メチオニン量は（20

＋X）mg で、その比放射能は 40Bq ですから、

全放射能は、（20 ＋X）mg × 40Bq・mg^{-1} ＝ 40 ×（20 ＋X）Bq となります。

これが 16000Bq と等しいことから、X ＝ 380mg が得られます。

❸ 逆希釈法

逆希釈法は、直接同位体希釈法とは逆に、放射性核種を含有する物質や放射性核種を微少に含む比放射能がわかっている試料に非放射性の物質を添加し、それを含む試料の比放射能と比較することで化合物の量を求める方法です。

ただし、あらかじめ試料中に含まれる化合物の比放射能がわかっていることが必要です。

例題 2

逆希釈法で混合物試料中の化合物Aを定量した。Aの比放射能は700dpm・mg^{-1}である。この試料に非放射性の化合物Aを25mg加えて完全に混合した後、一部を純粋に分離したところ、その比放射能は70dpm・mg^{-1}となった。混合物試料中の化合物Aの量の値（mg）は、いくつか（注：dpmは1分当たりの壊変数）。

解答・解説

➡ 正解　2.8mg

混合物試料中の化合物Aの量をXmgとすると、非放射性の化合物を添加する前の放射能は、比放射能が700dpm・mg^{-1}で量がXmgですから、

700dpm・mg^{-1} × Xmg ＝ 700Xdpm です。

一方、添加量が25mgで比放射能が70dpm・mg^{-1} ですから、放射能は、

70（X ＋ 25）dpm となります。この両者が等しいことから、

700Xdpm ＝ 70（X ＋ 25）dpm、これより、X ＝ 2.8mg となります。

❹ 二重希釈法

例題2の逆希釈法では、混合物試料中のAのはじめの比放射能値が必要ですが、二重希釈法ではこれがわからなくても量を求めることができます。混合試料を2つに分割し、それぞれに非放射性のAを、それぞれa_1とa_2を加えて得られた比放射能がS_1、S_2になった場合、

全放射能 ＝ S_1（X ＋ a_1）＝ S_2（X ＋ a_2）となります。

これより、X ＝（$S_2 a_2$ － $S_1 a_1$）／（S_1 － S_2）が得られます。

放射性気体を放出する反応

どんな化学反応で気体状の放射性核種が放出されるかを覚えましょう。
また、反応以外で空気中に放出される放射性物質も覚えましょう。

❶ 気体を発生する反応の種類

気体を発生する反応は、大きく分けて、①放射性気体を発生する化学反応、②化学反応以外で放射性気体などが発生する反応、③その他の化学反応、に分類できます。具体的には次に示すようなものがあります（なお、本節では放射性核種を*で表します）。

化学反応などで気体が発生するものは、放射性核種を経口吸引することで内部被ばくを招くおそれがあるので注意が必要です。

❷ 放射性気体を発生する化学反応

① ^{3}Hで標識された水と金属ナトリウムが反応する。

$$2Na + 2\,^*H_2O \rightarrow 2NaOH + {}^*H_2 \uparrow$$

なお、他のアルカリ金属でも同様の反応でトリチウム水素を発生します。

② ^{3}HでOH基が標識されたメタノールと金属ナトリウムが反応する。

$$2Na + 2CH_3O\,^*H \rightarrow 2CH_3ONa + {}^*H_2 \uparrow$$

なお、他のアルコールでも同様の反応でトリチウム水素を発生します。

③ 金属を酸やアルカリで溶解すると、水中のトリチウムが交換してトリチウム水素を発生する。

$$2Al + 6HCl + 3\,^*H_2O \rightarrow 2AlCl_3 + 3H_2O + 3\,^*H_2 \uparrow$$

なお、次のように、他の金属でも同様の反応が進みます。

$$2Al + 2NaOH + 6\,^*H_2O \rightarrow 2Na\,[Al\,(OH)_4] + 3H_2O + 3\,^*H_2 \uparrow$$

また、Zn、Sn、Pbでも同様の反応でトリチウム含有水素を発生します。

④ ^{3}Hで標識されたN*H$_4$ClにCa（OH）$_2$を混合して加熱すると、N*H$_3$を発生する。

$$2N\,^*H_4Cl + Ca\,(OH)_2 \rightarrow CaCl_2 + 2\,^*HHO + 2N\,^*H_3 \uparrow$$

⑤ ^3Hで標識された水素化アルミニウムリチウムにエタノールを加えると、トリチウム水素を発生する。

$$LiAl^*H_4 + 4EtOH → LiOEt + Al(OEt)_3 + 4^*HH↑$$

⑥ ^{14}Cで標識された炭酸や炭酸水素塩に、塩酸や硫酸などの強酸を加えると、$^*CO_2$を発生する。

$$2NaH^*CO_3 + H_2SO_4 → Na_2SO_4 + 2^*CO_2↑ + 2H_2O$$
$$Ba^*CO_3 + 2HCl → BaCl_2 + ^*CO_2↑ + H_2O$$

⑦ ^{35}Sで標識された硫化鉄（Ⅱ）に希塩酸や硫酸を加えると、H_2^*Sを発生する。

$$Fe^*S + 2HCl → FeCl_2 + H_2^*S↑$$
$$Fe^*S + H_2SO_4 → FeSO_4 + H_2^*S↑$$

⑧ ^{35}Sで標識された亜硫酸水素ナトリウムに硫酸を加えると、$^*SO_2$を発生する。

$$2NaH^*SO_3 + H_2SO_4 → Na_2SO_4 + 2H_2O + 2^*SO_2↑$$

⑨ ^{36}Clで標識した$NaCl$に濃硫酸を加えると、H^*Clを発生する。

$$Na^*Cl + H_2SO_4 → NaHSO_4 + H^*Cl↑$$

⑩ $^{125}I^-$のアルカリ性水溶液に酸を加えると、$^*I_2$を発生する。

$$4^*I^- + 4H^+ + O_2 → 2^*I_2↑ + 2H_2O$$

❸ その他の化学反応

①有機化合物を完全燃焼させると、H_2OとCO_2が生じる。

$$C_mH_n + (m + n/4)O_2 → mCO_2 + n/2H_2O$$

この発生したガスを塩化カルシウム管に通すと、次の反応で水が捕集されます。

$$CaCl_2・2H_2O + 4H_2O → CaCl_2・6H_2O$$

また、ソーダ石灰管（$NaOH + Ca(OH)_2$）に通すと、次の反応が生じます。

$$2NaOH + CO_2 → Na_2CO_3 + H_2O$$
$$Ca(OH)_2 + CO_2 → CaCO_3 + H_2O$$

これにより、有機物に^{14}Cや^3Hが含まれていると、その燃焼物ガスを塩化カルシウム管に通すと^3Hが、ソーダ石灰管に通すと^{14}Cが捕集されます。

②酢酸エチルは、水があると希硫酸により酢酸とエタノールに加水分解される。

$$CH_3C^*H_2 - O - C（= O）- CH_3 + H_2O$$

$$\rightarrow \quad CH_3C^*H_2 - OH + HO - C（= O）- CH_3$$

このとき、酢酸エチルのエタノール側が標識されているので、反応生成物のエタノールが標識されます。もし、酢酸側が標識されている場合には、標識された酢酸が得られます。アルカリ水溶液では、けん化により加水分解します。

❹ 化学反応以外で放射性気体などが発生する例

①トリチウム水を電気分解すると、トリチウム水素が発生する。

一方、^1Hと^3Hが混ざった水を電気分解すると、^1Hガスが多く発生します。これは軽い^1Hがより分解されやすいためです。このように同位体により異なる挙動をすることを同位体効果といい、^3Hの濃縮などに使われます。

$$2^*H_2O \quad \rightarrow \quad 2^*H_2 + O_2$$

②ウラン鉱石を酸に溶解すると、鉱石中に閉じ込められていたRnなどの放射性気体が放出される。

③空気中には^{40}Arが微量存在するため、空気が熱中性子に照射された場合、中性子が反応して^{41}Arが生成される。

④放射性粉末を取り扱う際、容器から他の容器に移したときなどに飛散する。

❺ フードとグローブボックス

放射性気体などを放出する実験を行う場合に、作業者および環境への放射性汚染、ならびに放射性物質の摂取による作業者の内部被ばくを防止するために、放射性物質を閉じ込める設備が使われます。

このための設備には、フードとグローブボックスがあります（→P.263）。

■ フード

フードはドラフトチャンバーとも呼ばれ、少量の低レベルの非密封放射性物質を取り扱うための設備で、トレーサ実験や簡単な分析作業など、比較的危険性の低い作業に使用します。

図表24に、広く用いられているオークリッジ型フードを示します。

図表24 オークリッジ型フード

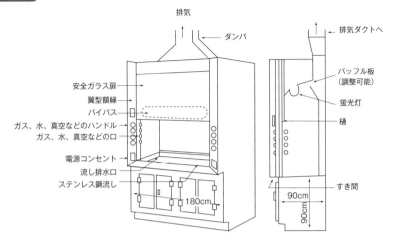

排気

ダンパ

排気ダクトへ

バッフル板
（調整可能）

安全ガラス扉

翼型額縁

バイパス

ガス、水、真空などのハンドル

ガス、水、真空などの口

電源コンセント

流し排水口

ステンレス鋼流し

蛍光灯

樋

すき間

180cm

90cm

90cm

2 グローブボックス

放射性気体などを発生する反応や、危険度の高い非密封放射性物質を取り扱う場合、高汚染が発生しやすい実験を行う場合に、それらの非密封の放射性物質を閉じ込めるための設備としてグローブを装着したボックス、すなわち**グローブボックス**が用いられます。

グローブボックスの中では、排気ファンを作動させてボックス内空気を吸い込み、フィルタを通して施設の排気設備に排気する、図表25に示すような排気型グローブボックスが広く用いられています。

グローブボックス内は、室内より負圧に保たれて使用され、排気ガスは、グローブボックスの排気口に設備された高性能エアフィルタと排気浄化設備により、放射性物質を除去してから施設外へ排出されます。

なお、フードを使うかグローブボックスを使うかは使用する放射性物質の種類と量および操作の種類によって定められています（→P.263）。

図表25 排気型グローブボックス

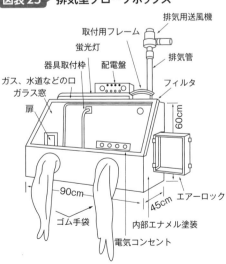

排気用送風機

取付用フレーム

蛍光灯

排気管

器具取付枠

配電盤

ガス、水道などの口

ガラス窓

フィルタ

扉

60cm

90cm

45cm

エアーロック

ゴム手袋

内部エナメル塗装

電気コンセント

21 化学線量計と変換定数

> **学習の ポイント** 化学線量計の名称と動作原理、線量を覚えましょう。代表的な物質のW値、G値、ε値を覚えましょう。

放射線の吸収線量測定には、化学反応を利用した化学線量計を用い、固体やガス中の励起数はG値などのエネルギー−粒子数変換定数から算出します。

❶ 化学線量計

電離や励起で、発生する電子数に比例し、定量的に起こる化学反応から、吸収線量を求める方法です。1〜数万Gyなど、高線量測定に利用します。

◼ フリッケ線量計（鉄線量計）

硫酸第一鉄溶液中に放射線を照射すると、無色のFe^{2+}イオンが赤色のFe^{3+}になる反応を利用し、色の変化から吸収線量を求めます。この測定では、生じたFe^{3+}がFe^{2+}に戻ることを防ぐため、溶液に空気を吹き込んで酸素を飽和させた状態で行います。他の化学線量計より信頼性が高いうえ、放射線に対して水と等価な物質となるため、放射線化学分野で広く使われています。測定範囲は20〜400Gyです。

◼ セリウム線量計

硫酸セリウム溶液に放射線を照射すると、4価イオンが3価に還元されることを利用した線量計です。セリウム濃度を変えることで、$5 \sim 5 \times 10^5$Gyの線量範囲を測定可能です。

◼ アラニン線量計

放射線の照射により、結晶のアラニンが室温で安定なラジカルを生成します。それを電子スピン共鳴装置（ESR）で定量します。吸収線量範囲は1〜10kGyです。固体の線量計で最も高精度であり、医療分野で広く使われています。

◼ 蛍光ガラス線量計（RPLD）

銀イオン含有リン酸ガラスに放射線を照射すると色の中心が形成され、これに紫外線刺激をすると蛍光を発します。この発光量から吸収線量を求めます。測定範囲は1〜10kGyです。また、フェーディングが少ないという特徴があります。

5 ポリメチルメタクリレート（PMMA）線量計

ポリメチルメタクリレート（PMMA）線量計は、着色PMMAが放射線の吸収線量に比例して変色します。この色の変化量を測定し、定量します。線量範囲は100Gy〜50kGyです。形状および線量計特性の異なる数種類の線量計があり、用途に応じたものを選択します。

6 プラスチック線量計

プラスチックを固体飛跡検出器として用いた線量計で、プラスチックとしてアリルカーボネートを用いた検出器がよく知られています。材料に荷電粒子が入射すると、その粒子の飛跡に沿って損傷が生じます。その形状から、線量以外に入射した粒子の位置、飛来方向、電荷状態など、さまざまな情報が得られます。宇宙飛行士の被ばく量の測定や宇宙放射線生物影響実験に使われています。

❷ 放射線と励起の変換定数

1 W値

気体が入った箱に放射線を照射すると、気体分子や原子は電離され、電子－陽イオン対を生じます。このとき生じるイオン対の総数は、入射した放射線のエネルギーに比例します。その放射線が気体中にイオン対を1対つくるのに要する平均エネルギーを、その気体のW値（単位：eV）と呼びます。W値は放射線の種類やエネルギー、気体の種類によって変化し、その範囲は30〜42eVです。電離箱で使われる乾燥空気では、W＝33.97eVです（→P.147）。

2 G値

放射線を物質に照射すると、物質を構成している原子・分子が電離や励起を受け、イオンや励起分子を生じます。この電離や励起に必要なエネルギーは同じ物質では値が一定です。G値は放射線の吸収エネルギー100eV当たりの生成分子数として定義されています。γ線やX線、電子線では、G＝15.5となります。

3 ε値

半導体や結晶に放射線を照射すると、電子－正孔対が発生します。1対の電子－正孔対を発生させるのに要する放射線の平均エネルギーをε値（単位：eV）と呼びます。ε値は放射線の種類やエネルギーでは変化せず、シリコン半導体では3.61eV、ゲルマニウム半導体で2.98eVです（→P.146）。

1項の装置で使う核種と原理が頻繁に出題されます。また、2項以降の機器の原理、使用核種をしっかりと覚えましょう。

① 放射線の工業への応用

1 厚さ計

放射線が物質を透過すると、吸収により減衰することを利用し、試料の厚さを非接触で測定する装置です。工場の生産ラインなどの連続測定に適します。測定する材料の厚さに応じて、α線（タバコの巻紙）、β線（フィルム、リチウム電池電極、金属薄膜、塗膜など $[1 \sim 1000 \mathrm{mg} \cdot \mathrm{cm}^{-2}]$）、$\gamma$線（圧延鉄鋼板、ガラス、プラスチック板など $[1\mathrm{g} \cdot \mathrm{cm}^{-2}$以上$]$）など、広範な分野で使われています。

2 密度計

厚さ計と同じ原理で、試料の厚さが一定の場合、透過率の変化からその密度を知ることができます。^{90}Srのβ線の透過を利用したタバコ量目計として使われ、^{137}Csや^{60}Coが放出するγ線のコンプトン散乱を利用した密度計は土木分野の地盤調査などで使われています。

3 レベル（液位）計

石油タンクなどの液に^{60}Coや^{137}Csのγ線を透過させて液体のレベルを測る装置です。横方向（水平）から照射してその高さの液の有無を測る方式と、垂直方向から照射して液面高さを連続的に測る方法があります。ビールなどの瓶の内容物のレベル測定では、^{241}Amが使われています。

4 硫黄分析計

石油精製や電力業界で使われる原油には、数wt%程度の硫黄が含まれ、これが公害の原因となります。この硫黄をオンライン測定するため、分析計が開発されました。これには、^{241}AmからAgにγ線を照射して発生する22.1keVの特性X線に対する硫黄の吸収が水素や炭素より大きいことを利用した透過型と、^{55}Feから放出される5.9keVの特性X線により生じる蛍光X線強度を用いる励起型があります。

5 静電除去器

　紙、プラスチック、ゴムなど、絶縁物の表面には静電気が溜まり、それにより
ゴミが付着します。この静電気を放射線の電離作用で生じるイオンで中和する方
法です。放射線には、電離能の高い^{201}Poのα線を1GBq程度使用することが多
く、^{90}Srや^{204}Tlからのβ^-線も用いられています。

6 中性子水分計

　^{252}Cfなどから放出される高速中性子は、水素核と衝突するとエネルギーを
失って熱中性子になります。この熱中性子の量は水量に比例するので、それを
BF$_3$計数管で測定して水分量を求めます。土壌の管理などに使われています。

7 蛍光X線分析装置

　物質にX線やγ線を照射すると、それに含まれる原子から特性X線が発生しま
す。そのエネルギーと強度から、元素の種類と量を求める装置です。γ線を用い
る装置は、電源のない野外やX線管が入らない狭い場所での測定に使われます。

8 メスバウアー分光法

　^{57}Coからのγ線を^{57}Feが共鳴吸収する吸収スペクトルから、鉄化合物中の価
数、配位環境、磁性などの情報を求める方法です。

9 その他の用途

　^{283}Puのα線を用いた宇宙探査機用の原子力電池、^{3}Hのβ^-線を蛍光塗料に照射
して光らせる夜光時計、また今はあまり使用されていませんがα線を用いた煙探
知器や避雷針の避雷器などがあります。

② 陽電子消滅法

　試料に陽電子を照射すると、試料中の電子と衝突し、電子－陽電子対（ポジト
ロニウム）をつくった後、消滅放射線を放出して消滅します（→P.34）。試料の
細孔に陽電子が捕捉されると、周囲の電子と衝突する確率が高くなり、寿命が短
くなります。この消滅時間や消滅放射線のエネルギー分布からサブnm～nm程
度の孔の大きさや電子状態を調べます。陽電子源としては、主として^{22}Naの壊
変で生じるβ^+線が使われます。

❸ 荷電粒子励起X線分析法（PIXE）

　試料に加速器で、数MeVに加速した陽子、α粒子などの重荷電粒子を照射すると、試料中の原子核が励起し、特性X線を放射します。これを用いて元素分析を行います。この分析法の特徴には、次のようなものがあります。

- ・ppm以上の高感度で分析可能
- ・数μgの少試料量を分析可能
- ・ナトリウムからウランまでの多元素を同時に定量可能
- ・1μm以下のサイズで測定でき、細胞中の微量元素分布を分析可能

❹ ラザフォード後方散乱分光法（RBS）

　試料に加速器で、数MeVに加速した陽子、α粒子などの重荷電粒子を照射すると、試料中の原子が弾性（ラザフォード）散乱されます。この散乱粒子のエネルギーが、試料中の元素と異なる質量・深さであることを利用し、深さ方向の分布を分析します。

❺ 放射化分析

　放射化分析は、安定な元素に中性子やγ線などを照射して放射性核種に変換し、それから放出される放射線のエネルギーが核種に固有であることを利用して、照射前の元素の種類と量を分析する方法です。この方法は、次のような利点を生かし、自然科学、考古学、環境などの分野で使われています。

- ・試料を破壊しない非破壊分析
- ・検出感度が高く、多くの元素を10^{-8}g/g以下まで測定可能
- ・多種の元素を同時に分析可能
- ・照射後に測定目的元素が混入しても定量に影響しない

一方、次のような課題もあります。

- ・中性子捕獲断面積が大きい核種が共存すると、微量元素の定量精度が低下
- ・原子炉や加速器などを利用するため、放射線防護の考慮が必要

　これらを考慮した分析試料容器は、熱中性子で放射化されない、またはされても極短半減期で測定時に影響のないポリエチレン、石英、アルミなどを使用します。照射時間が短い場合はポリエチレン、長い場合は石英を使用します。水銀やハロゲン元素など、揮発するおそれがある場合は封管します。

　一方、中性子捕獲断面積が大きいホウ素や、γ線放出割合が高い^{24}Naが生成

するナトリウムを含むホウケイ酸ガラス、半減期が長い^{38}Clを生成するポリ塩化ビニルは容器に適しません。なお、希土類中のYの定量では、共存するDyからの妨害を減らすため、熱中性子を吸収するCd容器が使われます。

⑥ 放射化分析の種類

放射化分析は、中性子または荷電粒子を照射する次の2つが主に使われます。

① 中性子放射化分析

試料に、原子炉で発生させた熱中性子を照射し、生じた放射性核種から放出されるγ線のスペクトルを測定して、核種の種類と量を求めます。測定対象は（n, γ）反応を起こすすべての核種です。測定法には、次のものがあります。
- 照射後試料を原子炉から取り出し、γ線を測定する機器中性子放射化分析
- 照射後試料を原子炉内に残したまま、γ線を測定する中性子即発γ線分析
- 試料から目的核種を化学分離し、測定する放射化学的中性子放射化分析

② 荷電粒子放射化分析

中性子放射化分析で測定困難な軽元素に、サイクロトロンなどの加速器で加速した陽子（p）、重陽子（d）、^{3}Heを照射し、生じた放射性核種から発生する放射線の測定に使われます。

⑦ アクチバブルトレーサ法

野外のトレーサ実験では、環境への影響から放射性核種が利用できない場合があります。アクチバブルトレーサ法は、天然存在量が少ない元素やその化合物をトレーサとして使用し、実験終了後試料を放射化分析して、その量を測定する方法です。アクチバブルトレーサに使用する元素には、次のことが求められ、多くの場合は^{153}Eu（ユウロピウム）が使われます。
- 実験環境に存在しない、また実験によって実験場を汚染しない
- 中性子照射で高い放射能が生成するよう、放射化断面積が大きい
- 生成核の半減期が短い

適用例として、農薬空中散布後の分布や拡散状況の調査、ダムの水漏れの検査、河川水の汚濁や大気汚染物質の移動調査などがあります。また、鮭の稚魚に^{153}Euを混ぜた餌を与えた後、川に放流し、それがどのように回遊し、日本にどの程度帰ってくるかの調査が有名です。

核種の性質

> **学習の**
> **ポイント**　試験では、核種を特定の観点から分類する問題が出題されます。したがっ
> て、本節で紹介されたものは覚えて試験に備えましょう。

❶ 単核種元素

　天然に存在する核種がただ1つである元素のことを、単核種元素といいます。
これには次の元素があります。

^{9}Be、^{19}F、^{23}Na、^{27}Al、^{31}P、^{45}Sc、^{55}Mn、^{59}Co、^{75}As、
^{89}Y、^{93}Nb、^{103}Rh、^{127}I、^{133}Cs、^{141}Pr、^{159}Tb、^{165}Ho、^{169}Tm、
^{197}Au、^{209}Bi、^{232}Th、^{231}Pa

❷ モノアイソトピック元素

　モノアイソトピック元素は、単核種元素に似た概念で、天然に存在する安定核
種が1つだけの元素です。これには次の元素があります。

^{51}V、^{85}Rb、^{113}In、^{139}La、^{153}Eu、^{175}Lu、^{185}Re

❸ 欠損元素

　欠損元素は、原子番号がウランの92より小さい元素で天然の安定同位体を持
たない元素をいいます。これには次の4元素があります。

Tc、Pm、At、Fr

❹ 壊変関係

①β^{-}壊変でγ線を放出しない核種（分岐壊変しない核種）には次のものがあり
ます。

^{3}H、^{14}C、^{32}P、^{33}P、^{35}S、^{36}Cl、^{45}Ca、^{59}Fe、
^{63}Ni、^{90}Sr、^{90}Y、^{99}Tc、^{103}Cd、^{147}Pm

②αやβ壊変の他に、γ線またはX線を放出する核種には次のものがあります。

・β⁻壊変でγ線を放出する核種

^{24}Na、^{60}Co、^{129}I、^{131}I、^{147}Pm、^{192}Ir

・電子捕獲（EC）壊変でγ線を放出する核種

^{7}Be、^{51}Cr、^{57}Cr、^{67}Ga、^{123}I、^{125}I

・EC壊変で特性X線を放出する核種（括弧内は放出される特性X線を示す）

^{55}Fe（Mn − K）、^{68}Ge（Ga − K）、^{109}Cd（Ag − K、γ線も放出）、^{201}Tl（Hg − K）

③電子捕獲（EC）壊変のみの核種には次のものがあります。

^{51}Cr、^{55}Fe、^{57}Co

④β⁺壊変する核種には次のものがあります。括弧内はその核種が起こす他の壊変を示します。

^{11}C（EC）、^{13}N、^{15}O（EC）、^{18}F（EC）、^{22}Na（EC）、^{26}Al（EC）、^{40}K（EC、β⁻）、^{57}Ni（EC）、^{64}Cu（EC、β⁻）、^{68}Ga（EC）、^{126}I（EC、β⁻）

⑤内部転換（IT）する核種には次のものがあります。括弧内はその核種が起こす他の壊変を示します。

^{81m}Kr、^{99m}Tc、^{137m}Ba（γ線）

5 熱中性子で分裂しない核種

熱中性子で分裂しない核種には次のものがあります。

^{232}Th、^{238}U

6 中性子源として用いられる核種

中性子源として用いられる核種の組合せには次のものがあります。

①^{9}Beまたは^{6}Liに^{226}Raや^{241}Amが放出するα線を照射すると、次の反応で中性子を放出します。

$^9Be\ (\alpha,\ n)\ ^{12}C、^6Li\ (\alpha,\ n)\ ^9B$

②人工放射性核種の^{252}Cfは自発核分裂で壊変し、中性子を放出します。

❼ 核分裂性核種

核分裂性核種は、運動エネルギーを持たない中性子（熱中性子）によって核分裂を起こすことができる物質と定義されています。これには、奇数の質量数を持つ次のウランとプルトニウム核種があります。

^{233}U、^{235}U、^{239}Pu、^{241}Pu

❽ 核原料物質

核原料物質とは、ウランもしくはトリウムまたはその化合物を含む物質で、核燃料物質以外のものと定義されています。これには、偶数の質量数を持つ次のウランとトリウム核種があります。

^{232}Th、^{238}U

❾ 物質のε値、G値およびW値

図表26 いくつかの固体のε値

固体と測定温度	ε値 (eV)	バンドギャップエネルギー (eV)
ダイアモンド [C] (300K)	13.3	5.6
シリコン [Si] (300K)	3.61	1.12
ゲルマニウム [Ge] (77K)	2.98	0.74
ガリウムヒ素 [GaAs] (300K)	4.2	1.42
テルル化カドミウム [CdTe] (300K)	4.43	1.47
ヨウ化第2水銀 [HgI$_2$] (300K)	4.22	2.13

※ゲルマニウムのε値が最も小さいこと、またダイアモンドの値を覚えましょう。

物質	G 値
Fe^{2+}（フリッケ線量計）	15.5 程度
低温のアルコール	0.8 程度
芳香族化合物	0.1 ～ 0.2 程度

図表 28 いくつかの気体のW値

気体	W 値 (eV)			電離エネルギー (eV)
	1keV 以上の電子線（β線）	5MeV 程度のα線	2MeV 以上の陽子線	
ヘリウム [He]	42.3	42.7/46.0	－	24.5（He→He⁺）
ネオン [Ne]	36.6	36.8	－	－
アルゴン [Ar]	26.4	26.4	27	－
クリプトン [Kr]	24.2	24.1	－	－
キセノン [Xe]	22	21.9	－	－
水素 [H_2]	36.3	36.33	－	－
窒素 [N_2]	35	36.4	36.5	15.8（N_2→N_2^+） 24.5（N_2→N^++N）
空気 [Air]	33.97	35	－	－
二酸化酸素 [CO_2]	32.9	34.5	34.5	14.4（CO_2→CO_2^+） 19.9（CO_2→CO^++O） 28.3（CO_2→C^++O+O）
三フッ化ホウ素 [BF_3]	－	36	－	－
メタン [CH_4]	27.3	30.5	29.3	14.5（CH_4→CH_4^+） 15.5（CH_4→CH_3^++H）
酸素 [O_2]	32.2	32.2	－	12.5（O_2→O_2^+） 20.0（O_2→O^++O）

※ W 値は線源によってあまり変化しません。
※空気のW値は約 34 と覚えておきましょう。
※貴ガスの中ではヘリウムの W 値が最も大きくなります。
※三フッ化ホウ素は中性子の検出器に使用します。

24 反応生成物と年代測定

学習の
ポイント　水中に生成する活性酸素種の活性などの性質を理解しましょう。また年代測定の方法と用途をしっかりと覚えましょう。

❶ 放射線による水の励起と電離

■1 スプール

　液体や分子性固体に放射線を照射すると、その進路に沿って断続的に励起や電離が起こり、そこからイオン、不対電子を持ったラジカル、水和電子などが混ざったスプール（スパーともいいます）が生じます。単位長さ当たりのスプール数はLET（→P.168）が大きいほど多くなります。

■2 反応生成物（→P.171）

　水に放射線を照射すると水分子を励起・電離し、次のものが生成します。
　①励起：ヒドロキシルラジカル（・OHラジカル）と水素ラジカル（・Hラジカル）
　②電離：水分子のイオン（H_2O^+）と電子（e^-）
　水分子のイオンは非常に不安定で、直ちに分解し、ヒドロキシルラジカルを生じます。電子はその周りに水分子が配列して水和電子となり、さらに酸素と反応してスーパーオキサイド（$O_2^{\cdot-}$）になります。

■3 活性種の特徴

　主な活性種の特徴を、図表29にまとめます。

図表29 ▶ 主な活性種とその特徴

活性種	特徴
酸素分子	不対電子を2個持つフリーラジカル。ビラジカルと呼ばれる
過酸化水素	不対電子はなくラジカルではない。強い酸化剤
ヒドロキシルラジカル	極めて反応性が高い。強い酸化剤。 中性で、pHに影響を与えない。寿命はμ秒オーダー
水和電子	強い還元剤
水素ラジカル	強い還元剤
スーパーオキサイド	酵素反応により過酸化水素を生じる

4 放射線化学反応

エタノールはラジカルと反応し、ラジカルを消滅させます。ラジカルを消滅させる物質をラジカル捕捉剤といいます。

❷ 年代測定（放射年代測定）

放射性核種が一定の半減期で壊変するので、その親／娘核種の比を求める、また放射線による試料損傷数から生成年代を求める方法を放射年代測定法といいます。前者の一種の^{14}C年代測定（→P.92）が有名ですが、他に次のものがあります。

・^{40}K－^{40}Ar年代測定法：火山活動などで岩石が加熱され、含まれていたAr気体が失われた後、冷却した岩石中の^{40}Kが壊変して生じた^{40}Arが溜まります。この岩石中の^{40}K/^{40}Ar比から年代を求めます。適用年代は数千万～数10億年です。

また、貴重な月の岩石の年代測定法として、試料に中性子を照射して^{39}Kを^{39}Arに変換して年代を求める^{39}Ar－^{40}Ar法が開発されました。

・Rb－Sr年代測定法：^{87}Rbは半減期497億年で^{87}Srになります。同組成のマグマから同時期に生成した、RbとSrを含有する数種類の組成の異なる鉱石ができた場合、二重希釈法（→P.133）と同様の考え方で、それら鉱石の^{87}Rb/^{86}Srと^{87}Sr/^{86}Srを求めることでマグマが固まった年代を求める方法です。他に鉱石の年代を求めるU－Pb年代測定、また^{53}Mn－^{53}Crによる隕石年代測定があります。

地質分野では、地下水の^{3}H/^{3}He比から、その滞留時間を求める^{3}H/^{3}He法や空気中の^{222}Rn由来の^{210}Pbを含む湖底などの堆積泥の年代を測定する方法があります。

・熱ルミネセンス法

土器や火山噴出物中の石英や長石岩石に含まれる結晶の損傷は加熱されると消滅しますが、その後それらの周りにある核種の放射線により再び生じます。その数を熱ルミネセンス線量計（→P.239）と同じ方法で求め、年代を測定します。適用年代は測定時から数100～数10万年です。

・電子スピン共鳴（ESR）法

熱ルミネセンス法と同様の試料以外に、生体物質や鍾乳石など熱の影響を受けていない試料が、放射線照射により生じたラジカル量をESR装置で求め、年代を測定します。主な用途に骨や歯などのリン酸塩試料、鍾乳石、貝殻などの炭酸塩試料があります。適用年代は数100～数10万年です。

・フィッショントラック（飛跡）法

雲母、ジルコンやカンラン石などに含まれる^{238}Uの自発核分裂で生じた核分裂核が岩石に生じる飛跡の数と岩石中のウラン量の比から岩石の年代を求めます。雲母やジルコンを含む岩石に適用します。適用年代は10万～数10億年です。

次の問題文を読み、正しい（適切な）ものには○、誤っている（不適切な）ものには×で答えましょう。

1
□□□
★★★

トリチウム標識有機化合物の合成で、特定位置の標識にはウィルツバッハ法が用いられる。

✕　ウィルツバッハ法は簡単な合成法ですが、標識位置は一定しないので特定位置の標識には向きません。

2
□□□
★★

有機物質を完全燃焼させて発生した気体の水と二酸化炭素は、それぞれソーダ石灰（$NaOH+Ca(OH)_2$）と塩化カルシウムに吸収される。

✕　水は塩化カルシウムに吸収され、二酸化炭素はソーダ石灰に吸収されます。

3
□□□
★

アルミニウムにβ線が入射しても、アルミニウム中に負イオンは生成しない。

○　アルミニウムはβ線により電離して電子を放出しますが、その電子は金属電子のバンド軌道に入り、負イオンとはなりません。

4
□□□
★★★

中性子を照射したヨウ化エチルに水を加えて振り混ぜると、水中に高比放射能の^{128}Iが得られるのは、ホットアトム効果による。

○　地下水中の$^{234}U/^{238}U$（放射能比）が1より大きいことなども、ホットアトム効果で説明されます。

5
□□□
★

^{147}Pmを用いた厚さ計は、試料によるβ線の吸収や散乱による減衰を利用する。

○　^{147}Pmを用いた厚さ計は、β線の吸収や散乱を利用しますが、^{241}Amを用いた厚さ計はγ線の透過・吸収を利用します。

6
□□□
★★

γ線の照射などで水溶液中に生じるラジカルの捕捉剤としてメタノールが用いられる。

✕　水溶液中のラジカル捕捉剤としてはエタノールが用いられますが、メタノールは使われません。

7
□□□
★★

熱中性子による^{235}Uの核分裂では^{90}Srと^{111}Agが生成する収率が大きい。

✕　質量数が90〜100付近および130〜145付近の核分裂片が多く生成します。

---

8 □□□ ★★★ 水溶液中の放射性核種（RI）の沈殿法による分離では、RIの溶解度積が大きい塩を使用する。

✗ 溶液中のイオン濃度の積が溶解度積を超すと沈殿が起こります。このため、溶解度積が小さい塩を使用します。

---

9 □□□ ★★ $^{64}Cu^{2+}$と$^{65}Zn^{2+}$を含む酸性溶液に鉄片を入れると^{65}Znが析出する。

✗ 鉄よりイオン化傾向の小さい金属があると、その金属が析出し、鉄がイオンとして溶出します。この場合、$^{64}Cu^{2+}$がこれに該当します。

---

10 □□□ ★ ^{22}Na、^{60}Co、^{65}Zn、^{90}Y、^{140}Laのうち、^{22}Naは水酸化鉄共沈法で共沈しない。

◯ 水酸化鉄共沈法ではアルカリイオンは共沈しません。

---

11 □□□ ★★ ^{3}H、^{14}C、^{32}P、^{59}Fe、^{63}Niは壊変のときにγ線を放出しない。

✗ ^{59}Feはβ壊変しますが、1.1と1.3MeVのγ線を放出します。鉄でγ線を放出しないのは^{55}Feです。

---

12 □□□ ★ ^{226}Raと^{241}Amは^{9}Beと組み合わせて、中性子源として利用される。

◯ ^{9}Beは$^{9}Be(\alpha, n)^{12}C$の反応によって中性子を放出します。^{226}Raと^{241}Amはα線源となります。

---

13 □□□ ★★★ ^{32}Pは^{33}Pよりβ線の最大エネルギーが大きく、半減期も長い。

✗ ^{32}Pの最大エネルギーは^{33}Pより大きいですが、半減期は14.3日で25.4日の^{33}Pより短いです。

---

14 □□□ ★★ ^{14}Cで標識されたシュウ酸に水酸化ナトリウム水溶液を加えると放射性気体が発生する。

✗ $(^{14}COOH)_2 + 2NaOH \rightarrow (^{14}COONa)_2 + 2H_2O$の反応が起こりますが、$(^{14}COONa)_2$は気体にはなりません。

---

15 □□□ ★ 環境中で、大理石のほうが花こう岩より表面線量率が高い。

✗ 花こう岩は石灰岩と比較して、^{40}K、^{232}Th、^{238}Uなどの原始放射性核種を多く含むため、表面線量率が高くなります。

第2章

化学

16
□□□
★★★

逐次壊変で親核の壊変定数が娘核の壊変定数より大きい場合には、放射平衡は成立しない。

○ 放射平衡が成立する条件はT_1>T_2、すなわち、$\lambda_1 < \lambda_2$の場合です。$\lambda_1 > \lambda_2$の場合は親核が早く消滅してしまいます。

17
□□□
★★

$^{14}C/^{12}C$の比が等しいとき、アセチレン（C_2H_2）とベンゼン（C_6H_6）の比放射能は等しくなる。

○ ベンゼン1分子当たりの放射能はアセチレンの3倍となりますが、質量も3倍になるので、比放射能は等しくなります。

18
□□□
★

即発γ線分析法では、試料に中性子を照射し、発生するγ線を測定することにより、元素分析が行われる。

○ 試料に中性子ビームを照射し、(n, γ)反応で生じた即発γ線を測定して元素の分析を行います。

19
□□□
★★★

^3H、^{14}C、^{32}P、^{35}S、^{45}Caの半減期を短い順に並べると、$^{35}S < ^{32}P < ^{14}C < ^3H < ^{45}Ca$となる。

✕ ^{32}P（14.3日）<^{35}S（87.4日）<^{45}Ca（163日）<^3H（12.3年）<^{14}C（5730年）となります。

20
□□□
★★

中性子放射化分析では、照射後の化学分離の際の目的元素の混入は、定量に影響しない。

○ 中性子の照射で励起状態をつくり出すため、照射後に混入した物質は、励起されないので定量測定値に影響しません。

21
□□□
★★

ウラン系列はα壊変6回、β壊変4回を経て、^{206}Pbで終わる。

✕ ウラン系列はα壊変8回、β壊変6回、トリウム系列は6回と4回、アクチニウムは7回と4回、ネプツニウムは8回と4回起こします。

22
□□□
★★★

植物に含まれる^{14}Cは土壌中の有機物から取り込まれている。

✕ 高層大気中で生じた^{14}Cは直ちに酸化されてCO_2になり、光合成で植物に取り込まれ、有機として固定されます。

23
□□□
★

分岐壊変で生成する2つの娘核の放射能の間には、過渡平衡が成立する。

✕ 親娘の間では過渡平衡は成立しますが、同じ親の2種の娘核間では成立しません。

第 **3** 章
生 物 学

01 生物への放射線の影響

学習の
ポイント

急性、晩発、確定的、確率的、身体的および遺伝的の意味と、それぞれ
人体にどのような影響を与えるかを学びましょう。

❶ 生物への放射線の影響の分類

生物への放射線の影響は、次の３つに分類されます。

①被ばく後から発病までの期間による分類

・被ばく後、すぐに現れる急性影響。

・被ばく後、しばらくしてから現れる晩発影響。

②影響の現れ方による分類

・ある値以上の被ばくをすると、影響が現れ始める確定的影響。

・被ばく量が増加すると、影響の現れる確率が高くなる確率的影響。

③誰に影響が発現するかによる分類

・被ばくした本人や細胞に生じる身体的影響。

・被ばくした人の子どもや子孫、また、細胞の娘細胞に生じる遺伝的影響。

❷ 急性影響と晩発影響

放射線被ばくの影響は、被ばくから疾患が発現するまで、一定の時間がかかり、この時間を潜伏期間といいます。潜伏期間が２～３か月以内の影響を急性影響または早期障害といい、潜伏期間が数か月以上の影響を晩発影響または晩発性障害といいます。

1 急性影響

急性影響は、短時間で大量の放射線を被ばくした臓器などの細胞が死亡することで生じます。細胞の死は一般に細胞分裂が盛んな造血臓器、消化管、生殖腺、皮膚などで多く生じます。

急性影響の潜伏期間は、一般に被ばく線量が高いほど短くなります。急性影響には、造血器官機能不全、不妊、皮膚の紅斑、脱毛、骨髄死、腸死があります。

2 晩発影響

晩発影響は被ばくして、数か月経過した後、または致命的にならない程度の急性影響が生じた後、その影響が消えてからしばらくして身体に生じる疾患です。

晩発影響には、確定的影響の白内障（はくないしょう）や、確率的影響の発がん、遺伝的影響などがあります。晩発影響のうち、確率的影響の障害は被ばくした細胞内に突然変異が起こることで発症します。

❸ 確定的影響と確率的影響

　放射線が生物へ与える影響には、確定的影響と確率的影響があります。

1 確定的影響

　確定的影響は、影響が生じる最小線量（しきい線量）があり、それ以上被ばくすると、線量の増加に伴い、発生確率と疾患の重篤度が増加する影響です。
　確定的影響の疾患は、多数の細胞が放射線によって傷ついたときに生じます。
　疾患の例として、白内障、胎内被ばくによる奇形・精神遅延、不妊、脱毛、皮膚損傷、造血器官障害などがあります。不妊では、男性は女性より低い線量で一時的不妊になります（→P.195）。

> ☑ CHECK　**しきい線量**
>
> しきい線量とは、生体組織に機能不全や細胞死などの疾患が現れる最小の被ばく線量です。それ以上の線量になると、図表01のように線量の増加とともに影響の発生率もS字型（シグモイド型）で増加し、障害の重篤度（じゅうとく）も増します。

図表01 ▶ 確定的影響の線量と影響の関係

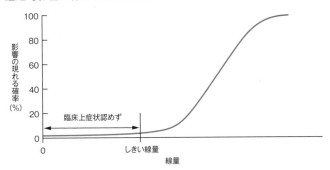

2 確率的影響

　確率的影響とは、一定量の放射線を被ばくしても、必ず影響が現れるわけではなく、「放射線を受ける量が多くなるほど影響が現れる確率が高まる」影響です。

たとえ照射線量が低くても、突然変異が誘発される細胞は発生します。1個の細胞でも、それが増殖し、発がんや遺伝的影響が発現する可能性があります。被ばく線量が増えると、突然変異を誘発される細胞数は確率的に増加するため、確率的影響といいます。

確率的影響には、放射線で損傷した単一体細胞に起因する発がんと、放射線で損傷した単一生殖細胞に起因する遺伝性疾患の2種類があります。

がんや遺伝性疾患では、発生確率が線量に比例するという仮定が成り立つと考えられ、単一体細胞によるがん発病の確率的影響は、約100mSv以上で確認されています。確率的影響は1個の細胞に起因するため、しきい線量はありません。また、線量が増加しても発病の重篤度は変わらず、発生確率だけが増加するとみなされています。ただし、1個のがん細胞ががん組織となるには10億個以上に、遺伝性疾患では140兆個以上に増殖する必要があるため、発病までに長い時間がかかります。そのため、確率的影響には急性障害はありません。

図表02 ▶ 確率的影響の線量と影響の関係

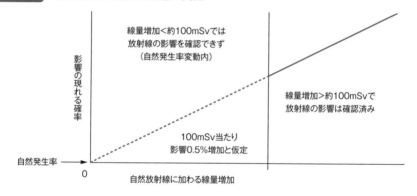

図表03 ▶ 確定的影響と確率的影響の比較

	確定的影響	確率的影響
しきい線量	放射線による障害が認められる最小の線量。器官や組織に依存する。多くの場合1Gy程度以上	なし
発症頻度	線量とともにS字型（シグモイド型）に増え、100%に達する	線量の増加に比例して発生頻度が高くなる
主な疾患	白内障、胎内被ばくによる奇形、不妊	悪性腫瘍（がん、白血病）、遺伝性疾患

④ 身体的影響と遺伝的影響

　放射線の影響は、被ばくした本人に生じる身体的影響と、その人の子どもや子孫に身体的または生理的な障害が現れる遺伝的影響とに大別されます。

❶ 遺伝的影響

　遺伝的影響は、人の生殖腺（男性の精巣、女性の卵巣）が被ばくし、染色体の異常や遺伝子の突然変異が生じることで起こります。遺伝的影響の原因には、遺伝子突然変異と染色体異常の2つがあり、どちらも生殖腺以外の被ばくで生じることはないので、閉経後の女性は考慮する必要がありません。一方、生殖年齢または生殖年齢以前に被ばくした場合に生じる可能性があるので、子どもが被ばくした場合でも遺伝的影響が現れることがあります。

❷ 遺伝的影響の特徴

- ・遺伝的影響は確率的影響に分類され、しきい線量はありません。
- ・遺伝的影響の重篤度は線量に依存しません。
- ・子どもに発現しなくても、孫以降の子孫に発現する可能性があります。
- ・原爆被ばく者の調査では遺伝的影響は見つかっていません。
- ・遺伝性疾患のうち、毛細血管拡張性運動失調症はX線に対して高致死感受性を示します。
- ・放射線に高い感受性を示す遺伝病には免疫異常が多い、発がん頻度が高い、DNA修復機能に異常を持つ場合が多くあります。
- ・色素性乾皮症とブルーム症候群は紫外線に対して高致死感受性を示します。

なお、被ばくによるDNAの損傷によって生じる生殖腺の死、不妊、がん、胎内被ばくによる奇形は、身体的影響であり、遺伝的影響ではありません。

⑤ 遺伝的影響のリスクの推定

　放射線による遺伝的影響を推定する指標として直接法と倍加線量があります。
　直接法は、動物に放射線を照射して単位線量当たりの誘発突然変異を調べ、その線量と誘発突然変異の関係を求め、その結果を人間に適用する方法です。
　倍加線量とは、放射線の照射により、突然変異の発生率が自然に発生する値の2倍となる線量を求める間接的な方法です。求めた線量の値が大きいほど、遺伝的影響が起こりにくくなります。人間の急性被ばく（→P.198）の場合、倍加線量は0.2～2.5Gy程度と推定されています。

02 内部被ばくと外部被ばく

学習の
ポイント

内部被ばくと外部被ばくの違い、放射性核種（同位元素）の取り込みと排出、有効半減期の計算式、RIがどの臓器に濃縮されるかが問われます。

❶ 内部被ばくと外部被ばく

放射性核種が体内に取り込まれ、体の内側から放射線を受けることを内部被ばく（体内被ばく）といいます。一方、体の外部にある放射線源から放射線を受けることを外部被ばく（体外被ばく）といいます。

外部被ばくでは、γ線やX線、高エネルギーβ線や中性子線のような飛程（→ P.62）の長い放射線が問題になります。内部被ばくでは、それ以外にLET（→ P.168）が大きく、飛程の短いα線や低エネルギーβ線なども問題になります。

図表04 ▶ 内部被ばくと外部被ばく

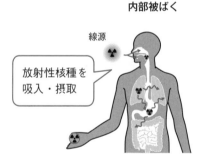

❷ サブマージョン

原発事故などで空気中に放出された放射性核種の貴ガスや微粒子ウランなどの雲をプルームといいます。全身がこれに包まれると、外部被ばくと、呼吸により肺内に入った物質による内部被ばくの両方が生じます。この状態をサブマージョンといいます。

 MEMO　細胞再生系

常に細胞分裂を行って新しい細胞がつくられている組織や臓器を細胞再生系といい、放射線の影響を高く受けます。これには、造血組織、腸、皮膚、毛のう、眼の水晶体、精巣（睾丸）などがあります。

❸ 放射性核種の取り込みと排出

放射性核種を体内に取り込む経路には、次の３つがあります。

- ・経口摂取：水や食物などを飲み込むことで、口から放射性核種が体内に取り込まれることです。取り込まれた放射性核種のうち、水に可溶なものは小腸で吸収され、血液などの体液に取り込まれて全身に移行します。
- ・吸入摂取：呼吸などで気道や肺に取り込むことです。取り込まれた放射性核種のうち、水に可溶なものは体液に溶け込みます。一方、酸化プルトニウムなどの不溶性物質は肺の内部に沈着します。
- ・経皮吸収：皮膚を通して放射性核種が取り込まれることです。水や水蒸気状のトリチウムは健康な皮膚を通して吸収されます。また、皮膚に傷があると、傷口から放射性核種が体内に取り込まれます。

体内に取り込まれた放射性核種は、国際放射線防護委員会（ICRP）代謝モデル（図表05）のように、小腸に吸収されないものは便として排泄されます。また、血液などの体液に吸収されたものは臓器親和性（→P.160）やその他の臓器にとどまった後、肝臓や腎臓で代謝され尿として体外に排泄されます。

図表05 ► ICRP代謝モデルの模式化

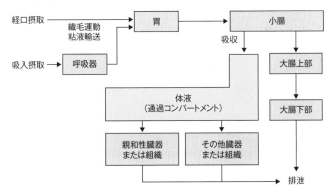

❹ 有効半減期

排泄など生物学的要因により体内の放射性核種の量が半分になる時間を生物学的半減期T_bといいます。放射性核種は物理的半減期T_pで壊変しているので、体内に残留している放射性核種の放射能が取り込んだときの半分になる有効半減期T_eはT_p、T_bと次の関係があります。

$$1/T_e = 1/T_b + 1/T_p \quad これを整理すると、 \quad T_e = \frac{T_b \times T_p}{T_b + T_p} \quad \cdots\cdots ①$$

このT_eを有効半減期または実効半減期と呼びます。

例題 1

^{125}Iの物理的半減期を60日、生物学的半減期を140日としたとき、有効半減期は何日か。

解答・解説

➡ **正解　42日**

有効半減期は①式で与えられます。ここに、T_b=140、T_p=60を入れると、

有効半減期=140・60/（140+60）=**42日**となります。

図表06 いくつかの放射性核種の物理的・生物学的半減期と有効半減期

放射性核種	物理的半減期	生物学的半減期	有効半減期
^{3}H	12.3 年	12 日	12 日
^{60}Co	5.27 年	10 日	9.9 日
^{90}Sr	28.8 年	49 年	18 年
^{131}I	8.03 日	138 日	7.6 日
^{137}Cs	30.1 年	70 日	70 日
^{140}Ba	12.8 日	65 日	11 日
^{226}Ra	1600 年	44 年	43 年
^{235}U	7.04 億年	15 日	15 日

❺ 臓器親和性核種

　放射性核種などの元素はその物理的・化学的特性により、特定の組織・臓器に集積することがあります。これを臓器親和性（親和性臓器）といいます。例えば、^{131}Iは甲状腺に、不溶性で粒子状の^{239}Puは肺に沈着します。また、骨はリン酸カルシウムでできているので、^{32}Pやカルシウムと同じアルカリ土類の^{90}Sr、^{226}Raが集積します。なお、骨に沈着する核種は骨親和性核種ともいいます。

　鉄は赤血球の主要成分であるヘモグロビンの構成要素であることから、造血器、肝臓、脾臓には^{55}Feや^{59}Feが集積します。また、^{60}Coは肝臓、脾臓に集積します。

　これに対し、^{3}Hや^{14}Cは特定の臓器に集積することなく全身に分布します。

また、^{137}Csは全身の筋肉に集積します。これらを含め、元素と臓器親和性の関係を図表07に示します。

図表07 元素の臓器親和性

元素	放射性核種	親和性臓器
トリチウム トリチウム水	^{3}H	全身
炭素	^{14}C	全身
リン	^{32}P	骨
カルシウム	^{45}Ca	骨
鉄	^{55}Fe、^{59}Fe	造血器、肝臓、脾臓
コバルト	^{60}Co	肝臓、脾臓
ストロンチウム	^{90}Sr	骨
ヨウ素	^{125}I、^{131}I	甲状腺
セシウム	^{137}Cs	全身の筋肉
ラドン	^{222}Rn	肺（呼吸で吸収）
ラジウム	^{226}Ra	骨
トリウム	^{232}Th	骨、肝臓
ウラン	^{238}U	骨、腎臓
プルトニウム	^{239}Pu	肺、骨、肝臓
アメリシウム	^{241}Am	骨、肝臓
コロイド状の鉄や金	^{55}Fe、^{59}Fe	細網内皮系の細胞

❻ 預託等価線量と預託実効線量

　放射性核種が摂取されると、親和性のある臓器などに集積し、長期にわたって人体に内部被ばくを起こします。これが人間にどの程度の被ばくを与えるかを評価する線量として、預託等価線量と預託実効線量があります。

　預託等価線量は放射性物質の体内への摂取後、臓器・組織が受ける等価線量率を成人の場合は50年間、子どもの場合は70歳になるまでにわたって積算した線量です。預託実効線量は各臓器・組織が受けた預託等価線量とその臓器・組織の組織加重係数との積の全身の総和です。単位はいずれもSvです。

　人間が受ける被ばく線量の線量限度を計算するときには、預託実効線量を最初の1年間にすべて内部被ばくしたものとみなします。

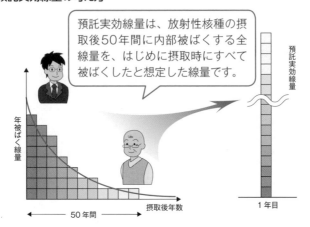

図表08 預託実効線量の考え方

預託実効線量は、放射性核種の摂取後50年間に内部被ばくする全線量を、はじめに摂取時にすべて被ばくしたと想定した線量です。

❼ リスク

　リスクとは放射線被ばくの場合、健康や生命に被害や悪影響、危険を与える可能性を指す心理的な尺度です。リスク評価は、リスクの大きさを定量化して比べたり、現状把握をする方法ですが、心理的尺度では定量的に扱えません。このため、リスク評価では、最初に工学的・数学的にリスクを定義します。放射線では、がんの生涯リスクの推定を対象に、次の6つのリスクが定義されています。

1 相対リスク

　ある疾患への被ばくの影響について、性別、年齢などが等しい対照集団と比較して被ばく集団のリスクが何倍になっているかを表すものです。例えば、白血病は被ばく後数年以上経って発病する影響の中で最も相対リスクが大きく、1Gy当たり約5～6になります。相対リスクが1なら、放射線被ばくはリスクに影響を及ぼしていないことを意味します。

2 過剰相対リスク

　相対リスクから1を引いた値で、相対リスクのうち、被ばくのリスクが占める部分をいいます。

3 絶対リスク

　観察の全期間にわたって、集団中に生じた疾患のうち、放射線被ばくにより影響を受けた総数または率をいい、通常、人年で表します。相対リスクが被ばくにより過剰に発生するリスクを表している（すなわち、影響の大きさを表している）

のに対して、絶対リスクは影響を受けて罹患した人数を表します。したがって、集団全体に対する影響の大きさを表す指標となります。

例えば、白血病は相対リスクが最も大きな値を持ちますが、被ばくにより白血病に罹った人の総数は90ないし100例と推定されています。これに対して、固形がん（胃がん、肺がんなどで塊をつくるがんの総称で、白血病など血液のがん以外をいいます）の相対リスクは1.5と低いのですが、放射線被ばくにより固形がんに罹った人の総数は約850例とはるかに多くなっています。

図表09 原爆被ばく者の発がん人数

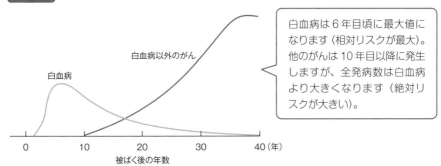

白血病は6年目頃に最大値になります（相対リスクが最大）。他のがんは10年目以降に発生しますが、全発病数は白血病より大きくなります（絶対リスクが大きい）。

4 過剰リスク

過剰リスクは、「被ばくによりある疾患の発生率がどれだけ過剰になるか」を表すものです。過剰リスクは、被ばく線量、被ばく時年齢、被ばくからの経過時間、現在の年齢、性別などのさまざまな因子によって変わります。原爆被ばく者のリスク評価は他の重要な因子との組み合わせ回帰分析法を使って行われます。

リスクの推定値は通常、他の重要な因子との組み合わせに対して、特定の線量（通常1Gyまたは1Sv）当たりとして報告されます。一般に、単一の値を用いて過剰リスクを求めることはできません。

5 過剰絶対リスク

被ばく者集団の絶対リスクから、放射線に被ばくしなかった集団の絶対リスク（自然リスク）を引いたものです。

6 リスクの大きさ

発がんリスクは、大人より小児のほうが高くなります。絶対リスクは観察の全期間の積算数なので、年齢にかかわらず一定となります。自然放射線の発がんへの寄与は、喫煙より小さい値です。

放射線によるDNA損傷

この節の内容は生物学の基礎です。他の節を理解するのに重要で、出題頻度も高いので、赤字中心にしっかりと理解しましょう。

❶ DNA

DNA（デオキシリボ核酸：deoxyribonucleic acid）とは、リン酸、糖（デオキシリボース）、4種の塩基（アデニン：A、グアニン：G、シトシン：C、チミン：T）で構成されるデオキシリボヌクレオチドが鎖状の高分子となったもので、鎖が2本水素結合でつながり、二重らせん構造を形成しています。

DNAは生物の遺伝情報を担う重要な物質であり、この情報を基に、異なった機能を持つタンパク質が合成されます。放射線がDNAを切断したり構造を変化させたりすると、細胞死や突然変異、遺伝的障害などを起こします。

図表10 ▶ DNAの二重らせん構造

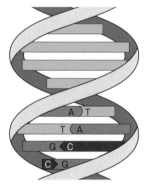

二重らせん構造は、A-TまたはG-Cの塩基の結合のみで結びつき、この並びの順番が遺伝子の情報を表しています。

❷ DNAの損傷

◼ DNA損傷の種類

DNAは生命現象のすべての情報を持つので、放射線がDNA分子に損傷を与えると、その損傷は生体に急性あるいは晩発影響（発がん、寿命短縮など）を引き起こします。また、その損傷が卵子などの生殖細胞中のDNAに起こると、遺伝的影響として次世代に残る可能性があります。

放射線が起こすDNA分子への損傷は、次の4種類があり、放射線の種類に関係なく発生します。

①一本鎖切断

二重らせんの二本鎖のうち、一方の鎖のみが切断される現象です（図表11）。

②二本鎖切断

二重らせんの二本鎖が両方とも切断される現象です（図表12）。二本鎖切断は修復されにくく、修復されても DNA の塩基配列が元通りにならないことが多くあります。DNA の塩基配列が変化すると、この遺伝子情報を基に合成されるタンパク質が、目的と異なる機能を発現してしまい、細胞死や突然変異を誘発します。このように、DNA 損傷は生体に大きな危険を生じます。

図表11 二本鎖の片方の鎖のみ切断

図表12 二本鎖の2本の切断

③塩基損傷

塩基損傷には、脱塩基（脱プリン反応）、紫外線損傷などがあります。

- 脱塩基：チミンやシトシンなどのピリミジン、アデニンやグアニンにあるプリン塩基の5位の炭素と6位の炭素の間の二重結合にヒドロキシルラジカルが作用すると、グアニンなどが離脱して塩基の欠失した場所が生じます。ここを AP 部位（脱プリン・脱ピリミジン部位）といいます。

- 紫外線損傷：紫外線は、放射線ではありませんが、長波長の X 線や γ 線と波長が近い電磁波のため、X 線などと同様に、分子の結合を切断します。例えば、ピリミジン同士が隣接している部位に作用し、シクロブタン型のピリミジン2量体と6－4光産物をつくります。

④架橋

DNA が他の DNA やタンパク質、さらに自分自身などと共有結合して結びつく現象です。約5個の二本鎖切断に対して1個の分子間架橋が生じるといわれています。

塩基損傷や架橋が起こると、DNA の誤修復などが起こり、種々の突然変異や発がんに関与したり、遺伝的影響が生じたりします。

❸ 放射線によるDNA損傷の発生頻度

X線やγ線などの間接電離放射線は、DNA鎖切断と塩基損傷の両方を生じます。X線の場合、前記3種の損傷の発生割合は、ほぼ図表13のようになります。

図表13 ▶ DNA損傷の発生頻度

一本鎖切断	二本鎖切断	塩基損傷
1	6〜8分の1	2〜3倍

図表14 ▶ X線による一本鎖切断と二本鎖切断の発生頻度

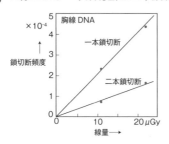

左のグラフは真空中でのX線照射による乾燥DNA中の一本鎖切断および二本鎖切断発生の頻度です。

❹ DNA損傷の修復

生物はDNA損傷を処理するための修復機構を持っています。この修復機構によって、DNAが正確に修復されれば細胞は正常に増殖しますが、修復が正しく行われないと突然変異が起こります。DNA損傷の修復機構は、DNA分子の損傷の様式、細胞の老化状態、細胞周期（→P.174）などによって異なります。

🔲 塩基除去修復とヌクレオチド除去修復

DNAの2本の鎖は、4種類の塩基のうち、A－TまたはG－Cの結合でのみ結びつくので、二本鎖の一方しか傷ついていなければ、図表15のように、切断されていない鎖の対応する結合を再生することで正確に修復できます。

図表15 ▶ 一本鎖切断の修復

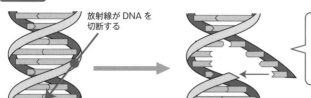

放射線がDNAを切断する

二重らせんのうち1本切断されただけだとDNAの損傷はほとんど修復されます。

塩基損傷では、傷ついた部位の前後でDNAの一部を削除し、向かい側の
DNA鎖を鋳型として再生します。この修復を塩基除去修復といいます。一本鎖
切断では、切断部位を含む広い範囲を削除した後、鎖の欠陥を修復します。これ
をヌクレオチド除去修復といいます。

② 二本鎖切断の修復

　二本鎖切断の修復には、相同組換と非相同末端結合があります。

①相同組換

　DNAの切断部分に相同な遺伝子情報を持つ染色体（→P.184）を、鋳型を元に
修復します。この方法では、切断部分と遺伝子情報のどちらも正確に修復できま
すが、鋳型とする相同な染色体を必要とします。

②非相同末端結合

　損傷により生じた2つの末端をそのままつなぐ修復機構です。この機構では、
しばしば切断部分のDNAの一部が失われて構造が変わり、変異が多く起こります。

　この2つの修復機構は細胞周期（→P.174）によって役割が変わり、G_1期の細
胞では非相同末端結合が主となり、S期後半では相同組換が主となります。

第3章 生物学

図表16　二本鎖切断の修復

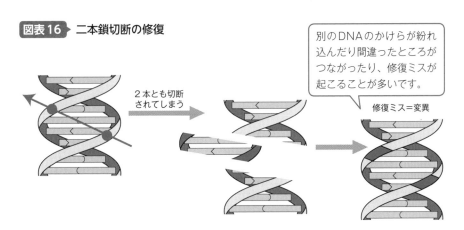

2本とも切断
されてしまう

別のDNAのかけらが紛れ
込んだり間違ったところが
つながったり、修復ミスが
起こることが多いです。

修復ミス＝変異

⑤ DNA損傷と修復を理解するための関連知識

① 酵素

　酵素は生体反応の触媒作用を行うタンパク質で、触媒作用を受ける物質を基質
といいます。基質は酵素分子の表面の特定の部位に結合して酵素−基質複合体を
形成後、生成物に変わります。生成物は酵素から離脱し、酵素は元の状態に戻り
ます。放射線照射などで酵素の触媒活性が失われることを不活化といいます。

<figure>

図表17 酵素の触媒反応

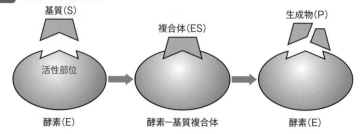

基質(S)

複合体(ES)

生成物(P)

活性部位

酵素(E)　　　　酵素—基質複合体　　　　酵素(E)
</figure>

2 線エネルギー付与（LET）

　放射線が生体へ与える影響の大きさは吸収線量で評価します。しかし、放射線のエネルギーが同じでも、種類によって直接・間接的にDNAを損傷する場合、電離の空間分布が違うため、生体に与える影響が異なります。

　例えば、α線は短い飛跡の間に多くの分子を電離するので（図表18の左図）、二本鎖切断が多く生じます。一方、X線は電離される分子間の距離がDNA分子の大きさより長いので（図表18の右図）、二本鎖切断の確率は小さくなります。

図表18 高・低LET放射線による励起分子の生成数

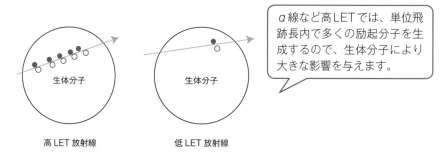

生体分子

生体分子

α線など高LETでは、単位飛跡長内で多くの励起分子を生成するので、生体分子により大きな影響を与えます。

高LET放射線　　　　　低LET放射線

　このように、放射線が生体分子に及ぼす影響は単位飛跡に沿って放出されるエネルギー量の大小によって異なるため、放射線の線質の違いを定量的に測る指標として線エネルギー付与（LET：Linear Energy Transfer）が導入されました。

　LETの値は、X線で$2\sim5$keV/μmですが、α線では120keV/μmと大きな値となります。放射線のうち、X線とγ線はLETが小さいので低LETと呼び、α線、β線、中性子線、陽子線、重イオン線は高LETと呼びます。

図表19 さまざまな効果に対するLETの影響

効果	低LET	高LET	効果	低LET	高LET
スカベンジャー効果（→4節）	大	小	直接作用の寄与（→4節）	小	大
防護剤の効果（→4節）	大	小	間接作用の寄与（→4節）	大	小
酸素効果（→4節）	大	小	細胞周期依存性（→5節）	大	小
線量率効果（→8節）	大	小	被ばく後の回復（→8節）	大	小

3 生物学的効果比（RBE）

　LETは、放射線が単位飛跡に放出するエネルギー量に対する指標ですが、LETの異なる放射線が生体に及ぼす効果の違いを量的に表したものが生物学的効果比（RBE：Relative Biological Effectiveness）です。RBEは、基準となる放射線が生体にある効果を与える吸収線量と、問題にしている放射線が生体に同じ効果を与えるのに必要な吸収線量の比を表すもので、次式で定義されます。

$$生物学的効果比（RBE）＝\frac{ある効果を得るのに必要な基準放射線の吸収線量}{同一効果を得るのに必要な対象放射線の吸収線量}$$

　例えば、X線を基準放射線とし、半数のマウスに白内障が生じる線量が8Gy、同じ効果を与える中性子の吸収線量が2GyならRBEは4となります。

　RBEは、放射線の線エネルギー付与（LET）に依存していて、LET値が80〜200keV/μm付近のとき最大値を示します。それより高いLET値では、RBE値は徐々に減少します。また、RBEは細胞致死や突然変異誘発、発がんなど指標のとり方、細胞の種類、線量、線量率、酸素分圧、温度などによっても変化します。基準となる放射線源として、X線や^{60}Coのγ線が使用されます。

図表20 各種放射線のRBEとLETの関係

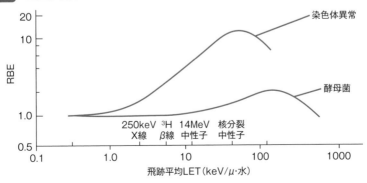

第3章 生物学

04 直接作用と間接作用

学習の
ポイント
直接作用と間接作用の機構の違い、LETの影響、間接作用の修飾効果、特に酸素効果について学びましょう。

❶ 放射線によるDNA損傷の機構

　放射線が生物のDNAを損傷する機構には、放射線がDNA分子を直接損傷させる直接作用と、放射線が水分子を励起・電離してラジカルが生じ、それがDNAを損傷する間接作用の2つがあります。

❷ 直接作用

　標的分子（DNA分子）に放射線が衝突すると、その分子は励起または電離し、不安定な状態になります。この不安定な状態の分子は安定状態に移行する過程で結合が切れ、2つの分子に分解します。このように放射線で直接標的分子を損傷することを直接作用といいます。α 線や重粒子線のような高LET放射線では、直接作用の寄与が大きくなります。

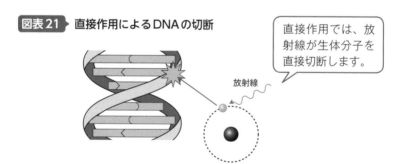

図表21　直接作用によるDNAの切断

放射線

直接作用では、放射線が生体分子を直接切断します。

❸ 間接作用

　生体のDNAは水中に存在しますが、放射線はこの水分子を 10^{-16} 秒程度の時間で励起・電離します。励起した水は解離し、ヒドロキシルラジカル（OHラジカル）と水素ラジカルを生じます。また、水が電離すると H_2O^+ と e^- が生じます。H_2O^+ は非常に不安定で、直ちに分解してヒドロキシルラジカルを生じます。一方、e^- はその周りに水分子が配列して水和電子となります。このようにして生じた反応性が高いラジカルは $10^{-12} \sim 10^{-4}$ 秒程度の時間で標的分子（DNA分子）

に作用して損傷を生じさせます。このように放射線が水分子の励起・電離でラジカルを発生させ、間接的に標的分子を損傷することを間接作用といいます。

　間接作用では、ヒドロキシルラジカルによるDNA損傷が最も大きく寄与します。X線やγ線のような低LET放射線による損傷では、間接作用によるDNA損傷が50〜80%を占めています。

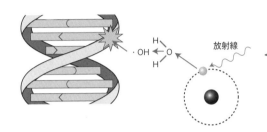

図表22 間接作用によるDNAの切断

> 間接作用では、放射線が水を励起して水酸基などのフリーラジカルが生じ、それが生体分子を切断します。

❹ 放射線による水の励起と電離

水に放射線を照射すると、水分子を励起・電離し、次の活性種が生成します。

1 酸素分子
・不対電子を2個持つ「ビラジカル」と呼ばれるフリーラジカル。
・酸素分子が2電子還元されると、過酸化水素が生成されます。
・酸素分子が3電子還元されると、ヒドロキシルラジカルになります。

2 過酸化水素（H_2O_2）
・不対電子を持たないのでラジカルではないが、強い酸化剤です。
・過酸化水素は生体内のカタラーゼ酵素や鉄（Ⅱ）イオンなどにより、酸素と水に分解されます。　　$2H_2O_2 \rightarrow O_2 + 2H_2O$
・過酸化水素は細胞膜を透過します。

3 ヒドロキシルラジカル
・ヒドロキシルラジカルは極めて反応性が高く、強い酸化力を有します。
・DNA損傷を引き起こす主要な原因です。
・グアニンとの反応性が高く、8−ヒドロキシルグアニンを生成します。
・ヒドロキシルラジカルは中性で、OH⁻と違い、pHに影響を与えません。
・ヒドロキシルラジカルの寿命は極めて短く、μ秒オーダーです。

4 水和電子（e$_{aq}^-$）

・水和した電子で、強い還元剤です。数百 μ 秒程度で水素ラジカルと OH$^-$ に
分解します。

5 水素ラジカル（H・）

・水素原子の1S軌道に電子が1個だけあるもので、強い還元剤です。

6 スーパーオキシド（スーパーオキサイド　O$_2^{\cdot-}$）

・水和電子と酸素との反応で生じます。
・酵素反応により過酸化水素を生じます。
・酵素の SOD（superoxide dismutase）は、スーパーオキシドを選択的に過
酸化水素と酸素に不均化します。　　$2O_2^{2-} + 2H^+ \rightarrow O_2 + H_2O_2$

7 スプール

　液体や分子性固体に放射線を照射すると、その進路に沿って断続的に励起や電
離が起こり、そこからイオン、不対電子を持ったラジカル、水和電子などが混ざっ
たスプール（スパーともいいます）が生じます。単位長さ当たりのスパー数は
LET（→P.168）が大きいほど多くなります。

❺ 間接作用の修飾効果

　放射線の間接作用に影響を与える修飾効果には、次の4つがあります。

1 酸素効果

　X線や γ 線を酸素分圧が高い状態で培養細胞に照射した場合、無酸素状態で照
射した場合に比べて致死効果が大きくなります。これを酸素効果といいます。
　この機構は、酸素の存在がラジカルの生成量を増加させる、また標的分子の損
傷が酸素と反応してより修復されにくい形になると考えられています。
　酸素効果の程度を表す指標として OER（Oxygen Enhancement Ratio）があ
ります。これは、無酸素状態で一定の細胞致死効果を得るのに必要な線量を、酸
素分圧の高い状態で同等の効果を得るのに必要な線量で割ったもので、X線や γ
線の場合にはその値の最大値は2～3程度です。高LET放射線は主に直接作用
を起こすので、低LET放射線に比べて酸素効果は小さくなります。
　酸素効果は、酸素濃度が比較的低い領域で起こり、酸素分圧が53～66hPa（大
気圧の約5％）以上になると効果は一定になります。

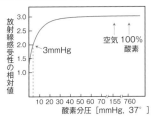

図表23 酸素の濃度効果の例

酸素がないときに比べ、酸素濃度が3mmHgのときは2倍の損傷が起こります（1mmHg≒1.33hPa）。

2 化学的防護効果

　放射線照射による生体の障害を防御する薬品を**防護剤**や**ラジカルスカベンジャー**といいます。アルコールやグリセリンなどは照射で生じたヒドロキシルラジカルを取り除き、DNAの切断を軽減・抑制します。これを**化学的防護効果**といいます。

　この防護剤の効果は、直接作用が主の高LET放射線より低LET放射線で顕著に現れます。生体中に含まれるSH基を有するシステイン、システアミン、グルタチオンはSH基の水素をラジカルに渡してラジカルを失活させるラジカルスカベンジャーでDNAの損傷の発生を減少させます。

3 希釈効果

　放射線で水中に生じるラジカル数は全酵素に関わらず同じです。このため、間接効果で不活性化される酵素数は、全酵素数によらず一定になります。

　一方、放射線が水中で酵素と衝突する確率は、酵素の濃度に比例するので、直接作用では酵素の濃度低下とともに衝突で不活性化される酵素数は減少します。

　この効果を**希釈効果**といいます。

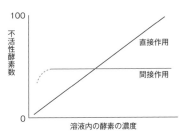

図表24 一定量の照射で生じる不活性酵素数

直接作用では、物質の濃度に比例して損傷を受ける物質の量は増加しますが、間接作用では濃度にかかわらず一定となります。

4 温度効果

　直接作用による放射線の影響は温度の影響をあまり受けませんが、間接作用は温度が下がると減少します。これを**温度効果**といいます。温度が下がるとラジカルの拡散速度が低下し、DNAと衝突する確率が低くなるためと考えられています。

細胞周期

細胞周期の4つの期間で何が起こるのか、期間ごとの感受性の大小、チェックポイントの機構を学びましょう。

① 細胞周期

増殖の盛んな細胞では、細胞分裂が繰り返されています。細胞は分裂した後、G_1期、S期、G_2期、M期の4つの期間を経て次の分裂に至ります。この4期間のサイクルを細胞周期といいます。

S期はDNAを合成（Synthesis）する期間です。この期の細胞を外形から区別することは困難ですが、DNAを合成するためにチミジンを取り込むので、チミジン量を測定することで識別できます（→P.204）。

M期は細胞が有糸分裂（Mitosis）する時期です。はじめ同じ遺伝情報を持つ2つの核に、次いで2つの細胞に分裂します。このとき、細胞内に糸状の物質が現れ、外観からも観察されるので、この期の細胞を識別できます。

G_1期は細胞が大きくなる期間で、G_2期はDNAの合成後細胞がさらに大きくなる期間です。英語のすきまを意味するGapの頭文字から名付けられています。

M期は細胞分裂期とも呼び、それ以外のG_1期→S期→G_2期を合わせて間期と呼びます。

> ☑ CHECK　**細胞が一時あるいは半永久的に増殖を休止する期間**
>
> 細胞周期には、細胞が一時あるいは半永久的に増殖を休止している期間があります。この期間をG_0期といい、G_1期から移行します。神経細胞や心筋細胞は分化後G_0期の非分裂細胞となり、成熟し、神経や筋肉細胞として働きます。

図表 25 ▶ 細胞周期の流れ

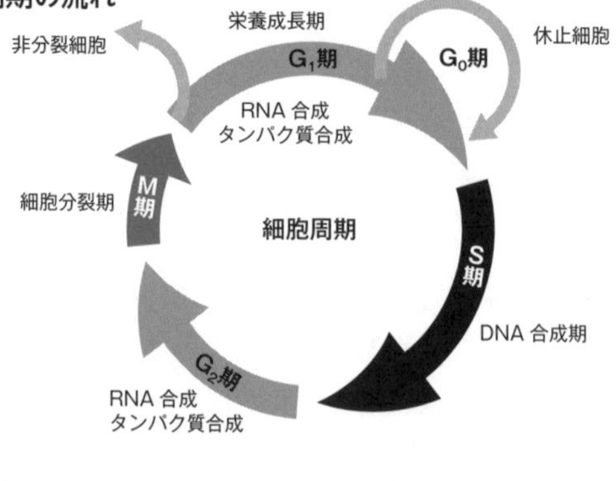

❷ 放射線感受性の細胞周期依存性

　細胞周期をそろえた培養細胞の各時期に放射線を照射し、その後の生存率を解析すれば、放射線感受性の細胞周期依存性を調べることができます。一般的に細胞はG_2期の後半からM期に照射した場合が最も高い感受性を示します。また、G_1期の後半からS期初期の前半への移行期も高い感受性を示します。これに対し、S期後半の細胞では感受性が低くなります。

図表26　細胞周期ごとの放射線感受性の比較

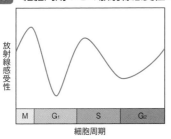

放射線感受性

細胞周期

M　G_1　S　G_2

細胞周期ごとの放射線感受性には、次のような関係が成り立ちます。G_2期～M期＞G_1期＞S期初期前半＞S期後半

✎ MEMO　放射線感受性の細胞周期依存性の違いの原因

放射線感受性の細胞周期依存性は、DNAの二本鎖切断損傷の修復能の違いによると考えられています。二本鎖切断は、非相同末端結合と相同組換で修復されますが、S期後半ではより正確な修復ができる相同組換（→ P.167）が主のため、放射線感受性が低くなると考えられています。

❸ 細胞周期が一時停止するチェックポイント

　細胞周期の進行は、サイクリン依存性キナーゼ（cyclin − dependentkinase：Cdk）という一群のタンパクリン酸化酵素によって制御されています。
　増殖している細胞に放射線照射をすると、細胞はDNA損傷を感知し、3つの時期で細胞周期が一時的に停止します。この3つの時期をG_1期チェックポイント、G_2期チェックポイント、S期チェックポイントと呼びます。この細胞周期の停止には、がん抑制タンパク質のp53や、ヒトの放射線高感受性遺伝病である毛細血管拡張性運動失調症の原因タンパク質であるATMなどの細胞内情報伝達系の関与が知られています。DNAが損傷すると、これらの物質が活性化し、最終的にCdk 1やCdk 2を抑制して細胞周期を停止させます。DNA損傷の場合、細胞はG_2期チェックポイントで停止します。

第3章

生物学

学習の
ポイント
標的理論と直線－二次曲線モデルの考え方、線量－生存率がどのような
関係か、またコロニー形成法について学びましょう。

① 細胞死の標的理論

放射線が生物に作用すると、細胞死、細胞分裂阻害、個体の致死、発生異常、物質代謝異常、突然変異、染色体異常、がんなどが引き起こされます。これら引き起こされた現象を、生物影響や生物学的効果といいます。

放射線の線量と生物影響の間の量的関係（線量効果関係）を表すモデルには、微生物や代表的な哺乳動物細胞から実際に得られた生存曲線をよく説明できる標的理論と、哺乳動物細胞の標的はDNAの二本鎖切断であるとする直線－二次曲線モデルの2つがあります。

② 標的理論

標的理論では、次の2つの仮定をしています。
・細胞内に1か所または複数か所の標的と呼ぶ特別な場所があり、1つの細胞のすべての標的が放射線でヒット（当たる）されると細胞死となります。
・ヒットは互いに独立して起こり、その確率はポアソン分布に従います。

標的理論で細胞内の標的が1か所のものを1標的1ヒットモデル、数か所の標的にそれぞれ1回ずつヒットするものを多標的1ヒットモデルといいます。この他に1標的多重ヒットモデルと多重標的多重ヒットモデルがあります。

例えば、線量Dの放射線によって標的に平均m個のヒットが生じたとすると、1個の標的にr個のヒットが生じる確率$P(r)$は、次式で表されます。

$P(r) = \exp(-m) \times m^r / (r!)$

ここで、1標的1ヒットモデルでは、細胞が生き残るのは標的が受けるヒット数rが0個の場合ですから、生存する確率（生存率）Sは、

$S = P(0) = [\exp(-m)]$ となります。

一方、多標的1ヒットモデルでは、ヒット数mは線量Dに比例します。この比例定数をkとすると、$m = kD$となります。$m = 1$のとき、$k \times D_0 = 1$なので、定数$k = 1/D_0$となり、$m = D/D_0$が得られます。これより、

$S = [\exp(-D/D_0)]$。すなわち、

$$\ln(S) = -1/D_0 \times D$$

この式から横軸に線量Dをとり、縦軸に生存率Sの自然対数をプロットすると、直線が得られます。また、線量がD = D_0、すなわち、標的の受けるヒット数の平均が1個の場合、そのときまったくヒットが起こらない、つまり死なないで生存する細胞の割合は0.37（37%）となります。平均致死線量とは、生存率が37%となる線量のことです。D_0は放射線感受性の評価に用いられ、D_0が小さければ直線の傾きが急で、感受性は高いことになります。

図表27 ▶ 標的理論の線量－生存率関係

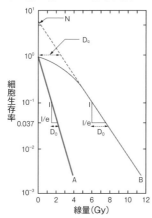

A：標的が1個の場合
B：標的がN個の場合
※ Bの直線部分を線量0に
　外挿した点の値が標的数
　Nになります。
D_0：標的の大きさの逆数
D_q：損傷からの回復の程度

③ 直線－二次曲線モデル

標的理論では、放射線が標的にヒットすればその標的が確実に破壊されますが、ヒットしなければまったく影響がないall-or-noneであり、中間的な影響は存在しないことと仮定しています。また、標的が何かということを考慮しません。

これに対して、直線－二次曲線モデル（LQモデル：Linear Quadratic Model）は放射線の生物影響がDNA二本鎖切断によって生じるとしたモデルです。

このモデルでは、次のことを仮定しています。

・放射線の生物影響はDNAの二本鎖切断によって引き起こされます。
・DNAの二本鎖切断には、1粒子によるものと2粒子によるものがあります。
・1粒子によるDNAの二本鎖切断の頻度は吸収線量Dに比例します。
・2粒子によるDNAの二本鎖切断の頻度は吸収線量Dの自乗に比例します。
・切断の全頻度は1粒子によるものと2粒子によるものの和で表されます。

すなわち、1粒子による二本鎖切断の発生率をa、2粒子によって二本鎖が1

本ずつ切断される発生率をβの平方根とすると、αは線量Dに比例し、βは線量の自乗（D^2）に比例するので、致死率は$\alpha D + \beta D^2$となります。したがって、生存率をSとすると、次式が得られます。

$$S = \exp\left[-\left(\alpha D + \beta D^2\right)\right]$$

このモデルは、X線を照射したチャイニーズハムスター細胞の生存曲線や、突然変異発生率と線量との関係によく適合しています。

④ 早期反応組織と晩期反応組織

組織には、照射後約1か月以内に損傷が現れる早期反応組織と、照射後半年から1年後に損傷が現れる晩期反応組織があります。LQモデルの1次項と2次項が等しくなる線量、α/βは早期反応組織では大きく、片対数でプロットした生存率曲線は直線に近づきます。一方、晩期反応組織ではα/βが小さく、生存率曲線は上に凸な曲線になります。総線量を同じにして分割回数を増やした場合、早期反応組織では晩期反応組織に比べ、放射線損傷の低減の度合いは小さくなります。

放射線治療の場合、腫瘍細胞は早期反応組織であり、正常細胞は晩期反応組織と考えられるので、線量を小さくして適切な間隔で照射することで、効果的に腫瘍細胞のみを殺し、正常細胞の損傷を低減できます（→P.214）。

原爆被ばく者の調査では、白血病の発生率はLQモデル、それ以外のがんの発生率はL（直線）モデル（Sの式でβが0の場合）に従っています。白血病では、2つの染色体が同時にDNAの二本鎖切断を起こし、それを誤って結合した結果で生じる染色体転座が頻繁にみられ、これが発症の原因の1つと考えられています。これはLQモデルで仮定するDNAの二本鎖切断が、1個の粒子によって生じる場合と2個の粒子によって生じる場合があることに対応するためと考えられます。

図表28 3種の生存率曲線の比較

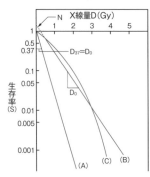

(A)：1標的1ヒットモデル
(B)：多標的1ヒットモデル
(C)：直線－二次曲線モデル

高線量部分で1標的1ヒットモデルは直線になりますが、多標的1ヒットモデルでは曲線となります。

❺ 生存率の測定

　放射線照射後の細胞生存率を定量する手法として、一般にコロニー形成法（→P.180）が用いられます。この方法では、細胞群を単一細胞に分離して細胞培養皿で播種し、7〜21日ほど培養した後に50個以上の細胞群が生じたコロニー数を計数し、それを播種した細胞数で除した値をコロニー形成率といいます。
　放射線照射後の細胞生存率は、放射線を照射した細胞のコロニー形成率を、照射していない細胞のコロニー形成率で除した割合で表します。コロニー形成法で得られた細胞生存率から細胞生存率曲線を求めますが、細胞生存率曲線は縦軸に対数目盛で生存率、横軸に線形目盛で吸収線量を示します。

❻ 標的の探索

　図表29は、³Hで標識したチミジン、ウリジンあるいはヒスチジンを細胞に取り込ませた後の細胞生存率の経時変化を模式的に図示したものです。縦軸には細胞の生存率が対数目盛で、横軸には、³H総壊変数（単位時間当たりの壊変数に時間を乗じたもの）が線形目盛で表されています。総壊変数は細胞に与えられる線量に対応し、この図の（a）〜（c）はそれぞれヒスチジン、ウリジン、チミジンを取り込ませた場合を示しています。（a）は（b）に比べて致死効果が小さく、（c）は（b）に比べて致死効果が大きいことがわかります。

図表29 ▶ 標的探索実験の結果

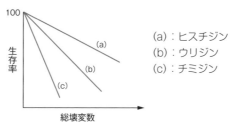

(a)：ヒスチジン
(b)：ウリジン
(c)：チミジン

　チミジンはDNAに、ウリジンはRNAに、ヒスチジンはタンパク質に取り込まれるので、図の結果から、細胞死に関する細胞内の標的がDNAであることがわかります。

07 細胞死

学習の
ポイント
増殖死と間期死の意味、発現する現象、生じる細胞、壊死とアポトーシスのDNA分解物の形態などが問われます。

❶ 増殖死

1 増殖死

皮膚の基底細胞や線維芽細胞、腸の腺窩細胞、骨髄の造血細胞やがん細胞などの分裂を繰り返している細胞に放射線が照射されると、細胞は1回または数回分裂した後、分裂が止まります。ただし、分裂を止めた細胞であっても、核酸合成やタンパク合成などの代謝は継続しています。この、細胞の代謝は継続しているが分裂する能力を失っている状態を増殖死または分裂死といいます。

増殖死はDNAに対する損傷によって起こると考えられ、放射線の照射後しばらくは増殖が続くので、増殖死するまで時間がかかります。

✓ CHECK　**増殖死した細胞にみられる事象**

・巨細胞や多核細胞が観察される。
・小核形成が観察される。
増殖死には次のようなものがあります。
・皮膚の線維芽細胞や固形がん細胞の細胞死。

---

2 正常細胞と増殖死細胞のコロニー形成法

細胞の増殖死の定量には、コロニー形成法が用いられます。

図表30 ▶ 正常細胞と増殖死細胞のコロニー形成法

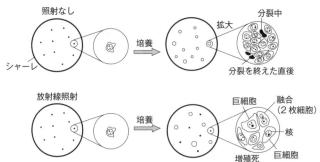

細胞培養皿（シャーレ）に細胞をまいて培養する場合に、放射線を照射していないときは、細胞は図表30の上図のように増殖してコロニーが大きくなり、コロニー内では分裂中の細胞などが観察されます。一方、放射線の照射を受けて増殖死した細胞では、下図のように小さなコロニーが形成され、コロニー内では複数核の細胞や巨細胞などが観察されます。

❷ 間期死

　間期死とは、放射線の被ばく後、細胞が分裂することなく不活化して短時間で死ぬことで、非分裂死ともいいます。高い線量の放射線を照射した場合に、DNA分子以外の標的に対する損傷で直接その細胞が死亡すると考えられています。間期死は照射した線量の大小により、次の2つに区分されます。

①大線量の放射線を浴びた場合

　細胞機能が失われます。このケースには神経細胞の細胞死や、全身被ばくによる中枢神経死（→P.200）、心筋細胞の細胞死などがあります。

②小線量の放射線を浴びた場合

　リンパ系細胞や若い卵母細胞が細胞死します。

❸ 壊死

　細胞は、栄養不足や、外傷などの病理的要因、外的要因により死亡します。これを壊死（ネクローシス）といいます。壊死が起こると、細胞が大きくなって細胞内容物が流出したり、DNAの長さがさまざまな断片に分解されるので、その細胞の電気泳動を観察するとスメア状（泳動全体がぼや〜とした状態）になります。

❹ アポトーシス

　生体には不要な細胞や有害な細胞を排除するため、細胞死を誘導する仕組みが存在し、この仕組みで細胞死することをアポトーシスやプログラム細胞死といいます。アポトーシスにはがん細胞やウイルス感染細胞を除去する役割があります。

　アポトーシスの機構は、細胞内に存在するカスパーゼというタンパク分解酵素を活性化し、細胞の生存に必須なタンパク分子を分解し、細胞死を起こします。

　例としてリンパ球があり、しきい線量0.25Gyで細胞死します。アポトーシスでは細胞が小さくなって核が凝縮したり、DNAが一定間隔で断片化されます。アポトーシスした細胞を電気泳動で観察すると梯子状（ラダー状）となります。

SLD回復とPLD回復

❶ SLD回復

　多標的1ヒットモデルで細胞死するモデルの場合で、二本鎖の片方の鎖が1粒子で切断されたが、残りの鎖は切断されていない状態を亜致死損傷（SLD：Sub Lethal Damage）といいます。この一本鎖の損傷は、時間とともにDNAの修復機構によって修復されます（→ P.166）。そのため、2粒子目で二本鎖の両方が切断される前に1粒子目による損傷が修復されていれば、2粒子目がヒットしても二本鎖がともに切断されることはありません。

　図表31の左図は、培養細胞に1回で10Gyの照射を行った後の細胞の生存率の時間変化を示した曲線です。一方、右図は、最初に5Gyの照射を行った後、10数時間後に2回目の5Gy照射を行った場合の生存率曲線です。1回目の照射後に損傷の修復がなければ、2回目以降の生存率曲線は点線のようになるはずですが、2回目の照射までの間に損傷が回復したため、1回目と類似した曲線になっています。この回復を亜致死損傷（SLD）回復、またはElkid回復といいます。SLD回復はX線やγ線などの低LET放射線でみられますが、α線などの高LET放射線では1粒子による二本鎖切断の比率が高いため、SLD回復はみられません。

図表31 ▶ 分割照射の効果

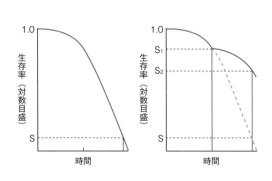

分割照射すると1回照射の場合のSからS$_2$に生存率が上昇します。つまり、1回目と2回目の間に細胞の損傷が回復したことを示しています。

SLD回復は連続照射の場合でもみられます。図表32は、異なる線量率で被ばくしたマウスの一定効果を得る総線量を描いたグラフで、線量率が上がるとLD_{50}が小さくなります。これを線量率効果といい、高線量率で低線量率のときと同じ効果を与える線量の値で割った値の逆数を線量・線量率効果係数といいます。

また高線量率の場合、低線量率より細胞生存率曲線の傾きが急になります。

図表32 ▶ マウスの線量率依存性

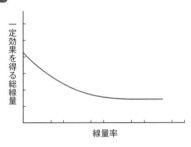

線量率が小さいときは、損傷が回復するため一定効果を得る総線量は大きいが、線量率とともに徐々に低下し、最後には損傷の回復は起こらず、一定の値となります。

❷ PLD回復

増殖培地の代わりに、放射線が照射された細胞を一時的に生理食塩水中などの細胞増殖が抑制されるような環境に置くと、増殖培地でそのまま培養した場合に比べて生存率が高くなります。この現象を潜在的致死損傷（PLD：Potentially Lethal Damage）回復といいます。PLD回復も高LET放射線ではみられません。

❸ 致死線量と半数致死線量

生物が死亡する放射線の線量を致死線量といいます。この量は動物の種類、成長段階、照射方法などで変化するため、確定した値を得ることは困難です。そこで、致死量を統計的に数値化したLD値（Lethal Dose）を使って表します。

半数致死線量とは、ある生体群に放射線を照射した場合、その半数が死に至る線量です。この量を表す記号としてLD_{50}が使われます。

また、$LD_{50/60}$（$LD_{50 (60)}$とも書きます）とLD_{50}の後ろに第2の数値が付いた表記がありますが、これは被ばく後60日が経過するまでに50％が死に至る線量を表しています。これらの数値は、動物種の放射線感受性を比較するときなどに使われます。

人間の場合、通常、被ばく後60日以内の死亡を急性死亡の評価基準とするため、$LD_{50/60}$が用いられます（→P.199）。

09 突然変異と染色体異常

学習の
ポイント 突然変異に対する低LET放射線の線量率効果、どのような異常が安定
型か不安定型かを学びましょう。

❶ 突然変異

　突然変異とは、放射線などでDNAや染色体が損傷し、親になかった新しい形
質が突然生じて子に遺伝する現象です。このうち、放射線などの影響によって、
遺伝子に異常が生じて遺伝子情報が変化することを遺伝子突然変異といいます。

❷ 突然変異の性質

　放射線による突然変異には、自然発生した突然変異で認められない特別な変異
はありません。しかし、自然突然変異に比べて欠失型（後出）が多く発現します。
　低LET放射線の場合、線量率効果がみられ、同じ吸収線量でも低線量率照射
時のほうが染色体異常は少なくなります。一方、α線などの高LET放射線では、
突然変異や染色体異常を多く誘発します。

> ☑ CHECK　**点突然変異**
>
> 点突然変異はDNAの1塩基が他の塩基に置き換わる変異です。吸収線量に対して
> 直線的に増加し、発がんの原因となります。

---

❸ 染色体

　染色体とは、細胞の核の中に存在し、細胞分裂のときに現れる、DNAとヒス
トンと呼ぶタンパク質が結合した、核タンパク質を主体とした物質です。塩基性
色素（ヘマトキシリンなど）によく染まる染色糸が密に巻いたらせん構造を持つ
短い棒状物質です（図表33）。
　分裂、増殖、遺伝、性を決定するなど、重要な役割を持っています。細胞中の
DNAのほとんどが染色体上に存在しており、遺伝情報の担い手として重要です。
　正常な人間の染色体数は46個で、外見はXまたはY字形をしています。46個
の中でそれぞれ同数の遺伝子が同じ順序に配列している染色体が1対ずつあり、
これを相同染色体と呼びます（→P.167）（図表34）。

図表33 染色体の構造

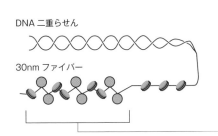
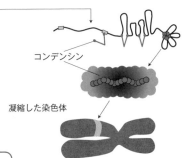

DNA二重らせん

30nm ファイバー

コンデンシン

凝縮した染色体

> 長いDNA鎖は折りたたまれ、コンデンシンにより固定凝縮して大きなDNAの塊である染色体となります。

図表34 正常細胞の染色体（上は男、下は女）

1 2 3	4 5	6 7 8 9 10 11 12	13 14 15	16 17 18	19 20	21 22	XX
A	B	C	D	E	F	G	

（上段の性染色体は XY）

❹ 染色体異常

　染色体異常には、染色体数の異常と構造の異常の2種類があります。正常な人間の染色体数は46個ですが、この個数が45個や47個、23個や69個となる異常を染色体数の異常といいます。放射線ではこの異常は起こりません。一方、染色体の構造異常はDNA切断後の修復ミスにより発生し、安定型異常と不安定型異常があります。

◯1 安定型異常

安定型異常は細胞分裂時に除去されず、子孫に受け継がれ、がんなどの原因になります。安定型異常には、次のようなものがあります。

- 欠失（中間欠失）：2ヒット形の染色体異常で染色体の中間部が消失したもの。
- 端部（末端）欠失：染色体の末端の一部が消失したもの。
- （相互）転座：染色体の断片化した一部または全部が他の染色体に結合したもの。
- 逆位：染色体の一部が切断され、それが同じ位置に反転して結合したもの。
- 重複：染色体の一部が二重以上存在するもの。

図表35 安定および不安定型異常の例

染色体型異常（照射がG_1期またはS期の場合）

染色体型異常（照射がS期またはG_2期の場合）

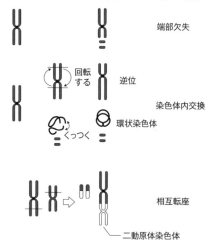

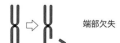

端部欠失

回転する　逆位

染色体内交換

くっつく　環状染色体

相互転座

二動原体染色体

◯2 不安定型異常

不安定型異常を持った細胞は正常な分裂をせず、分裂後短時間で死滅します。このため、発病までの時間が長いがんなどの疾患の原因にはなりません。

不安定型異常とは次のような異常を持ったものです。

- 二動原体染色体：染色体は細胞分裂のとき、XまたはY型の紐状の形態をとります。このX、Y字の交点の部分を動原体といい、1つの染色体に1か所あります。しかし二動原体染色体では、動原体が2か所あります。
- 三動原体染色体：動原体が3か所ある染色体です。
- 環状染色体：本来、染色体は線状ですが、染色体の両端が結合したものです。

その他、相同染色体欠失などがあります。なお、姉妹染色分体交換とは、DNA複製後にできる、同じ遺伝情報を持った2本の染色分体のことです。遺伝情報は変化せず、染色体異常ではありません。

❺ 細胞周期と染色体異常

放射線による染色体異常は、細胞周期のどの時期で被ばくしたかで異なります。被ばくがDNA合成期前（G_1期）では、染色体異常が誘発され、二動原体染色体や環状染色体などが生じます。DNA合成期（S期）以後では、染色体異常に加え、X型の2つの末端のうち片方のみが欠失する染色分体型の異常も誘発されます（図表36）。

図表36 ▶ 細胞周期と染色体異常

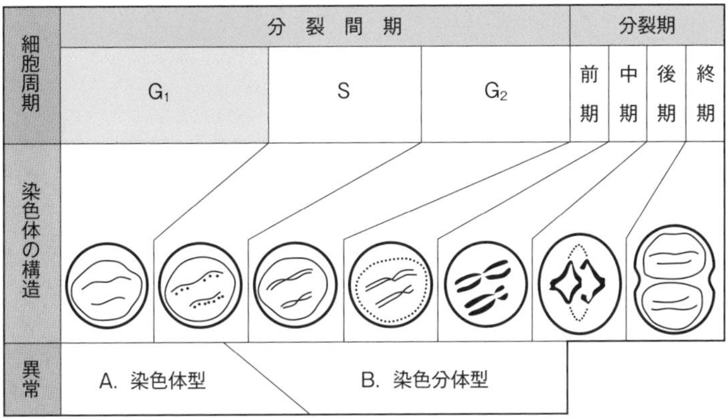

❻ バイオドシメトリ

二動原体染色体と環状染色体は非被ばく者にはほとんどみられませんが、放射線の被ばく者には多く発生します。この、二動原体染色体の発生頻度と被ばく線量には、一定の相関関係があることが知られています。そのため、人の体に強い放射線が当たる被ばく事故があった際は、リンパ球の二動原体染色体の発生頻度から逆に被ばくした放射線量を推定できます。この推定方法をバイオドシメトリといいます。

被ばく後の経過時間が長いと、二動原体染色体を有する細胞は消失してしまいます。このため、バイオドシメトリでは、間期核の染色体の特定の部位のみを蛍光体でラベルして観察するFISH法が開発・使用されています。

10 臓器の放射線感受性

学習の
ポイント　ベルゴニー・トリボンドーの法則の内容、感受性が高い臓器と低い臓器
を覚えましょう。

❶ ベルゴニー・トリボンドーの法則

　臓器や組織の放射線感受性は、臓器の発達段階や臓器間で大きな差異があります。これを定性的に説明するのが、ベルゴニー・トリボンドーの法則です。この法則では、次の条件を満たす臓器・組織は放射線感受性が高いとされています。
　・細胞分裂の頻度が高い細胞ほど放射線感受性が高い。
　・将来に細胞分裂をする回数が多い細胞ほど放射線感受性が高い。
　・形態および機能が未分化である組織ほど放射線感受性が高い。
　例外として、リンパ球は細胞分裂の頻度は低いが、放射線感受性が高い。

❷ 同一臓器の放射線感受性の違い

　同じ臓器でも、臓器の発達段階や、身体の成長過程などにより、放射線感受性は異なります。例として、次のようなものがあります。
　・細胞分裂の過程によって放射線感受性は変化する。
　・成人より胎児のほうが放射線感受性は高い。
　・リンパ球は、骨髄中だけでなく末梢血液中でも放射線感受性は高い。
　・皮膚では角質層より基底細胞層のほうが放射線感受性は高い。
　・小腸では絨毛先端部の細胞より腺窩細胞のほうが放射線感受性は高い。
　・眼では角膜より水晶体のほうが放射線感受性は高い。
　・骨の放射線感受性は、成人では低く、小児では高い。
　・生殖腺の放射線感受性は、成人では高く、胎児でも高い。
　・神経組織の放射線感受性は、成人では低く、胎児では高い。

❸ 臓器ごとの放射線感受性の違い

　臓器ごとの放射線感受性は、ベルゴニー・トリボンドーの法則で説明できます。次ページの表に、さまざまな組織の細胞分裂頻度と放射線感受性を示します。

分類群	細胞分裂頻度	放射線感受性	臓器・組織
A 群	高い	最も高い	リンパ組織、造血組織（骨髄）、生殖腺（睾丸精上皮、卵胞上皮）、腸上皮（クリプト）
B 群	かなり高い	高度	咽頭口腔上皮、皮膚の基底細胞、毛のう(毛包)上皮、水晶体上皮、胃腺上皮
C 群	中程度	中程度	脊髄、乳幼児の軟骨・骨組織、脳
D 群	低い	かなり低い	成人の軟骨・骨組織、汗腺上皮、肺上皮、腎上皮、下垂体上皮、甲状腺上皮、副腎上皮
E 群	分裂しない	低い	神経組織、筋肉組織、脂肪組織、結合組織

なお、消化器系の放射線感受性は小腸＞大腸＞胃＞食道の順で高くなります。

第3章
生物学

図表38 いくつかの臓器のしきい線量値

臓器・組織	影響	急性被ばく（Gy）	慢性被ばく（Gy/ 年）
精 巣	一時的不妊※	0.1	0.4
	永久不妊	3.5 〜 6	2
卵 巣	一時的不妊※	0.65	ー
	永久不妊	2.5 〜 6	2
水晶体	水晶体混濁	0.5 〜 2	0.1
	白内障　低 LET	0.5（0.2 〜 1）	0.15
	高 LET	0.6 〜 5	ー
造血臓器	機能低下	0.5	＞ 0.4
胎 児	奇形発生	0.1	ー
	重度精神発達遅滞	0.12 〜 0.2 ＜	ー
皮 膚	急性潰瘍	1 以上	ー
	紅斑	5	ー
	脱毛	3	ー
全死亡	LD_{100}	7 〜 10	ー
半数死亡	$LD_{50/60}$	3 〜 5	ー

※一時的不妊：本試験ではこの値ですが、一般的には 0.15Gy を採用しています。

11 臓器の被ばく

学習の
ポイント

4つの各臓器の被ばくによる影響の種類としきい値と潜伏期間、また血球の寿命や生殖細胞の種類と不妊の形態を覚えましょう。

❶ 皮膚の構造

皮膚の表面に近い部分を表皮といい、その下に真皮があります。この2つを合わせて上皮といいます。真皮の下には皮下組織があり、上皮と皮下組織が合わさって皮膚組織を構成しています。また表皮は、角質層、淡明層、顆粒層、有棘層、基底細胞層に分かれています。

表皮にある組織のうち、表皮と真皮の境界にある基底細胞は、細胞分裂が盛んで、放射線の影響を強く受けます。一方、最も表面にある厚さ約70μmの角質層は、死んだ細胞の集まりで、放射線の影響を受けません。皮膚の等価線量に70μm線量当量を用いる（→P.287）のは、70μm線量当量が基底細胞の深さの被ばく量を示すからです。

図表39 皮膚の構造

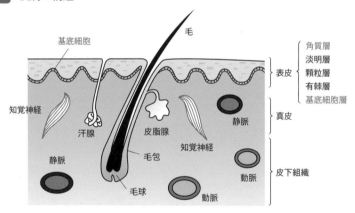

❷ 放射線による皮膚の急性障害

国際放射線防護委員会（ICRP）の2007年勧告では、放射線による皮膚の障害として、次の5つを挙げています。

・紅斑：血管が拡張して皮膚が赤くなります。ただし痛みは感じません。
・脱毛：放射線を受けた部分の皮膚が炎症を起こし、脱毛が起こります。

- 乾性落屑：皮膚表面の毛細血管が部分的に狭くなり、やがて死んだ皮膚の細胞がはがれ落ちます。
- 湿性落屑：基底細胞の多くが死滅し、その部位の表皮が形成されない状態で、上皮下に水疱が現れます。水疱が破れると、びらんとなって皮下組織が直接露出するため、患部は感染しやすくなります。
- 壊死：被ばく後、深紅色の紅斑が現れます。次いで、水疱が生じてびらんとなり、皮膚に穴が空く潰瘍となります。上皮は壊死して脱落し、皮膚細胞をつくり出す基底細胞層は消失して、薄い上皮が皮下組織に直接密着した状態となります。

これらの急性障害はすべて確定的影響で、しきい線量が存在します。分割被ばくの場合はしきい線量が高くなります。これらの障害を1回の被ばくで発症する確率が1%のしきい線量と、被ばく後の発症時期を、次表に示します。

図表40 ▶ 5つの皮膚障害の被ばく線量と発症時期

病状	脱毛	紅斑	乾性落屑	湿性落屑	壊死
放射線量（Gy）	3以上	3〜6	7〜8	10	20
被ばく後の発症時期	2-3週間	1-4週間	約3週間	4週間以上	3週間

❸ 放射線による皮膚の晩発障害

放射線による皮膚の晩発障害として、最も多くみられるのは基底細胞がんです。日本ではこのがんの約80%が頭と顔に発生することから、太陽光線の紫外線でも引き起こされると考えられています。また、人種により発病率に50倍程度の大きな差があります。ICRP勧告による皮膚がんの致死確率は0.2%程度で組織加重係数（ICRP 2007年勧告）は0.01です。

❹ 毛細血管拡張性運動失調症

毛細血管拡張性運動失調症（AT）は、DNAが損傷するときに発動・活性化して腫瘍化のバリアとして働くATM遺伝子が、異常を起こすことで発症する遺伝疾患です。一般に放射線照射によってDNAに異常が発生すると、細胞周期が一時的に停止して細胞分裂遅延が起こり、停止している間にDNAの修復が行われます。しかし、ATが発症すると、細胞分裂遅延は起こらず、DNAの損傷を修復できません。この結果、白血病や脳腫瘍、胃がんが多発します。

❺ 眼の構造

　眼の水晶体の前面の上皮（角膜水晶体上皮）は細胞再生系で、動物の生涯を通じて分裂しており、放射線感受性の高い組織の1つです。角膜水晶体上皮が放射線障害により損傷を受けると、長い潜伏期間を経て水晶体に白濁が生じます。白濁の程度がひどくなると、視力障害を伴う白内障となります。

❻ 白内障の潜伏期間

　白内障の潜伏期間は、早い人で6か月、遅い人で35年、平均2～3年と非常に広範囲にわたり、また確定的影響としては極めて長い潜伏期間です。ただし、被ばく線量が多いと、症状の重篤度が増し、潜伏期間は短くなります。

　γ線の1回照射で水晶体に白濁が起こるしきい線量は0.5～2Gy、白内障となるしきい線量は急性被ばくで5Gy、慢性被ばくで10Gyです。

　分割照射すると、被ばくする最低線量が高くなります。例えば、3～14週で分割照射する場合、最低線量は4Gyですが、15週以上の分割照射では5.5Gyです。

　また、高速中性子線は同一吸収線量のγ線を照射したときよりも容易に白内障を発症します。白内障は放射線以外にも紫外線、糖尿病、薬の副作用、先天性や加齢など、さまざまな原因で発病します。しかし、どの原因でも症状は同じため、放射線による白内障を他の原因によるものと区別するのは困難です。

❼ 血球の種類と機能

　人間の血液のうち、血管を通して体内を循環している血液を末梢血液といいます。血液は赤血球、白血球、血小板の3種類の細胞成分（血球ともいう）と液状の血漿成分から成り立っています。

🔳 赤血球

　赤血球は直径約10μmの円盤形で細胞核がありません。骨髄でつくられ、古くなると脾臓で壊され、この間の寿命は約120日です。赤血球は肺で酸素を取り込んで体の隅々の細胞に酸素を供給するため、赤血球が減少すると貧血になります。

🔳 白血球

　白血球は直径10～30μmの球形で、骨髄やリンパ組織でつくられます。白血

球は顆粒球、単球、リンパ球の３つから成り、さらに顆粒球は好中球、好酸球、好塩基球の３種類に、リンパ球はＴ細胞、Ｂ細胞、ＮＫ細胞の３種類に分けられます。白血球は外から体内へ侵入してくる病原菌や異物、体内で発生したがん細胞を取り除く役割があり、白血球が減少すると感染に対する抵抗力が低下します。

その他、単球は血管の外に出てマクロファージに変わります。このマクロファージは寿命が長く、数か月から数年に及びます。また、Ｂ細胞は病原菌などからの刺激とＴ細胞の補助を受け、リンパ節で増殖分化して形質細胞となります。

❸ 血小板

血小板は直径２〜４μmの球形で、細胞核がなく、骨髄でつくられます。血小板には外傷などによる出血を止める役割があり、血小板が減少すると血液が凝固しにくくなります。

❽ 造血器官

造血は、胎児期には主に肝臓で行われますが、出生後は全身の骨の中央にある骨髄と全身にあるリンパ球系の細胞が集まったリンパ節で行われます。

幼児期の骨髄は造血機能が高く、骨髄は赤色を呈することから赤色骨髄といい、放射線による大きな障害のリスクがあります。しかし、高齢者では加齢による造血機能の低下とともに骨髄中の脂肪細胞が増えて黄色くなります。このような骨髄をその色から黄色骨髄といいます。

図表41 ▶ 成人の造血骨

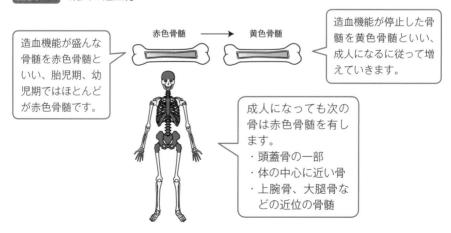

赤色骨髄 ⟶ 黄色骨髄

造血機能が盛んな骨髄を赤色骨髄といい、胎児期、幼児期ではほとんどが赤色骨髄です。

造血機能が停止した骨髄を黄色骨髄といい、成人になるに従って増えていきます。

成人になっても次の骨は赤色骨髄を有します。
・頭蓋骨の一部
・体の中心に近い骨
・上腕骨、大腿骨などの近位の骨髄

❾ 造血器官への放射線の影響

全身が0.25Gy以上の被ばくを受けると、末梢血液の成分が変化します。さらに、1～10Gyの被ばくを受けると、骨髄の造血機能が著しく抑制され、末梢血液への新たな血球細胞の供給が止まります。このため、末梢血液中の赤血球、リンパ球、白血球、血小板の数が減少します。

このとき、細胞寿命の短いリンパ球（寿命3日）の数が最も早く減少します。次いで顆粒球（～5日）、血小板（7～10日）、最後に赤血球（120日）の順で血球数は減少します。

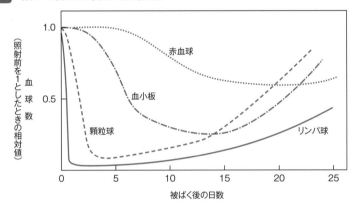

図表42 ▶ 被ばく後の血球数の相対変化

また、末梢血液中では、白血球の一部であるリンパ球は、白血球の他の成分と比べて感受性が高く、放射線の影響を最も鋭敏に受けます。そのため、リンパ球は1～2Gyの線量を照射されると、48時間以内に正常値の約50％まで数を減らします。

顆粒球の一部である好中球は、1～2Gyあるいはそれ以上の線量を照射されると、被ばく後1～3日間は細胞数の一時的な増加がみられます。この増加の度合いは、線量が高いほど大きくなります。その後、細胞数は減少しますが、その速度と程度は線量に依存します。血小板の減少過程は、好中球のように最初に細胞数が増加することはありませんが、その後は好中球の減少過程と類似しています。また、骨髄の造血機能が回復すると、末梢血液中の各血球細胞数も増加します。

⑩ 放射線が生殖細胞へ与える影響

　生殖細胞は放射線感受性が高く、少量の放射線の照射でも確率的影響または遺伝的影響として次世代細胞の染色体異常や突然変異を誘発します。遺伝障害や発がんに結びつく可能性が高いため、生殖細胞の機構を知ることは重要です。

　生殖細胞は、男性と女性で、それぞれ次のように分化します。

　・男性の場合：精原細胞→精母細胞→精子細胞→精子と分化する。

　・女性の場合：卵原細胞→卵母細胞→卵子と分化する。

■ 男性の生殖細胞への影響

　男性の場合、精巣での精子生産は生涯を通じて行われ、多量に精細胞が生産されて精子に分化します。精原細胞と精母細胞が活発に細胞分裂を行っているので、放射線感受性は高くなります。これに対して、成熟した精子は分化した非分裂細胞なので、放射線耐性があります。

　被ばくによって精原細胞と精母細胞の精子生産能力が停止すると、被ばく直後は生残した精子によって生殖能力は保持できますが、精子が枯渇すると不妊に至ります。人間への急性照射の場合、0.1Gyで被ばくでは最も低い線量で一時的な不妊となり、3.5〜6Gy以上で永久不妊になるといわれています。

■ 女性の生殖細胞への影響

　女性の卵巣の生殖細胞は、細胞分裂を行っている幹細胞ではなく、卵母細胞と呼ばれる成熟の中間過程で停止した状態になっています。卵母細胞は、女性ホルモンの刺激により順次成熟して排卵されます。このため、女性は男性に比べて放射線耐性が高く、人間への急性照射の場合は0.65Gyで一時的な不妊となり、2.5〜6Gyで永久不妊になります。

　また、卵子の感受性は年齢の影響もあり、一般的に若い女性の卵子のほうが高齢な女性に比べて放射線耐性があります。

12 胎内被ばく

学習の
ポイント 胎内の３つの期間で受ける放射線の影響とそのときのしきい線量、さらに動物では多種の影響があることを学びましょう。

❶ 胎児の成長

　妊娠している母親が被ばくすると、母親だけでなく、その胎児にも障害が現れます。これを胎内被ばくといいます。

　胎児は盛んに細胞分裂および形態形成を行っているため、放射線に対する感受性が一生の中でも特に高い時期です。また、被ばくがどの時期に作用するかによって、発生異常や奇形などの起こり方が大きく異なります。

　胎児に対する放射線の影響は、ネズミの動物実験の結果および原爆胎内被ばく者の疫学調査の結果により評価されています。それによると、胎児の受精から出産までの期間は、着床前期、器官形成期、胎児期の３期間に区分され、期間ごとに胎児に対する放射線感受性と発現する影響が異なります。

図表43 ▶ 胎児の成長期

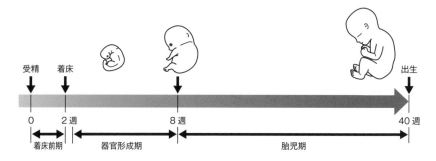

🔳 着床前期

　着床前期は、受精から受精卵（胚子）が子宮に着床するまでの約９日間です。この期間に被ばくすると、未着床などで母親本人が自覚することなく流産します。これを胚死亡といいます。

　この期間を生き延びた胎児には、その後被ばくによる影響は現れません。人間では、受胎後の数日間は妊娠したかを調べる方法がないため、胚死亡の正確なしきい線量は不明です。ただし、ネズミでは妊娠１日目のしきい線量がX線で0.1〜0.15Gyという報告があり、これをもとに0.1Gyとされています。

196

2 器官形成期

　器官形成期は、胚が子宮に着床した後から妊娠８週目までの期間です。この期間では、細胞が増殖、分化し、人体のさまざまな臓器のもと（原基）がつくられます。そして、胎児に奇形が発生する可能性が妊娠期間中で最も高くなります。動物実験ではさまざまな奇形の発生が知られていますが、人間の被ばくの場合は原爆被ばく者による小頭症の発生のみ確認されています。奇形の発生に対するしきい線量は、男性の一時不妊（→P.195）や着床前期の胚死亡と同じ0.1Gyと、しきい線量の中で最も低い値となります。

　この期間に被ばくすると、精神発達遅滞（遅延）も生じます。また、出生前の死亡リスクは高くなりますが、発がんリスクの増加はみられません。精神発達遅滞のしきい線量は0.2Gy程度です。

3 胎児期

　胎児期は、受精８週目から出産までの期間です。この期間では臓器や組織が成長し、多量の放射線を受けても奇形が発生することはありません。しかし、精神発達遅滞や発育遅延は生じるおそれがあります。

　特に、妊娠８〜25週目までに被ばくすると、精神発達遅滞が生じる可能性が高く、いったん精神障害が発生すると、人体の自然治癒力で回復することはありません。なお、精神発達遅滞のしきい線量は0.2〜0.4Gyで、発育遅延のしきい線量は0.5〜1Gyです。この時期の被ばくによる発がんリスクは、成人より高く、新生児期と同程度と推定されています。

☑CHECK　**全期の影響**

現在、人間で知られている影響はいずれも身体的影響のみで、遺伝的影響はみられません。しかし、動物実験では胎児の子や孫など、次世代以降に現れる遺伝的影響もみられます。
なお、胎児の受けた被ばく線量の推定には母親の子宮の被ばく線量が用いられます。

---

4 胎内被ばく者の身体的・精神的発育と成長

　重度知的障害が発生する確率は、被ばく線量および被ばく時の胎齢と強い関係があります。知的障害の過剰発生は、受胎後８〜15週で被ばくした人に顕著で、16〜25週で被ばくした人ではそれよりも少なく、受胎後０〜７週、または26〜40週で被ばくした人ではまったくみられません。

全身被ばくによる急性障害

被ばく線量と疾患の関係、骨髄死・腸死・中枢神経死の意味と性質を学びましょう。

❶ 急性放射線症候群の時間経過

短時間で全身が1Gy以上の放射線を被ばくすると、急性放射線症候群を発症します。急性放射線症候群は、被ばく後の時間経過で前駆期（ぜんく）、潜伏期、発症期、回復期の４期に分類されます。

①前駆期

前駆期は被ばく後から48時間が経過するまでの期間です。この間に前駆疾患が一過性に発症します。被ばく線量が高いほど前駆疾患は早く発症し、程度も重篤です。ただし、線量が1Gy以下の被ばくでは発症しません。主な疾患は、次のとおりです。

- ・吐き気
- ・嘔吐（おうと）
- ・発熱
- ・頭痛
- ・皮膚の初期紅斑
- ・粘膜の毛細血管拡張

②潜伏期

潜伏期は全身被ばく後から発症するまでの約１〜２週間の期間です。自覚疾患はないが、血液の障害が進行します。被ばく線量が高いほど潜伏期は短くなります。

③発症期

発症期は全身被ばく後１〜２か月の期間です。線量に応じてさまざまな疾患が発症し、重症の場合は死に至ります。主な疾患は、次のとおりです。

- ・出血傾向
- ・発熱
- ・下痢（げり）
- ・皮膚の紅斑
- ・湿疹（しっしん）
- ・びらん
- ・潰瘍

④回復期

回復期は骨髄障害の治療後、消化管障害や皮膚障害が回復するまでの期間です。ただし、多くの場合は回復後も慢性的障害が残ります。

❷ 被ばく線量と疾患

X線やγ線による急性放射線症によって発症する疾患は、次の被ばく線量の３つの領域によって異なります。

- ・A領域：３〜５Gyの領域。造血器官の疾患が発症する（潜伏期30〜60日）。
- ・B領域：10〜50Gy程度の領域。消化管の疾患が発症する（潜伏期10〜20日）。

・C領域：50Gy以上の領域。中枢神経系の疾患が発症する（潜伏期2〜3日）。

図表44 ▶ 放射線量と領域ごとの疾患

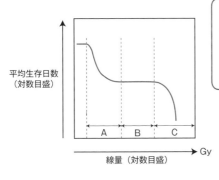

各領域で疾患が異なります。
A領域（3〜5Gy）：骨髄死
B領域（10〜50Gy）：腸死
C領域（50Gy以上）：中枢神経死
※$LD_{50/60}$は4Gy程度

平均生存日数
（対数目盛）

線量（対数目盛）　Gy

A　B　C

❸ 造血系の疾患

　造血系の疾患の原因は、骨髄幹細胞数の減少に伴い、白血球が減少し、免疫力の低下による感染と血小板が減少することによる出血が挙げられます。これで死亡することを骨髄死といいます。約3〜5Gyの照射後、30〜60日の間に50％の人間が死亡します（$LD_{50/60}$）。これが人間の半数致死線量です。高LET放射線を被ばくした場合は、X線やγ線で被ばくしたときよりも低い線量で発生します。なお、この疾患は骨髄移植により回復できる可能性があります。

　また、マウスのLD_{50}値は週齢により変わりますが、人間より高い7Gyです。

❹ 消化管の疾患

▉ 腸死

　小腸の上皮は細胞分裂を行っている細胞再生系で、非常に放射線感受性の高い臓器です。放射線照射で腸の細胞が死亡すると、上皮の新生が絶たれ、脱水疾患や細菌感染症などにより下痢や下血、感染などが発生して個体は死亡します。これらの症状が原因で死亡することを腸死といい、約10〜50Gyの照射後、10〜20日の間にほぼ100％の人間が死亡します。

▉ 腸死の仕組み

　腸の表面には、絨毛と呼ばれる突起が多数あり、その付け根部分には腸腺窩（クリプト）と呼ばれる幹細胞があります。この底の部分には分化前の腺窩細胞があり、分裂・増殖します。さらに成熟しながら絨毛の先端に向けて移動し、3〜4

日で先端に到達します。腺窩細胞は10～50Gyの放射線を照射されると死亡しますが、成熟した細胞は死亡せずに残ります。しかし、新たな細胞の補給がなくなるため、絨毛の高さが低くなって小腸の機能は低下し、最終的に腸上皮の細胞は消滅します。

腸死には線量率効果（→P.183）がみられ、また高LET放射線では低LET放射線より少ない吸収線量で影響が現れます。

消化管の感受性は大きい順に、十二指腸＞小腸＞大腸＞胃＞食道となります。

図表45 ▶ 腸表皮の絨毛とその成長

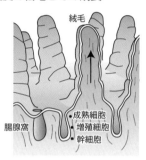

絨毛

腸腺窩（クリプト）底部にある幹細胞が増殖し、成熟しながら絨毛先端に進みます。

・成熟細胞
・増殖細胞
腸腺窩　・幹細胞

❺ 中枢神経系の疾患

中枢神経系の疾患としては、脳血管や脳神経細胞の損傷による血管の透過性の進行およびけいれん、嗜眠（自然に寝てしまうこと）、体温調節不良、運動失調（筋肉は正常だが、神経が正常に働かないためうまく運動できない状態）などがあります。また、全身が50Gyを超す被ばくをすると、中枢神経系の障害により被ばく後2～3日以内に死亡します。これを中枢神経死といい、被ばく線量が大きいほど死亡するまでの期間は短くなります。

図表46 ▶ 被ばく線量［Gy］ごとに発症する疾患

線量	疾患
0.1	男性の一時的不妊
0.5	白血球（リンパ球）一時減少、女性の一時的不妊
1～	吐き気、嘔吐、全身倦怠、リンパ球が著しく減少
1～5	放射線宿酔※
3～	皮膚の紅斑、脱毛

※放射線宿酔：高線量の被ばく時に現れる症状で頻脈、不整脈、めまいや不穏状態、無気力などの精神症状が現れます。被ばく線量が大きいほど早く発症します。

図表47 致死線量［Gy］

線量	疾患
3～5	30～60日間に50%の人が死亡（骨髄死、骨髄障害）
10～50	10～20日間に100%の人が死亡（腸死、消化管および肺障害）
50以上	2～3日間に100%の人が死亡（中枢神経死、中枢神経障害）

❻ 全身被ばくの被ばく量測定

　放射線や放射性物質は厳重な管理下に置かれており、通常は全身の急性被ばくは起こりませんが、放射性核種の紛失や装着機器の事故に起因する被ばく事故などにより、急性被ばく者が発生しています。このような場合、治療方針を決めるため、患者が受けた被ばく量を知ることが重要ですが、この推定が困難です。このため、被ばく者の身体組織から被ばく量を評価する方法が検討されています。

①**生物学的線量評価法**（バイオドシメトリ→P.187）
　・染色体異常検査：放射線の種類および量と被ばく線量の関係が明確で、感度、精度や再現性などに優れており、全身の平均被ばく線の評価に使われます。

②**物理学的線量評価法**（バイオドシメトリ→P.187）
　・電子スピン共鳴法（ESR）：歯のエナメル質が放射線に被ばくすると、線量と比例したラジカルが生成します。チェルノブイリ原発事故患者の被ばく線量評価の際、この量をESRで測定する方法が試みられました。

図表48 急性被ばく事故例

年	国／場所	詳細
1971	市原	非破壊検査用の^{192}Ir線源紛失による事故。男子6人が被ばく。
1978	アルジェリア	^{192}Ir線源が運搬中のトラックから落ち、3歳と7歳の子が拾って家に持ち帰り、家族が被ばく。1人が死亡、22人が被ばく。
1982	台湾	廃棄された^{60}Coがアパートの鉄筋に混入。6242人が被ばく。
1987	ブラジル	放射線治療用^{137}Cs線源が病院跡から盗難され、249人が被ばく。
1989	エルサルバドル	医療用殺菌照射装置の事故により作業者3人が被ばく、1人が死亡。
1999	東海村	ウラン加工工場で誤操作による臨界事故。作業者3人が被ばく、2人が死亡。

14 人体被ばくの実例

学習の
ポイント
自然放射線の被ばく原因が何か、原爆被ばく者やその他の被ばく者でどんな疾患が生じたのかを学びましょう。

❶ 自然放射線による被ばく

　自然放射線とは、人間活動と関係なく自然界に存在する放射線のことで、宇宙線起源（→P.90）と天然放射性核種起源（→P.82、88）の放射線があります。

①**宇宙線起源の放射線**：宇宙から地球大気に突入する高いエネルギーの陽子などが大気上空の窒素や酸素と衝突してできた中性子、陽子などをいいます。

②**天然放射性核種起源の放射線**：^{40}K、ウラン、トリウムおよびアクチニウム系列核種などがあります。

　このようにして生じた放射線を放出する核種は、岩石・土壌、空気、水、食物などに含まれます。また、これらからの放射線を大地放射線といいます。人間は自然放射線を外部被ばくしたり、呼吸や飲食で放射線核種を取り込んで内部被ばくしたりします。

　自然放射線による年間の被ばく線量は、世界平均で約2.4mSv、日本では約2.1mSvです。そのうち、2/3が内部被ばくによるものです。

　他に、レントゲン検査などの医療用放射線から自然被ばくの合計とほぼ等しい2.25mSv/年の被ばくを受けています。

図表49 日本人の自然被ばくによる被ばく線量の内訳

線源	内訳	実効線量（mSv/年）
外部被ばく	大地放射線	0.330
	宇宙線（銀河系からの陽子など）	0.300
内部被ばく（吸入摂取）	ラドン（室内、屋外）	0.370
	トロン（ラドン）(室内、屋外)	0.090
	喫煙（鉛210、ポロニウム210など）	0.010
	その他（ウランなど）	0.006
内部被ばく（経口摂取）	主に鉛210、ポロニウム210	0.800
	カリウム40	0.180
	炭素14	0.010
	トリチウム	0.000
合計		2.100

MEMO 自然放射線被ばくの例

自然被ばくで大きいものは内部被ばくの鉛、ポロニウムの経口摂取、ラドンの吸入摂取と外部被ばくの大地放射線、宇宙線があります。

上空を飛行する航空機では**宇宙線起源の放射線**からの被ばくを多く受けます。日本から欧米へジェット機で往復する場合、0.1mSv 程度の被ばくを受けます。山間を貫くトンネル中では大地放射線由来の被ばく線量が増えます。インドのケララ州、ブラジルのミナスゲレス州など**自然放射線量が高い場所で各種がん、遺伝疾患な**どの発生率が高くなったというデータはありません。ただし、ブラジルのミナスゲレス州の一部の極めて自然放射線量が高い場所で**染色体異常の増加**がみられます。

❷ 原爆被ばく者

　広島と長崎の原爆被ばく者については1947年から障害影響調査が続けられ、次のようなことがわかっています。

・白血病の潜伏期間は被ばく線量が高いほど、また被ばく時の年齢が若いほど短く、被ばく後２～３年経過してから増加し、その後低下します。
・相対リスク（→P.162）は白血病が最も大きくなります。
・胃がん、肺がん、赤色骨髄がんの３種に発生リスクの上昇が認められます。過剰相対リスクは胃がんが最も大きくなります。
・白血病以外は被ばく線量と潜伏期間の相関関係はありません。

❸ 原爆以外の非自然被ばくの例

これらの例として、次のものが知られています。

・チェルノブイリ原発事故被ばく者：核分裂で生成した^{131}Iによる内部被ばくによって、小児甲状腺がんが発現しました。
・ウラン鉱夫：肺がん。吸入したラドンにより肺の被ばくが原因とされています。
・ラジウム時計文字盤工：骨肉腫。蛍光塗料中のラジウムを経口摂取したと考えられています。
・トロトラスト血管造影：肝臓がん。トロトラストとは二酸化トリウムを含む血管造影剤のことで、これが肝臓に沈着して発がんしたと考えられています。
・頭部白癬Ｘ線治療：甲状腺がん。ふけの治療としてＸ線を使用したところ、がんが発現しました。

13節および４章18節（→P.280）も参照してください。

第3章

生物学

15 放射線の生物学研究と産業への応用

学習の
ポイント
トレーサ法で使われる試薬と用途、ラジオグラフィで使われる核種と農業で使われる4つの例を覚えましょう。

❶ 放射性核種（放射性同位元素、RI）

　放射性核種（RI）は他の元素との識別が容易、高感度で測定可能などの特徴を生かし、診断、分析、治療など、幅広い用途で使われています。

　放射性核種とその標識化合物の中で、診療に利用される元素や化合物を放射性薬剤といいます。その中で、日本薬局方、放射性医薬品基準および放射性医薬品製造規則に収載されたものを放射性医薬品と呼びます。

❷ トレーサ法

　放射性核種は、検出感度が極めて高いことを利用し、生体分子の元素の一部を放射性核種に置き換えた化合物で生体中の物質移動や濃度分布などを調べる方法をトレーサ法といいます。この方法では、生体分子の特定の元素に置換した放射性核種を原料にして細菌などを培養し、機能や代謝を調べたり、組織や器官でのその薬剤の分布を調べるなどの方法に利用されています。

　DNAとRNAはそれぞれ4種の塩基で構成されています。このうち、3種の塩基はDNAとRNAで共通しています。しかし、残りの1種は、DNAではチミン（T）、RNAではウラシル（U）です。そして、DNAの合成時にはチミンが、RNAの合成時にはウラシルが取り込まれることを利用します。DNAの合成量の測定にはチミンにデオキシリボースを付加したチミジンを、RNAの合成量の測定にはウラシルにリボースを付加したウリジンを使用します。また、チミジンはDNA合成期であるS期の細胞にのみ取り込まれることを利用して細胞周期（→P.174）の研究にも使われます。

【チミンとウラシル】

　チミンやウラシルでは、$[^{14}C]$ 炭素を置換する化合物と、$[^{3}H]$ 水素を置換する化合物があり、どちらも使うことができます。ただし、^{14}C より ^{3}H で標識した場合のほうが比放射能は高いので、一般的には ^{3}H が使用されます。

【メチオニン】

　メチオニンはタンパク質を構成するアミノ酸の1つで、硫黄原子を含有しています。硫黄原子はDNAとRNAには含まれていないので、メチオニンを ^{35}S で置

換した化合物がタンパク質の合成量を測定するのに使われます。

【ロイシン】

[^{3}H] ロイシンはタンパク質の代謝速度の研究に使われています。また、[^{3}H] ロイシンで細菌生産量を測る方法をロイシン（Leu）法といいます。

【クロムイオン】

6価のクロムイオン（Cr^{6+}）は細胞膜を透過して、容易に赤血球に入り、還元されて3価のクロムイオン（Cr^{3+}）になります。このクロムイオンは赤血球が崩壊した後、再利用されることなく体外に排出されます。この性質を利用して放射線核種の [^{51}Cr] クロム酸ナトリウムを赤血球に導入し、赤血球の寿命と循環血液量の測定が行われています。

❸ オートラジオグラフィ

■ オートラジオグラフィによる測定

オートラジオグラフィは、試料表面に写真乾板やイメージングプレート（→P.241）を密着させて露出を行い、試料中に存在する放射性核種の位置や量を測定する方法です。例えば、図表50のお米の内部のカドミウム分布を調べるときなどに使われます。扱う試料の大きさと測定方法によってマクロ、ミクロおよび超ミクロ・オートラジオグラフィの3種と、飛跡を顕微鏡で調べる飛跡オートラジオグラフィがあります。

【マクロオートラジオグラフィ（オートラジオグラフィ）】

黒化度計などを用いて巨視的試料の黒化度を測定します。^{14}C、^{35}S、^{32}Pなどの β 線を放出する核種が使われます。

【ミクロオートラジオグラフィ】

肝臓や腎臓などの組織内の薬物分布を光学顕微鏡レベルで測定します。空間分解能を高めるため、^{3}H、^{14}C、^{35}S など、低エネルギー β 線を放出する核種が使われます。特に ^{3}H は β 線のエネルギーが小さく、飛程が短いので、解像度が高い画像が得られます。

【超ミクロオートラジオグラフィ】

細胞内の分子の分布を電子顕微鏡レベルで測定します。測定範囲が狭いので、主に β 線のエネルギーが最も小さい ^{3}H 標識化合物が多く使われます。ただし、他の核種でも測定できます。

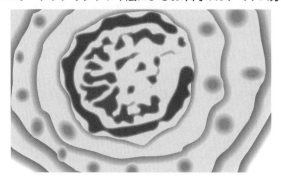

2 パルスラベル法による細胞周期の測定

チミジンは細胞周期のうち、DNAが複製されるS期の細胞（→P.174）のみに取り込まれます。[^{3}H]チミジンを含む培地で細胞を短時間培養すると、細胞周期がS期の細胞のみが[^{3}H]チミジンを取り込みます。培養後、細胞群のオートラジオグラフィの測定をすると、S期の細胞のみ黒化するので、その数と全細胞の数を求めることで、S期の細胞の割合を求めることができます。

④ ポジトロンイメージ

^{11}Cで標識された[^{11}C]二酸化炭素のもとで植物の光合成を行わせ、^{11}Cが崩壊するときに放出されるγ線を用いて、生きた植物の内部で行われる物質の移動や蓄積を経時的に可視化する植物ポジトロンイメージング装置が開発されています。

⑤ 放射線の農業利用

1 食品照射（ジャガイモの発芽防止）

放射線照射を利用した食品の保存方法を食品照射といいます。これは、食品に放射線を照射することで、食品中の細菌や病害虫のDNAを損傷して除去する方法です。照射線量は目的により0.05～50kGyの範囲で照射されます。

食品としては、ジャガイモ、タマネギ、米、小麦、ウインナーソーセージ、水産ねり製品、ミカンの7品目が研究されました。

日本では、北海道の札幌市農業協同組合に世界初の商業施設として^{60}Coのγ線を70Gy照射する施設が設置され、秋に収穫されるジャガイモを出荷端境期の3～6月まで発芽を防止して保存するために使われています。処理した量は

2010年で約6.2千トンでした。

日本ではジャガイモのみに適用されていますが、世界では50以上の国で60品目以上の食品に適用され、2012年には100万トン以上が生産されました。

2 不妊虫放飼法

放射線を利用して害虫を不妊化し、根絶させる方法を不妊虫放飼法といいます。沖縄や奄美群島に生息するウリミバエは、ウリ類などの果実の内部を食い荒すため、これらの地域から日本本土への出荷が禁じられていました。このため、この害虫の根絶防除の目的で不妊虫放飼法が実施されました。この方法は殺虫剤を用いる駆除法と比べ、次の利点があります。

・繁殖力が旺盛で動き回る害虫に殺虫剤が直接かからなくても駆除が可能。
・殺虫剤による生産品や環境への汚染を生じない。

方法は人工的に繁殖させたオスのさなぎに^{60}Coのγ線を70Gy照射して不妊化後、野外に放ちます。これにより、羽化したオスと交尾したメスの卵は孵化することがなく、ハエの数が減少し、本土への出荷も可能となりました。

3 放射線育種

放射線を植物に照射して品種改良することを放射線育種といいます。特徴として、次のようなものがあります。

・新しい突然変異をつくり出せる（自然突然変異の頻度を高められる）。
・品種の他の特性をそのままにして、1、2の特性のみを変えることができる。
・育種にかかる期間を短くできる。
・その特性を簡単に他の品種に移せる。
・花が咲かない、種ができない植物にでも利用できる。

日本では茨城県常陸大宮市に44.4TBqの^{60}Coのγ線源を使った育種場がつくられ、台風の風に倒れにくい稲や米アレルギーの原因となる16kdグロブリンの含有量が低い稲、豆乳の青臭さの原因となるポキシゲナーゼ酵素を完全に欠失した大豆、野生種とは異なる色の花などの開発が行われています。

4 害虫・ばい菌の駆除

輸入切花に付いてくるマメハモグリバエ、ミナミキイロアザミウマ、ネギアザミウマ、ハスモンヨトウの卵・さなぎ・幼虫に対して2.5MeV以上の電子線照射が行われ、羽化防止や殺虫に有効であることがわかっています。

16 放射線診断

学習の
ポイント
各診断装置の対象となる臓器や疾患、使われる放射性核種と半減期、薬剤名を覚えましょう。

❶ 放射線医学診断・検査

　放射線による人体の診断には、次の2つがあります。

　1つは、放射線の透過性が高いことを利用し、人体に体外から照射した放射線（主にX線）、または放射性核種（RI）を構造元素として持つ非密封（→P.306）の化合物で、薬事法に基づいて承認された薬品（放射性医薬品）を人体に投与し、それから放出される放射線（主にγ線）を検出して、二次元または三次元の画像を得る診断法です。これらは体内の検査を行うため、体内検査またはin vivo検査と呼ばれます。

　もう1つは、放射線の検出感度が高いことを利用し、体内から取り出した血液などの生体試料中に含まれるホルモンやがんなどに起因する極微量成分の量を調べ、病気の診断や状態を求める方法です。これらの検査は体外で行うため、体外検査またはin vitro検査と呼ばれます。

❷ X線診断（レントゲン写真）

　X線を人体に照射すると、臓器により異なる量が吸収されます。例えば、空気が多い肺では吸収が少なく、炭素が多い筋肉や心臓では吸収量が増し、さらにCaなどでできた骨では吸収量が多くなります。したがって、人体を透過したX線をフィルムで検出すれば、X線の吸収が少ない部分は黒く、骨などの部分は白く写った人体の透視写真が得られます。これをX線写真（レントゲン写真）といい、この写真から体の構造を知って診断を行うことをX線診断といいます。

　胃の検査の前に、X線を吸収しやすい硫酸バリウム粉末を懸濁させた造影剤を投与し、胃や十二指腸の内部に満たしてコントラストを上げ、これらの臓器の形を見やすくする撮影を造影X線撮影といいます。これに対して、通常行われている前記の造影剤を使用しない撮影法を単純X線撮影と呼びます。

　胃の検査以外では、血管の病変を調べるため、血管内にヨウ素造影剤を注入し、撮影する血管造影（アンジオグラフィ）を行います。また、造影剤を静脈注射し、腎臓から尿として排泄させ、尿管の診断を行う静脈性腎盂尿管造影（IVP）なども行われています。

現在はフィルムの代わりに、X線をシンチレータ（CsI）で光変換した後、デジタルデータ化して画像を得るX線平面検出器が採用されています。これにより、シャープでひずみがない画像や連続画像が得られるようになりました。連続画像で体の内部を見ながら、カテーテルや針を使って血管内の治療を行うインターベンショナル・ラジオロジー（IVR）も急速に広まっています。

❸ 核医学検査（シンチグラフィ）

　核医学検査は、外部からのX線を照射する代わりに、人体に^{99m}Tc、^{67}Ga、^{201}Tlなど、半減期が短く、γ線や特性X線を放出する核種を含み、特定の臓器に集積する放射性薬剤を投与し、臓器に集積した核から放射されるγ線などを検出して画像化し、臓器の状態や腫瘍の有無を検査する方法です。X線写真やCTは、体の構造を調べる形態検査診断ですが、シンチグラフィでは体の機能や病気の活動性などを調べる質的診断です。また、測定する部位に応じて、骨シンチグラフィ、脳血流シンチグラフィなどの名称が付けられます。さらに、^{99m}Tcを含むコロイドを利用し、肝臓や脾臓の形態を検査する方法をコロイドシンチグラフィといいます。装置の特徴として、X線診断では、線は人体を透過後もそのまま直進するので、線源の向かい側にフィルムを置けば、そのまま透過写真が得られます。しかし、壊変のγ線などは全方向に放出されるため、そのままではぼやけた画像になってしまいます。そのため、検出器の前に、特定方向から入射するγ線などのみの検出効率が大きくなるコリメータという装置を取り付けたシンチレーションカメラ（図表52、ガンマカメラともいいます）という装置を使用します。

図表51 ▶ シンチレーション検査に使用する主な薬剤と疾患

核種	半減期	放射線（MeV）	薬剤	疾患
^{99m}Tc	6.01 時間	γ (0.14)	[^{99m}Tc]－HMPAO、ECD	脳血流
			[^{99m}Tc]－MAA	肺
			[^{99m}Tc]－MDP	骨病変
			[^{99m}Tc]－フチン酸	肝疾患
			[^{99m}Tc]－MIBI	心筋病変
			[^{99m}Tc]含有コロイド	肝臓、脾臓
^{67}Ga	78.3 時間	γ (0.091、0.185)	[^{67}Ga] クエン酸ガリウム	腫瘍、炎症
^{201}Tl	72.9 時間	γ (0.135、0.167)	[^{201}Tl] 塩化タリウム	心筋病変、腫瘍
^{123}I	13.3 時間	γ (0.16)	[^{123}I] ヨウ化ナトリウム	甲状腺疾患
^{111}In	67.3 時間	γ (0.17、0.25)	[^{111}In] 塩化インジウム	骨髄病変

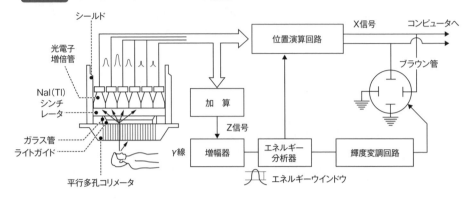

　シンチグラフィのγ線でX線CTと同様の三次元断層撮影をする装置にSPECT（Single Photon Emission Computed Tomography）があります。

❹ X線CT（X-ray Computed Tomography）

　人体の周りでX線を360度回転させながら照射し、透過減衰したX線強度を測定して得られた照射角度とX線強度の多量のデータをコンピュータで再構成して、人体の三次元画像を求める装置です。コンピュータ断層撮影ともいいます。

　これにより、人体の一方向からX線を照射して画像を得るX線診断では困難であった、臓器の重なった部位などをさまざまな方向から観察できるようになり、診断を容易に行えるようになりました。

📝 MEMO　トモグラフィー（Tomography）

日本語では断層映像法または断層影像法といいます。人体や地球など内部を直接観察できない対象物に、放射線や音波など内部を透過できるものを外部のさまざまな方向から照射します。その透過、反射や散乱信号をいろいろな方向から検出し、その入射信号方向と検出方向の関数とする信号強度のデータセットを求め、それをもとに演算を行って、対象物内部の断層画像を求める方法です。
医学分野では1972年、イギリスのEMI社のハウンズフィールドにより、人体にX線を照射して内部の画像を得るX線CTが開発されました。その後、この技術を使用した装置として、高周波磁場を照射するMRI、超音波を照射する超音波CTや後出のPET、SPECTが開発されました。

❺ 陽電子放射断層撮影（Positron-Emission Tomography：PET）

陽電子放射断層撮影は、特定の臓器や腫瘍などに集積する薬剤の原子を、β^+壊変で陽電子（ポジトロン）を放出する放射性核種（同位体）に置き換えた薬剤を患者に投与し、そのβ^+線が消滅して生じる、反対方向に放出される2本のγ線を対向した検出器で測定してその方向を決定します。これを多数のβ^+壊変について求めたデータを再構成し、薬剤が体内にどのように分布しているかを画像化する装置です。ブドウ糖を^{18}Fで標識した［^{18}F］フルオロデオキシグルコース（FDG）や［^{11}C］メチオニンは、がん細胞に集積するので、腫瘍検査で広く使われています。なお、この検査では、核医学検査より半減期の短い核種が使用されます。この方法で検査される疾患と放射性薬剤は、次のとおりです。

図表53 PET検査に使用する主な薬剤と疾患

核種	半減期	PET薬剤	検査疾患	剤形
^{18}F	110分	［^{18}F］フルオロデオキシグルコース	心機能、腫瘍、脳機能	注射剤
		［^{18}F］フルオロドーパ	脳機能（ドパミン代謝）	注射剤
^{11}C	20.4分	［^{11}C］メチオニン	アミノ酸代謝、腫瘍	注射剤
		［^{11}C］酢酸	心筋	注射剤
		［^{11}C］メチルスピペロン	脳機能（ドパミンD2受容体）	注射剤
^{13}N	9.97分	［^{13}N］アンモニア	心筋血流量	注射剤
^{15}O	2.04分	［^{15}O］酸素ガス	脳酸素消費量	吸入剤
		［^{15}O］水	脳血流量	注射剤

図表54 陽電子放射断層撮影装置

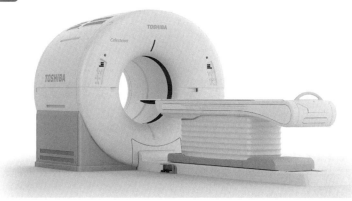

⑥ 体外検査

🔳 ラジオイムノアッセイ（radioimmunoassay：RIA）

日本語で放射免疫分析法とも呼ばれます。

イムノアッセイは、新型コロナウイルスの定量に使われる抗原検査がその例で、さまざまな物質が混ざる試料中で、抗体を抗原・抗体反応により特定の抗原に特異的に反応させ、その反応生成物を定量する分析法です。

ラジオイムノアッセイはこの一種で、^{125}Iで標識した比放射能がわかっている抗原を一定量試料に加えた後、抗体と反応させ、生成した抗原・抗体結合物の比放射能を求めます。それにより、試料中の抗原量を求める直接同位体希釈法（→P.132）です。抗原・抗体反応の高い選択性と、放射線の高感度の2つを併せ持つ優れた方法です。

この方法は、はじめ糖尿病患者の血中インスリン濃度の測定に用いられ、その後、甲状腺ホルモン濃度の測定に使われるなど、内分泌疾患診断の進歩に貢献しました。用いられる核種として、^{125}I以外に、^{131}I、^{3}H、^{14}Cがあります。

🔳 イムノラジオメトリックアッセイ（IRMA）

IRMAは、抗原・抗体反応生成物量を逆希釈法（→P.133）に類似した方法で求めるラジオイムノアッセイです。

⑦ 放射線増感剤と放射線防護剤

電離放射線の生物作用を増強する薬剤を放射線増感剤、逆に抑制する薬剤を放射線防護剤といいます。放射線増感剤としては5-ブロモデオキシウリジン（BUdR）がよく知られています。しかし、BUdRには抗がん作用はありません。また、がんの放射線治療では酸素効果（→P.172）を利用し、がん細胞内の酸素濃度を高くして致死率を上げる増感剤の開発が進められています。

⑧ 輸血用血液への放射線照射

血液を輸血する際、輸血製剤に含まれる供血者のリンパ球が、輸血を受けた患者の体内で増殖して組織を攻撃・破壊する病気があります。この病気を輸血後移植片対宿主病（GVHD）といい、治療薬がなく、一度発症するとほぼ全員が死亡してしまいます。リンパ球の機能は、採血後1週間程度で大きく低下しますが、それでもGVHDの発症を完全に防ぐことができません。一方、リンパ球は他の

血液成分と比べて放射線感受性が高いので、適切な量の放射線を照射するとリンパ球の機能のみを選択的に抑えることができます。

この性質を利用し、輸血用血液に吸収線量で15～50GyのX線や^{137}Csのγ線を照射してリンパ球の機能を低下させ、GVHDの発生を抑えます。また、照射のリンパ球への効果は直ちに現れるので、処理後すぐ使用可能になります。

❾ 放射線医学診断による被ばく量

X線CTで1回当たり20mSvと、放射線を取り扱う作業者の線量限度の50mSv/年に近い被ばく線量を受けますが、それにより生じる害より、得られる有用性が高いことで正当化されています（→P.285）。個々の検査による1検査当たりの被ばく線量は検査内容、測定時間、装置の進歩などによって変わりますが、およそ次の値となります。

図表55 1回の放射線診断当たりの被ばく量

検査・診断	被ばく量（mSv）
胸部X線診断	0.06
歯科X線診断	0.02
胸部X線CT	5～10
腹部X線CT	10～20
PET検査	2.2
核医学診断	0.5～15

国連科学委員会（UNSCEAR）の2008年報告によると、日本の医療被ばく線量は他の先進国と比較して多いと指摘されています。検査を受けない人を含めた日本人の1人・年当たりの診断により受ける被ばく量は、X線診断（1.47）とX線CT（2.3）が主で、3.87mSv/年です。

この値は、世界平均0.6mSv/年の6倍、また日本の自然放射線被ばく線量2.1mSv/年の約2倍となっています。

国際原子力機関（IAEA）の国際基本安全基準（BSS）では、「医療被ばくに関する記録を、規制当局が指定した期間、保管し、利用可能にしなければいけない」としています。

なお、医療による被ばくと自然放射線による被ばくは、個人の被ばく線量管理に含みません。

放射線治療

陽子線や重イオン線ではブラッグピークが、中性子線ではホウ素との反応が使われること、また酸素効果が小さいことを覚えましょう。

❶ 放射線治療の仕組み

　細胞に放射線を当てると、細胞内の水分子を主にヒドロキシルラジカルとして、その間接作用でDNAが傷つきます。正常な細胞は、少量の放射線のダメージであれば、数時間で自力回復します。一方、腫瘍細胞は正常細胞と比べ、回復に時間がかかります。放射線治療は、この正常細胞と腫瘍細胞の回復時間の違いを利用し、腫瘍細胞が回復する前に、繰り返し放射線を照射して、腫瘍細胞のみを死滅させる治療法です。

　使用する放射線としては、線形加速器（医療分野ではリニアックと呼ばれます）で発生させるX線、電子線やシンクロトロンなどで発生させる陽子線、炭素イオンなどの重粒子線、原子炉で発生させる中性子線などがあります。

　また、正常な細胞に対する照射量を抑えるため、腫瘍に近い体内からの照射や腫瘍に集中させた照射法も使用されています。

❷ X線治療

　X線CTなどで体内の腫瘍位置を同定し、その位置に体外からリニアックで発生させた1〜10数MeVのX線を腫瘍に照射して治療する方法です。日本で保険適用されている治療法（2020年度現在）には、X線を直接腫瘍に当てる方法以外に次のものなどがあります。

- ・X線ビームの形状を腫瘍の形に合わせて照射する強度変調放射線治療（IMRT）
- ・X線CTなどで腫瘍位置を確認しながら照射する画像誘導放射線治療（IGRT）
- ・小型リニアックを産業用ロボットアームに取り付け、体の異なる方向から腫瘍に照射するサイバーナイフ

❸ γ線を用いた体内照射治療

　γ線を放出する核種を腫瘍組織に挿入することで、正常組織に対する照射量を抑えながら腫瘍組織にγ線を照射する方法です。

1 密封小線源治療

^{60}Co、^{226}Ra、^{137}Cs、^{198}Au、^{192}Ir、^{125}I などの γ 線を放出する放射性核種を入れた、粒状や針状の小さなカプセルを小線源（低線量率源）とし、それを腫瘍の近くに設置して照射する治療法です。

このようなカプセルを、次の方法で治療に用います。なお、近年は核種の安定供給の観点から、^{125}I が前立腺がんの治療に広く使われています。

・腫瘍の表面に密着させる（歯肉がん、頬粘膜がん）
・臓器の内腔を通す（食道がん、子宮がん、前立腺がん）
・腫瘍に直接刺し入れる（舌がん、脳腫瘍）

2 高線量率密封小線源治療（リモートアフターローディング法）

γ 線源の ^{192}Ir（イリジウム）をワイヤーに付けたタングステン製容器に格納し、それを子宮や気管支へ挿入して、遠隔操作で腫瘍位置に精度よく送り込んだ後、容器から取り出して腫瘍に照射する治療法です。送り込む間、γ 線は容器で遮へいされるため、正常な臓器に対する照射量を抑えながら腫瘍のみに高線量率で照射できます。主に、子宮・気管支・胆道・食道・直腸などの管状の臓器内に発生した腫瘍に対して使われます。

3 ガンマナイフ治療

頭部を X 線 CT や MRI で撮影し、脳腫瘍の三次元位置を正確に定めた後、201 個の ^{60}Co γ 線源を配置し、腫瘍部分だけに高いエネルギーの放射線が照射され、正常な脳の部位には極力放射線が照射されないように配置した頭部用照射装置です。照射する腫瘍位置を正しく定める意味で、定位放射線外科治療装置に分類されます。

腫瘍の直径が 3cm 以内の脳腫瘍、脳動静脈奇形などの治療に使用されます。

❹ 電子線治療

電子線を体外から照射すると、飛程が短いため、深さとともに吸収線量が急激に減少して深部に到達しないという特徴があります。この性質を利用し、皮膚がんなどの体表面にある悪性腫瘍治療に使われます。電子線の線源には、主にリニアックが使用されます。

❺ 陽子線と重イオン線治療法

　陽子線や重イオン線は高LET放射線のため、高い腫瘍細胞の殺傷能力を有します（生物学的効果比（RBE、→P.169）が高い）。また、腫瘍の内部には酸素分圧が低い領域があり、その部分の腫瘍は酸素効果（→P.172）が小さいため、X線治療の効果を減弱させます。しかし、重イオン線は酸素効果が小さいため、低酸素領域のがん細胞に対しても効果があります。さらに、ブラッグピークを利用して体内の腫瘍を選択的に照射できる治療法です。この治療法は、はじめ眼の悪性黒色腫瘍の治療に適用されました。

【ブラッグピーク】

　陽子や重粒子などの質量が大きい荷電粒子は、進行経路にある物質を電離しながらエネルギーを失います。このとき、速度が遅くなるほど単位距離当たりのエネルギー損失と電離量が増加し、停止する直前に最大になります。この移動距離とエネルギー損失量の関係をブラッグ曲線といい、曲線の極大部をブラッグピークといいます。

　X線照射では、腫瘍の前後の臓器もX線を受けますが、この曲線からわかるように、陽子や重粒子を生体に照射すると、皮膚の位置では吸収量が少なく、深さが増すにつれて多くなります。また、皮膚からのピーク位置は、粒子の加速エネルギーを変化させて前後に移動できます。これを利用し、腫瘍位置にピークを合わせることで、体の奥にある腫瘍部分のみを照射できます。さらに、炭素イオンピークの広がりが狭く、陽子の3倍程度の効果があることから、日本では重イオン線治療で多くの場合、炭素イオンが使われます。

図表56 ▶ 各種放射線の体表面からの距離と吸収線量

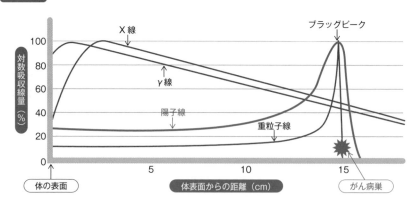

6 中性子捕捉療法

1 ホウ素中性子捕捉療法（BNCT）

　安定核種のホウ素^{10}Bは、熱中性子などの低エネルギー中性子との衝突断面積が大きいため、熱中性子を照射すると高い確率で核反応^{10}B（n, α）^{7}Liを起こし、高LET放射線のα粒子と^{7}Li核を発生させます。この2つの粒子は、生体内の飛程が細胞1個の大きさとほぼ等しい約5〜14μm程度のため、腫瘍の細胞のみに取り込まれるホウ素含有化合物を導入すると、正常な細胞を傷つけることなく腫瘍細胞のみが破壊されます。

　治療の対象は、他の方法では完治が困難な悪性脳腫瘍と悪性皮膚がん（黒色腫）の2種類です。中性子源としては原子炉や加速器が使用されます。

2 ガドリニウム中性子捕捉療法（GdNCT）

　安定な核の中で最も熱中性子捕捉断面積が大きい^{157}Gdへの中性子照射で生じる飛程約100μmのγ線と同時に発生するオージェ電子で、1個の腫瘍細胞ではなく腫瘍組織を破壊することを目指した治療法が研究されています。

7 RI内用療法（放射性医薬品）

　化合物などの種類により、特定の臓器・細胞に集積する性質のものがあります。これら化合物を構成する元素を放射性核種に置き換え、それを注射や経口で投与し、それが腫瘍などの臓器・細胞に集まることで、それら核種が放出する飛程の短いα線やβ線で腫瘍などの特定の細胞を破壊する治療をRI内用療法、それに使用する医薬品を放射性医薬品といいます。

- 骨転移疼痛緩和治療：Sr元素はCaと化学的性質が似ているため、骨に集積します。^{89}SrCl$_2$を注射で投与すると、腫瘍が転移した部位に集積し、^{89}Srが放出するβ^-で悪性腫瘍の骨転移に伴う炎症を抑え、痛みを緩和する治療法です（なお、2019年に販売中止になりました）。
- ゼヴァリン療法：リンパ腫に多く存在するCD20抗原というタンパク質に特異的に結合するモノクローナル抗体を^{90}Yで集積した薬剤で、放射されるβ^-線によってリンパ腫細胞にダメージを与える治療法です。
- ゾーフィゴ療法：骨に親和性がある^{223}Raは、代謝が活発になっているがんの骨転移巣に多く集まります。塩化ラジウム（^{223}RaCl）を注射し、Raを骨に集め、これが放出するα線で、骨に転移したがん細胞の増殖を抑える治療法です。
- その他、甲状腺がんを治療する^{131}I内用療法などがあります。

次の問題文を読み、正しい（適切な）ものには○、誤っている（不適切な）ものには×で答えましょう。

1
□□□
★★

ブルーム症候群と毛細血管拡張性運動失調症は、X線に対して高い致死感受性を示す。

✕ 毛細血管拡張性運動失調症は高い致死感受性を示します。ブルーム症候群はX線に感受性を示しませんが、紫外線に対して高感受性を示します。

2
□□□
★

精子は精原細胞よりも放射線致死感受性が高い。

✕ 精原細胞は活発に細胞分裂を行っているので、放射線感受性は高いですが、精子は成熟した非分裂細胞なので、放射線耐性があります。

3
□□□
★★★

$[^3H]$ ウリジンと $[^{14}C]$ チミジンはRNA合成解析、$[^{14}C]$ グリシンと $[^{35}S]$ メチオニンはタンパク質合成の解析に使われる。

✕ DNAの合成量の測定に、チミンにデオキシリボースを付加した $[^{14}C]$ チミジンを使用します。

4
□□□
★★★

X線による細胞致死作用は細胞周期のS期後半にある細胞より、M期にある細胞で効果が大きい。

○ 細胞致死作用は細胞周期のG_2期の後半からM期で最も高くなり、相同組換修復が主になるS期の後半で最も小さくなります。

5
□□□
★★

ベルゴニー・トリボンドーの法則はリンパ球には当てはまらない。

○ リンパ球は細胞分裂しませんが、高い放射線感受性があります。これは将来の分裂回数が多いほど放射線感受性が高いという法則に反します。

6
□□□
★

放射線によるアポトーシスを起こした細胞ではDNAの断片化や核の凝縮が起こる。

○ 細胞内に存在するカスパーゼというタンパク分解酵素を活性化し、細胞の生存に必須なタンパク分子を分解して細胞死を起こします。

7
□□□
★

放射線被ばくによる染色体異常で、二動原体染色体は被ばく線量評価に用いられる。

○ 二動原体染色体の発生頻度と被ばく線量には相関関係があることが知られ、これによる被ばく線量推定法をバイオドシメトリといいます。

8

□□□
★★★

確率的影響には、しきい線量が存在しないと仮定されている。

○ 確率的影響にはしきい線量が存在せず、放射線を受ける量が多くなるほど、影響が現れる確率が高まります。

9

□□□
★★★

低LET放射線では、一本鎖切断よりも二本鎖切断のほうが起こりやすい。

✕ 二本鎖切断は高LET放射線で多く起こります。低LET放射線では主に一本鎖切断が起こります。

10

□□□
★★

γ線による間接作用は、グルタチオンなど、SH基を持つ物質を添加することにより低減できる。

○ SH基を有するシステイン、システアミン、グルタチオンはラジカルを失活させ、DNAの損傷の発生を減少させます。

11

□□□
★

X線照射による細胞死のうち、間期死は、照射後一度も分裂を経ないで死に至る。

○ 間期死は高い線量の放射線を照射した場合には、DNA分子以外の傷害によってその細胞が死亡すると考えられています。

12

□□□
★★

着床前期の胎内被ばくでは、四肢異常の発生率が上昇する。

✕ 胎児に四肢異常などの奇形が発生する可能性が妊娠期間中で最も高くなるのは器官形成期で、着床前期の被ばくでは胚死亡が起こります。

13

□□□
★★

放射線による染色体異常のうち、転座、逆位、環状染色体は安定型異常である。

✕ 安定型異常は細胞分裂で除去されず、子孫に受け継がれ、がんなどの原因になります。環状染色体は不安定型異常に属します。

14

□□□
★★★

水への放射線照射により生成するスーパーオキシド（O_2^{2-}）は、ヒドロキシルラジカルに比べて生体成分への反応性が高い。

✕ 水への放射線照射により生成する物質のうち、ヒドロキシルラジカルが最も生体成分への反応性が高いです。

15

□□□
★★

γ線は陽子線よりも酸素効果が小さい。

✕ 陽子線などの高LET放射線は主に直接作用を起こすので、γ線などの低LET放射線に比べて酸素効果は小さくなります。

16 ☐☐☐ ★★★
早期障害（急性影響）には確率的影響はなく、晩発障害には確定的影響はない。

✕ 急性影響には確率的影響はありませんが、確定的影響の白内障の潜伏期間は、平均2〜3年と確定的影響としては極めて長くなっています。

17 ☐☐☐ ★★★
γ線急性全身被ばくでは、治療しなければ、4Gyの被ばくで約半数の人が骨髄死で死亡する。

◯ 3〜5Gyの被ばくで30〜60日間に50%の人が骨髄死します。10〜50Gyで100%の人が腸死、50Gy以上で100%の人が中枢神経死します。

18 ☐☐☐ ★
遺伝的影響の重篤度は線量に依存しない。

◯ 遺伝的影響は確率的影響で、しきい線量はありません。また、遺伝的影響の重篤度は線量に依存しません。

19 ☐☐☐ ★
外部放射線による胎内被ばくでは、被ばく線量推定に母親の子宮線量が用いられる。

◯ 女子では腹部の線量を測定します。胎児はこの線量を被ばくしたとします。

20 ☐☐☐ ★★★
オートラジオグラフィには、γ線を放出する核種が適切である。

✕ オートグラフィには ^{14}C、^{35}S、^{32}P などの β線を放出する核種が用いられます。

21 ☐☐☐ ★★
原爆被ばく者のデータでは白血病の線量と発生率は、直線二次（LQ）モデルによく当てはまる。

◯ 白血病は直線二次（LQ）モデルが当てはまりますが、それ以外の固形がんは直線（L）モデルが当てはまります。

22 ☐☐☐ ★★★
陽電子放射断層撮影（PET）診断には [^{13}N] NH_3（アンモニア）や [^{15}O] O_2 が使用される。

◯ PETには陽電子 ^{18}F、^{11}C、^{13}N、^{15}O など、陽電子放出核種が使われます。

23 ☐☐☐ ★★
ジャガイモの発芽防止のために β線が照射される。

✕ ジャガイモの発芽防止には ^{60}Co のγ線が使用されます。

第4章

実務

気体を用いた検出器

電離箱、比例計数管、GM計数管式検出器の動作原理、これを使用した
検出器およびGM計数管の数え落としとその補正計算を学びましょう。

放射線の測定にはα線、β線、γ線、中性子線の種類や測定の目的・対象に応じて各種の原理や構造の機器が使用されます。これらは次のように分類されます。

①測定原理

・アルゴンなどの気体分子が、放射線により電離されて生じる電子－イオン対で生じる電流から検出するガイガーカウンターなどの気体入り検出器

・半導体のp－n接合部（空乏層）内で放射線によりつくられる電子と正孔の対で生じる電流から検出する半導体検出器

・物質と放射線の相互作用により生じる発光（シンチレーション現象）を検出するシンチレーション検出器

・放射線により物質に化学反応が生じることを利用した化学検出器／X線写真

・その他、チェレンコフ光を用いた検出器

②測定目的・対象

・建物や管理区域などに設置するエリアモニタ

・実験施設内などで移動して測定するサーベイメータ

・作業者などの個人の被ばく量を測定する個人線量計

・その他研究用途などに使用する機器

❶ 気体の電離

気体の中に陰極と陽極を設けて高電圧を印加し（電圧を与え）、そこに放射線を照射すると、気体が電離し、電子－陽イオン対が生じます（図表01）。このイオン対の挙動は、印加電圧の大きさによって6種の領域に分かれます（図表02）。

図表01 ▶ 放射線による気体の電離

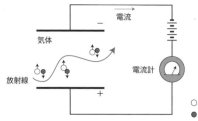

電圧を印加された空間
に放射線が入射すると
電子と陽イオンが対に
なって発生します。

○ 陽イオン
● 電子

図表02 印加電圧とイオン対量の関係

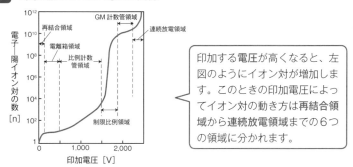

印加する電圧が高くなると、左図のようにイオン対が増加します。このときの印加電圧によってイオン対の動き方は再結合領域から連続放電領域までの6つの領域に分かれます。

❷ 再結合領域

　印加電圧が低いと、電子などを電極に引き寄せる力より、電子とイオンがクーロン力で引き合う力が大きくなります。この結果、時間が経つと両者が再結合して気体分子に戻ります（図表03）。この電圧範囲を**再結合領域**といいます。

図表03 再結合の機構

印加電圧が低い再結合領域では、電子と陽イオンが互いに電荷で引かれ合い、再結合して気体分子に戻ります。

○ 陽イオン
・ 電子
● 気体分子

❸ 電離箱領域

　印加電圧が高くなると、電子－陽イオン対間の引力より、電極からの引力が大きくなるため、電子と陽イオンは陽極と陰極に向かってゆっくりと進み、電極に到達すると電流が流れます（図表04）。
　このとき、電子や陽イオンは、他の気体を二次的に電離させることなく電極に到達し、電流が流れます。この電圧領域を**電離箱領域**といいます。この領域では、イオン対は再結合せず、かつ二次的な電離が生じません。このような状態を飽和、この電圧領域を**飽和電流領域**、電流を**飽和電流**と呼びます。

図表04 電離箱の機構

印加電圧が高い領域では、電子と陽イオンはそれぞれ陽極と陰極に引かれ、陽極に到達して電流が流れます。

○ 陽イオン
● 電子

❹ 比例計数管領域

　印加電圧がさらに高くなると、電子と陽イオンは印加電圧で加速され、高速になります。これが他の気体分子と衝突して電離し、二次的な電子－陽イオン対を生じます。このイオン対はさらに印加電圧で加速され、次の気体分子を電離します。このように次々と電離が起こって電子と陽イオンが増える現象を気体（ガス）増幅といいます（図表05）。また、この電圧領域を比例計数管領域といいます。

　比例計数管領域では、最終的に生じるイオン対の数は入射放射線のエネルギーに比例するので、これを計測すれば入射した放射線のエネルギーを測定できます。

　また、イオン対数が増えるので、電流信号の大きさは電離箱領域より大きくなります。なお、比例計数管領域で使用される検出器を比例計数管といいます。

図表05 気体増幅の機構

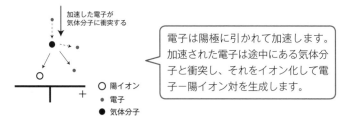

加速した電子が気体分子に衝突する

電子は陽極に引かれて加速します。加速された電子は途中にある気体分子と衝突し、それをイオン化して電子－陽イオン対を生成します。

○ 陽イオン
● 電子
● 気体分子

❺ 制限比例領域

　制限比例領域では、比例計数管領域と同様に気体増幅が起こりますが、生成するイオン対量は入力エネルギーと比例しなくなります。

❻ GM計数管領域

　印加電圧がさらに高くなると、発生した電子－陽イオン対は次々と気体増幅を

起こします。さらに、気体増幅で生じた電子が印加電圧で加速され、最初に生成したイオン対量の$10^6 \sim 10^7$倍に増加します。この現象を電子なだれといいます（図表06）。この電圧領域をGM（ガイガーミュラー）計数管領域といいます。

検出信号は電離箱領域や比例領域より信号が大きいため、検出の電子回路が簡単で高感度な測定ができます。しかし、生成イオン対の量が入射放射線のエネルギーによらず一定なので、放射線のエネルギー測定には使用できません。

図表06 電子なだれの機構

電子が次々に気体を電離し、多数の電子を生じます。

電子は陽極に引かれて加速し、気体分子を次々にイオン化します。また、そのとき生じた電子も加速され、他の気体分子をイオン化します。このようにして多数の電子が生じます。

＋

● 電子

❼ 連続放電領域

印加電圧がさらに高くなると、放射線が入射しなくても陰極から陽極へ電子が連続的に流れます。これをコロナ放電、この電圧領域を連続放電領域といいます。

❽ 電離箱式検出器

電離箱式検出器は電離箱領域を利用する検出器で、主に高精度の放射線エネルギー測定に使用されます。構造は、アルゴンや窒素などの不活性ガスを満たした放射線用窓がついた容器に陰極と陽極を入れ、電極間に電離箱領域に対応する電圧を印加します。β、γ線の測定では、窓に導電塗料を塗ったフィルムや雲母を使用します。α線の測定ではグリッド付電離箱が使用されます。電離箱式検出器は構造が簡単ですが、機械的衝撃に弱く、温度や湿度の変化に強く影響を受けます。

❾ 比例計数管検出器

比例計数管検出器は比例計数管領域を利用する検出器で、高感度な放射線エネルギー測定に使用されます。構造は多くの場合、金属製の円筒を陰極、その中央に陽極芯線と呼ばれる極細の芯線を陽極とし、その間に電圧を印加します。円筒の一端は雲母などでできた放射線の入射窓が設けられます。内部には気体が封入

され、それに放射線が入射されて気体が電離し、放射線のエネルギーに比例した電流がパルス状に流れます。その大きさを測定し、放射線のエネルギーを求めます。

電極内に封入する検出気体には、次のものがあります。

・α、β、γ線：アルゴン90％にメタン10％を加えたPRガスやメタンガス。

・中性子線：BF_3、トリチウムガス。中性子との反応で生じる荷電粒子を測定。

円筒電極の代わりに金属性の球形または半球形の陰極と、その中央に置かれた陽極があり、陽極に測定試料を載せ、内部にPRガスを流しながら測定するガスフロー型装置もあります。この装置では試料と電極間に窓材がないため、飛程の短いα線や^{3}Hなどのエネルギーの低いβ^-線の測定に使用されます。

球形電極のものは全方向（4π方向）に放出された放射線を検出でき、放射能の絶対測定に使用します。これを4π型と呼びます。半球形電極のものは立体角で2π分が検出されるので、2π型と呼びます。

⑩ GM計数管式検出器

GM計数管式検出器は、GM計数管領域の電子なだれ現象を利用し、入射した放射線の数を測定する検出器です。1個の放射線が入射するたびに同じ大きさの電子なだれが発生し、高さの同じ電気パルスが生じます。その数から放射線数を求めます。しかし、エネルギー値を求めることはできません。

GM計数管式検出器の構造は円筒形の比例計数管とほぼ同様ですが、大きな印加電圧をかけて使用します。検出気体にはアルゴンやヘリウムなどが使用されます。

GM計数管式検出器の主な用途として、β線やγ線の放出核種による表面汚染測定があります（→P.242）。しかし、飛程が短く、雲母などの入射窓を透過できないα線や、^{3}Hのような低エネルギーβ線のみを放出する核種の検出は困難です。

GM計数管式検出器にも2π型や4π型のガスフロー型装置があり、検出気体としてヘリウム98％とイソブタン2％の混合ガス（Qガス）が使用されます。

電子なだれで生じた陽イオンは、電子と比べて移動速度が遅いため、陽極芯線近くに留まってその周りを取り巻きます。この取り巻いた陽イオンを鞘と呼び、これにより見かけ上の印加電圧が弱まり、電子なだれが停止します。その後、陽イオンは移動を続け、陰極へ到達すると鞘が消滅し、再び放電が起こります。この再放電を防ぐには、次の2つの方法があります。

・内部消滅法：検出気体に消滅ガスと呼ばれる臭素などのハロゲンやアルコールなどの有機気体を少量混ぜ、それが電離することで、陽イオンを消滅させる。

・外部消滅法：電気回路で一時的に放電が起こらなくなるまで印加電圧を下げる。

図表07 GMのプラトー

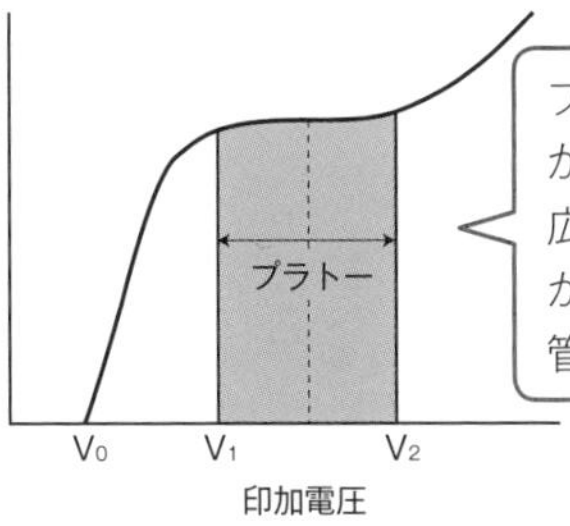

図表08 GM計数管式検出器の例

プラトーの傾き
が小さく範囲が
広いほど、性能
がよいGM計数
管といえます。

プラトー

V₀ V₁ V₂

印加電圧

⑪ GM計数管の不感時間と数え落とし

　GM計数管の出力は、最初は急激に大きくなり、その後100〜200μ秒程度
の持続時間で減衰します（図表09）。この間に、次の放射線が入射しても信号は
生じません。これを**不感時間**と呼びます。この後に次の放射線が入射したとき、
信号の大きさは図表09の点線のように徐々に大きくなり、はじめと同じ高さに
なります。この時間を**回復時間**といいます。

　GM計数管式検出器では、信号の高さが弁別レベルとなったときに放射線が入
射したと判断します。点線と弁別レベルが交わる時間を**分解時間**といい、それま
での間に入射した放射線は計測されません。これを**数え落とし**といいます。

　測定時間 t の間の計数を n、分解時間を τ とすると、計数 n を得るのに実際に
要した測定時間は $t - n \cdot \tau$ となります。この時間で n を割った $n / (t - n \cdot \tau)$
が数え落としを補正した真の計数率になります。

　さらに、計数率が極めて高く、パルス高が回復できない状態を**窒息**と呼びます。

図表09 GM計数管の信号

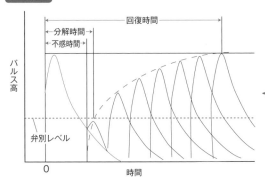

回復時間

分解時間

不感時間

パルス
高

弁別レベル

0 時間

GM計数管の信号は、放射線が
入るとはじめに急激に大きくな
り、その後、緩やかに減衰する
パルス状の信号です。不感時間
の後、次の放射線が入射したと
きは、点線のように0から徐々
に大きくなります。

第**4**章

実務

02 半導体検出器

学習の
ポイント
半導体検出器に使用される半導体ダイオードの構造、各種検出器の概要
と特性などについて学びましょう。

❶ 固体素子の特徴

　固体素子を用いた検出器は、気体の電離を利用した検出器と比べて10倍以上
の高い感度が得られます。加えて、装置を小型化できること、電気回路との一体
製造が容易なことなどから、広く利用されてきました。

　現在、実用化されている固体素子には、半導体検出器、シンチレーション検出
器（→P.230）、ルミネセンス線量計（→P.239）などがあります。

❷ 半導体検出素子の原理

　シリコンやゲルマニウムの単結晶に、少量のリンやヒ素などの5価元素または
リチウムを入れたn型半導体と、少量のホウ素、ガリウム、アルミを入れたp型
半導体を接合すると、pn半導体ダイオードが構成されます。n側に陽極、p側に
陰極をつないで逆方向に電位をかけると、p側の正孔とn側の電子が結合するた
め、両者の境界に電荷の移動を担うキャリヤとなる電子も正孔も存在しない、空
乏層と呼ばれる電気の絶縁層が生じます。

・放射線の検出：空乏層に放射線が入射すると、その中に電子と正孔の対が生
　じ、それらがそれぞれp、n電極に到達してパルス電流が流れます。この電
　流の信号により放射線を検出します。

・エネルギーの測定：生成する電子−正孔対の数は放射線のエネルギーを ε 値
　（→P.139）で割った値で、パルスの大きさからエネルギーが求められます。

・エネルギースペクトル：多数の放射線から同じ大きさのパルスごとの数を求
　め、横軸にパルスの大きさ、縦軸にパルスの数をプロットすると図表22の
　ような放射線のエネルギースペクトルが得られます。

❸ ゲルマニウム検出器

　高純度ゲルマニウムにホウ素イオンを入れたp型半導体と、リチウムを拡散さ
せたn型半導体を組み合わせた半導体で、γ 線やX線の検出器に使用します。

　室温では熱による半導体内部からの雑音が多いため、測定時に液体窒素などに

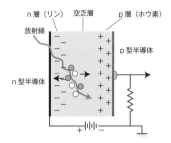

n層（リン）　空乏層　　p層（ホウ素）
放射線
p型半導体
n型半導体

よる冷却が必要です。ゲルマニウムのε値はシリコンの値（3.0eVと3.6eV）やアルゴンのW値（34eV）と比べて小さいので、エネルギー分解能が優れています。

　通常の検出器は、放射線の入射窓にある素子保護層でγ線が吸収されるため、測定できるエネルギー下限は50keV程度です。保護層としてゲルマニウム表面に0.3μmのホウ素の膜をつけた検出器では、数keVからのエネルギー測定が可能です。

❹ シリコン検出器

　シリコン検出器には、次の2種類があります。
・シリコン結晶内にリチウムを拡散させたシリコン（リチウム）ドリフトSi（Li）検出器
・シリコン結晶表面に薄い不感層を設けたSi表面障壁型検出器

　前者は低エネルギーγ線やX線用検出器で数keV～20keVの範囲でほぼ100%の検出効率があり、低エネルギーのγ線や特性X線を放出する核種の同定に使用されます。常温では熱により電子-正孔対が生成し、これがノイズの原因となるため、使用は液体窒素に入れるかペルチェ冷凍機で冷却しながら行います。

　また、昔の検出器は、室温の状態ではLiが拡散し、性能が劣化するため、常時液体窒素に浸けていましたが、最近のものでは室温保存が可能となっています。

❺ Si表面障壁型検出器

　シリコンのn型半導体の表面を酸化してp型領域とし、その上に金などの薄膜をつけて電極兼放射線入射窓とした検出器です。飛程の短いα線、重荷電粒子や低エネルギーβ線などの検出、エネルギースペクトル測定や核種同定に使用されます。

　測定は真空容器に試料とともに入れ、真空下で測定することで、空気によるエネルギー減衰を防ぎます。なお、検出器の冷却は不要で、測定は室温で行います。

第4章 実務

シンチレーション検出器

> **学習の ポイント**　NaI（Tl）がγ線、ZnS（Ag）がα線、^{6}LiI（Eu）が中性子、プラスチックがβ線に使用されること、液体シンチレーションの原理を覚えましょう。

❶ シンチレーション検出器

シンチレーション検出器は、放射線で物質が励起し、それが放出する光を測定して、放射線の数やエネルギーを求めるものです。検出法には、無機結晶を使う無機シンチレーション検出器、有機物質を使う有機シンチレーション検出器と有機物を液体に溶かして使う液体シンチレーション法があります。

❷ シンチレーション光

ある種の物質に放射線を照射すると、物質内の電子が励起され、それが基底状態に戻るときにそのエネルギーが光（蛍光）として放出されます。これをシンチレーション光といい、この現象を起こす物質をシンチレータといいます。これには無機シンチレータと有機シンチレータがあります。シンチレーション検出器は、このシンチレーション光を光電子増倍管で増幅し、大きな電流パルス信号に変換して放射線を検出します。このパルス信号の大きさが入射放射線のエネルギーに比例することを利用し、これを求めます。しかし、光電子増倍管の増倍率は管への印加高電圧によって変わるので、電圧の安定化が重要です（図表12）。

❸ 無機シンチレーション検出器

無機シンチレータの多くは、ハロゲン化合物で、NaI（Tl）、BGO、CsI（Tl）、BaF_2、^{6}LiI（Eu）、またZnS（Ag）などがあります。平均原子番号が大きいほどγ線に対する感度が高いので、γ線用にはそのような物質が使用されます。

図表11 無機シンチレータの原理

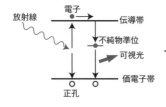

不純物を含む結晶に放射線が入射すると電子－正孔対が生成します。励起電子は、不純物準位を経由して正孔と再結合し、減衰時間の短い可視光の蛍光を発します。

230

一般に有機シンチレータと比べ、発光効率が高いという利点があります。一方、潮解性があったり、衝撃に弱かったりなど、取り扱いにくい面もあります。

図表12 光電子増倍管による光の増幅

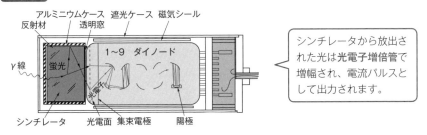

シンチレータから放出された光は光電子増倍管で増幅され、電流パルスとして出力されます。

無機シンチレーション検出器には、次のものがあります。

1 NaI（Tl）シンチレーション検出器
蛍光の寿命が短いタリウムを0.1％程度含有させて活性化したヨウ化ナトリウム結晶［NaI（Tl）］で、γ線やX線の検出に利用されます。

図表13 NaI（Tl）シンチレータの感度特性

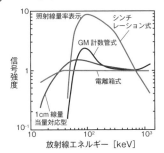

気体の電離を利用したGM計数管と比べ、10倍以上の感度が得られます。しかし、30keV以下の放射線では感度が大きく低下しています。

2 CsI（Tl）シンチレーション検出器
NaI（Tl）と比べて潮解性が小さいため、取り扱いが容易です。ただし、感度が半分程度なので、光電子増倍管の代わりにフォトダイオードで光を検出する、小型で安価なγ線やX線の検出装置として使用されています。

✓ CHECK **γ線用シンチレータの性能比較**

発光光子数　　BaF_2 ＜ BGO ＜ CsI（Tl）＜ NaI（Tl）
発光減衰時間　BaF_2 ＜ NaI（Tl）＜ BGO ＜ CsI（Tl）

---

3 ZnS（Ag）シンチレーション検出器

　ZnS（Ag）は発光効率の高いシンチレータですが、結晶化が難しく、白い微粉末しか得られず、効率よく外部に光を取り出すことが困難です。これを透明基板上に薄く塗布したものが、高エネルギーα線の検出に使用されます（→P.238）。

4 ^{6}LiI（Eu）シンチレーション検出器

　^{6}Li（n, α）^{3}Hの核反応を利用して中性子検出器として使用されます（→P.235）。

図表14 ▶ シンチレーション検出器の例

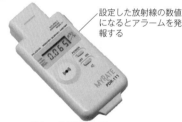

設定した放射線の数値になるとアラームを発報する

ポケット型検出器

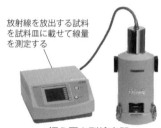

放射線を放出する試料を試料皿に載せて線量を測定する

据え置き型検出器

4 有機シンチレーション検出器

　有機シンチレータは、主にベンゼン環を含む芳香族炭化水素化合物です。また、これらをスチレンなどに混ぜたプラスチックシンチレータや、液体に溶かした液体シンチレータがあります。特徴は次のとおりです。
　・発光減衰時間が数ナノ秒と無機物質より2桁短く、高放射線量率測定に向く。
　・実効原子番号が低いため、α線やβ線の測定に適する。
　・中性子阻止能の高い水素を多く含むため、高速中性子の測定が可能。
　課題としては、次のことが挙げられます。
　・α線などの高LET放射線では有機物質が損傷するため、発光効率が低い。
　・γ線やX線に対しては吸収係数が小さく、光電効果の割合が低い。
　用途として、スチレンなどにアセトラセン、スチルベンを加えたもので、厚さ1mm程度の検出器がβ線測定用に多用されています。

5 液体シンチレーション法

　液体シンチレーション法は、ジフェニルオキサゾール（PPO）などの有機シンチレータをトルエンやキシレンに溶解した液体（液体シンチレータ）をバイアル（フタつき容器）に入れ、それに試料を溶解して光電子増倍管（PMT）でシンチ

レーション光を増幅し、電気パルスとして測定します。特徴は次のとおりです。

・シンチレータに溶かして測定するため、試料から全方向に放出される放射線を効率よく検出できる。
・試料とシンチレータ間の空気層や検出器窓による放射線吸収、また試料自身による自己吸収が生じない。
・シンチレータの発光効率が高い。
・発光減衰時間が数十ナノ秒と短く、高濃度の放射性試料の測定が可能。

これらの特徴から広いエネルギー範囲の α、β、γ 線の高感度測定が可能です。特に飛程が短い α 線や低エネルギーの β 線を放出する ^3H や ^{14}C に有効です。

課題としては、次のことなどが挙げられます。

・不溶性物質を測定できない。
・クロロホルムなど共存する物質により発光が抑えられる化学クエンチング。
・試料溶液が赤や黄色に着色することで光が吸収される色クエンチング。
・試料溶液とシンチレータの反応で生じるケミルミネセンスによる過大評価。
・高感度なため、ガラスバイアルに含まれる ^{40}K の放射線によるノイズの発生。

⑥ 液体シンチレーションの測定の要点

溶媒にシンチレータと助剤を溶かしたシンチレーションカクテルをバイアルに入れ、そこに一定量の試料を溶かして測定します。シンチレータ物質には、次のようなものがあります。

・ジフェニルオキサゾール（PPO）
・2-（4-tert-ブチルフェニル）-5-（ビフェニル）-1,3,4-オキサジアゾール（butyl-BPD）

溶媒としては、次のものを使います。

・有機物質用：トルエン、キシレン
・水溶液用：水とエマルジョンをつくる乳化シンチレータ、ジオキサン

バイアル（測定容器）素材は、次のものを使います。

・プラスチックバイアル
・ガラス（カリウムが少なく、^{40}K によるバックグラウンドが小さいもの）

溶液に着色がある場合や透明度が低い場合は、次のようにします。

・活性炭による着色成分の除去。鉄分が原因の場合は沈殿除去　　　・ろ過
・クロロホルムの混入は、発光効率を低下させる（化学クエンチング）

なお、^{32}P の放射能測定では、シンチレータの代わりにチェレンコフ光で計測できます（→P.58）。

04 中性子検出器

学習の
ポイント

中性子検出法のうち、BF_3と^{3}He比例計数管およびレムカウンタの原理、測定される中性子のエネルギーを覚えましょう。

❶ 中性子検出器の特徴

中性子は電離を起こさないため、検出には核反応や軽い原子核との衝突で生じた荷電粒子を検出することで間接的に行います。

また、中性子の運動エネルギーは熱中性子の約25MeVから、核分裂で生じる中性子や加速器で発生させる中性子の数keVから数10MeVと9桁以上にわたるため、この範囲をカバーする測定装置が必要です。

❷ BF_3比例計数管

低速の中性子の検出には、主に（n, α）反応や（n, p）反応などが使用されます。このときに、発生する荷電粒子が運動エネルギーを得るためには、反応のQ値（→ P.40）が正、すなわち発熱反応であることが必要です。

最もよく使用される反応は、反応断面積が大きい^{10}B（n, α）^{7}Liです。熱中性子との反応では、生成する^{7}Liの約93％が0.48MeVの励起状態になり、その後γ線を放出します。残りの約7％は直接基底状態になります。

$$^{10}B + n \rightarrow {}^7Li\ (0.84MeV) + \alpha\ (1.47MeV) + \gamma\ (0.48MeV)\ [93\%]$$
$$\rightarrow {}^7Li\ (1.01MeV) + \alpha\ (1.78MeV)\ [7\%]$$

この反応のQ値は2.79MeVです。

BF_3比例計数管では、比例計数管のPRガスの代わりに、BF_3（三フッ化ホウ素）ガスを使用します。この場合、天然ホウ素^{10}Bの存在比は約20％なので、これを濃縮して感度の向上を図ります。

比例計数管内で中性子と計数ガス中の^{10}Bが反応すると、^{7}Liとα粒子に2.79MeV（直接基底状態になる場合）、もしくは2.31MeV（励起状態になる場合）のエネルギーが与えられます。計数管への印加電圧をプラトー領域に設定すれば、これらの反応をほぼ100％の効率で計数できます。

課題としては、次のことが挙げられます。

・中性子反応が計数管壁近くで起こると、生成した^{7}Liやα粒子が壁と衝突してエネルギーが失われるため、パルス波高が減少する（壁効果）。
・^{10}B（n, α）^{7}Li反応の断面積は、中性子の速度をvとすると、1/vに比例

するため（→P.45）、運動エネルギーが小さい熱中性子では高感度測定ができるが、高速中性子では感度が低下する。

・BF_3は放射線の照射で分解しやすく、高線量中性子源の測定には不向き。
・BF_3は有毒なため、取り扱いに注意が必要。

❸ ^{3}He比例計数管

^{3}Heは、気体の中で最も大きい5300バーンの中性子断面積を持ちます。これを検出気体として用いるのが^{3}He比例計数管で、次の核反応を利用します。

^{3}He + n → p（0.573MeV）+ ^{3}H（0.191MeV）

この反応のQ値は0.765MeVです。

^{3}Heは、放射線による分解がないので、熱中性子の検出以外に、高速中性子の測定やスペクトロメータ用検出器としても使用されます。なお、このとき検出されるパルス波高は、中性子のエネルギーにQ値を加えたものとなります。

課題としては、次のことが挙げられます。

・この検出器はγ線も検出するため、原子炉の計装用途ではγ線と中性子線の弁別性能が低いという欠点がある。
・反応のQ値は比較的小さいが、生成する陽子と^{3}Hが軽いため、1気圧の^{3}Heガス中の飛程がそれぞれ6cm、2cm程度になり、BF_3と比べて大きな壁効果が生じる。このため、^{3}Heの加圧、ストッピングガスと呼ばれるXeやCF_4などの阻止能の大きいガスを加えて飛程を短くし、壁効果を抑えて使用する。

❹ ^{6}LiI（Eu）シンチレーション検出器

^{6}LiI（Eu）は、NaI結晶と類似した吸湿性の結晶です。^{6}LiI（Eu）シンチレーション検出器は、この結晶内で起こる^{6}Li（n, a）^{3}H反応で生じた陽子と、a粒子が発する光を利用した検出器です。この検出器は小型化できるので、個人用中性子検出器として使用されています。

❺ 反跳陽子比例計数管と反跳陽子シンチレータ

反跳陽子計測は、中性子と水素核との衝突で生じる反跳陽子の検出を介して中性子を測定する方法で、エネルギーの高い高速中性子の計測に使用します。

これには、次のものがあります。

・検出気体にメタンガスや水素ガスを使用する反跳陽子比例計数管。

・水素原子を多く含む液体を用いる反跳陽子液体シンチレーション検出器や、プラスチックを用いる反跳陽子プラスチックシンチレーション検出器。

この方法で、反跳核の質量数をA、入射中性子のエネルギーをE_n、反跳粒子のエネルギーをE_R、散乱角度をθとすると、E_nとE_Rの間には、次の関係が成立します。

$$E_R = \frac{4A}{(1 + A)^2} (\cos^2 \theta) \, E_n$$

ここで、陽子の場合はA = 1であるので、E_Rはθによって0〜E_nの範囲で変化します。したがって、入射中性子のエネルギーE_nが線スペクトルでも、反跳陽子のエネルギー分布は0からE_nまでの連続分布となるので、エネルギー解析は複雑となります。

❻ 中性子放射化

中性子放射化は、中性子放射化分析（→P.143）と同様、中性子が照射された核から、その後に放出されるγ線の強度を、γ線検出器で検出する方法です。

これに用いる核種の条件は、①中性子捕獲反応の断面積が大きいこと、②生成核の半減期が数時間から数日と扱いやすいオーダーであること、③放出されるγ線のエネルギーがGe検出器やNaI（Tl）検出器で検出しやすいこと、などから^{115}In、^{165}Dy、^{197}Auが使用されています。

中性子との反応に、しきいエネルギーがある^{27}Al（n, α）^{24}Naや、^{32}S（n, p）^{32}Pなども用いると、このエネルギー以下の熱中性子を除いた中・高速中性子線のみの計測が可能です。

❼ レムカウンタとロングカウンタ

BF_3や^{3}He比例計数管は、熱中性子に対して高い感度があります。この周りを、水素を多く含むポリエチレンやパラフィンなどを厚さ10cm以上巻いた検出器は、高速中性子を効率的に減速させて測定します。これをレムカウンタといいます。

この測定器のエネルギー特性は、減速材の厚さや形状、種類により調節できます。これを利用し、国際放射線防護委員会（ICRP）の勧告74の線量換算係数をもとに、1cm線量当量換算係数曲線に適合するように測定器のエネルギー特性を調整することで、中性子のエネルギー情報なしに、熱中性子からMeVオーダーまでの広い範囲にわたって1cm線量当量を直読できます。しかし、数eVから数

keVの中性子の1cm線量当量を過大評価することが知られています。

　なお、日本では内部に入れる検出器としては、^{3}He比例計数管が主流です。

　一方、エネルギー特性をほぼ平坦にした装置をロングカウンタと呼びます。

　その他、厚さの異なるいくつかの検出器の応答の差から、中性子エネルギー分布の情報を得る手法も用いられています。

　緊急時環境放射線モニタリング指針では、このレムカウンタの指示値を暫定的に中性子線による実効線量とみなすことになっています。

⑧ 中性子用固体飛跡検出器

　プラスチックなどに重荷電粒子が入射すると、その経路に沿って損傷（潜在飛跡）が生じます。これをエッチングで飛跡を拡大し、顕微鏡などで観測する検出器を固体飛跡検出器（→P.240）といいます。プラスチックには主にアリルジグリコールカーボネート（ADC）が使われ、中性子検出にはホウ素^{10}B（n, α）^{7}Li反応で生じたα粒子により、検出器に生じる傷を検出する方法がとられています。

　速中性子の個人被ばくをモニタする線量計として使用されています（→P.240）。

⑨ β-γ同時測定法

　β-γ同時測定法は、標準線源が不要な放射能の絶対測定法です。核反応分岐比などの崩壊形式のパラメータや、検出器の検出効率も不要なため、放射能標準の主要な測定法として使われています。

　同時測定では^{60}Co、^{134}Csや^{154}Euなどのβ線とγ線を放出する核種、あるいは^{32}Pや^{35}Sなどのβ線のみを放出する核種に適用されます。

　β線検出器とγ線検出器を対向させ、その間に放射能s Bqの点状線源を置いてβ線、γ線およびβ線とγ線が同時に計測された、同時計測数n_cを測定します。

　このとき、β線検出器およびγ線検出器の計数効率をそれぞれε_β、ε_γとすると、β線およびγ線の計測数n_β、n_γはそれぞれ次式で与えられます。

　　$n_\beta = s \cdot \varepsilon_\beta$　　$n_\gamma = s \cdot \varepsilon_\gamma$

　一方、β線とγ線の同時計測数n_cは、β、γの検出効率の積で与えられるので、

　　$n_c = \varepsilon_\beta \cdot \varepsilon_\gamma \cdot s$

となります。この3つの式からε_βとε_γを消すと、sは次のようになります。

　　$s = n_\beta \cdot n_\gamma / n_c$

　つまり、ε_βやε_γなど装置に依存する定数が不明でも、放射能sを正確に求めることが可能になります。

α線検出器と個人用線量計

蛍光ガラス線量計、OSL、TLD、IPの動作原理と用途、ポケット線量計の特徴、そしてフェーディングの意味を覚えましょう。

❶ α線検出器

α線検出器には、比例計数管、シンチレーション検出器、半導体検出器があります。

- 比例計数管：β線測定と兼用でき、入射窓面積が大きいものが使用されます。検出気体にはPRガスが使われます。また、ガスフロー型の比例計数管も使われます。
- シンチレーション検出器：光透過性のある基板上に粉末状のZnS（Ag）シンチレータを塗布した素子と、光電子増倍管を組み合わせた構成となっています。
- Si表面障壁型検出器：シリコンのn型半導体の表面を酸化してp型領域とし、その上に薄い金やアルミニウム膜をつけて電極を兼ねた入射窓とします。表面近くに空乏領域ができ、飛程の短いα線や重粒子線の測定に使用されます。

❷ 個人用線量計

個人の外部被ばく線量のモニタリングでは、人体に装着して一定期間の被ばく線量を評価するため、小型で1〜3か月間に受ける累積線量を測定できる積算型線量計が用いられます。個人用線量計には、次のものが挙げられます。

❶ 蛍光ガラス線量計（RPLD）

蛍光ガラス線量計（RPLD）は、少量の銀を入れたリン酸塩ガラスに放射線を照射すると生じる蛍光中心と呼ぶ欠陥に、紫外線レーザーをパルス照射すると蛍光を発生するラジオフォトルミネセンス現象を利用します。

小型なので、手足などの局部被ばくにも使用できます。このうち、手指に用いるものをリングバッジといいます。

蛍光中心は、熱アニーリングという熱を加える操作で消滅するので、この線量計を再利用できます。

蛍光ガラス線量計

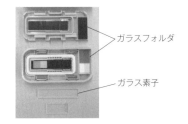

ガラスフォルダ

ガラス素子

オープン
ウインド

健康管理センター
千代田太郎
2014.0401-0430
胸部 X γ β N

2 光刺激ルミネセンス線量計（OSL）

　光刺激ルミネセンス線量計（OSL）は、微量の炭素を添加した酸化アルミニウムに放射線を照射すると生じる結晶内部の欠陥に、蛍光より波長の長い緑色レーザー光を照射すると蛍光を発する輝尽性発光の光刺激ルミネセンス現象を利用します。結晶の欠陥は、強い光を長時間照射すると消滅するので、線量計を再利用できます。

図表 16 　光刺激ルミネセンス線量計

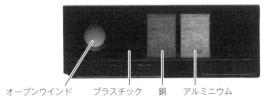

オープンウインド　　プラスチック　　銅　　アルミニウム

3 熱ルミネセンス線量計（TLD）

　熱ルミネセンス線量計（TLD）は、フッ化リチウム（LiF）結晶に放射線が照射されると生じる結晶内部の欠陥が、加熱により光を発して消滅する熱ルミネセンス現象を利用した線量計です。また、加熱温度と発光強度の関係をグロー曲線と呼びます。データを読み出すと欠陥が消滅するので、線量計を再利用できます。

図表 17 　熱ルミネセンス線量計

フッ化リチウム素子

第4章

実務

4 フィルムバッジ（FB）

フィルムバッジ（FB）は、フィルムに塗られた臭化銀に放射線が当たると分解して黒くなる感光作用を利用し、フィルムの黒化度合から放射線量を測定します。

図表18にこれら4種の線量計の特色を示します。

図表18 ▶ 個人線量計の比較

項目	RPLD	OSL	TLD	FB
物理原理	励起作用	励起作用	励起作用	化学反応
出力信号	蛍光強度	輝尽発光	発光強度	フィルム黒化
最小検出線量（μSv）	10	10	1	100
最大検出線量（Sv）	30	10	100	0.7
エネルギー依存性	大	中	大	大
方向依存性	大	中	大	大
フェーディング	小	小	中	大

5 固体飛跡検出器

固体飛跡検出器は、α線、陽子や中性子などの高エネルギー粒子がプラスチックなどの絶縁性固体を通過したとき生じる放射線損傷を、薬品でエッチングして可視化させ、その飛跡の数を光学顕微鏡で観察して放射線量を測定する検出器です。

この検出器はX線やγ線に反応しないこと、小型で安価であることなどの特徴があり、高速中性子線や重粒子による被ばく量の測定に使用されています。検出素子としては、アリルジグリコールカーボネート（ADC、CR39）が使われます。

図表19 ▶ 固体飛跡検出器に記録された宇宙放射線の飛跡（エッチピット）例

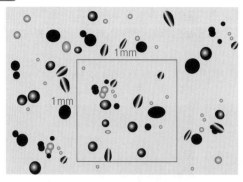

泡のように見えるのが中性子線の通過した跡です。

⑥ 電子式ポケット線量計

　電子式ポケット線量計は、小型化したGM計数管やSi半導体検出器のパルス出力数を積算し、被ばく線量や線量率を直読できる線量計です。デジタル表示機能で作業中に1cm線量当量に対応した被ばく線量を読み取ることや、積算被ばく量が一定の値に達したら警告を発するアラーム機能を付与できます。

　事故の緊急作業中に被ばく限度を超すと予想される場合などに使用します。

⑦ イメージングプレート（IP）

　イメージングプレート（IP）は、光刺激ルミネセンスと同じ輝尽性蛍光体を用いたX線やγ線の二次元検出器です。構造は$BaFBr（Eu^{2+}）$の微結晶をフィルムに塗布したものです。X線を照射したIPにHe−Neレーザー光を照射するとX線の露光量に応じた発光があるので、この発光量を計測することでX線照射量に比例した二次元画像が得られます。特徴と課題としては、次のものが挙げられます。

- ・4〜5桁にわたるX線強度範囲を測定できる。
- ・画像をデジタルデータとして処理可能で、現像などの化学的処理が不要。
- ・イメージングプレートは再使用が可能。
- ・X線、γ線以外の放射線に使用できない。
- ・フェーディングが大きいため、測定後すぐにデータの読み出しが必要。

図表20 IPで求めた植物内の放射性物質の分布

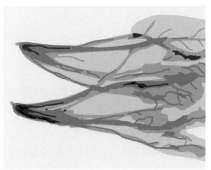

放射性物質の多い部分ほど色が濃くなっています。

📝 MEMO　**フェーディング（退行）**
....

フェーディング（退行）とは、計測器で測定した発光量や黒化度などが時間とともに減衰し、測定結果が小さくなる現象をいいます。

06 サーベイメータ

> 学習の
> ポイント
>
> サーベイメータの観点から各検出器の特徴が問われます。赤字の項目を
> しっかりと覚えましょう。

① 作業環境モニタリング

作業環境モニタリングは放射線業務に従事する者（放射線作業者）が、放射線による障害の発生を防止するために作業環境の外部線量率を測定することです。

これには、

・固定して使用するエリアモニタによる連続的な測定

・可動式のサーベイメータ（β、γ、中性子など）による定期的な測定

という2つの方法があります。

使用検出器としては、主に空気電離箱、GM計数管およびNaI（Tl）シンチレーションが使われますが、比例計数管やシリコン半導体検出器も使われます。

② サーベイメータ

サーベイメータは、可搬型の放射線測定器のことを総括的にいいます。多くの場合、1cm線量当量率（μSv/h）で目盛がつけられていますが、空気吸収線量率（μGy/h）で目盛られたものもあります。また、スイッチ切り換えによりこれらの積算値を知ることができるようにしたものもあります。

① 電離箱式サーベイメータ

電離箱式サーベイメータはγ（X）線やβ線の線量（率）の測定に使用されます。図表13のグラフからわかるように、入射γ線の広い範囲のエネルギーに対して感度が一定で、線量率依存性も小さい測定装置です。

この検出値に換算係数を掛けて1cm線量当量（率）を直読する装置もあります。

円筒形の陰電極の前方に入射窓が設けられていますが、陰極にγ線吸収が少ないプラスチックの表面を炭素膜で電導性を持たせる構造で、側面方向の入射にも同一に近い感度を有しています。課題として、微弱信号を取り扱うため、湿度や外部ノイズの影響を受けやすいことがあります。

② GM管式サーベイメータ

GM管式サーベイメータは、感度が高く、γ（X）線やβ線を放出する核種を

取り扱う施設の作業モニタリング、周辺環境モニタリングに広く使用されます。また、汚染場所や表面汚染の調査にも広く使われます。ただし、汚染箇所はわかりますが、何の核種かはわからないので、別途調査が必要です。

さらに、分解時間が長いため、放射線量率が高い場所の測定は困難です。

❸ γ線用シンチレーション式サーベイメータ

γ（X）線用シンチレーション式サーベイメータには、NaI（Tl）やCsI（Tl）などがありますが、主にNaI（Tl）が使われます。電離箱式と比べて高感度なので、〜数十μSv/h程度の放射線まで測定できます。また、不感時間が短いので、高線量率試料の測定に適しています。

さらに、エネルギーの情報から核種の推定が可能です。

❹ 中性子線用サーベイメータ

中性子線用サーベイメータは、加速器施設や原子炉施設などの管理、また最近では放射性物質を用いたテロ対策のための不審物検査などに使用されています。

検出器は、主に熱中性子線用には ^{3}He ガスを入れた比例計数管サーベイメータが使われます。また、^{3}He ガスの入手が困難なこと、さらに不審物検査用に小型軽量化が必要との要望から ^{6}LiI（Eu）系シンチレータを用いた装置も開発されています。

❺ α線、β線用サーベイメータ

α線やβ線は飛程が短いので、その汚染源探査や表面汚染用サーベイメータには、入射窓の厚さが薄いことが重要です。このため、端窓型GM計数管を用いたサーベイメータが使用されます。

α線用にはZnS（Ag）シンチレータを用いたものが使われ、β線用にはプラスチックシンチレータを用いたものが使われています。

^{3}Hや ^{14}Cのように低エネルギーのβ線放出核では、薄窓を持つガスフロー式計数管を用いたサーベイメータが使用されます。

❻ トレーサビリティ

エリアモニタおよびサーベイメータは、被ばくの形式や評価対象に対応した適切な測定器で国家標準（標準線源と校正）とのトレーサビリティが保たれた測定器を使用します。

07 放射線スペクトロメトリ

学習の
ポイント
スペクトロメータの構成、放射線の種類ごとに使う検出器、α、β線測定の注意事項、またγ線のピークの種類を覚えましょう。

❶ 放射線スペクトロメトリ

　スペクトロメトリとは、α線、β線、γ線や中性子線などのエネルギー値と放射能を測定し、その関係からスペクトルを求め、放射性物質の核種や放射能を求めることです。これを測定する装置をスペクトロメータといいます。

❷ スペクトロメータの構成

　スペクトロメータは、検出器、増幅器、マルチチャンネル分析器などで構成されます。
- ・検出器：α線、β線、γ線や中性子線が持つエネルギーから、その大きさに比例した大きさの電気パルス信号を発生します。
- ・マルチチャンネル分析器（MCA、多重波高分析器）：検出器からのパルス信号を、数百から8192段階の大きさごと（チャンネル）に弁別し、その大きさごとのパルス入力数（頻度）を求めます。
- ・横軸にチャンネル（エネルギーに対応）、縦軸に計測数（放射線量に対応）をプロットすると、エネルギースペクトル（波高分布）が得られます（図表22）。
- ・横軸のピーク位置から核種を、ピークの面積から核種の量を求めます。

図表21に放射線スペクトロメータの構成例を示します。

図表21 ▶ 放射線スペクトロメータの構成例

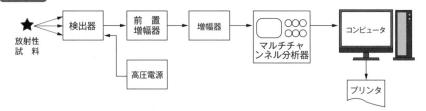

❸ α線スペクトロメトリ

　核から放出されるα線のエネルギーは3〜8MeVの線スペクトルとなりますが、

線源と検出器間にある空気層、検出器窓や検出器の不感層などによりエネルギー損失が生じ、スペクトルのピークは低エネルギー側にシフトし、幅も広がります。このため、測定には次の注意が必要です。

- ・α線の自己吸収を抑えるため、試料を極めて薄くする。厚さがα線の飛程以上になると、スペクトルは台形状にひずむ。
- ・試料−検出器間の空気層による吸収をなくすため、真空容器に入れて測定。

検出器には、入射窓や電極によるα線エネルギー吸収層が少なく、半値幅が20keV以下と分解能が優れる表面障壁型シリコン半導体検出器が使用されます。

④ β線スペクトロメトリ

β線の最大エネルギーは核によって10keVから5MeVにわたります。連続スペクトルなので、その最大エネルギーから核種の同定や定量を行うことが困難です。一方、内部転換やオージェ電子は線スペクトルなので、同定や定量は容易です。β線などの電子は散乱を受けやすいので、測定には次の注意が必要です。

- ・測定試料を数μg・cm^{-2}に薄くし、自己吸収を抑える。
- ・試料支持には原子番号が小さいものを用い、厚さ数10μg・cm^{-2}に薄くする。

検出素子には、次に示す原子番号が小さいものを使用します。

- ・有機シンチレータ（液体、プラスチック）
- ・Si（Li）検出器（シリコン（リチウム）ドリフト型シリコン半導体検出器）
- ・^{3}Hや^{14}Cなどの低エネルギーβ線を放出する核種は液体シンチレーションカウンタ

エネルギーの校正には、^{137}Csが内部転換で放出する662keVの線スペクトルの電子を用います。他の測定法としてフェザー法があります。これは、試料と端窓型GM計数器などの検出器との間に、厚さの異なるアルミ板を置き、β線を測定して吸収曲線を作成し、それより最大飛程を求めて核種を推定する方法です。

β線の最大エネルギーをE［MeV］、アルミ中のβ線の最大飛程をR［g・cm^{-2}］とすると、両者の関係は次式で与えられます。

$$R = 0.542E - 0.133 \quad (E > 0.8\text{MeV})$$
$$R = 0.407E^{1.38} \qquad\quad (0.8 > E > 0.15\text{MeV})$$

⑤ γ線スペクトロメトリ

多くの核種は、固有のエネルギーを持つ線スペクトルのγ線を放出するので、エネルギー分解能が高い検出器で測定することで容易に核種を同定できます。

さらに、γ線は透過力が高く、自己吸収が少なく、試料の化学分離などの前処理が不要などの利点から、広範囲の分野で使用されています。

■1 検出器に求められる要件

　放射性核種が放出する主なγ線のエネルギー範囲は5keVから4MeV程度です。γ線は検出素子中で光電効果、コンプトン散乱、電子対生成の3種の作用によりエネルギーを失います。

　測定は、光電効果でγ線のエネルギーを検出素子内ですべて与えることで生じる全吸収ピーク（光電ピークともいう）を用いて、ピーク位置のエネルギーから核種の同定、ピークの面積から核種の定量を行います。

　光電効果は原子番号の3～5乗に比例するので、検出器は原子番号が大きいものが適しており、シンチレーション検出器のヨウ化ナトリウムNaI（Tl）、ヨウ化セシウム（CsI）やゲルマニウム（Ge）半導体検出器などが用いられます。

■2 検出器の種類と特徴

　NaI（Tl）検出器は直径、厚みが数cmから数10cmのものがあり、高感度です。一方、分解能（半値幅）は約60keVとGe半導体検出器に比べ、劣っています。

　Ge半導体検出器の感度はNaI（Tl）検出器より劣りますが、分解能が非常に高く、^{60}Coの1.33MeVピークの半値幅は2keV以下です。

　50keV以下のX線領域の高分解能測定には、リチウムドリフト型シリコン（Si（Li））半導体検出器が用いられます。

　通常測定は試料を検出器の素子上に置いて行いますが、NaI（Tl）シンチレーション検出器には、NaI結晶の内部につくられた井戸状の穴の中に試料を入れ、試料からの放射能がすべて検出素子に入射するようにして検出感度を高くした井戸（ウエル）型検出器もあります。

　Ge半導体検出器のエネルギー分解能は、全吸収ピークの半値幅で与えられます。全吸収ピークの形がガウス分布とすると、半値幅は、標準偏差の$2\sqrt{2\ln(2)}$倍となります。分解能［eV］が電荷キャリヤ数の統計的変動のみに起因すると仮定し、γ線のエネルギー［eV］をE、ゲルマニウムのε値をε［eV］、ファノ因子をFとすると、分解能は$2\sqrt{(2\ln(2))} \times \sqrt{(F \cdot \varepsilon \cdot E)}$となります。

■3 ピークの種類

　図表22にγ線のバックグラウンドスペクトルの例を示します。このバックグラウンドスペクトルには、次のようなピークが存在します。

　・左側から右側になだらかに下がるコンプトン散乱と二次宇宙線による連続信号

- γ線の全エネルギーが検出部で吸収される鋭い全吸収ピーク
- 複数のγ線が同時に検出器に入射した結果、各エネルギーの和の位置に現れる鋭いサムピーク
- γ線の全エネルギーが吸収される前に検出器から出てしまうことで生じるエスケープピーク
- 1本の消滅γ線による511keVのピークと2本の消滅放射線が同時に吸収される1022keVのサムピーク。1022keVのサムピークと他のγ線とによる3重サムピーク（ただし、2本の消滅放射線は互いに反対方向に放出されるので、消滅γ線によるサムピークは井戸型検出器以外では生じない）
- 鉛の特性X線ピークや^{40}Kなど、遮へい材料に含まれる核種（→P.249）

図表22 バックグラウンドのγ線スペクトル

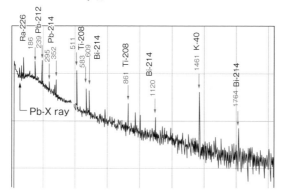

全吸収ピークのチャンネル位置はγ線エネルギーに対応し、面積は放射能量に比例します。また、それぞれの換算定数はエネルギー校正定数、検出効率校正定数と呼ばれます。前者は波高分析器のチャンネル番号の2次式関数で、後者はγ線エネルギーの高次方程式で与えられ、あらかじめ標準線源を用いて校正します。

❻ 中性子スペクトロメトリ

中性子は直接電離能力がないので、このスペクトロメトリは物質中での陽子との衝突、核反応により二次的に生じる荷電粒子のエネルギーを測定します。検出器には次のものを使用します。

- ^{3}He中性子計数管
- 高速中性子の反跳現象を利用した反跳陽子比例計数管

08 低レベル放射能の測定

学習の
ポイント バックグラウンド信号を与える放射線がどこから来るか、放射線源が何
かを学びましょう。

❶ 低レベル放射能の測定における留意点

　放射線計測では、低レベル放射能の測定が必要な場合があります。特に環境測
定や事業所の境界などの外部放射線量測定では、極めて低レベルの放射線の測定
が求められます。このような測定では、次のような処置がとられます。

　・高検出効率の確保　　・長時間測定
　・測定試料量の増加　　・バックグラウンド計数率の低減

❷ 高検出効率の確保

　高検出効率を確保するためには、次のような処置が必要です。
　・測定試料を検出器に近づける。
　・大きな検出器を用いて幾何効率（放射線が検出器に入る割合）を大きくする。
　・エネルギー分解能が高い検出器を使用する。

❸ 長時間測定

　測定信号強度Sは、測定時間Tに比例して増加します。一方、バックグラウン
ドノイズ信号強度は、測定時間の $\sqrt{(T)}$ に比例して増加します。この結果、長時
間測定で"信号／ノイズ"$\propto \sqrt{(T)}$ となり、ノイズの少ないデータが得られます。

❹ 測定試料量の増加

　測定信号強度は試料量に比例しますが、バックグラウンドノイズ信号は変化し
ないので、試料量を多くするとバックグラウンドの少ないデータが得られます。

❺ バックグラウンド計数率の低減

　測定のバックグラウンド信号としては、次のものがあります。
　・装置や検出器などからランダムに生じるノイズ、他の機器からの高周波信号

や電源スイッチ開閉時の電磁的ノイズ
・試料以外に含まれる放射性物質や宇宙線からのバックグラウンド信号

1 試料以外からの放射線

試料以外からの放射線源には、次のようなものがあります。
・建材、土壌、空気など、周囲の環境中に存在する放射性物質
・検出器自体や遮へい材などに含まれる放射性物質
・μ粒子などの宇宙線

2 環境中に存在するγ線を放出する放射線核種

環境中の放射性核種でγ線を放出するものには、次のものがあります。
・トリウム系列の^{208}Tl：2.6MeV付近にピーク
・系列をつくらない^{40}K：1.46MeVにピーク
・原発事故由来の^{134}Cs：605keVと796keVにピーク
・^{222}Rnの子孫^{214}Bi：609keV（^{134}Csのピークに近いので測定の妨害となる）
　これら検出器外部からの放射線による測定妨害を低減するには、鉛や鉄などで検出器を取り囲んで遮へいします。

3 バックグラウンドの低減

　バックグラウンドの低減には、空間線量率を低く保つことが有効です。
　換気による室内空気の交換は、天然放射性核種^{226}Raの子孫核種に起因するバックグラウンドを低く保つのに効果があります。

4 検出器や遮へい材に含まれるγ線を放出する物質

検出器や遮へい材に含まれるγ線を放出する物質には、次のものがあります。
・^{210}Pb：遮へい材料の鉛に含まれる、娘核種の^{210}Biからの1.16MeV β線に起因する制動放射線
・一部のガラスに含まれる、^{40}Kからの1.46MeVのピーク

5 逆同時計数

　μ粒子は、透過力が強く、遮へいできません。このため、計数管の周囲や上部に別の計数管（ガード計数管）を配置し、両方同時に計測した信号はμ粒子由来であるとして、それを除く逆同時計数を行います。この方法は^{14}C標識薬物投与実験などの極低レベルβ線測定などに使用されています。

09 ブラッグ・グレイの空洞原理

学習の
ポイント 電離箱の厚さや空洞の大きさなどの電離箱の条件と計算法をしっかりと
学びましょう。また、a/bの値を覚えましょう。

❶ 吸収線量の測定

γ線の物質による吸収線量は、単位質量当たりに吸収されたエネルギーと定義
されます。空気などの気体の場合、γ線で生じた二次電子の量を、電離箱を用い
て測定し、吸収エネルギーを求めます。しかし、γ線のエネルギーが大きくなる
と、電離箱内ですべてのエネルギーが空気の二次電子を生成せず、電離箱の箱材
の二次電子を生成します。このため、ブラッグ・グレイの空洞原理を基に、箱材
で生成した二次電子を利用した空洞電離箱法で測定して補正します。

◰ 空洞電離箱の条件

空洞電離箱は、グラファイトやアルミなどの導電性材料の内部に空洞をつくり、
中に空気を充填し、内部に陰・陽極を設置した電離箱で、次のことが必要です。

・箱材の内壁が絶縁体のときは、炭素などを薄く塗布し、導電性を持たせる。
・箱の壁は、材料中の二次電子の飛程より厚いこと。
・空洞の大きさは、生成した電子－イオン対のイオンの飛程より小さいこと。

◱ 電離量の測定

空洞電離箱にγ線を照射すると、空気と壁面材料のそれぞれと相互作用し、二
次電子が生じるので、その電荷量を電離箱で測定します。

これで測定された電荷をQ [C] とすると、生成電子数Nは次式となります。

$N = Q/e$

ただし、eは電子の素電荷で、$e = 1.6 \times 10^{-19}$ [C]

いま、気体の質量をm [kg]、W値をw [eV] とすると、吸収線量D_gは、

$D_g = w \cdot N/m$

このD_gから周りの壁物質の吸収線量D_mは、次式で与えられます。

$D_m = D_g \cdot a/b$

ここで、aは二次電子に対する壁物質Hの平均質量阻止能、bは空洞気体の平
均質量阻止能です。この比a/bはγ線のエネルギーにより大きく変化せず、^{60}Co
のγ線で、壁物質がアルミおよびグラファイトでそれぞれ0.88と1.01です。

❷ 吸収線量の計算例

例 題 1

　体積100cm³の空洞中に密度1.30kg・m⁻³の空気が充填されたアルミ空洞
電離箱に⁶⁰Coγ線を照射し、電離電流1pAが測定された。このときのアル
ミの吸収線量率［mGy・h⁻¹］はいくつか。ただし、a/bは0.88、（二次）電
子線に対する空気のW値は34eVである。

解答・解説

➡ **正解**　0.83［mGy・h⁻¹］
・電離電流が1pAより、1時間当たりの発生電荷量Q［C・h⁻¹］は、
　　$Q = 1 \times 10^{-12}$［C・s⁻¹］$\times 3600$［s・h⁻¹］$= 3.6 \cdot 10^{-9}$［C・h⁻¹］
これより、
　　$N = 3.6 \cdot 10^{-9}$［C・h⁻¹］$/ 1.6 \times 10^{-19}$［C］$= 2.25 \times 10^{10}$［h⁻¹］
・$W = 34$［eV］、気体の質量が1.30［kg・m⁻³］で体積が100cm³より、
　　$D_g = 34$［eV］$\cdot 2.25 \times 10^{10}$［h⁻¹］$/ (1.30$［kg・m⁻³］$\cdot 100 \times 10^{-6}$m³)
　　　　$= 5.88 \times 10^{15}$［eV・kg⁻¹・h⁻¹］
　　　　$= 5.88 \times 10^{15} \cdot 1.6 \times 10^{-19}$［J・kg⁻¹・h⁻¹］$= 9.4 \times 10^{-4}$［J・kg⁻¹・h⁻¹］
これより、
　　$D_m = D_g \cdot a/b = 9.4 \times 10^{-4}$［J・kg⁻¹・h⁻¹］$\cdot 0.88 = $ **0.83**［mGy・h⁻¹］

例 題 2

　体積10×10^{-6}m³の空洞に空気（密度1.3kg・m⁻³）を充填したグラファイ
ト空洞電離箱にγ線を照射し、1.0mGy・s⁻¹の吸収線量率を与えた場合、流
れる電流［nA］はいくつか。ただし、グラファイトのa/bは1.0とする。

解答・解説

➡ **正解**　0.38nA
a/b=1.0なので、
　　$D_g = D_m = 1.0$［mGy・s⁻¹］$= 6.23 \times 10^{15}$［eV・kg⁻¹・s⁻¹］　　　これより、
　　$N = D_g \cdot m/W = 6.23 \times 10^{15} \cdot (1.30 \cdot 10 \times 10^{-6}) / 34$［s⁻¹］
　　　$= 2.38 \times 10^{9}$［s⁻¹］　　　これより流れる電流は、
　　1.6×10^{-19}［C］$\cdot 2.38 \times 10^{9}$［s⁻¹］$= 3.8 \times 10^{-10}$［C・s⁻¹］$= $ **0.38nA**

第4章

実務

10 放射線測定の統計的誤差

ガウス分布で標準偏差の±σ～±3σの範囲に真値が入る率と、2つの
計算例の計算法をしっかりと覚えましょう。

① 統計的誤差・系統的誤差の概要

　放射性核種は、平均的に半減期に従って壊変しますが、短い時間でみると、同じ時間間隔でも壊変の数は一定ではありません。このため、計測結果は一定にならず変動します。このような測定値の不確かさは統計的誤差と呼ばれます。

　これに対し、放射能の計測値が常に10％大きく表示されるなど、測定法や装置により生じる測定結果の偏りがあります。これは系統的誤差と呼ばれます。

　放射線の測定結果にはこれらの誤差が含まれますが、測定値が真の値からどのくらい離れているかを知ることが重要です。

　誤差のうち系統的誤差は、例えば放射能がわかっている標準線源を測定して偏りの大きさを求め、それを基に補正できます。

　一方、統計的誤差は補正できませんが、次の方法で大きさを見積もります。

② 標準誤差

　線源からの放射線を一定の計数時間（t）で繰り返し測定した場合、時間当たりの計数率nは一定にならず、常にばらつきが生じます。このばらつきの分布はポアソン分布と呼ばれる確率分布に従います。

　計数率nの平均計数率（期待値）をMとすると、計数率がnとなる確率P（n）は、

$$P(n) = \frac{M^n}{n!} e^{-M}$$

で表されます。計数率nが20程度まで大きくなると、このポアソン分布で表される計数率の確率分布は、次式で表されるガウス分布に近づきます。

$$G(n) = \frac{1}{\sqrt{2\pi\sigma^2}} e^{-(n-M)^2/(2\sigma^2)}$$

　ガウス分布の場合、$\sigma = \sqrt{M}$で与えられるσを標準偏差といい、分布の広がりを表します。ガウス分布では、測定点の平均値Mから標準偏差（±1σ）の大きさの範囲（信頼区間）に真値が入る確率は68％で、外れる確率は32％です。

標準偏差の2倍の幅±2σではそれぞれ95%、5%で、幅が±3σでは99.7%で、わずか0.3%が外れます。

❸ 1回測定の標準偏差

計数時間tで計数値Nを得た場合、計数率nとσは次式で与えられます。

$$n \pm \sigma = N/t \pm \sqrt{N/t} = n \pm \sqrt{(n/t)}$$

【計算例】

放射線を60秒間測定し、60秒間の測定数から950cpsの計測率を得た。この標準偏差は、$\sigma\ [cps] = \sqrt{(n/t)} = \sqrt{(950/60)} \fallingdotseq 4.0$ となる。

❹ 誤差の伝播

測定によってはいくつかの測定値を四則演算して結果を算出します。この場合には、それぞれの測定の統計的誤差が合成されます。

例えば、試料の計測値からバックグラウンドを引く場合、計数時間tで全計数値N（計数率n）を、計数時間t_bでバックグラウンド計数値N_b（バックグラウンド計数率n_b）を得たとすると、正味の計数率n_0とその標準偏差σは次式で与えられます。

$$n_0 \pm \sigma = (N/t - N_b/t_b) \pm \sqrt{(\sqrt{N}/t)^2 + (\sqrt{N_b}/t_b)^2}$$
$$= (n - n_b) \pm \sqrt{(n/t^2 + n_b/t_b^2)}$$

【計算例】

床面をふき取ったろ紙をGM計数装置で50秒間測定し、計数値88を得た。次に、100秒間バックグラウンドを測定し、計数値49を得た。この測定値の誤差は、

$$n_0 = (N/t - N_b/t_b) = (88/50 - 49/100) \fallingdotseq 1.27cps$$
$$\sigma = \sqrt{(N/t^2 + N_b/t_b^2)} = \sqrt{(88/50^2 + 49/100^2)} \fallingdotseq 0.20cps$$

❺ 検出限界値の決定

強度が極めて弱い放射線の測定を行う場合、対象とする放射線の計数値がその測定器の持つバックグラウンドの計数の統計的揺らぎに埋もれるため、検出できる最低のレベルである検出限界値（検出下限値）が存在します。

検出限界値n_1は、バックグラウンド計数率n_bと測定時間tに依存し、誤差の許容値を示す定数をkとすると、次式で与えられます。

$$n_1 = (k/2) (k/t + \sqrt{(k/t)^2 + 4n_b (1/t + 1/t_b)})$$

11　空気・表面汚染モニタリング

> **学習の ポイント**　主に表面汚染検査について出題されます。固着性汚染と遊離性汚染、直接測定と間接測定の項目を学びましょう。

❶ モニタリングの種類

　放射線を取り扱う施設では、放射線業務従事者と一般公衆の放射線防護を目的とし、放射線のモニタリングを行う必要があります。放射線モニタリングは、次の3つに大別されます。

- ・放射性核種（同位元素）を取り扱う施設内の作業環境モニタリング（→P.278）
- ・放射線業務従事者自身の被ばく管理を行う個人モニタリング
- ・一般公衆の防護のための施設周辺環境モニタリング

施設内の作業環境モニタリングの検査項目は、次の3つです。

- ・外部放射線検査：外部被ばくの原因となるγ線の線量率の測定（→P.242）
- ・空気汚染検査：空気中のガス状および粒子状の放射性物質量の測定
- ・表面汚染検査：放射性物質をこぼした場所などの放射性物質量の測定

❷ 空気汚染検査

◻1 空気汚染モニタリングの目的

　空気汚染のモニタリングは、気体や粉塵などの放射性物質の作業環境における空気中濃度が、空気中濃度限度などを超えていないことを確認するとともに、その環境下で働く作業者の個人内部被ばく量の線量当量評価を的確に行うための情報を収集することが目的です。

◻2 モニタリングの区分

　作業環境のモニタリングは、次の3種に区分されます。

- ・日常モニタリング：作業環境の日々の空気汚染レベルの変動を監視
- ・作業モニタリング：汚染が起こるおそれのある作業中の濃度の変動を監視
- ・特殊モニタリング：放射線防護計画を立てるのに必要なデータの収集

◻3 モニタリングの方法

　空気汚染のモニタリングには、施設規模や目的により、次のものがあります。

- ・一般モニタリング：作業室の排気ダクト内の空気を測定し、空気汚染を監視

254

・集中モニタリング：複数の作業室の空気を一括して測定し、空気汚染を監視
・特定場所モニタリング：汚染が生じるおそれのある作業場の空気汚染を監視
・局所モニタリング：局所的に発生する空気汚染の分布状況を連続して監視

4 捕集方法

空気中の放射性物質の捕集および空中濃度の評価は、16節（→P.276）で示す方法で実施します。

③ 表面汚染検査

表面汚染のモニタリングは、管理区域内の作業環境、作業者の身体および管理区域からの搬出物の表面にある放射性物質の量を、一定の限度以下に保つことを目的として行う測定および評価をいいます。

1 表面汚染の表面密度

放射性核種を含む溶液や粉末が飛散し、それらが沈着したり、身体または物体の表面を汚染したりした状態を表面汚染といいます。単位表面積に存在する放射能を表面密度といい、その単位は$Bq \cdot cm^{-2}$です。

2 表面汚染モニタリングの目的

表面汚染モニタリングの目的には、次のものがあります。
・放射能汚染の拡大の防止
・放射性物質の封じ込めの失敗や良好な作業手順からの逸脱の検知
・作業環境や皮膚の汚染を管理基準値以下に制限
・モニタリング計画および実験計画を立てるのに必要なデータの収集

3 表面汚染モニタリングの種類

表面汚染モニタリングは、次の3種に区分されます。
・日常モニタリング：連続的な作業の作業環境が適切な状態にあるか、汚染の封じ込めが良好かなどを管理基準と比較して確認する
・作業モニタリング：汚染が発生する可能性のある作業を対象とし、その結果から作業方法や保護具などの検討、汚染モニタリングの必要性を判断する
・特殊モニタリング：日常モニタリングなどで高レベルの汚染を発見したときなどに、その原因を究明し、対策に必要な情報を得る

第4章

実務

4 表面汚染の管理基準

表面汚染の管理基準は法令により、次のように定められています。

・放射線施設内の人が常時立ち入る場所の表面密度限度は次のとおり。
①α線を放出する核種：4Bq／cm^2
②α線を放出しない核種：40Bq／cm^2
・管理区域から持ち出される物品は、放射線管理の手を離れ、一般公衆と直接接触するおそれがあるなどから、次のように表面密度限度の1/10にする。
①α線を放出する核種：0.4Bq／cm^2
②α線を放出しない核種：4Bq／cm^2

日常モニタリングでは、多くの場合、これらの限度よりさらに小さい値を実際の管理基準値に設定しています。

5 表面汚染の形態

表面汚染の形態には、

・放射性物質が固着して取れにくい固着性汚染（fixed contamination）
・比較的取れやすい遊離性汚染（loose contamination）

の2つがあります。この2つの区分に定量的な境界はなく、便宜上、ろ紙などでふき取ることのできる汚染を遊離性汚染と定義します。ただし、固着性汚染でも時間の経過とともに遊離性汚染になることがあります。

遊離性汚染は、次の問題があります。

・蒸発、飛散などで空気を汚染し、摂取や経皮などで体内に取り込まれる
・蒸発、飛散などで汚染範囲を拡大させる
・表面密度が高い場合には外部被ばくの原因になる

6 表面密度の測定法

表面密度の測定法には、直接測定法と間接測定法があります。

①直接測定法（サーベイ法）
・汚染検査用サーベイメータで対象物表面を直接、走査しながら測定する
・測定値は遊離性と固着性汚染の和となる。すなわち全汚染量を測定する
・点状汚染の検出や汚染の広がりの程度を調べるのに有効
・測定中に外部放射線による被ばくを受けやすい
・検出できる最小の表面密度（検出限界）が小さい
②間接測定法
・対象物表面の一定面積（通常100cm^2）を、ろ紙、化学雑巾などでふき取り、付着した放射能を測定する（スミア法）

・測定値は遊離性汚染のみとなる
・測定はGM計数管、ガスフロー式あるいはシンチレーション計測器を用いる
・試料の採取後、放射能の測定を汚染から離れた場所でできるため、外部放射線による被ばくが小さくなる
・局部的な汚染を見落とす可能性がある

スミア法では、試料のふき取り効率が重要です。ふき取り効率は、試料採取前の試料表面に存在する遊離性汚染の放射能と、1回のふき取りでろ紙などに付着する放射能の比で表されます。ふき取り効率の計算には、次の値が使われます。
・表面が非浸透性の材料：50%
・表面が浸透性の材料　：5%
・表面がそれ以外の材料：10%

7 表面汚染の除染その他

汚染が見つかった場合は、汚染の範囲と量を調べ、ふき取って汚染の拡大を防ぎます。さらに、水や中性洗剤、必要に応じてEDTA（エチレンジアミン四酢酸）のようなキレート剤で除染します。

なお、汚染箇所の放射能分布を測定するため、イメージングプレート（IP）（→P.241）を用いることもあります。

（→P.241）

第4章

実務

例題 1

^{3}Hを用いた実験の終了時に作業面に液滴を発見したため、ろ紙で吸い取り、処理した。その後、スミアし、液体シンチレーション検出器で測定したところ、放射線の計数率は1200cpmであった。スミアろ紙のふき取り効率を0.5、ふき取り面積を100cm^2、検出効率を30%とすると、^{3}Hの表面密度 $[Bq・cm^{-2}]$ はいくつか。

解答・解説

➡ **正解** 　1.33Bq・cm^{-2}

放射線の計数率1200cpm、ふき取り効率0.5、検出効率0.3より、1秒当たりの実放射能は、

1200/60/0.5/0.3＝133cps＝133Bq

これが100cm^{2}のふき取り面積から検出されたので、単位面積当たりは、

133/100＝1.33Bq・cm^{-2}

学習の
ポイント

廃液処理の問題では例題1、2のような計算が、排気設備ではフィルタの種類および役割について出題されます。これについて学びましょう。

❶ 放射性核種を含む排水と排気

　放射性核種（同位元素）を含む溶液の排水や空気の排気では、その濃度を排水濃度限度または排気中濃度限度以下に抑える必要があります。

❷ 排水濃度限度、排気中濃度限度および空気中濃度限度

　排水濃度限度は、事業所境界における排水中濃度の3月間平均濃度、一方排気中濃度限度は、排気口の放射性核種の3月間平均濃度について定められた濃度限度です。排水や排気をする場合には、この濃度限度以下にすることが必要です。

　排水濃度限度は、その水を人々が生まれてから70歳になるまでの期間、飲料水として飲み続けたとき、経口摂取による内部被ばくの平均線量率が1年当たり1mSvに達するという仮定で核種ごとに計算された濃度です。排気中濃度限度も同様の考えでつくられています。

　2種類以上の放射性核種がある場合、それぞれの濃度をその濃度限度で割った値の和が1以下になる濃度で排水、排気します。

> ☑ CHECK　**空気中濃度限度**
>
> 放射線業務従事者が常時立ち入る場所で、人が呼吸する空気中の放射性核種の1週間についての平均濃度の限度のこと。

❸ 排水設備

　排水設備は、排液処理装置、排水浄化槽、貯留槽、希釈槽、排水口などで構成されます。

- ・排液処理装置：液体廃棄物を濃縮などで、放射性物質を分離、処理します。
- ・排水浄化槽：貯留槽、希釈槽などで構成され、廃液を浄化、希釈します。
- ・貯留槽：放流前の廃液を貯留し、放射性物質濃度および水質を調査します。また、半減期の短い核種の放射能が減衰するのを待つために使われます。
- ・希釈槽：廃液中の放射性物質濃度が濃度限度を超えているとき、希釈水を加

え、濃度限度以下にするための設備です。

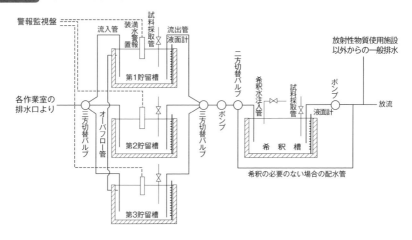

④ 廃液の放出法

廃液の放射線濃度が排水濃度限度を超えた場合は、次の方法で対処します。
・廃液の濃度が排水濃度限度以下になるよう希釈してから放流。
・半減期が短い核種では、壊変で廃液中の濃度が排水濃度限度以下になるまで放置してから放流。

例題 1

容積$10m^3$の貯留槽に、濃度が$0.3Bq・cm^{-3}$の^{36}Clを含む塩化物廃液が$5m^3$入っている。ここに$2MBq$の^{32}Pリン酸塩水溶液が排出された。
①この場合、貯留槽の廃液の濃度は排水濃度限度の何倍か。
②この貯留槽の廃液を容積$10m^3$の希釈槽に移し、それを満水にした場合、排水濃度限度の何倍となるか。
③②とは別の対策として、15日間放置して放射性核種の減衰を待った場合、排水濃度限度の何倍となるか。
ただし、^{32}Pと^{36}Clの排水濃度限度はそれぞれ0.3および$0.9Bq・cm^{-3}$、半減期は15日と30万8000年である。

➡ 正解 ①1.66 ②0.83 ③1.0

①^{32}Pの2MBqの濃度 [Bq・cm^{-3}] は、2×10^6 [Bq] /5×10^6 [cm^3] =0.4Bq・cm^{-3}

これより^{32}Pと^{36}Clのそれぞれの排水濃度限度の割合は、

^{32}P：0.4Bq・cm^{-3}/0.3Bq・cm^{-3}=1.33

^{36}Cl：0.3Bq・cm^{-3}/0.9Bq・cm^{-3}=0.33　　　両者の和は**1.66**

②2倍に希釈すると濃度はそれぞれ半分になるので、排水濃度限度の割合の和は半分になる。　1.66/2=**0.83**

③15日は^{32}Pの半減期なので、^{32}Pの濃度は半分に下がる。このため、限度の割合ははじめの半分の0.66となる。一方、^{36}Clは半減期が長いので、15日間でほとんど変わらない。この結果、排水濃度限度の割合の和は、0.66+0.33=**1.0**

例題 2

実験室からの廃液は、いったん貯留槽で留め置かれる。

^{90}Sr（半減期28.8年）は壊変して^{90}Y（半減期64.1時間）となる。

^{90}Srを貯留槽に放出した。

①放出1か月後の貯留槽の全放射能は放出直後の何倍か。

②また2か月後の全放射能は放出直後の何倍か。

➡ 正解 ①2倍 ②2倍

^{90}Srと^{90}Yは永続平衡の関係が成り立つ。^{90}Yの半減期は64.1時間なので、1か月後には平衡に達している。このため、全放射能ははじめの2倍になり、2か月後も2倍のまま（→P.110）。

❺ 排気設備

　排気設備は排気管、排気浄化装置、排風機、排気筒などで構成されます。図表24に排気設備の例を示します。

・**排気浄化装置**：排気口の放射性物質の濃度を管理基準以下にするために設置。プレフィルタ、HEPAフィルタ、活性炭（チャコール）フィルタなどで構成。

・**プレフィルタ**：ガラス繊維などでつくられたフィルタ。HEPAフィルタの上流側に設置し、大きな粒子を捕集してHEPAフィルタの耐用期間を延ばす。

・**HEPAフィルタ**（高性能エアフィルタ）：サブミクロンの微粒子を捕集。定格風量で0.3μm径の微粒子を99.97%以上の捕集効率で捕集する性能を有する。

・**活性炭フィルタ**：無添着活性炭は無機性ヨウ素を捕集。添着活性炭（トリエ

チレンジアミン：TEDA）は有機性ヨウ素を捕集。

図表24 排気設備の例

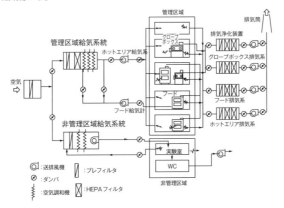

例題 **3**

①1GBqの^{18}Fが飛散した。排気中濃度の8時間平均濃度［Bq・cm^{-3}］はいくつか。ただし、^{18}Fの減衰は考慮しないものとする。また、排気能力は毎時500m^3、排気フィルタによる^{18}Fの捕集効率は99％とする。

②換気が停止した状態でフードから10MBqの^{18}Fが作業室内（5m×2m×5m）に飛散した。このときの空気中濃度［Bq・cm^{-3}］はいくつか。

③また、作業者がそこで10分間作業をした場合、作業者の受ける内部被ばく線量［μSv］はいくつか。ただし、成人の呼吸量は20L/分で、飛散した^{18}Fの化学物質の実効線量係数は5.4×10^{-8}mSv・Bq^{-1}である。

解答・解説

➡ **正解** ①2.5×10^{-3}［Bq・cm^{-3}］　②0.2［Bq・cm^{-3}］　③2.16［μSv］
①8時間の排気量は、500［m^3・h^{-1}］・8［h］＝4×10^3［m^3］＝4×10^9［cm^3］
飛散した1GBqの^{18}Fがすべて8時間の排気で室内から除かれ、さらに、その99％が排気フィルタで除かれるとすると、施設から排出された^{18}Fの量は、1GBq×0.01＝10MBq
これに4×10^9［cm^3］の排気ガスが含まれているので、平均濃度は、
　　10×10^6［Bq］/（4×10^9［cm^3］）＝**2.5×10^{-3}［Bq・cm^{-3}］**
②10MBqの放射能が5m×2m×5mの室内に均一に飛散したので、濃度は、
　　10×10^6［Bq］/（5×2×5［m^3］）＝2×10^5［Bq・m^{-3}］＝**0.2［Bq・cm^{-3}］**
③作業者が吸引摂取した空気量は、10［分］×20［L/分］＝200［L］
この中に含まれる放射能は、200［L］×1000［cm^3・L^{-1}］×0.2［Bq・cm^{-3}］＝4×10^4［Bq］
これに実効線量係数5.4×10^{-8}mSv・Bq^{-1}を掛けると、
　　4×10^4［Bq］×5.4×10^{-8}［mSv・Bq^{-1}］＝**2.16［μSv］**

13 非密封放射性核種の取り扱い

学習の
ポイント
実験前にコールドランを行う、グローブボックスの使用条件、有機標識化合物の保存法、点線源からの実効線量の計算法を学びましょう。

❶ 非密封放射性核種における実験計画の留意点

密封されていない放射性核種（同位元素、RI）を用いた実験の際には、作業者の外部・内部被ばく線量を最低限度に抑え、他の作業者や一般公衆の外部・内部被ばくを防止して安全を確保するため、あらかじめ実験計画を立てることが必要です。

実験計画の内容には、次のような項目などが挙げられます。

- ・実験手順の構築
- ・排気、廃液や廃棄物の取り扱い
- ・緊急時の処置
- ・被ばく・汚染防止対策
- ・試料の保存法
- ・被ばく線量の推定と遮へい

1 実験手順の構築

実験作業者が受ける被ばく線量は、線量率と作業時間との積ですから、作業時間は可能なかぎり短くなるように実験方法を立案します。

実際の実験では、さまざまな化合物が混在する複雑な系となる場合が多く、そのために綿密な実験計画を立て、時間の短縮を図ります。また、実験操作の自動化装置や市販の試薬キットを導入し、手作業にかかる時間を短縮します。

また、初めての実験の場合は、RIを用いる実験（ホットラン）の前に、同じ実験をRIの代わりに安定同位体を用いて行い（コールドラン）、実験操作手順や必要な器具類の確認を行って、作業計画を精密化します。

2 被ばく・汚染防止対策

RIからの放射線被ばくを防止するために、遮へいの設置、眼鏡や手袋などの保護器具の着用が必要です。また、空気汚染による内部被ばくを生じない作業環境をつくることが重要です。飛散率が高い実験は、フードやグローブボックス（→P.136）内で行います。

3 排気、廃液や廃棄物の取り扱い

排水では貯留槽中の排水前の廃液に含まれる放射性核種の濃度・化学形、半減期、廃液内の濃度、貯留槽および希釈槽の容量を考慮します。

排気では同様に、濃度・化学形に応じて排気装置のフィルタや捕集材料の選定、

流量の設定などを考慮します。

４ 緊急時の処置

緊急時には人命救助をすべてに優先させます。安全の保持、通報、汚染拡大の防止の三原則に従って行動します。

② 飛散の防止

2章20節（→P.134）で説明したように、RIを扱う実験には放射性気体などを放出するものがあります。このような実験は、フードやグローブボックス内で行います。

フードとグローブボックスは、非密封の放射性物質を使用する実験で、作業者および環境への放射性汚染、ならびに作業者の内部被ばくを防止するために、放射性物質を閉じ込める設備です。

１ フードとグローブボックス

フードは少量の低レベルの非密封放射性物質を取り扱うために実験室に設置され、トレーサ実験や簡単な分析作業などに使用されます。

一方、グローブボックスは、グローブが装着されたボックスです。これはプルトニウムなどの危険度の高い放射性物質や高汚染が発生しやすい実験に使います。

２ フードとグローブボックスの使い分け

使用する放射性物質と量に応じてフードを使うかグローブボックスを使うかが定められています。図表25にグローブボックスおよびフードの使用放射能量の基準値を示します。

図表25 グローブボックスおよびフードの使用放射能量の基準値

危険度の分類	放射性物質（例）	グローブボックス	フード
I	Ra, Pu, Am	＞37MBq	370kBq ～ 37MBq
II	^{60}Co, ^{90}Sr, ^{131}I	＞3.7GBq	37MBq ～ 3.7GBq
III	^{14}C, ^{32}P, ^{65}Zn, ^{132}I	＞370GBq	3.7GBq ～ 370GBq
IV	^{3}H, ^{85}Kr, ^{nat}U	＞37TBq	370GBq ～ 37TBq

また、フード内の実験では、同じ放射能でも操作方法によって使用量の限度が変わります。例えば、危険度が高いと考えられる乾式で、粉末を発生させる操作などでは簡単な化学的操作、分析と比べて使用数量を0.01倍に留めます。この数値を修正係数といいます。図表26に操作の種類ごとの修正係数の値を示します。

図表26 ▶ 操作にかかわる修正係数

操作の種類	操作内容の例	修正係数
簡単な湿式操作	原液の分取操作	×10
普通の化学操作	簡単な化学的操作、分析	×1
複雑な湿式操作	複合した操作、蒸発・濃縮	×0.1
簡単な乾式操作	粉末の取り扱いおよび揮発性の化合物を使う操作	×0.1
乾式で粉末の出る操作	粉末の移し替え・分取操作、塊状物の粉末化操作	×0.01

❸ 有機標識化合物の純度測定

有機標識化合物は、比放射能が低く、低濃度なので、高濃度の有機化合物で使われる融点や沸点測定による化学的純度の測定はできません。このため、比放射能が一定になるまで精製を繰り返す方法がとられます。放射化学的純度は、同位体希釈分析法により求めます。

❹ 有機標識化合物の保管法

RIを貯蔵施設で保管するときは、内容器にRIを入れ、その容器を外容器にしまいます。線源が入った内容器表面の汚染を調べるには、スミア法を用います。

また、有機標識化合物を長時間保存すると、自己放射線で溶液中にラジカルが生じ、それが化合物を分解して不純物が生じます。これを抑えるために、次のようにします。

・比放射能を低くする。
・放射能の濃度を低くする。
・少量ずつ分けて保管する（放射線による相互の影響を避けるため）。
・溶液にラジカルスカベンジャー（水溶液ではエタノールやベンジルアルコールなど）を数%添加する。
・溶媒が凍結しない範囲の低温で保存。水溶液で2〜4℃、ベンゼンで6〜10℃。
・容器の壁面を透過するγ線の放射性核種や制動放射線を放出する^{32}Pなどの

強いエネルギーのβ線核種などのそばに化合物を置かない。

❺ 点線源からの放射線による実効線量

【実効線量率定数】

実効線量率定数は、放射能の線源が1点に集中しているとき（点線源）、この線源からある距離の位置の空間線量率を実効線量率で表すための換算係数です。これを用いると、ある地点の実効線量率は、次式で与えられます。

$$I = A \cdot C \cdot Fa \cdot t / L^2$$

ここで、

I：計算地点における実効線量（μSv）

A：放射能（MBq）

C：線源の実効線量率定数（μSv・m^2・MBq^{-1}・h^{-1}）

Fa：実効線量透過率（線源と計算地点間にある遮へい体を通る放射能の透過率）

t：使用時間（h）

L：線源から計算地点までの距離（m）

すなわち、放射能と時間に比例し、距離の自乗に逆比例します。また、遮へい体があるとそれに遮へいされた分だけ減少します。

例題 1

①10GBqの^{18}Fを含む溶液0.1mlがバイアルに入っている場合、0.5m離れた位置で10分間作業すると、被ばく線量［mSv］はいくつか。ただし、^{18}Fの実効線量率定数は0.14μSv・m^2・MBq^{-1}・h^{-1}とする。

②このバイアルを1.5cmの鉛で遮へいし、他は①と同じ条件の場合の被ばく線量［μSv］はいくつか。ただし、鉛の半価層は0.5cmとする。

解答・解説

➡ **正解** ①0.93mSv ②1.2×10^2μSv

①被ばく線量はその場所の実効線量（I）と考える。

放射能Aが10GBq、実効線量率定数Cが0.14μSv・m^2・MBq^{-1}・h^{-1}

遮へいがないので、Fa=1、時間tが10分、距離Lが0.5mより、

I［μSv］=10000［MBq］×0.14［μSv・m^2・MBq^{-1}・h^{-1}］×

1×(10/60)［h］/ (0.5)^2［m^2］=9.3×10^{-4}Sv=**0.93mSv**

②鉛の半価層は0.5cmのため、1.5cmで線量率が(1/2)^3=1/8となる。

すなわち、Fa=1/8=0.125となる。これより被ばく線量は、

I=0.93mSv×Fa=0.93×1000×0.125=**1.2×10^2μSv**

14 作業による内部被ばくの防止

内部被ばく防止の5原則の項目、管理区域内に入るときの各注意事項を
しっかりと覚えましょう。

❶ 内部被ばく防止の5原則

非密封の放射性核種（RI）の取り扱いでは、内部被ばくを防止するための、次の注意事項（2C3Dの原則）が知られています。

■ 2Cの原則

・閉じ込め（contain）：RIと人体が直接接触しないようにする。
・集中化（concentrate）：RIの分散を防ぎ、集中管理を行う。

■ 3Dの原則

・希釈（dilute）：可能な限り低濃度で用いる。
・分散（disperse）：換気、廃液の希釈などを行う。
・除去（decontaminate）：放射性汚染の除去を行う。

❷ 非密封放射性核種（RI）の取り扱い

非密封のRIを取り扱う作業をする場合、それらを吸入するなどで内部被ばくの原因となるので、作業では次の防止策をとります。

■ 管理区域内へ入るとき

・個人用のRI実験専用の実験服を装着する。
・個人ごとの被ばく線量計を装着する。
・マスクを装着する。RIの使用量が多い、揮発性RIを扱うなどの場合には、活性炭入りのマスクを使用する。
・手袋および保護眼鏡または保護面を装着する。
・身体の露出部を少なくする。袖をまくるなどで皮膚をさらさない。
・退出するときは、ハンドフットクロスモニタ（手、足および衣服用の表面汚染密度測定装置）で汚染のないことを確認する。
・なるべく不要なものを持ち込まない。
・管理区域内で喫煙、飲食、化粧を行わない。

2 RI実験時

【共通事項】

- 実験は補助者と一緒など必ず2人以上で行う。
- 非密封のRIを取り扱う操作は、ポリエチレンろ紙を敷いたトレイ内で行う。
- RIの入ったバイアル（ガラスびんにゴム製の栓をつけた試料入れ）は直接手で扱わず、ピンセットやトングなどを使う。
- 実験中、1作業工程ごとにサーベイメータで手足、衣類、実験台などの汚染検査を行う。
- 水溶液を減容するときは、溶液の撹拌や沸騰石を使用して溶液の突沸を防ぐ。

【吸入摂取の防止】

- 実験はフードの中で行う。飛散、揮発の大きい場合や汚染を生じやすい実験の場合には、図表25（→P.263）の基準値に従い、グローブボックスを用いる。
- 飛散、揮発の起こるおそれのある操作を避ける実験計画を立てる。

【経口摂取の防止】

- 口で吸うピペットは使わず、安全ピペッタやマイクロシリンジを用いる。
- 物に触れる場合は、ポリエチレン袋やペーパータオルなどを介して行う。
- RIを入れた容器、例えば溶媒抽出の分液ロートを手で持つときは、ペーパータオルなどを介する。

【経皮吸収の防止】

- 手その他の露出部の傷の有無を点検する。手に傷のある場合はなるべく実験を行わない。
- 手を頻繁に洗う。また、可能なら作業終了後にシャワーを浴びる。

第4章
実務

図表27 内部被ばく防止のための注意事項例

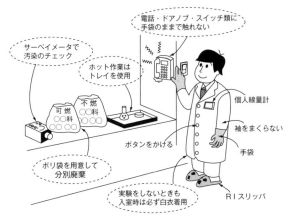

電話・ドアノブ・スイッチ類に手袋のままで触れない

サーベイメータで汚染のチェック

ホット作業はトレイを使用

可燃

不燃

個人線量計

袖をまくらない

ボタンをかける

手袋

ポリ袋を用意して分別廃棄

実験をしないときも入室時は必ず白衣着用

RIスリッパ

15 主な核種の性質と取り扱い

学習の
ポイント
各核種の取扱注意事項と遮へいの方法、モニタに使用する検出器を覚えましょう。

● ³H

半減期：12.3年
主な放射線：β線18.6keV（最大）
空気中最大飛程：6mm
水中最大飛程：6×10^{-3}mm
汚染モニタ：スミア法＋液体シンチレーション検出器
必要遮へい（線量を1/10に減じるために必要な遮へい、以下同様）：なし

＜注意点＞

・さまざまな化学形態で空気中に放出されるので注意が必要。
・直接モニタが困難なので、定期的にスミア試験でモニタする。
・皮膚を透過して吸収されるので、適切な手袋の着用が必要。
・³H標識チミジンなどは水より生物学的半減期が長いので注意が必要。

● ¹⁴C

半減期：5730年
主な放射線：β線0.156MeV（最大）
空気中最大飛程：24cm
水中最大飛程：0.28mm
汚染モニタ：薄い端窓型GM計数器
必要遮へい：10mm厚のアクリル樹脂板

＜注意点＞

・二酸化炭素の捕集にはアルカリ性水溶液に通す。
・いくつかの有機化合物は手袋を透過する可能性があるので注意する。
・実験操作でCO_2やCOを発生させないように注意する。

● ¹⁸F

半減期：110分
主な放射線：β^+壊変で0.51MeVの2本の消滅放射線
汚染モニタ：電離箱式サーベイメータ
必要遮へい：10mm厚のアクリル樹脂板および鉛板

● ³²P

半減期：14.3日

主な放射線：β線1.709MeV（最大）

空気中最大飛程：7.9m

水中最大飛程：0.8cm

汚染モニタ：GM計数器

必要遮へい：10mm厚のアクリル樹脂板でβ線を遮へい、制動放射線は鉛で遮へい

<注意点>

・摂取すると骨に蓄積する。生物学的半減期が長いので注意が必要。

・放射能測定にチェレンコフ光も利用できる。

・研究用に使用されるRIの中で最も高いエネルギーを持つので注意が必要。

・多量に取り扱う場合は、指にリングバッジを着用する。

・鉛入りのゴム手袋を使用する。

・容器などを支える場合は、スタンドやホルダーを使用する。

● ³⁵S

半減期：87.4日

主な放射線：β線0.167MeV（最大）

空気中最大飛程：26cm

水中最大飛程：0.32mm

汚染モニタ：薄い端窓型GM計数器

必要遮へい：10mm厚のアクリル樹脂板

<注意点>

・Fe³⁵SにHClを加えると、H_2Sガスが発生する。

・バイアルは換気のよいドラフト内で使用する。

● ⁴⁵Ca

半減期：163日

主な放射線：β線0.257MeV（最大）

空気中最大飛程：52cm

水中最大飛程：0.62mm

汚染モニタ：薄い端窓型GM計数器

必要遮へい：10mm厚のアクリル樹脂板

<注意点>

・摂取すると骨に蓄積する。生物学的半減期が長いので注意が必要。

● ^{51}Cr

半減期：27.7日

主な放射線：γ線0.320MeV（EC壊変9.8%）、X線5keV（22%）

1GBqの点線源から距離1mにおける線量当量率：4.7μSv/h

汚染モニタ：NaI（Tl）シンチレーション検出器

必要遮へい：3mm鉛板

＜注意点＞

クロム酸塩類の形では身体の全体に分布する。

● ^{60}Co

半減期：5.27年

主な放射線：β線318keV、娘核の^{60}Niよりγ線1.17MeV、1.33MeV

汚染モニタ：NaI（Tl）シンチレーション検出器

必要遮へい：鉛板

＜注意点＞

酸性水溶液中では2価、酸素では3価に酸化する。標準線源に使用。

● ^{90}Sr

半減期：28.8年

主な放射線：β線546keV

汚染モニタ：GM計数管式検出器

必要遮へい：10mm厚のアクリル樹脂板

● ^{123}I

半減期：13.2時間

主な放射線：γ線159keV

汚染モニタ：NaI（Tl）シンチレーション検出器

● ^{125}I

半減期：59.4日

主な放射線：γ線35keV（7%放出、93%内部転換）、Te特性X線27-32keV

1GBqの点線源から距離1mにおける線量当量率：41μSv/h

汚染モニタ：薄型NaI（Tl）シンチレーション検出器

必要遮へい：0.02mm鉛板

● ^{128}I

半減期：25.0分

主な放射線： γ 線 443keV

汚染モニタ：NaI（TI）シンチレーション検出器

● ^{131}I

半減期：8.03日

主な放射線： β 線 606keV、娘核が ^{131m}Xe で 364keV の γ 線を放出

＜すべてのヨウ素に共通する注意項目＞

・ヨウ素化合物溶液に酸化剤を加える、酸性にする、加熱すると飛散する。
・フードやグローブボックス内で取り扱う。
・吸着材として有機アミン添着活性炭を含むマスクを着用する。

● ^{137}Cs

半減期：30.1年

主な放射線： β 線 512keV、娘核が ^{137m}Ba で 663keV の γ 線を放出

汚染モニタ：GM計数管式検出器やNaI（TI）シンチレーション検出器

必要遮へい：鉛板

● ^{237}Np

半減期：214万年

主な放射線： α 線

汚染モニタ：ZnS（Ag）シンチレーション検出器

必要遮へい：なし

＜注意点＞

・加水分解しやすいので、水溶液系ではできる限りpHを低く保つ。
・半減期が長いので、紫外・可視光の吸収測定で濃度を求められる。

● ^{241}Am

半減期：433年

主な放射線： α 線 5.49MeV、 γ 線 59.5keV

汚染モニタ：ZnS（Ag）シンチレーション検出器

必要遮へい：鉛板

＜注意点＞

・加水分解しやすいので、水溶液系ではできる限りpHを低く保つ。

❶ 内部被ばくの注意点

　内部被ばくは放射性核種が体内に取り込まれることにより起こります。

　外部被ばくでは、主に透過力の高いX線やγ線が問題となります。内部被ばくでは、それ以外に透過力が低いα線やエネルギーが小さいβ線でも生じます。

❷ 放射性核種の取り込み

　放射性核種が体内に取り込まれる経路には、経口摂取、吸入摂取、経皮吸収（創傷からの侵入を含む）の3つがあります（→P.159）。

　経口摂取は、主に放射性核種を含む飲食物を摂取することにより体内に取り込むことをいいます。経口摂取された放射性核種の消化管吸収率は、ヨウ素のように高いものからプルトニウムのように非常に低いものまであり、吸収率は放射性核種の種類により異なります。

　吸入摂取は、^{133}Xeなどの気体状物質や酸化プルトニウムなどの微細粒子状の放射性核種を呼吸によって吸い込むことです。

　経皮吸収は、皮膚からの体内への取り込みです。健康な皮膚にはバリア機能があるため、最も注意すべきなのは創傷からの取り込みです。

　このようにして放射性核種を取り込んだ場合には、体内移行性の高い物質であれば血液中に入ります。

❸ 放射性核種の集積

　血液中などに入った放射性核種は、その化学的性質によって特定の臓器に集積します。これを臓器親和性といいます（→P.160）。

　吸入摂取や経皮吸収により放射性核種を取り込んだ場合にも、体内移行性の高い放射性核種であれば、経口摂取とほぼ同様な挙動をとります。

　粒子状の放射性核種を吸入した場合、粒径により沈着する呼吸器系の部位が異なります。粒径が大きい場合、主に鼻粘膜に沈着しますが、不溶性の放射性核種の場合は、粘膜上皮細胞による繊毛運動などにより、その多くが排出されます。

④ 放射性核種の排出

　組織に沈着した放射性核種の多くは、主に尿、便により体外に排出されます。

　放射性核種の放射能は、それぞれの核種で物理的に決まっている物理的半減期T_pで減少していきますが、内部被ばくを考える場合は、体内に取り込まれた放射性核種の物理的半減期だけではなく、その物質が体内にどの程度の時間とどまっているかも重要な因子となります（→P.159）。

　体内に取り込まれた放射性核種は、排泄などで体外へ排出されますが、体内の物質量が半分になるまでの時間を生物学的半減期T_bといいます。また、有効半減期は$T_e = T_b \cdot T_p / (T_b + T_p)$となります。

> ☑ CHECK **有効半減期の計算例**
>
> [131]Iの場合、物理的半減期は8日で、生物学的半減期を80日とすると、有効半減期は8・80/（8＋80）＝7.3日になります。
> [137]Csの場合、物理的半減期は30年であり、生物学的半減期を100日とすると、有効半減期は100・30×365/（100＋30×365）≒100日となります。
> このように、物理的半減期が長い核種では、有効半減期への生物学的半減期の影響が大きくなります。

⑤ 内部被ばく量の測定

　放射性核種による人の汚染は、身体内部に取り込まれた汚染と体表面汚染に分類されます。身体内部に取り込まれた放射性核種を測定・評価する方法として、体外計測法、バイオアッセイ法、空気中濃度計算法などがあります。

■ ホールボディカウンタ（全身カウンタ）

　ホールボディカウンタは、体内に残留した放射性核種が放出するγ線やX線を体外から直接測定する体外計測法です。これらによる内部被ばく量のモニタリングに使用されます。

　この検出器には、核種の同定が必要な場合はNaI（Tl）シンチレーション検出器や、エネルギー分解能が高く放射性核種の同定が容易なGe半導体検出器が使用されています。ただし、後者は冷却が必要となるという欠点があります。

　なお、汚染核種がわかっていて核種同定の必要がない内部被ばくモニタリングには、プラスチックシンチレーション検出器が使用されます。

　ホールボディカウンタは、バックグラウンド放射線による計数を少なくするための遮へい室に設置されます。

測定エネルギー範囲は、^{54}Mn、^{60}Coなどの放射化生成核種や^{131}I、^{137}Csなどの核分裂生成核種を主な測定対象とするので、おおむね100keV〜2MeVです。測定エネルギーの校正には、その範囲に応じた複数の核種を用います。

測定に際しては着衣や体表面に汚染がないことの確認が必要です。また、体内に自然に存在する^{40}Kからの放射線の影響を考慮する必要があります。

体内放射能の評価精度はバイオアッセイ法に比べて高くなります。

❷ 簡易型ホールボディカウンタ

簡易型ホールボディカウンタは、簡易な遮へいを施した椅子あるいは寝台と、一般に鉛遮へい体付NaI（Tl）シンチレーション検出器を使用した装置で、原子力発電所などの事業所で体内汚染の検査に広く使用されています。

❸ バイオアッセイ法

バイオアッセイ法は、放射性物質を摂取した人の尿や便、また必要に応じて呼気、血液および毛髪などの放射能を測定し、摂取量を推定する方法です。

この方法は、すべての核種が測定対象で、γ線やX線だけではなく、飛程の短い^{35}Sのようなβ線や、^{239}Puのようなα線を放出する核種にも適用できます。特に^{90}Srなどのβ線だけを放出する核種に適します。

検出装置としては、液体シンチレーションカウンタによる放射線の測定やICP質量分析計による放射性核種量の定量が主として用いられます。

α線やβ線放出核種による内部被ばくが疑われる場合には、排泄物などの生体試料の放射能測定から線量評価を行います。便の場合には、排泄されたものの全量を3〜7日間にわたり採取する必要があります。

尿・便の分析により得られた測定結果から、国際放射線防護委員会（ICRP）により示されている代謝モデルを用いて摂取量を評価するのが一般的です。しかし、排泄率などのパラメータの個人差による誤差に注意が必要です。

❹ 肺モニタ

α線放出核種である^{239}Puや^{241}Amを吸入し、肺に沈着した場合、^{239}Puのα壊変で放出される^{235}Uからの17keVのLX線や、^{241}Amからの59.5keVのγ線を身体外部から検出して定量する装置を肺モニタといいます。検出器には、NaI（Tl）シンチレータまたは逆同時用計数管を内蔵する大型比例計数管が用いられます。検出限界は、1時間の測定で500〜10000Bq程度です。しかし、体内での吸収の補正や、肺中での^{239}Puの分布の相違の補正などのため、正確な定量は困難です。

この他に、甲状腺など特定の器官に着目し、その器官に沈着している放射能の測定を目的とした甲状腺モニタなどがあります。

5 鼻スミア測定

放射性物質の吸入摂取が考えられる場合には、鼻孔内の汚染物を綿棒などでふき取って採取し、その放射能を測定する鼻スミアを行います。この評価法は、試料の放射能と摂取量との相関性の点から線量評価精度は低くなります。

6 空気中濃度計算法

空気中放射能から計算する方法では、環境中の放射能をダストモニタなどによって計測する、または飛散量から放射性物質の空気中濃度を算出し、この値と被ばく者が立ち入った時間内の呼吸量とから、体内に摂取された放射性核種の放射能を算出します（→P.261 − 例題3）。

この場合も、呼吸率などのパラメータが必ずしも個人の実際の値と一致しているわけではなく、また空気中放射能濃度と摂取量の関係が一様ではないので、摂取量の評価精度は高くありません。

7 放射化その他の測定法

人体が中性子線に被ばくすると、体内の生体元素が放射化します。この放射化物の量を測定することで、被ばく線量を推定できます。例えば、血液中の^{23}Naの放射化で生じる^{24}Naや、毛髪に含まれる^{32}Sの放射化で生じる^{32}Pから放出される放射線の測定から中性子線の被ばく量を推定します。

その他の被ばく線量の推定法に、バイオドシメトリがあります（→P.187）。

6 体表面汚染の測定

β線、γ線放出核種による体表面汚染の測定には、GM計数管式サーベイメータを主に用います。α線放出核種による汚染の測定には、ZnS（Ag）シンチレーション式表面汚染検査用サーベイメータを主に用います。

> ☑ CHECK　**創傷部の測定**
>
> 創傷部位の汚染に関しては、生理食塩水で洗浄・除染し、その際の洗浄液を回収して放射能測定のための試料として用います。

第4章

実務

❼ 空気中の放射性物質の捕集

空気中の放射性核種濃度の測定には、試料の捕集が必要です。捕集は試料により、さまざまな方式がとられます。

- 粒子状放射性物質：繊維系ろ紙を用いたろ過捕集方法（ダストサンプラ）。ただし、気体状のRIも、ろ紙に捕集される場合がある
- $^{14}CO_2$：水酸化ナトリウムまたはモノエタノールアミン水溶液への吸収
- ^{85}Kr：四塩化炭素への吸収や活性炭粉末への吸着／沸点の差を利用した空気からの分離
- 気体状のヨウ素：活性炭カートリッジ
  CH_3I：トリエチレンジアミン担持の活性炭
- 貴ガス：活性炭カートリッジ
  ^{133}Xeなどの放射性貴ガス：ガス捕集用電離箱
- ^3H：水の場合：直接捕集、シリカゲルやモレキュラシーブによる固体捕集、水バブラーによる液体捕集／コールドトラップによる冷却凝縮捕集
- 水素ガスの場合：パラジウム触媒で水に変えた後、上記捕集法を適用

このように捕集された放射性核種を定量し、捕集装置への吸引平均流量、捕集効率および捕集時間の値から放射性核種の空気中濃度を算出します。

❽ 除染治療

放射性物質による体内汚染がわかった場合には、医師の判断に基づき、生物学的影響を低減するための除染治療を行います。除染治療では、摂取した放射性物質の種類や摂取経路などを踏まえ、適切な方法を選択します。

体内に吸収された放射性物質の除去処置としては、次のものがあります。

◼ イオン交換剤の投与

放射性ヨウ素を吸入すると、甲状腺に集積します。このとき、安定ヨウ素剤のヨウ化カリウムを予防的あるいは摂取後速やかに投与すると、それが甲状腺に集積し、放射性ヨウ素を吸入したときにそれが甲状腺に集積するのを阻止します。

◼ プルシアンブルーの投与

^{137}Csを摂取した場合には、必要に応じて医師の処方に従ってプルシアンブルー（紺青）を投与します。この薬剤はセシウムと結合し、コロイドとなり便として排泄され、消化管からの吸収を阻止します。

なお、プルシアンブルーの投与は我が国で、2010年10月27日に厚生労働省から承認されました。ただし、全例調査の実施が承認条件です。

3 キレート剤の投与による体外排泄促進

　重金属などと可溶性キレート錯体を形成し、尿への排泄を促します。キレート剤としては対象金属に応じて、次のものが使われます。
- ・ペニシラミン：コバルトや銅などの重金属
- ・DTPA：プルトニウムやアメリシウムなどの超ウラン元素

4 利尿剤の投与

　主に腎臓から排泄される核種については、利尿剤を投与します。

5 胃の洗浄および下剤の投与

　胃腸などの消化管からの吸収を低減します。

6 飲水

　^{3}Hを含む水蒸気の吸入、^{3}Hを含む水を誤飲した場合の体内汚染の除去には、水分摂取を行い、利尿剤を投与することが有効です。

7 清浄な空気の呼吸

　^{133}Xeなどの放射性気体の体内からの除去には、清浄な空気の呼吸が有効です。これらの処置は、体外排泄効果をモニタリングし、その継続の可否を判断します。

9 被ばく線量の評価

　被ばく線量の評価では、測定された放射能量（測定値）から放射性核種を摂取した時点の体内量（摂取量）を推定する必要があります。

　体外計測法では、測定値を放射線検出器の計数効率で除して、測定時の体内放射能量を推定します。摂取量は体内放射能量÷残留率で推定します。

　バイオアッセイ法では、主に尿や便などに含まれる放射能量から1日当たりの排泄量を評価し、摂取量は1日当たりの排泄量÷排泄率により推定します。

　放射性核種の体内量は、測定された試料中の放射能を、摂取した核種の人体における代謝データに当てはめて求めます。排泄物の分析結果の解釈には、国際放射線防護委員会（ICRP）の示した排泄率関数を用います。

管理区域の設定とモニタリング

17

管理区域と常時人が入る場所の設定条件、作業環境測定の方法と測定期間、外部被ばく防護の3原則を学びましょう。

❶ 管理区域の設定

　放射性物質の取り扱い、あるいは放射線発生装置の使用をする事業所などでは、放射線作業を行う区域を限定し、適切な管理を行う管理区域を設けます。

　区域は線量、空気中放射能濃度および表面汚染密度について、次の基準を超えるおそれのある場所に設定するように定められています。

- ・外部放射線の線量：実効線量が3月当たり1.3mSv
- ・空気中の放射性物質の濃度：3月間の平均濃度が空気中濃度限度の10分の1
- ・放射性物質で汚染された表面の密度：表面汚染密度限度（α線を放出するもの：4Bq・cm^2、α線を放出しないもの：40Bq・cm^2）の10分の1
- ・外部被ばくと空気中の放射性物質の吸入による内部被ばくが複合するおそれのある場合は、線量と放射能濃度のそれぞれの基準値に対する比の和が1

❷ 常時人が入る場所の線量

　管理区域内で常時人が入る場所には、線量などが次のように定められています。

- ・外部放射線の線量：実効線量が1週間当たり1mSv以下
- ・空気中の放射性物質の濃度：3月間の平均濃度が空気中濃度限度以下
- ・放射性物質で汚染された表面の密度：表面密度限度以下（→P.256）

❸ 事業所などの境界の外における線量限度

　事業所などの境界の線量限度は、実効線量で1年間につき1mSv以下と定められています。

❹ 管理区域の作業環境モニタリング

　管理区域内における作業環境管理では、次の3種の測定を行います。

- ・外部放射線に係る線量の測定（ただし、測定は1cm線量当量について行う）
- ・物の表面の放射性核種の密度の測定

・空気中の放射性核種の濃度の測定

　また、外部放射線に係る線量の測定は、放射線作業を開始する前に1回と、作業後に定期的に行います。作業後の線量測定については、非密封放射性核種を取り扱う作業は、1月を超えない期間ごとに1回行います。ただし、固定された密封放射性核種と放射線発生装置を取り扱う作業で取扱方法や遮へいに変更がない場合には、6月を超えない期間ごとに1回行います。

❺ 積算線量の測定法

　積算線量を求める方法には、サーベイメータで測定し、放射線源や放射線発生装置の使用時間より算出する方法と、放射線測定器を用いて連続的に測定し、積算線量を実測する方法があります。また、後者には、蛍光ガラス線量計などの簡便法で1月または6月の積算線量を求める方法があります。

　γ線のエリアモニタとしては、GM計数管やNaI（Tl）シンチレーション検出器などが用いられますが、NaI（Tl）シンチレーション検出器は感度が高いので、管理区域境界など低線量率場の測定に適します。

❻ β線と中性子線の測定

　β線の測定には電離箱、GM計数管などが使われます。中性子線の測定にはレムカウンタが使われます。

❼ 外部被ばく防護の3原則

　外部被ばくで問題となるのは、γ線（X線）が主です。このγ線による被ばくを低減するための3原則が「遮へい」「距離」「時間」です。

　外部被ばく線量は、作業場所の放射線量率と被ばく時間の積で決まります。このため、放射線の線量率を下げること、および被ばく時間の短縮が求められます。

・遮へい：放射線源と作業場所の間に遮へい物を置くと、線量率は線減弱係数と遮へい物の厚さの積の指数関数で減少する。

・距離：放射線の線量率は線源からの距離の自乗に逆比例して減少する。作業場所はなるべく線源から遠い位置にする。

・時間：X線写真撮影などでは、装置の特性上線量率を減らすことが困難。このような場合には、撮影枚数を限定して作業時間を短縮する。

自然放射線被ばくと職業被ばく

自然放射線による年間被ばく量、一次・二次宇宙線の粒子構成、高緯度や飛行機が飛ぶ高々度で宇宙線被ばくが多いことを覚えましょう。

❶ 人が受ける放射線被ばく

　人が受ける放射線被ばくは、放射線業務に従事する者（放射線作業者）とそれ以外の一般公衆とで異なる管理がなされています。

　また、被ばく量も、自然界にある原始放射性核種などからの被ばく、レントゲン写真などの医療行為による被ばく、放射線業務に伴う被ばくに分けて管理されています。

❷ 自然放射線による被ばく

　自然放射線は、次のように分類されます。

・宇宙線（地球外の宇宙空間から飛来する一次宇宙線と、一次宇宙線が大気と相互作用して生成する二次宇宙線）

・宇宙線起源核種からの放射線

・原始放射性核種からの放射線

■ 宇宙線

　一次宇宙線のほとんどは、太陽起源の粒子に比べ、エネルギーの高い銀河宇宙線起源のもので、組成は98％が原子核、残り２％のほとんどが電子です。原子核では、87％が陽子（水素の原子核）、12％がα線（ヘリウムの原子核）、残り１％がさらに重い核で構成されます。

　二次宇宙線は、陽子、中性子、電子、γ線、パイオン（π中間子）およびミュー粒子などからなります。

　地表では、ミュー粒子の寄与が相対的に大きいのに対し、高度が上がると中性子の寄与が急激に増加して、民間航空機が飛行する高度約11kmでは中性子による被ばくが最も大きな割合を占めます。

　地上では、地球の地磁気によって宇宙線の一部が遮へいされます。しかし、南極や北極などの高緯度地域は、赤道近くと比べて遮へいが小さいので、宇宙線由来の線量が多くなります。

　約11年周期の太陽活動で太陽磁場が弱い時期は、銀河宇宙線量は増加します。

さらに、太陽の黒点付近で起こるフレアと呼ばれる活動で、高エネルギーのプラズマ粒子が大量に放出されたときには、航空機の乗客などの被ばく量が増加することもあります。

2 宇宙線起源核種

宇宙線起源核種は、宇宙線が大気中の酸素や窒素などの元素と衝突して生成される放射性核種で、^{14}Cや^{3}Hなどがあります。これらの核種は、体内に取り込まれることにより、内部被ばくの原因となります。

なお、宇宙線および宇宙線起源核種による被ばくは、原始放射性核種による被ばくと比べ小さな量です（→P.202−図表49）。

3 原始放射性核種

原始放射性核種とは、地球の誕生時から存在してきた放射性核種で、主なものは^{40}K、トリウム系列核種およびウラン系列核種の3種類です。

原始放射性核種は、地殻、岩石・土壌、海水、建材、人体など、ほとんどすべての物質中にさまざまな濃度で含まれています。地殻や岩石などの違いにより含まれる放射能濃度はまちまちで、地域による自然放射線の線量が異なる原因となっています。

例えば、日本国内では、放射性核種を多く含む花こう岩が広く分布している西日本のほうが東日本より自然放射線の線量は高くなる傾向があります。また、トンネル内での自然放射線の線量は大きくなり、湖や川の上では小さくなります。

❸ 一般公衆と放射線作業者

- ・一般公衆　　　：放射線業務に従事しない者をいいます。
- ・放射線作業者：原子力施設、放射線利用施設、病院などで放射線業務に従事する者をいいます。
- ・職業被ばく　　：業務を遂行するうえで放射線に被ばくすることをいいます。

放射線作業者に対しては、放射線による障害の発生を防止するために、被ばく線量を把握するための測定を行うことが法令で義務づけられています。

1 医療用放射線の被ばく

一般公衆が受ける自然放射線および人工放射線による1人当たりの年間実効線量は、世界平均値に比べ日本の推定値は大きいです。これは、日本において医療用放射線による被ばく線量が大きいためです。レントゲン検査などの医療用放射

線によって平均3.87mSv/年の被ばくを受けています（UNSCEAR、2008）。

② 自然被ばく

　自然放射線被ばくでは、ラドンによるものが重要で、ウラン鉱山など、その濃度が非常に高い場所での疫学調査で肺がんの過剰発生が認められています。

　ラドンには、天然に存在する放射性壊変系列であるウラン系列の途中にある^{226}Raが壊変して生成される^{222}Rnと、トリウム系列である^{224}Raが壊変して生成される^{220}Rnがあります。これらは歴史的経緯から、ウラン系列の^{222}Rnをラドンと呼び、トリウム系列の^{220}Rnをトロンと呼びます。

　岩石や土壌に含まれるラジウム^{226}Raが壊変して貴ガスであるラドンとなり、空気中に散逸します。ラドン自体は貴ガスのため、被ばく線量に対する寄与は小さく、ほとんどが子孫核種の吸入により気管や肺胞に付着し、それらから放出されるα線が発がんの要因となります。

　この^{226}Raは、家屋建築資材の石や土にも含まれますが、木材中には含まれません。海外の家は石でつくられたものが多く、そこに含まれる^{226}Ra由来のラドンにより室内のラドン濃度が高くなりますが、木造建築が多い日本ではラドン濃度が低く、自然放射線源による被ばくのうち、ラドンによる線量は世界平均に比べて低い値です。一方、日本では魚を内臓まで食べるため、そこに含まれる鉛、ポロニウムを経口摂取し、被ばくする線量が多くなります。これらを含め、自然放射線による年間実効線量の世界平均は約2.4mSv、日本の平均は約2.1mSvです（UNSCEAR、2008）。

③ 航空機乗務員の被ばく

　宇宙線による線量率は高々度で高くなり、民間航空機が飛ぶ高度11km付近では、地表に比べて約100倍高くなります。これによる成田－ニューヨーク間の往復による被ばく量は、約0.1〜0.2mSv程度です。この空路を年間数往復する飛行機の乗務員は、一般公衆の線量限度である年間1mSvを超える場合があります。

　これについて、国際放射線防護委員会（ICRP）は1990年勧告で、航空機乗務員の被ばくが職業被ばくであるとの見解を示しました。これに応じ、日本では航空機乗務員の被ばく線量を年間5mSv以下とするように自主管理を促すガイドラインを策定し、国内の航空会社に通達しました。

④ 半導体メモリのソフトエラー

　半導体メモリは、素子内に小さなコンデンサを持ち、そこに蓄えられた電荷の量でデータを記録します。蓄えられた電荷量が変わると、記録されたデータが失

われます。これをソフトエラーといい、一過性の故障ですぐに回復します。

　宇宙線は、地球大気との核反応で1GeV以上のエネルギーを持つ中性子を発生させますが、これが半導体メモリのコンデンサ部分に照射され、ある一定以上の電離を起こすと、メモリ内容の反転などの誤動作を引き起こします。

　従来は、放射線レベルの極めて高い宇宙環境で使用する人工衛星や加速器施設などにおいてのみ問題となっていましたが、メモリの小型化に伴うコンデンサ容量の低下により、線量が小さい航空機内や地表面でも大きな問題となっています。

5 放射線作業者の数

　我が国の放射線作業者数は、医療分野の放射線作業者数の増加により近年増加傾向を示しています。医療分野の放射線作業者数は、全放射線作業者数の約50%を占めています。

6 宇宙線ラジオグラフィ

　二次宇宙線のミュー粒子は、極めて高いエネルギーで長い飛程を持つことがあり、地下数kmまで到達するものも存在します。

　このミュー粒子の量をいろいろな方向から測定し、飛程に沿った物質の平均密度を求め、それを画像化する方法を宇宙線ラジオグラフィといいます。

　火山の内部構造や事故で破損した福島の原子力発電所の炉心状態を調査するのに使用されました。

図表28 ▶ **宇宙線ラジオグラフィによる昭和新山の断面図**

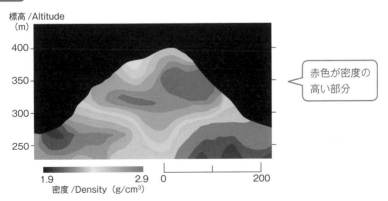

赤色が密度の高い部分

19 放射線防護とICRP

学習の
ポイント
ICRP勧告の目的、被ばく状況の区分、防護の原則および線量限度と眼
と皮膚の等価線量限度の値を覚えましょう。

❶ 放射線防護体系

　放射線被ばくや放射性物質による汚染から人間とその環境を防護し、放射線障
害の発生を防止することを放射線防護といい、次の3つの段階があります。

・科学的知見の収集・評価

　放射線影響研究／放射線安全研究：国連科学委員会（UNSCEAR）や各国の委
　員会の報告書など

・放射線安全基準策定

　国際放射線防護委員会（ICRP）の勧告・報告書、原子力・放射線安全行政

・各国の放射線防護の枠組み（法令、指針等）

❷ 国際放射線防護委員会（ICRP）

　ICRPは、1928年に設立されたイギリスの独立事業団体で、科学的、公益的見
地に立ち、放射線被ばくによるがんやその他疾病の発生を低減すること、および
放射線照射による環境影響を低減することを目的としています。

　組織は、主委員会と5つの専門委員会（放射線影響、線量概念、医療被ばくに
対する防護、勧告の適用、環境の放射線防護）で構成されます。放射線防護に必
要な科学的データ、放射線利用の状況、放射線防護の技術水準などを検討し、放
射線防護の考え方（理念）、被ばく線量限度、規制のあり方などが委員会勧告と
して出版され、世界各国の放射線被ばくに関する規制や安全基準作成の参考とし
て利用されています。

　日本の放射線被ばくに対する法令は1977年（Publication 26）、1990年
（Publication 60）、2007年（Publication 103）の3つの勧告を参考にしていますが、
2020年時点で多くは1990年の勧告内容が使用されています。

❸ ICRP勧告の目的

　ICRP勧告は、次の2つの防護を目的にしています。

①人の健康に対する防護：放射線による被ばくを管理・制御することで、確定的影響を防止し、確率的影響のリスクを合理的に達成できる程度に減少させる。

②環境に対する防護：有害な放射線影響の発生を防止、または頻度を低減させる。

❹ 被ばくの種類

ICRPでは規制のため、被ばくの種類として前節3項の「職業被ばく」と「公衆被ばく」以外に「医療被ばく」の3つに定義しています。これらは、同一の個人が異なる種類の被ばくを受けてもそれを考慮する必要がないと勧告しています。すなわち、放射線作業従事者として被ばくする可能性のある個人が、医療行為により被ばくした線量を、職業被ばくの規制に係る線量に加算する必要はありません。

❺ 被ばく状況の区分

1990年勧告では、線量を加える「行為」と、線量を減らす「介入」の2つに区分していますが、2007年勧告では「計画被ばく状況」「緊急時被ばく状況」「現存被ばく状況」の3つに区分し、放射線防護への対応を行います。

①計画被ばく状況

線源を意図的に導入・運用する状況です。これには、発生が予想される被ばく（通常被ばく）と、発生が予想されない被ばく（潜在被ばく）があります。後者には、計画からの逸脱、事故、悪意ある事象などで生じる被ばくが含まれます。

②緊急時被ばく状況

（福島原発事故など計画外の）予想しない状況から発生する好ましくない結果を避けたり減らしたりするために緊急の対策を必要とする状況です。

③現存被ばく状況

管理の導入の検討が必要とされる長期にわたる被ばくが存在する状況です。例えば、緊急時被ばく状況後の被ばく状況などがあります。

❻ 防護の原則

ICRP勧告では、被ばく状況の区分とともに、行為に対する次の3つの防護体系の原則を定めました。

①行為の正当化の原則

「放射線被ばくを伴ういかなる行為も、その導入が正味でプラスの便益を生む」こと。この原則では、放射線の使用に限定されず、放射線を使わない他の代替案

の中から最適なものを探すことも含まれます。

②防護の最適化の原則

「社会・経済的要因を考慮に入れながら合理的に達成できる限り低く被ばく線量を制限する」こと（ALARA（As Low As Reasonably Achievable）の原則）。この最適化は、将来の被ばくを防止または低減することを目的としています。

③線量限度の適用の原則

「患者の医療被ばくを除く計画被ばく状況で、規制された線源から受けるいかなる個人への総線量が、ICRPが勧告する線量限度を超えるべきではない」。この規制の線量限度値は、ICRP勧告などを基に、規制当局が定めます。

これら3原則のうち、行為の正当化と防護の最適化の原則は、ある線源からの被ばくを考慮したもので、すべての被ばく状況に適用されます。一方、線量限度の適用の原則は、ある個人が受けるすべての規制された線源を考慮した「個人関連」の線量評価で、計画被ばく状況において適用されます。

❼ 作業者の放射線からの防護

放射線業務従事者（以下、作業者）の防護の場合には、適切な作業環境管理のもとでの外部被ばく線量・内部被ばく線量の測定により、被ばく量が図表29に示す実効線量限度や、図表30に示す等価線量限度以下であることを確認します。

また、定期健康診断（→P.344）を実施し、放射線による発がん、遺伝疾患の発生を予防します。なお、事故の対処のための緊急作業時には、別途の線量限度が設定されています（図表31）。

図表 29 ▶ **放射線業務従事者の実効線量限度**

実効線量限度（男性）	①5年間（4月1日を始期とする5年間）につき 100mSv
	②4月1日を始期とする1年間につき 50mSv
妊娠していない女性	3か月につき 5mSv
妊娠している女性	1mSv（妊娠と診断されたときから出産までの間）

図表 30 ▶ **等価線量限度（不均等被ばく）**

眼の水晶体の等価線量限度	4月1日を始期とする1年間につき 150mSv
皮膚の等価線量限度	4月1日を始期とする1年間につき 500mSv
妊娠中女子腹部表面の等価線量限度	妊娠期間中に 2mSv

緊急作業時の放射線業務従事者の線量限度

実効線量限度（女子を除く）	1年間につき100mSv
眼の水晶体の等価線量限度	1年間につき300mSv
皮膚の等価線量限度	1年間につき1Sv

　なお、妊娠不能と診断された者および妊娠の意思のない旨を使用者などに書面で申し出た女性は、男性と同じ扱いになります。また、これら以外の女性は緊急作業に従事することが禁止されています。

❽ 線量管理の対象者

　被ばく線量管理の対象となる作業者は、放射性核種（同位元素）などの取り扱い作業などを行うために管理区域に立ち入る者です。ただし、見学者などで一時的に立ち入る者の場合には、1cm線量当量の外部被ばくが100μSvを超えるおそれがなく、放射性物質の摂取による内部被ばくの実効線量が100μSvを超えるおそれがなければ、被ばく線量の測定は免除されます。

❾ 被ばく線量の測定

　外部被ばく線量は、管理区域に立ち入っている期間中は連続して、1cm線量当量と70μm線量当量をそれぞれ個人モニタ（蛍光ガラス線量計、TLDなど→P.238）で測定します。

　内部被ばく線量の測定は、放射性物質を摂取した場合には即座に、また放射性物質を摂取するおそれのある場所へ立ち入る場合には、男性は3月を超えない期間ごとに、女性（妊娠不能と診断された者を除く）は1月を超えない期間ごとに体内放射能量を測定しなければなりません。

　体内放射能量の測定方法としては、ホールボディカウンタ、バイオアッセイ法または空気中放射能濃度からの計算（→P.275）により行います。測定結果は外部被ばく線量と合計して被ばく線量の評価に使用します。

20 線量当量

学習の
ポイント

1cm線量当量と70μm線量当量の考え方と、それぞれ線量当量がどの臓器に適用されるかを覚えましょう。

① 線量当量

　放射線防護の分野で使用する基本的尺度として、放射線障害量と比例関係にある物理量を基本とした、仮想的な"線量"が採用されています。

　しかし、この線量の概念は、放射線と生物との相互作用に多くの因子を導入して組み立てたもので、物理的な量ではないので、この仮想的線量は測定できません。このため、この代わりに、サーベイメータ（→P.242）や個人用線量計（→P.238）で測定でき、かつ一般の被ばく条件で被ばく線量が常に実効線量を上回ることなく安全に評価できる量が必要となります。そのため、1cm線量当量、および70μm線量当量が導入されました（単位：Sv）。

　1cm線量当量と70μm線量当量は国際放射線単位測定委員会（ICRU：International Commission on Radiation Units and Measurements）によって定められた、ある場所の放射線の量を表す物理量の1つで、「人体組成を模擬した元素組成値を持つ直径30cmの球体（ICRU球）に放射線を照射し、その球表面から1cmまたは70μmの深さの点での線量の値」のように定義されています。

② 1cm線量当量

　X線やγ線を外部から人体の小さい面積に照射した場合、その強度は吸収や散乱により表面からの距離に従って指数関数的に減衰します。しかし、広い面積を同時に照射した場合、体内で何度も散乱された放射線や二次的に生じた電子線などによる照射が加わる結果、表面より内部で吸収線量が増加します。この現象をビルドアップといいます。人体の場合、このビルドアップにより、皮膚の表面からおよそ1cmのところで、吸収線量が最大となります。この深さにおける仮想的吸収線量を1cm線量当量といいます（図表32）。

　他のすべての深さにある臓器が、この最大となる吸収線量と同じ線量を吸収したと仮定すれば、実際の被ばく値は常に1cm線量当量で計算した値より小さいので、被ばく線量を過小評価する危険を避けられます。この考えの基に、各臓器は、被ばくにより1cm線量当量を受けたとして、被ばく量の管理を行います。多くの個人線量計やサーベイメータは、測定量として1cm線量当量で表示します。

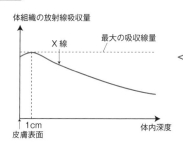

体組織の放射線吸収量

X線

最大の吸収線量

1cm
皮膚表面

体内深度

人体に照射されたX線やγ線は、体内の分子と衝突し、二次電子線などを放出するため、吸収線量は皮膚表面より内部で大きくなります。1cm線量当量では、すべての深さで点線で示す最大値の吸収線量を受けたと仮定します。

❸ 70μm線量当量

　人間の体は、表面から70μm付近までは、角質層など死滅した表皮細胞で覆われているため、放射線の影響を受けません。しかし、その内側は盛んに細胞分裂をしており、放射線の影響を強く受ける基底細胞（→P.188）があるので、皮膚ではこの位置に相当する70μm線量当量を被ばく量の算定に用います。

　眼の水晶体も体の表面から1cmより外側の位置にあります。このため、水晶体被ばくの等価線量は70μm線量当量と1cm線量当量のうち、大きいほうの値を使用します。なお、中性子線の場合は皮膚でも1cm線量当量を使います。

❹ 2種の線量当量の用途

　1cm線量当量と70μm線量当量は、図表33のように使い分けます。すなわち、70μm線量当量は皮膚と眼に使い、それ以外の臓器は1cm線量当量を使います。

図表33 放射線障害防止法で使われる2種の外部被ばく線量当量

測定量の呼称	記号	評価対象の量
1cm 線量当量	H 1cm	外部被ばくによる実効線量 胸部については、1cm線量当量（等価線量）および70μm線量当量（等価線量）を測定する。ただし、体幹部※のうち最大被ばく部位が胸部および上腕部以外の場合は当該部位についても測定する（等価線量）。
70μm 線量当量	H 70μm	皮膚については70μm線量当量、眼の水晶体については、1cm線量当量または70μm線量当量のうち適切な方による（等価線量）。

※体幹部：頭部および頸部、胸部および上腕部、腹部および大腿部の3部位

第4章

実務

21 等価線量と実効線量

学習の
ポイント 等価線量と実効線量の考え方、放射線加重係数の数値、組織加重係数の
大きな臓器、実効線量の計算法を学びましょう。

❶ 被ばく線量の概念

前節の1cm線量当量などは放射線が照射された場合の吸収線量を評価する値
です。しかし、被ばくの影響を定量的に評価する場合、次の課題があります。

放射線による吸収線量が同じでも、

・放射線の種類によって生体が受ける影響が異なる。

・リンパ組織や造血組織などの放射線の影響を受けやすい臓器と、神経組織や
筋肉組織のように受けにくい臓器など、臓器の種類によって影響が異なる。

また、全身を被ばくしたのか、指や足など特定の部位のみ被ばくしたのかによっ
ても影響は異なります。

さらに、照射線量は計測機器で直接測定できますが、吸収線量は機器によって
直接測定できません。

このため、放射線の種類が異なっても、全身が均等に照射されても不均等に照
射されても、その数値が同じなら確率的影響が起こる確率が等しくなるという線
量として実効線量の概念が導入されました。また、全身被ばくに対する実効線量
に対し、特定部位の被ばくに対して等価線量という概念が導入されています。

さらに、放射線モニタなどから得られる照射線量の測定値と、それが人体に影
響を及ぼす実効線量を結びつけるために、1cm線量当量と70μm線量当量が導
入されました（→P.288）。

❷ 等価線量

密閉されていない放射性物質を手で取り扱う場合、全身に被ばくしていなくて
も手だけが被ばくすることがあります。また、臓器親和性（→P.160）がある物
質を吸収した場合、その臓器のみが選択的に被ばくすることがあります。

一方、生体が同じエネルギー量の放射線を吸収しても、中性子線や陽子線など
の高LET放射線は、γ線などの低LETに比べて生物学的効果が大きくなるなど、
放射線の種類により受ける影響が異なります。

等価線量は、個々の組織（臓器）がある放射線の被ばくを受けたとき、その組
織に対する生物学的効果を勘案した放射線の線量をいいます。等価線量は組織

（臓器）の被ばく量に、その放射線の種類とエネルギーごとに定められた、放射線加重係数（図表34）を乗じたものです。単位は、$J \cdot kg^{-1}$ で、名称としてシーベルト［Sv］を用います。この等価線量値をその臓器の受けた線量とします。

　例えば、眼が1mGy［$J \cdot kg^{-1}$］の放射線を受けた場合、その放射線がγ線なら等価線量は1mSv［$J \cdot kg^{-1}$］ですが、放射線がα線なら20mSvとなります。

図表34 ▶ 放射線加重係数（ICRP 2007年勧告）

放射線の種類	エネルギー範囲	放射線加重係数
光子（X線、γ線）	すべてのエネルギー	1
電子およびμ粒子	すべてのエネルギー	1
中性子線 （中性子エネルギー E_n の連続関数）	$E_n < 1\mathrm{MeV}$	$2.5 + 18.2\exp(-[\ln(E_n)]^2/6)$
	$1\mathrm{MeV} \leqq E_n \leqq 50\mathrm{MeV}$	$5.0 + 17.0\exp(-[\ln(2E_n)]^2/6)$
	$E_n > 50\mathrm{MeV}$	$2.5 + 3.25\exp(-[\ln(0.04E_n)]^2/6)$
陽子と 荷電パイ中間子	すべてのエネルギー	2
α粒子、核分裂片、 重イオン、重原子核	—	20

　中性子線の係数は、エネルギーが0のとき2.5で、大きくなると係数も大きくなり、1MeV付近で約20の最大値に到達し、その後2.5まで減少します。

　試験ではよくICRP 2007年勧告の値が出題されますが、現在、日本の規制ではICRP 1990年勧告の値が使われます。違いは1990年勧告で、陽子はすべてのエネルギーで係数が5、中性子線はエネルギーの階段関数になっていることです。

❸ 実効線量

　実効線量は、人体への放射線の照射が均一でも不均一でも、さらに放射線の種類が変わっても、値が同じなら同じ確率的影響（→P.155）が現れる線量をいい、全身の被ばく量の評価に使います。実効線量は、人体の各組織・臓器が受けた等価線量に、各組織・臓器の相対的な放射線感受性を示す組織加重係数を乗じ、それをすべての臓器・組織について合計したものです（図表35）。単位はシーベルト［Sv］が用いられます。例えば、骨髄、肝臓、脳にそれぞれ等価線量で1mSv、2mSv、3mSvの放射線を受けた場合の実効線量は、次のようになります。

　組織加重係数の値は、骨髄で0.12、肝臓で0.04、脳で0.01ですから、

　　$1 \times 0.12 + 2 \times 0.04 + 3 \times 0.01 = 0.23\mathrm{mSv}$

これは、全身に実効線量で0.23mSv被ばくしたのと同じ影響を与えます。

一方、骨髄、肝臓、脳にそれぞれ等価線量で3mSv、2mSv、1mSvの放射線を受けた場合の実効線量は、次のようになります。

$$3 \times 0.12 + 2 \times 0.04 + 1 \times 0.01 = 0.45\text{mSv}$$

すなわち、全等価線量は同じですが、前例と比べて2倍近い放射線の影響を受けます。つまり、全体としては同じ線量当量の放射線を被ばくしたとしても、どの部位が被ばくしたかによって放射線の影響が大きく変わります。

図表35 組織加重係数（ICRP 2007年（カッコ内は1990年）勧告）

組織・臓器	組織加重係数	組織・臓器	組織加重係数
乳房	0.12 (0.05)	肝臓	0.04 (0.05)
赤色骨髄	0.12	膀胱	0.04 (0.05)
結腸	0.12	骨表面	0.01
肺	0.12	皮膚	0.01
胃	0.12	脳	0.01
生殖腺	0.08 (0.20)	唾液腺	0.01
甲状腺	0.04 (0.05)	残りの組織・臓器	0.12 (0.05)
食道	0.04 (0.05)	合計	1.00

図表36 生物効果に関する線量の関係

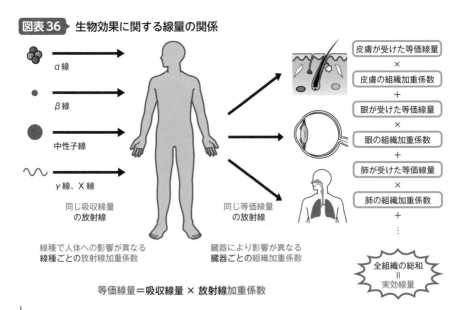

等価線量＝吸収線量 × 放射線加重係数

❹ 体幹部不均等被ばく

前項の実効線量評価では15臓器の被ばく線量の測定値が必要ですが、現実の個人被ばく線量測定は頭部、胸、腹部など数か所のみです（→P.338）。このような場合は、次式で実効線量Eを算出します。

E = 0.08Ha + 0.44Hb + 0.45Hc + 0.03Hm

ここで、Ha：頭部・頸部の1cm線量当量、Hb：胸部・上腕部の1cm線量当量、Hc：腹部・大腿部の1cm線量当量、Hm：各部位のうち線量当量が最大となる部位の線量当量です。

<計算例1>

胸部、腹部など頭頸部以外を覆う防護衣を着用し、頸部および防護衣内側に個人線量計を装着して作業を行った。作業後の1cm線量当量の計測値は頸部で1mSv、防護衣の内側で0.5mSvであった。この場合の実効線量E［mSv］はいくつか。

<解答>

頸部の線量当量が1mSvよりHa = 1mSv、防護衣内側の線量当量は胸部と腹部が受けた線量当量と考えられるのでHb = Hc = 0.5mSv、線量当量が最大となる部位は頸部なので、線量当量は1mSvより、Hm = 1mSvとなります。これを上式に代入すると、実効線量は次のようになります。

E = 0.08 × 1 + 0.44 × 0.5 + 0.45 × 0.5 + 0.03 × 1 = 0.56mSv

<計算例2>

作業者A、Bの外部被ばく線量の測定結果が次のようになった。

作業者	1cm 線量当量 [mSv]			70μm 線量当量 [mSv]		
	γ線	中性子線	合計	γ線	β線	合計
A	0.5	0.2	0.7	0.5	0	0.5
B	0.3	0	0.3	0.3	0.8	1.1

このときのA、Bの実効線量［mSv］および眼の水晶体と皮膚の等価線量［mSv］は、次のようになります。

実効線量 = A：1cm γ 線＋中性子線 = 0.7、B：1cm γ 線＋中性子線 = 0.3

眼の水晶体等価線量 = A：70μ γ 線＋1cm中性子線 = 0.7、

B：70μ γ 線＋70μ β 線 = 1.1

皮膚等価線量 = A：70μ γ 線＋1cm中性子線 = 0.7、B：70μ γ 線＋70μ β 線 = 1.1

22 特定放射性同位元素

防護措置の区分の設定基準と、施設における防護措置は何かを学びましょう。

　これまで放射線障害防止法は、放射線による障害防止のための規制でした。近年、国際原子力機関（IAEA）から、放射性同位元素を使ったテロを防止するため、危険性の高い放射性物質と関連施設の防護措置の実施が勧告されています。これに応じて、事業者に防護措置を義務づける改訂が行われました。

❶ 特定放射性同位元素とは

　特定放射性同位元素は法律用語で、放射性核種（同位元素）の中で放射線が発散された場合、人の健康に重大な影響を及ぼすおそれがあるもので、種類または密封の有無に応じて定められた数量（D値）以上の放射性核種をいいます。

　D値とは、未管理状態で放置した場合に、重篤な影響を引き起こす放射性核種ごとの放射能の量であり、数日から数週間で致死線量となる量をいいます。非密封の特定放射性同位元素は、半減期が2日以上の放射性核種です。

図表37 いくつかの特定放射性同位元素とそのD値（TBq）

核 種	D 値	核 種	D 値	核 種	D 値
^{60}Co	3×10^{-2}	^{63}Ni	6×10^{1}	^{90}Sr*	1×10^{0}
^{106}Ru*	3×10^{-1}	^{103}Pd*	9×10^{1}	^{137}Cs*	1×10^{-1}
^{192}Ir	8×10^{-2}	^{204}Tl	2×10^{1}	^{210}Po	6×10^{-2}
^{226}Ra*	4×10^{-2}	^{241}Am	6×10^{-2}	^{252}Cf	2×10^{-2}

＊放射平衡中の子孫核種を含みます。

❷ 防護措置に係る区分設定

　密封・非密封とも量に応じて区分され、管理基準などが異なります。

▌1 密封の特定放射性同位元素

　貯蔵施設または廃棄物貯蔵施設に保管されている特定放射性同位元素の放射能（許可証に記載）をA、そのD値がDのとき、AをDで除した値Xにより、次の3つに区分されます。

区分1：X≧1000、区分2：10≦X＜1000、区分3：1≦X＜10

　1つの貯蔵庫に複数の特定放射性同位元素を貯蔵している場合は、それぞれの特定放射性同位元素の放射能を（A_1, A_2, A_3, ……）、そのD値をそれぞれ（D_1, D_2, D_3, ……）とすると、Xは次式で与えられます。

　　$X = A_1 / D_1 + A_2 / D_2 + A_3 / D_3 + \cdots\cdots$

② 非密封の特定放射性同位元素

　貯蔵室または貯蔵箱に保管できる特定放射性同位元素の貯蔵能力（許可証に記載される貯蔵能力）または使用の場所における特定放射性同位元素の1日最大使用数量をA、その特定放射性同位元素のD_2値をD_2とすると、AをD_2で除した値Xにより、次の3つに区分されます。

　　区分1：X≧1000、区分2：10≦X＜1000、区分3：1≦X＜10

　1つの貯蔵室または貯蔵庫に複数の特定放射性同位元素を貯蔵する場合は、その放射能または使用の場所における特定放射性同位元素の1日最大使用数量をそれぞれ（A_1, A_2, A_3, ……）、D_2値を（D_{21}, D_{22}, D_{23}, ……）とすると、Xは次式で与えられます。

　　$X = A_1 / D_{21} + A_2 / D_{22} + A_3 / D_{23} + \cdots\cdots$

③ 特定放射性同位元素の使用例

　特定放射性同位元素を使用する装置には、次のものがあります。
　滅菌用線源、遠隔治療装置用線源、ガンマナイフ用線源、血液照射装置用線源、アフターローディング装置用線源、非破壊検査装置用線源、
　厚さ計、レベル計、測定器校正線源（セキュリティ対策の強化に伴い追加）

④ 防護措置区分の例（核種を^{137}Csの代わりにCs-137と表記）

例1：照射用線用に100［TBq］のCs-137を保管しています。Cs-137のD値は0.1［TBq］で、A／D＝100／0.1＝1000となるので、区分1です。

例2：1台40［TBq］のCs-137線源を使用する装置を3台保管しています。Cs-137のD値は0.1［TBq］で、（40／0.1）×3≧1000なので、区分1です。

例3：0.64［TBq］のIr-192線源と0.3［TBq］のCs-137線源を同一の貯蔵庫に保管している場合、Ir-192とCs-137のD値はそれぞれ0.08［TBq］、0.1［TBq］で、（0.63／0.08）＋（0.3／0.1）≒11なので、区分2です。

例4：非破壊検査装置用の0.4［TBq］のIr-192線源を自社事業所内で保管して

いる場合、Ir-192のD値は0.08［TBq］であり、0.4／0.08＝5。非破壊検査装置用の特定放射性同位元素の場合、自社の事業所内で貯蔵するとき、1≦X＜10で区分3相当であっても、区分2となります。

例5：非破壊検査装置用の0.3［TBq］のCo-60線源を客先で使用するため、一時的に保管場所を変更する場合、Co-60のD値は0.03［TBq］であり、0.3／0.03＝10。したがって、区分2となります（区分2の場合は客先であっても区分2の防護措置が規制要求される）。

例6：0.99［TBq］のCs-137線源と0.035［TBq］のIr-192線源を同一の貯蔵庫に保管している場合、Ir-192のD値は0.08［TBq］で、0.035＜0.08であり、Ir-192の放射能は区分の計算に含めません。Cs-137のD値は0.1［TBq］であり、0.99／0.1＝9.9。したがって、区分3となります。

例7：0.05［TBq］のCs-137線源と0.035［TBq］のIr-192線源を1つの貯蔵箱に保管している場合、Cs-137のD値は0.1［TBq］、Ir-192のD値は0.08［TBq］で、どちらの線源もD値を下回るので、規制対象外となります。

例8：貯蔵能力が100［TBq］の貯蔵室に非密封のMo-99が保管されている場合、Mo-99のD_2値は20［TBq］であり、100／20＝5より区分3となります。

⑤ 施設における防護措置

特定放射性同位元素の防護を目的に、施設における防護措置の義務化や事業所外輸送時の防護措置が定められています。それ以外に、特定放射性同位元素防護規程の策定、防護管理者などの選任も定められています（→5章8節）。

▌ 防護区域の設定

特定放射性同位元素を使用・貯蔵する建屋の周辺に、侵入検知・警報システムなどの設置や見張人の配置を行って防護区域とし、特定放射性同位元素の不法な取得や妨害、破壊行為から防護します。一般的に、特定放射性同位元素を取り扱う室や設置障壁の内側を防護区域として設定しますが、貯蔵箱や装置のみを使用する場合、それらが設置されている室を防護区域として設定します。これらに必要な要件を図表38に、防護区域の例を図表39に示します。

▌ 情報漏洩の防止

外部からの不正アクセスを遮断するため、計算機などは外部ネットワークとの接続を遮断します。また、ハードディスクのデータをコピーできないようにUSBメモリなどを接続できないようにします。管理情報などを印刷した紙など

は、鍵のついた書棚などに保管します。

図表38 施設における防護措置

	要件	区分1	区分2	区分3
検知	機器の設置	侵入検知装置や監視カメラの設置 （不正な工作活動を検知する機能を含む）		設置不要
	定期点検	機器の動作や、対象となる放射性同位元素が定位置にあることを確認		
	野外等での使用	該当なし	2人以上で作業を行う	
遅延	障壁（堅固な扉、保管庫、固縛等）	2層以上		1層以上
対応	通信機器	2種類以上	1種類以上	
	対応手順書（緊急時対応を含む）	特定放射性同位元素の盗取等が行われた場合、または行われるおそれがある場合に備え、平常時に実施しておくべき事項（連絡体制等）について定めた手順書を整備		
その他	管理者の選任	事業所において防護措置を継続的に維持・改善していくため、防護措置を統一的に監督する管理者を選任		
	出入管理	常時立入者：防護管理者が本人確認を行い、立ち入りを認める 一時立入者：防護管理者または常時立入者が本人確認を行い常時同行		
	本人確認	運転免許証、パスポート等の公的機関が発行した顔写真つきの証明書を確認		
	アクセス規制	鍵、暗証番号式補助錠、IDカード、生体認証装置などを用いてアクセスを規制		
	事業所内運搬	封印または施錠等の措置を講じる		
	情報の取り扱い・管理	防護措置に係る情報の漏洩を防止するための措置を講じ、情報を取り扱える人の範囲、情報の管理方法、開示方法を定めた手順書を整備		
	規程の策定	盗取防止のための防護措置を体系的に実施する防護規程を策定		

図表39 防護区域の例

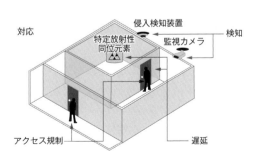

対応：盗取の検知時に迅速・確実に対応できるよう手順書を定める

検知：監視カメラおよび侵入検知装置などで盗取の試みを早期に発見し、未然に防止する

遅延：堅固な容器および施錠した障壁で治安当局が到着するまでの遅延時間を確保する

アクセス制限：許可された者だけが特定放射性同位元素へ近づける

23 緊急時の対応

> 学習の
> ポイント
>
> 緊急事態が発生する前に行っておく対応と、緊急時の対応の3原則を
> しっかりと覚えましょう。

　事業所などでは、地震などの自然災害、火事などの事故、その他異常事態が生じる可能性があります。このため、発生を想定し、予防措置、緊急時の対応および事後の対策を策定・実行することが必要です。

❶ 予防措置

　緊急時の被害を最小限に抑えるため、あらかじめ次のような措置を行います。

- ・施設・装置の定期点検などを行い、被ばくや汚染の防止に努める。
- ・放射性物質を厳重に保管・管理して紛失や盗難を防止するとともに、火災発生時の被害を少なくする。
- ・発火性や爆発性のある物質などの持ち込みを制限し、火災の発生を防ぐ。
- ・緊急時にとるべき対応方法と対応手順、連絡体制、実施の主体者などを明確にしたマニュアルを作成する。
- ・各作業者が緊急時にとるべき行動を十分把握できるよう、定期的に防災教育や防災訓練を実施する。

❷ 緊急時の対応

　自然災害時、事故時およびその他異常時ごとに、発生すると考えられる事態を想定し、負傷者の救助、各所への通報および汚染の拡散防止を最優先に行うこととして、それぞれの対応方法、対応手順、連絡体制を定めます。対応には、緊急の種類に関わらず共通するものと、地震や火事などに特有のものがあります。

1 共通する対応

　緊急時の対応の3原則は、次のとおりです。

①安全の保持

- ・物的損害より人の生命および身体の安全を優先し、人命救助を行う。
- ・現場が火事や放射性物質の漏洩などで危険な場合は、直ちに退避する。

②通報

- ・近くにいる作業者および放射線管理担当者に事故の発生を知らせる。

- 火災などの危険がない場合、管理担当者の指示を受けて行動する。
- 管理担当者などは消防署など関係機関に通報する。

③汚染拡大の防止
- はじめに事故の状況を判断し、初期に線源の移動・容器への保管などの拡大防止の手段を講じる。
- 次に安全確認を行ったうえで、汚染発生の原因物質などを除去する。
- 汚染か所を密閉し、拡大を防止する。
- 現場への立ち入りや汚染物品の持ち出しを禁止する。

2 火災時の措置

- 火災発生時は火災報知器などで知らせるとともに、初期消火、延焼防止その他、必要な措置をとる。
- 燃えている線源は動かさない。
- 火災時、火源近くの放射性物質はできるだけ遠くに移し、なわ張りなどをして人を近づけないようにする。
- 水をかけて消火すると飛散などで汚染を広げるおそれがあるため、濡らした布で覆って消火する。
- 遮へい用の鉛は融点が327℃と低く、溶けて線源が露出し、放射線被ばくが起こる可能性があるため注意する。
- 非密封線源が加熱されると、気化や露出による周辺の汚染と放射線被ばくが起こり得るため注意する。
- フード内の火災では、フードの換気口を閉じ、換気を止めてから消火する。

3 地震時の措置

- 振動が収まった後、火災発生の防止措置を行う。
- 線源などの転倒や破壊などを防止するため、移動や保管の措置をとる。
- 地震で非常口などがふさがれるおそれがあるため、緊急に避難する。

❸ 事後の措置

　緊急事態が発生した場合は、その原因究明を早急に行い、改善策を講じます。同時に、定期的に安全教育を実施し、再発防止に努めます。
- 事故の原因を早急に解明し、改善策をとり、再発を防止する。
- 上記改善策に応じてマニュアルを見直す。また、これ以外にも常時マニュアルの見直しを行う。

次の問題文を読み、正しい（適切な）ものには○、誤っている（不適切な）ものには×で答えましょう。

1

□□□
★★

β線を1秒間ずつ1000回計数し、平均200カウントを得た。この場合、計数値が228を超える回数の期待値は25回である。

○ この測定の標準偏差 σ は $\sqrt{200} \fallingdotseq 14$ ですから、228は2 σ 離れています。平均値±2σ 離れる割合は5%ですから、プラス側には2.5%となります。

2

□□□
★★

表面汚染のうち、遊離性汚染は実験室内への汚染の拡大、作業者の内部被ばくの原因ともなるため、作業室内の放射線管理上重要である。

○ 表面汚染の形態には、放射性物質が固着して取れにくい固着性汚染と、比較的取れやすい遊離性汚染があり、後者は問のような問題があります。

3

□□□
★★★

有機シンチレータの発光の減衰時間は、通常、数ナノ秒程度であり、無機シンチレータと比べると一桁以上短い。

○ 有機シンチレータは減衰時間が短いので、高放射能試料の測定に向いています。一方、無機シンチレータは低放射能試料の測定に適します。

4

□□□
★

放射性物質の皮膚からの体内への取り込みで、実際上最も注意するのは汗腺からの取り込みである。

✕ 健康な皮膚には異物の体内取り込みに対するバリア機能があり、最も注意が必要なのは、創傷からの取り込みです。

5

□□□
★

ICRP 2007年勧告の放射線加重係数は光子で1、中性子で20である。

✕ 中性子の放射線加重係数はエネルギーにより2.5〜20となる関数で与えられています。

6

□□□
★★

手指が多く被ばくする可能性がある場合は、リングバッジを用いる。これで測定される線量は皮膚の等価線量である。

○ RIを手で取り扱う場合、手指が多く被ばくする可能性があるので、小型の蛍光ガラス線量計（RPLD）で局部被ばくの測定を行います。

7

□□□
★★★

放射線モニタリングには、RI取扱施設の作業環境モニタリングと放射線業務従事者の被ばく管理を行う個人モニタリングの2つがある。

✕ 問題中の2つのモニタリング以外に、一般公衆の防護のための施設周辺環境モニタリングがあります。

---

8 ☐☐☐ ★	火災などの緊急時には、安全の保持、通報、損壊の防止の3原則に従う。人命救助をすべてに優先する。	✕ 緊急時の3原則は、安全の保持、通報と汚染拡大の防止です。また、人命救助を最優先に行います。
9 ☐☐☐ ★★★	低温で保管するのは化学純度を維持する上で有効であり、トリチウム化合物の水溶液は液体窒素中で保管する。	✕ 水溶液を凍らせると、トリチウム化合物が水の結晶間の隙間に濃縮されるため、分解が起こりやすくなります。通常、2～4℃で保存します。
10 ☐☐☐ ★★	空気中の放射性核種が付着したダストや放射性核種を含む粒子状の物質はプレフィルタとガラスフィルタにより捕集する。	✕ 粒子などのうち、粒径が大きいものはプレフィルタで、小さいものはHEPAフィルタで捕集します。
11 ☐☐☐ ★★	ラドンの影響としては、ウラン鉱山など、その濃度が非常に高い場所での疫学調査で肺がんの過剰発生が認められている。	◯ ラドンは貴ガスで被ばく線量に対する寄与は小さいが、子孫核種の吸入で気管や肺胞に付着し、それらからのα線が発がんの原因となります。
12 ☐☐☐ ★	自然放射線の中性子による寄与は高度とともに急激に増加し、飛行機が飛ぶ地上11km程度の高さでは中性子による被ばくが最も大きな割合を占める。	◯ 実効線量への寄与は地表ではミュー粒子が大きいですが、地上11km程度の高さでは中性子の寄与が大きくなります。
13 ☐☐☐ ★	^{137}Csを摂取した場合には、必要に応じて医師の処方に従ってペニシラミンを投与する。	✕ ペニシラミンはコバルトなどの重金属を摂取したときに投与します。セシウムの場合はプルシアンブルーを投与します。
14 ☐☐☐ ★★★	体内に摂取された放射性物質による内部被ばく線量を評価する主な方法として、空気中濃度計算法、体外計測法、バイオアッセイ法などがある。	◯ γ線を放出する放射性物質には、ホールボディカウンタによる体外計測法、β線やα線を放出する物質はバイオアッセイ法が主に使われます。
15 ☐☐☐ ★★	^{24}Naと^{60}Coは、$\beta-\gamma$同時測定法により放射能を測定できる。	◯ 同時測定は^{24}Na、^{60}Co、^{134}Csや^{154}Euなどのβ線とγ線を放出する核種が対象となります。

第4章

実務

16 □□□ ★★	Ge半導体検出器はγ線放出核種の分析に用いられる。検出器は、バックグラウンド低減のために、鉛などの遮へい体中に設置される。	◯ Ge半導体検出器は感度が高いため、環境中の^{40}Kや^{226}Raなどからの信号で測定妨害されます。これを防ぐために遮へい体中に設置します。
17 □□□ ★★★	電子-正孔対の形成に必要な平均エネルギー（ε値）はゲルマニウムで約34eVである。	✕ 34eVは空気のW値で、Geのε値は約3eVです。つまり、Ge半導体検出器では、空気と比べ10倍以上の電荷キャリヤが生成します。
18 □□□ ★★	GM計数管はβ線を放出する^{3}Hによる表面汚染測定にしばしば用いられる。	✕ GM計数管は^{3}Hのような低エネルギーβ線のみを放出する核の検出は困難で、ガスフロー式（通気型）電離箱を用います。
19 □□□ ★★★	放射線作業者の被ばく形態の大半は外部被ばくであり、積算型個人被ばく線量計を用いた被ばく線量測定が基本となる。	◯ 積算型個人被ばく線量計には、蛍光ガラス線量計（RPLD）や光刺激ルミネセンス線量計（OSL）が使われます。
20 □□□ ★★	核反応を利用した中性子検出器として^{3}He（n, p）^{3}H反応を利用した^{3}He比例計数管もよく用いられる。	◯ BF$_3$比例計数管とともに中性子の検出に使われます。また、高速中性子のスペクトロメータとして用いることもできます。
21 □□□ ★★★	α線のエネルギー測定には表面障壁型Si半導体検出器が使われる。	◯ α線のエネルギー測定には他にSi（Li）などが使われます。
22 □□□ ★	ガスフロー比例計数管用ではヘリウム98%とイソブタン2%の混合ガスが使われる。	✕ アルゴン90%とメタン10%のPRガスが用いられます。問の混合ガスはGM検出器に使われます。
23 □□□ ★★	無機シンチレータは実効原子番号の大きいシンチレータが得られるため、γ線の測定に有効である。	◯ 光子と原子の光電効果はZ^5、コンプトン効果はZに比例して大きくなるので、原子番号が大きいほど検出効率が高くなります。

第 5 章
法 令

01 放射性同位元素等規制法の目的

放射性同位元素等規制法第一条と原子力基本法の第一条、第二条の条文が頻繁に出題されますので、よく覚えましょう。

❶ 放射線取扱主任者試験に関する法律

放射線取扱主任者試験で対象となる法律は、次の6つで構成されています。

①原子力基本法

原子力の研究、開発および利用の基本方針を定めています（昭和30年法律第186号）。

②放射性同位元素等規制法

一般的に放射性同位元素規制法と呼ばれます（昭和32年法律第167号。以下"放射性同位元素規制法"または"法"と略します）。

③放射性同位元素等の規制に関する法律施行規則

（昭和35年総理府令第56号。以下"則"と略します）

④放射性同位元素等の規制に関する法律施行令

（昭和35年政令第259号。以下"令"と略します）

⑤核燃料物質、核原料物質、原子炉及び放射線の定義に関する政令

（昭和32年政令第325号）

⑥放射線を放出する同位元素の数量等を定める件

（平成12年科学技術庁告示第5号。以下"告示"と略します）

これらの法律や規則などは、さまざまな理由からたびたび変更され、法律の文面や規制数値などが変わっています。

 MEMO　　**数値や表記の注意点**

本書では、これらの変更を取り入れているので、過去に出題された問題の設問と文章や数値が異なっています。なお、これら法令では、数字は漢数字、元素名や単位はカタカナの表記が使われています。また、放射性同位元素の定義なども他章の意味と異なっています。試験でもこれらの表記が使われる場合があるので注意しましょう。

❷ 法の目的

　放射性同位元素等規制法の問題では、主に放射性同位元素等規制法の第一条や原子力基本法の第一条、第二条から出題されます。出題形式は、各条の全文から一部を伏せ字とし、それに当てはまる字句を解答します。

放射性同位元素等規制法

　この法律は、原子力基本法の精神にのつとり、放射性同位元素の使用、販売、賃貸、廃棄その他の取扱い、放射線発生装置の使用及び放射性同位元素又は放射線発生装置から発生した放射線によつて汚染された物（以下「放射性汚染物」という。）の廃棄その他の取扱いを規制することにより、これらによる放射線障害を防止し、及び特定放射性同位元素を防護して、公共の安全を確保することを目的とする。(法　第一条)

📝 МЕМО　**防護措置の義務づけの追加**

これまでの法律は「放射線障害を防止」する観点からの規制でした。近年、国際原子力機関（IAEA）より放射性物質および関連施設防護の措置の実施が勧告されました。これに対応して法律の目的に危険性の高い放射性同位元素を取り扱う事業者に対し、これらの防護のために必要な措置を義務づけることを追加しました。

原子力基本法

　この法律は、原子力の研究、開発及び利用（以下「原子力利用」という。）を推進することによつて、将来におけるエネルギー資源を確保し、学術の進歩と産業の振興とを図り、もつて人類社会の福祉と国民生活の水準向上とに寄与することを目的とする。(法　第一条)

　原子力利用は、平和の目的に限り、安全の確保を旨として、民主的な運営の下に、自主的にこれを行うものとし、その成果を公開し、進んで国際協力に資するものとする。
2　前項の安全の確保については、確立された国際的な基準を踏まえ、国民の生命、健康及び財産の保護、環境の保全並びに我が国の安全保障に資することを目的として、行うものとする。(法　第二条)

---

02 用語の定義

則で定義される用語のうち、赤字で記した用語の定義、また放射性同位元素と特定放射性同位元素の違いを覚えましょう。

❶ 原子力基本法および放射性同位元素等規制法で使われる用語

次の用語は原子力基本法および放射性同位元素等規制法で使われます。本章全体で出てくるので、その意味をしっかりと理解しておきましょう。

①放射線（原子力基本法第三条第五号）
電磁波または粒子線のうち、直接的または間接的に空気を電離するもので、次のものがあります。
- ・ α 線、陽子線、重陽子線その他の重荷電粒子線および β 線
- ・中性子線
- ・ γ 線および特性X線（軌道電子捕獲に伴って発生する特性X線に限る）
- ・1メガ電子ボルト以上のエネルギーを有する電子線およびX線（医療用など1メガ電子ボルト未満の各種X線撮影装置などは対象外）

②放射性同位元素
リン32、コバルト60など放射線を放出する同位元素およびその化合物ならびにこれらの含有物（機器に装備されているものを含む）で、政令で定めるものをいいます。政令では、同位元素の種類ごとに下限数量と下限濃度を定め、それを超えるものと定めています。ただし、医薬品などは除きます。

③特定放射性同位元素
放射性同位元素であって、その放射線が発散された場合において、人の健康に重大な影響を及ぼすおそれがあるものとして政令で定めるものをいいます。

④放射性同位元素装備機器
硫黄計（→P.140）その他の放射性同位元素を装備している機器をいいます。

⑤放射線発生装置
荷電粒子の加速により放射線を発生させる装置で、第1章15節（→P.68）の「加速器」の節に示した8種類の装置をいいます。ただし、装置表面から10cmの位置で、最大線量当量率が1cm線量等量率、600nSv/h以下のものは除かれます。

⑥密封線源と非密封線源
放射性物質が漏れないように、容器が密封され、使用中に破壊しても放射能が容器から漏れないものを密封線源、それ以外のものを非密封線源といいます。

❷ 則で定義される用語

則で定義される主な用語を図表01にまとめます。

図表01 ▶ 法律施行規則で定義されている用語

用語	定義
管理区域	外部放射線に係る線量が原子力規制委員会の定める線量を超え、空気中の放射性同位元素の濃度が原子力規制委員会の定める濃度を超え、または放射性同位元素によって汚染される物の表面の放射性同位元素の密度が原子力規制委員会の定める密度を超えるおそれがある場所
作業室	密封されていない放射性同位元素の使用もしくは詰替えをし、または放射性同位元素もしくは放射線発生装置から発生した放射線により生じた放射線を放出する同位元素によって汚染された物（以下「放射性汚染物」という）で密封されていない物の詰替えをする室
廃棄作業室	放射性同位元素または放射性汚染物（以下「放射性同位元素等」という）を焼却した後、その残渣を焼却炉から搬出、またはコンクリートその他の固型化材料により固型化（固型化する処理を含む）する作業を行う室
汚染検査室	人体または作業衣、履物、保護具などの人体に着用している物の表面の放射性同位元素による汚染の検査を行う室
排気設備	排気浄化装置、排風機、排気管、排気口など気体状の放射性同位元素等を浄化または排気する設備
排水設備	排液処理装置（濃縮機、分離機、イオン交換装置などの機械または装置）、排水浄化槽（貯留槽、希釈槽、沈殿槽、ろ過槽などの構築物）、排水管、排水口など液体状の放射性同位元素等を浄化または排水する設備
固型化処理設備	粉砕装置、圧縮装置、混合装置、詰込装置など放射性同位元素等をコンクリートその他の固型化材料により固型化する設備
放射線業務従事者	放射性同位元素等や放射線発生装置の取扱い、管理またはこれに付随する業務に従事する者であって、管理区域に立ち入る者
放射線施設	使用施設、廃棄物詰替施設、貯蔵施設、廃棄物貯蔵施設、廃棄施設
放射性同位元素の使用をする室など	放射性同位元素の使用をする室、放射性同位元素の廃棄のための詰替えをする室、貯蔵室もしくは貯蔵箱、容器、保管廃棄設備、一時的に使用をする場所
防護区域	放射性同位元素の使用をする室などを含む特定放射性同位元素を防護するために講ずる措置の対象となる場所
防護従事者	特定放射性同位元素の防護に関する業務に従事する者（特定放射性同位元素防護管理者を含む）

＊則では他に実効線量限度、等価線量限度、空気中濃度限度、表面密度限度が定義されています。

03 規制対象事業者の区分と義務

学習の
ポイント 届け出だけが必要な事業者、許可が必要な事業者が何か、またそれぞれにどんな施設が必要で、放射線取扱主任者の資格が何かを覚えましょう。

❶ 規制対象事業者の区分

放射性同位元素や放射線発生装置を使用、販売、賃貸、廃棄する者は、業態や取扱量に応じて、原子力規制委員会から許可を受けるか、届け出をする必要があります。

■ 届け出が必要な事業者

①届出使用者
- ・密封線源で使用量が下限数量の1〜1000倍以下のものを取り扱う者
- ・非密封線源で使用量が下限数量以下のものを取り扱う者

②表示付認証機器届出使用者
- ・表示付認証機器（→P.318）を取り扱う者

③届出販売業者
- ・業として放射性同位元素を販売する者

④届出賃貸業者
- ・業として放射性同位元素を賃貸する者

2 許可および特定許可が必要な事業者

①許可使用者
- ・密封線源で使用量が下限数量の1000倍を超えるものを取り扱う者
- ・非密封線源で使用量が下限数量を超えるものを取り扱う者

②特定許可使用者
- ・密封線源で使用量が1個または1式、10TBq以上のものを取り扱う者
- ・非密封線源で貯蔵能力が下限数量の10万倍以上のものを取り扱う者
- ・放射線発生装置を設置する者

③許可廃棄業者
- ・放射性同位元素または放射性汚染物を業として廃棄する者

なお、許可使用者と届出使用者の両方を合わせて許可届出使用者といいます。さらに、許可届出使用者とこれらの者から運搬を委託された者を合わせて許可届出使用者等といいます。

❷ 規制対象事業者の義務

届け出および許可を受けた者は、その区分に応じて次のことを行う必要があります。

・放射線設備の設置　　　　　　・放射線の量や放射性同位元素等による汚染の状況の測定
・施設検査・定期検査の実施　　・放射線障害を防止するために必要な教育、訓練の実施
・放射線取扱主任者の選任　　　・施設に立ち入る者に対する健康診断の実施
・放射線障害予防規程の作成

規制対象事業者の区分と実施すべき義務を、次表にまとめます。

図表02 ▶ 規制対象事業者の区分と義務

区分	必要な放射線設備	放射線取扱主任者の資格	放射線障害予防規程	測定・教育の義務
届出使用者 （密封線源）	貯蔵施設	3種	必要	必要
表示付認証機器届出使用者	不要	不要	不要	不要
届出販売業者、届出賃貸業者	不要	3種	必要	必要
許可使用者 （密封線源）	使用施設 貯蔵施設 廃棄施設	2種	必要	必要
許可使用者 （非密封線源）		1種	必要	必要
特定許可使用者 （密封線源）		1種	必要	必要
特定許可使用者 （非密封線源）		1種	必要	必要
特定許可使用者 （放射線発生装置）		1種	必要	必要
許可廃棄業者	廃棄物詰替設備 廃棄物貯蔵施設 廃棄施設	1種	必要	必要

第5章

法令

届出使用者の届け出と記載事項

04

> **学習の ポイント**
>
> 各届出事業者が提出する届け出に記載する事項と届け出の時期、また変更時の届け出の時期を覚えましょう。

❶ 届出使用者の届け出と変更

届け出が必要な事業者のうち、密封線源で使用量が下限数量の1〜1000倍以下、または非密封線源で使用量が下限数量以下のものを取り扱う届出使用者は、図表03に示す事項を、あらかじめ原子力規制委員会に届け出なければなりません。

また、これら事項を変更する場合、一号では変更日から30日以内に、二〜五号では変更する前に、原子力規制委員会に届け出をしなければなりません。

図表03 使用の届け出の記載事項

号	事項
一	氏名または名称および住所ならびに法人にあってはその代表者の氏名
二	放射性同位元素の種類、密封の有無および数量
三	使用の目的および方法
四	使用の場所
五	貯蔵施設の位置、構造、設備および貯蔵能力

❷ 表示付認証機器届出使用者の届け出と変更

表示付認証機器を取り扱う表示付認証機器届出使用者は、図表04に示す事項を、使用の開始日から30日以内に原子力規制委員会に届け出なければなりません。

また、これらの各事項を変更する場合には、変更日から30日以内に原子力規制委員会に届け出なければなりません。

図表04 表示付認証機器の届け出の記載事項

号	事項
一	氏名または名称および住所ならびに法人にあってはその代表者の氏名
二	表示付認証機器の認証番号および台数
三	使用の目的および方法

❸ 販売および賃貸の業の届け出と変更

業として放射性同位元素の販売や賃貸を行う届出販売・賃貸業者は、図表05に示す事項を、あらかじめ原子力規制委員会に届け出なければなりません。ただし、表示付特定認証機器（→P.319）を販売・賃貸する者は届け出の必要がありません。

また、これら事項を変更する場合、一号では変更日から30日以内に、二、三号では変更する前に、原子力規制委員会に届け出をしなければなりません。

図表05 ▶ 販売および賃貸の業の届け出の記載事項

号	事項
一	氏名または名称および住所ならびに法人にあってはその代表者の氏名
二	放射性同位元素の種類
三	販売所または賃貸事業所の所在地

❹ 廃棄の業の許可の申請

放射性同位元素または汚染物を業として廃棄しようとする者は、図表06に示す事項を記載した申請書を原子力規制委員会に提出し、許可を受けなければなりません。

図表06 ▶ 廃棄の業の許可の申請書記載事項

号	事項
一	氏名または名称および住所ならびに法人にあってはその代表者の氏名
二	廃棄事業所の所在地
三	廃棄の方法
四	放射性同位元素および放射性汚染物の詰替えをする施設の位置、構造および設備
五	放射性同位元素および放射性汚染物を貯蔵する施設の位置、構造、設備および貯蔵能力
六	廃棄施設の位置、構造および設備
七	放射性同位元素または放射性汚染物の埋設の方法による最終的な処分を行う場合にあっては次に掲げる事項 イ　埋設を行う放射性同位元素または放射性汚染物の性状および量 ロ　放射能の減衰に応じて放射線障害の防止のために講ずる措置

05 許可使用者の届け出 および変更

学習の ポイント 届け出や許可を受けた施設・装置の変更、一時変更時に提出する書類の 項目、提出時期を覚えましょう。

❶ 許可使用者および特定許可使用者の申請書に記載する事項

次のものを使用する許可使用者および特定許可使用者は、工場または事業所単位で使用許可を原子力規制委員会に申請する必要があります。

- ・密封されていない放射性同位元素を下限数量以上使用する者
- ・密封された放射性同位元素を下限数量の1000倍を超えたものを使用する者
- ・放射線発生装置を使用する者

1 申請書に記載する事項

原子力規制委員会に提出する申請書には、図表07に示す7項目の記載が必要です。なお、使用するのが放射線発生装置のみの場合には、六号目の貯蔵する施設の記載は不要です。

図表07 申請書の記載事項

号	事項
一	氏名または名称および住所ならびに法人にあってはその代表者の氏名
二	放射性同位元素の種類、密封の有無および数量または放射線発生装置の種類、台数および性能
三	使用の目的および方法
四	使用の場所
五	放射性同位元素または放射線発生装置の使用をする施設の位置、構造および設備
六	放射性同位元素を貯蔵する施設の位置、構造、設備および貯蔵能力
七	放射性同位元素および放射性汚染物を廃棄する施設の位置、構造および設備

2 申請書の添付書類

申請書には、予定使用期間を記載した書類、および次の図表08に示す11種の書類を添付する必要があります。

号	書類の種類
一	法人にあっては登記事項証明書
二	予定使用開始時期および予定使用期間を記載した書面
三	使用施設、貯蔵施設および廃棄施設を中心とし、縮尺と方位を付けた工場または事業所内外の平面図
四	使用施設、貯蔵施設および廃棄施設の各室の間取り、用途、出入口、管理区域ならびに標識を付ける箇所を示し、かつ縮尺と方位を付けた平面図
五	使用施設、貯蔵施設および廃棄施設の主要部分の縮尺を付けた断面詳細図
六	工場または事業所に隣接する区域の状況を記載した書面
六の二	自動的に表示する装置またはインターロックを設ける場合には、放射性同位元素または放射線発生装置を使用する室の平面図であって、出入口と自動的に表示する装置またはインターロックを設ける箇所を示したものを記載した書面
七	排気設備が規定能力を有するものであることを示す書面および図面 排気設備の位置および排気の系統を示す図面
八	排水設備が規定能力を有するものであることを示す書面および図面 排水設備の位置および排水の系統を示す図面
九	放射性同位元素または放射線発生装置の使用方法の詳細と、放射線障害を防止するために講ずる措置を記載した書面
十	使用施設の外で密封されていない放射性同位元素の使用をする場合には、当該使用をする場所を示す図面
十一	許可を受けようとする者（法人にあってはその業務を行う役員）（以下「申請者」という）に係る精神の機能の障害に関する医師の診断書

3 使用の許可の基準

　原子力規制委員会は、許可の申請が次の各号に適合しているときに許可をします。

①使用施設の位置、構造および設備が技術上の基準に適合すること。

②貯蔵施設の位置、構造および設備が技術上の基準に適合すること。

③廃棄施設の位置、構造および設備が技術上の基準に適合すること。

④放射性同位元素などによる放射線障害のおそれがないこと。

＜使用許可申請の具体例＞

　ニッケル63の下限数量は100メガベクレル、コバルト60の下限数量は100キロベクレルです。

第5章

法令

・1個当たりの数量が370メガベクレルの密封されたニッケル63を装備したガスクロマトグラフ用検出器を3台使用する場合は、密封された放射性同位元素の使用量が下限数量の11倍になるので届け出の提出でよいですが、同時に放射線発生装置を使用する場合は、許可を受けなければなりません。

・1個当たりの数量が370メガベクレルの密封されたコバルト60を装備した非破壊検査装置のみ1台使用する場合は、下限数量の3700倍になるので、許可を受けなければなりません。

❷ 許可廃棄業者の許可申請

放射性同位元素または放射性汚染物を業として廃棄しようとする者は、原子力規制委員会の許可を受けなければなりません。許可の申請には、次の図表09に示す7つの事項を記載した申請書を原子力規制委員会に提出しなければなりません。

図表09 ▶ 許可廃棄業者の申請書の記載事項

号	事項
一	氏名または名称および住所ならびに法人にあってはその代表者の氏名
二	廃棄事業所の所在地
三	廃棄の方法
四	放射性同位元素および放射性汚染物の詰替えをする施設の位置、構造および設備
五	放射性同位元素および放射性汚染物を貯蔵する施設の位置、構造、設備および貯蔵能力
六	廃棄施設の位置、構造および設備
七	放射性同位元素または放射性汚染物の埋設の方法による最終的な処分を行う場合にあっては次に掲げる事項 イ　埋設を行う放射性同位元素または放射性汚染物の性状および量 ロ　放射能の減衰に応じて放射線障害の防止のために講ずる措置

❸ 使用施設などの変更

■ 使用施設などの変更の届け出

許可使用者または許可廃棄業者が、図表07、図表09の一号「氏名または名称および住所ならびに法人にあってはその代表者の氏名」を変更したときは、変更の日から30日以内に、原子力規制委員会に届け出なければなりません。

このうち、氏名または名称もしくは住所を変更したときは、許可証を提出し、

訂正を受けなければなりません。

2 使用施設などの変更の許可

　許可使用者または許可廃棄業者が、図表07、図表09の二から五および七号の事項を変更しようとするときは、許可証を添えて原子力規制委員会に申請し、許可を受けなければなりません。

　ただし、その変更が軽微なもののときは、この必要はありません。

3 変更許可の条件

　許可使用者などの申請に対する許可の条件は、次のように規定されています。

　第三条第一項本文または第四条の二第一項の許可には、条件を付することができる。

　前項の条件は、放射線障害を防止するため必要な最小限度のものに限り、かつ、許可を受ける者に不当な義務を課することとならないものでなければならない。(法　第八条)

---

4 許可使用に係る変更の許可の申請

　原子力規制委員会に提出する許可申請書には、図表10に示す4つの事項の記載が必要です。

図表10 許可申請書の記載事項

号	事項
一	氏名または名称および住所ならびに法人にあってはその代表者の氏名
二	工場または事業所の名称および所在地 (許可および特定許可使用者の場合) 廃棄事業所の所在地 (許可廃棄業者の場合)
三	変更の内容
四	変更の理由

④ 許可証

　許可使用者には図表11、許可廃棄業者には図表12に示す事項が記載された許可証が交付されます。

許可証の記載事項

号	事項
一	許可の年月日および許可の番号
二	氏名または名称および住所
三	使用の目的
四	放射性同位元素の種類、密封の有無および数量または放射線発生装置の種類、台数および性能
五	使用の場所
六	貯蔵施設の貯蔵能力
七	許可の条件

図表12 許可廃棄業者許可証の記載事項

号	事項
一	許可の年月日および許可の番号
二	氏名または名称および住所
三	廃棄事業所の所在地
四	廃棄の方法
五	廃棄物貯蔵施設の貯蔵能力
六	廃棄物埋設に係る許可証にあっては埋設を行う放射性同位元素または放射性汚染物の量
七	許可の条件

なお、許可証には、使用の方法、法人にあっては、その代表者の氏名、廃棄の方法、汚染されたものの量の記載は求められていません。また、許可証は他人に譲渡したり貸与したりしてはいけません。

❺ 許可証の再交付

許可証を汚した、破損した、または失くしたときは、(汚染・破損の場合はその許可証を添えて) 原子力規制委員会に申請し、再交付を受けることができます。

❻ 許可使用に係る使用の場所の一時的変更の届け出

許可使用者は、密閉線源の放射性同位元素3テラベクレルを超えない範囲内で、放射性同位元素の種類に応じて、原子力規制委員会が定める数量の密閉線源の放射性同位元素を図表13に示す5つの用途、または放射線発生装置を図表14に示

す3つの用途に使用する場合には、あらかじめ次のものを添えて原子力規制委員会に届け出をすることで、使用の場所を一時的に変更できます。

　一　使用の場所およびその付近の状況を説明した書面
　二　使用の場所を中心とし、管理区域および標識を付ける箇所を示し、かつ、縮尺および方位を付けた使用の場所およびその付近の平面図
　三　放射線障害を防止するために講ずる措置を記載した書面

図表13 放射性同位元素の使用の目的

号	用途
一	地下検層
二	河床洗掘調査
三	展覧、展示または講習のためにする実演
四	機械、装置などの校正検査
五	物の密度、質量または組成の調査で原子力規制委員会が指定するもの

図表14 放射線発生装置の使用の目的

号	装置	用途
一	直線加速装置	橋梁または橋脚の非破壊検査
二	ベータトロン	非破壊検査
三	コッククロフト・ワルトン型加速装置	地下検層

❼ 変更の許可を必要としない軽微な変更

図表15に示す変更は軽微な変更として、許可を受けずに変更できます。ただし、あらかじめ許可証を添えて原子力規制委員会に届け出なければなりません。

図表15 許可を必要としない変更

号	要件
一	貯蔵施設の貯蔵能力の減少
二	放射性同位元素の数量の減少
三	放射線発生装置の台数の減少
四	使用施設、貯蔵施設または廃棄施設の廃止
五	使用の方法または使用施設、貯蔵施設もしくは廃棄施設の位置、構造もしくは設備の変更であって原子力規制委員会が定めるもの
六	放射線発生装置の性能の変更であって原子力規制委員会が定めるもの

06 表示付認証機器

学習の
ポイント 設計認証、特定設計認証の機器とは何か、また申請書の記載事項、機器に表示する内容を覚えましょう。

❶ 表示付認証機器の設計認証

　放射性同位元素を装備した機器を製造または輸入しようとする者は、装備した放射性同位元素の数量が少なく、かつ放射線障害のおそれが低いものについて、放射線障害防止のための機能を有する部分の設計および装備機器の年間使用時間その他の使用、保管および運搬に関する条件について、原子力規制委員会または登録認証機関の認証を得ることができます。

❷ 表示付認証機器の特定設計認証

　構造や放射性同位元素の数量などからみて放射線障害のおそれが極めて少ない放射性同位元素装備機器を製造、輸入しようとする者は、この機器による放射線障害を防止するための機能を有する部分の設計、放射性同位元素装備機器の使用や保管、運搬に関する条件（年間使用時間に係るものを除く）について、原子力規制委員会または登録認証機関の認証（特定設計認証）を受けることができます。

　特定設計認証を受けることができる機器には、煙感知器、レーダ受信部切替放電管、集電式電位測定器および熱粒子化式センサがあります。

❸ 設計認証または特定設計認証の申請書記載事項

　設計認証または特定設計認証を受けるには、図表16に示す３つの事項を記載した申請書を原子力規制委員会または登録認証機関に提出します。

図表 16 ▶ 申請書の記載事項

号	事項
一	氏名または名称および住所ならびに法人にあってはその代表者の氏名
二	放射性同位元素装備機器の名称および用途
三	放射性同位元素装備機器に装備する放射性同位元素の種類および数量

❹ 認証の基準

原子力規制委員会または登録認証機関による認証の基準は、次のようになります。

> 原子力規制委員会又は登録認証機関は、設計認証又は特定設計認証の申請
> があつた場合において、当該申請に係る設計並びに使用、保管及び運搬に関
> する条件が、それぞれ原子力規制委員会規則で定める放射線に係る安全性の
> 確保のための技術上の基準に適合していると認めるときは、設計認証または
> 特定設計認証をしなければならない。（法　第十二条の三）

❺ 認証機器の表示

　設計認証または特定設計認証を受けた者は、その申請時に定めた確認の方法に
よって、機器の検査を行わなければなりません。これにより、認証条件の設計に
合致していることが確認された放射性同位元素装備機器（特定認証機器）に、認
証機器または特定認証機器の表示を付することができます。この表示がされた機
器を表示付認証機器および表示付特定認証機器といいます。

　ただし、表示が付された認証機器や特定認証機器以外の装備機器には、認証機
器の表示や、これと紛らわしい表示を付してはいけません。

❻ 表示付認証機器の販売または賃貸業者の義務

販売または賃貸業者の義務は、次のようになります。

> 表示付認証機器又は表示付特定認証機器を販売し、又は賃貸しようとする
> 者は、原子力規制委員会規則で定めるところにより、当該表示付認証機器又
> は表示付特定認証機器に、認証番号（当該設計認証又は特定設計認証の番号
> をいう。）、当該設計認証又は特定設計認証に係る使用、保管及び運搬に関す
> る条件、これを廃棄しようとする場合にあつては第十九条第五項に規定する
> 者にその廃棄を委託しなければならない旨その他原子力規制委員会規則で定
> める事項を記載した文書を添付しなければならない。（法　第十二条の六）

　なお、添付文書には、機器に法の適用があること、製造者の連絡先、設計認証
などの事項を掲載した原子力規制委員会のホームページアドレスの記載が必要で
す。

07 規制対象事業者の義務

学習の
ポイント
各使用者が設置を必要とする施設、定期検査などの時期、および基準適
合義務が何かを学びましょう。

❶ 放射線施設

規制対象者には、次の放射線施設の設置が義務づけられています。
・許可使用者：使用施設、貯蔵施設、廃棄施設
・届出使用者：貯蔵施設（貯蔵容器）
・許可廃棄業者：廃棄物詰替施設、廃棄物貯蔵施設、廃棄施設

❷ 施設検査、定期検査、定期確認

特定許可使用者（放射線発生装置使用者を含む）と許可廃棄業者は、原子力規
制委員会または登録検査機関から施設検査、定期検査、定期確認の3つを受けな
ければなりません。

■ 施設検査

放射線施設を設置または変更したとき、施設検査を受けなければなりません。
これに合格した後でなければ、使用施設などを使用してはいけません。

② 定期検査

特定許可使用者は安全性を確保するため、図表17に示す期間ごとに定期施設
検査を受けなければなりません。

③ 定期確認

図表17に示す期間ごとに、次の2点について確認を受けなければなりません。
①汚染状況の測定が行われ、結果の記録が作成され、保存されているか。
②帳簿が正しく記載され、保存されているか。

図表17 定期検査と定期確認の期間

使用者／廃棄業者	期間
密封された放射性同位元素または放射線発生装置のみの使用をする特定許可使用者	設置時施設検査に合格した日または前回の定期検査を受けた日から五年以内
上記以外の特定許可使用者および許可廃棄業者	設置時施設検査に合格した日または前回の定期検査を受けた日から三年以内

❸ 施設検査を必要としない変更の例

次のような施設の変更は軽微な変更であり、施設検査を行う必要がありません。

①密封線源を使用する許可使用者が行う変更

- ・使用数量が10TBq以上の使用施設や貯蔵施設の増設
- ・貯蔵能力を10TBq未満から10TBq以上にする貯蔵能力の変更
- ・廃棄施設の増設

②非密封放射性同位元素を使用する許可使用者

- ・原子力規制委員会が定める年間使用数量以上の非密封放射性同位元素を使用する使用施設の増設
- ・非密封放射性同位元素の貯蔵能力が、原子力規制委員会が定める数量以上の貯蔵施設の増設
- ・工場または事業所の非密封放射性同位元素の貯蔵施設の貯蔵能力を、下限数量に十万を乗じて得た数量未満からそれ以上とする変更
- ・廃棄施設の増設

③放射線発生装置に係る許可使用者

- ・放射線発生装置の使用施設の増設
- ・放射線発生装置を使用していない施設から使用施設への変更

④許可廃棄業者の軽微な変更（①〜③と定義の仕方が異なる）

⑤廃棄物詰替施設、廃棄物貯蔵施設または廃棄施設の増設以外の変更

❹ 使用施設などの基準適合義務と基準適合命令

許可使用者、届出使用者、許可廃棄業者は、それぞれ設置が義務づけられている放射線施設を技術上の基準に適合するように維持しなければなりません。

また、原子力規制委員会が基準適合義務を満たしていないと判断した場合は、許可使用者などに施設の移転や修理、改造を命じることができます。これらを基準適合義務といいます。

❺ 使用の基準

許可届出使用者は、放射性同位元素または放射線発生装置を使用する場合、技術上の基準に従って放射線障害の防止に必要な措置を講じなければなりません。

原子力規制委員会は、放射性同位元素または放射線発生装置の使用に関する措置が技術上の基準に適合していないと認めるときは、許可届出使用者に使用法の変更その他放射線障害の防止に必要な措置を命じることができます。

【作業室の使用基準】

・放射性同位元素または放射線発生装置の使用は、使用施設において行う。

・密封されていない放射性同位元素の使用は、作業室において行う。

・実効および等価線量限度を超えないよう、被ばく防護の３原則を実施する。

・室の出入口にインターロックを設けるとともに、人が閉じ込められた場合、速やかに脱出できる措置を講じる。

・作業室内の空気を浄化または排気し、空気中濃度限度を超えないようにする。

・作業室での飲食および喫煙を禁止する。

・作業室などで人が触れるものの表面を汚染除去または廃棄することで、表面密度限度を超えないようにする。

・作業室では作業衣、保護具などを着用し、着用のまま作業室から退出しない。

・作業室から退出するときは、放射性同位元素による汚染を検査し、除去する。

・汚染され、表面密度限度を超えたものを作業室から持ち出さない。

【放射性同位元素の使用基準】

・放射性汚染物で、表面の放射性同位元素の密度が、原子力規制委員会が定める密度を超えたものは、みだりに管理区域から持ち出さない。

・密封放射性同位元素を使用する場合は、開封または破壊されるおそれがないこと。また、漏えいなどで散逸・汚染するおそれがないこと。

・密封放射性同位元素の移動使用後は直ちに、放射線測定器で紛失、漏えいなどを点検し、異常があるときは放射線障害を防止する措置を講じる。

【使用施設の使用基準】

・使用施設または管理区域には、障害の防止に必要な注意事項を掲示する。

・放射性同位元素または放射線発生装置用の管理区域には標識を付ける。

・管理区域に人がみだりに入らない措置を講じる。放射線業務従事者以外の者が入るときは、放射線業務従事者の指示に従わせる。

【使用場所の変更に関する使用基準】

・陽電子断層撮影用放射性同位元素を人以外の生物に投与した場合、その生物と排出物は、投与された放射性同位元素の原子の数が一（個）以下になるまで管理区域内で保管した後でなければ、みだりに管理区域から持ち出さない。

・原子力規制委員会に届け出をして使用場所を変更するときに、400GBq以上の放射性同位元素を装備する機器を使用する場合は、その機器に放射性同位元素の脱落を防止するための装置を備えつける。

・原子力規制委員会に届け出をして使用場所を変更するときに、放射性同位元素や放射線発生装置を使用している場合は、第一種または第二種、放射線発生装置では第一種放射線取扱主任者免状所有者の指示の下に行う。

❻ 保管の基準

　許可届出使用者や許可廃棄業者は、放射性同位元素や放射性汚染物を保管する場合、技術上の基準に従って放射線障害防止に必要な措置を講じなければなりません。ただし、原子力規制委員会が、この保管措置が技術上の基準に適合していないと判断した場合は、保管の方法の変更その他放射線障害の防止のために必要な措置を命じることができます。また、届出販売業者や届出賃貸業者は、これらの保管を許可届出使用者に委託しなければなりません。

【放射性同位元素に関する保管の基準】

- ・密封されていない放射性同位元素は、容器に入れ、かつ貯蔵室または貯蔵箱で保管しなければならない。
- ・貯蔵施設には、その貯蔵能力を超える放射性同位元素を貯蔵しないこと。
- ・貯蔵施設のうち、放射性同位元素を経口摂取するおそれがある場所では飲食や喫煙を禁止すること。
- ・空気を汚染するおそれがある放射性同位元素を保管する場合、放射性同位元素の濃度が貯蔵施設内の人が呼吸する空気中にある空気中濃度限度を超えないようにしなければならない。
- ・液体状または固体状の放射性同位元素を入れた容器で、き裂や破損などの事故が生じるおそれがあるものには、受皿、吸収材その他の施設または器具を用いることにより、汚染の広がりを防止すること。
- ・密封された放射性同位元素を耐火性構造の容器に入れて保管する場合、その容器をみだりに持ち運ぶことができないような措置を講じなければならない。

【放射化物保管設備に関する基準】

- ・放射線発生装置から発生した放射線により生じた放射線を放出する同位元素によって汚染されたもの（以下「放射化物」という）のうち、放射線発生装置を構成する機器または遮へい体として用いるものを保管する場合は、次に定めるような放射化物保管設備を設けること。
  - ①放射化物保管設備⇒外部と区画された構造とする。
  - ②放射化物保管設備の扉やふたなどの外部に通じる部分⇒鍵その他の閉鎖のための設備または器具を設ける。
- ・放射化物保管設備は、耐火性の構造で、かつ第十四条の九第四号の基準に適合する容器を備えること。ただし、放射化物が大型機械などのため、容器に入れることが著しく困難な場合には、汚染の広がりを防止するための特別な措置を講じれば、この限りではない。

08 特定放射性同位元素

学習の
ポイント
施錠や鍵の管理、侵入防止のための監視装置、立入制限と本人確認、電子計算機へのアクセス制限など、保安措置が何かを覚えましょう。

❶ 用語の定義

・防護区域：放射性同位元素を使用する室などを含む、特定放射性同位元素を防護するために講じる措置の対象となる場所
・防護従事者：特定放射性同位元素防護管理者を含む、特定放射性同位元素の防護に関する業務に従事する者

なお、この節で"届け出"や"報告"と書かれた場合、特に明記がない限り、提出先は原子力規制委員会です。

❷ 工場などの防護のために講ずべき措置

　許可届出使用者および許可廃棄業者は、特定放射性同位元素を工場または事業所で取り扱う場合、4章22節（→P.294）の区分に応じ、施錠その他で特定放射性同位元素の管理、防護上必要な設備および装置の整備と点検、その他防護に必要な措置を講じなければなりません。

　防護に必要な措置は、次に定められます。ただし、緊急診療などの緊急対応は、あらかじめ特定放射性同位元素防護規程（以下「防護規程」）に定めて行います。
①防護区域を定めること。
②防護区域への人の立入りについては、次に掲げる措置を講じること。

　・業務上防護区域に常時立ち入る者（以下「防護区域常時立入者」）には、その身分および防護区域への立入りの必要性を確認のうえ、立入りを認める証明書面等（以下「証明書等」）を発行し、立入りの際に証明書等を所持させる。
　・防護区域に立ち入ろうとする者（防護区域常時立入者を除く）には、身分および防護区域への立入りの必要性を確認する。本人確認は、運転免許証、パスポートなど、公的機関発行の顔写真入り証明書などで行う。ただし、区分1の場合は2種類の顔写真入り証明書で確認する。また、防護区域内では防護従事者を同行させ、特定放射性同位元素の防護に必要な監督を行わせる。
③防護区域への侵入防止のため、防護区域の出入口、または防護区域の出入口およびそこに至る経路上にある出入口に異なる2種以上の鍵で施錠する。また、防護従事者に出入口を常時監視させる場合以外では、次の措置を講じること。

・防護従事者から鍵の管理者を指定し、鍵を厳重に管理させ、他の者が鍵を取り扱うことを禁止する。ただし、一時的な取扱いを認めた防護区域常時立入者については、この限りではない。

・鍵か錠に異常があった場合、速やかに取替えまたは構造変更を行う。

④防護区域常時立入者が防護区域に立ち入る場合には、その都度、立入りが正当なものかを確認するため、2以上の措置を講じること（区分2、3では1措置）。

⑤防護区域への侵入監視のため、次に掲げる装置（以下「監視装置」）を設置する。ただし防護区域で特定放射性同位元素の使用または廃棄のため、詰替えのみをする場合、2人以上の防護従事者に同時に行わせるときは、この限りではない。

・侵入を確実に検知して直ちに表示、また一定期間の録画機能を有する装置。

・侵入を検知したら警報を発するとともに、あらかじめ指定した者に直ちに通報する機能を有する装置。

・上記とも装置への不正活動を検知し、警報を発する機能が有るものに限る。

⑥堅固な障壁で区画、その他で、特定放射性同位元素を容易に持ち出せないように2層以上の障壁を設ける（区分2、3では1層のみでよい）。ただし、防護区域で特定放射性同位元素の使用、または廃棄に詰替えのみをする場合、2人以上の防護従事者に同時に行わせるときは、この限りではない。

⑦特定放射性同位元素の管理には、次の措置を講じる。

・特定放射性同位元素は、防護区域内に置く。

・監視装置により防護区域への侵入を常時監視する。ただし、防護区域常時立入者が立ち入る場合、監視は不要。

・特定放射性同位元素の管理や、特定放射性同位元素の防護のための設備または装置に異常が認められた場合、防護従事者に直ちに組織的な対応（指定した防護従事者に異常を報告、その他の防護規程に定めた措置）をとらせる。

・防護従事者に毎週1回以上、特定放射性同位元素とその防護に必要な設備および装置の点検を行わせ、異常があった場合には直ちに組織的な対応をとらせ、なかった場合は防護規程に従って報告させる。

⑧事業所などで特定放射性同位元素を運搬する場合、放射性輸送物に容易に破れないシールの貼付けなどの措置を講じる。ただし、2人以上の防護従事者で運搬させるときは、この限りではない。

⑨特定放射性同位元素の防護に必要な情報を取り扱う電子計算機は、電気通信回線を通じた外部からの不正アクセスを遮断する措置を講じる。

⑩特定放射性同位元素の防護に必要な設備と装置は保守を行い、機能を維持する。

⑪特定放射性同位元素に盗取のおそれがある、または行われた場合の関係機関への連絡には、2以上（区分2、3では1つ）の連絡手段を備える。また、連絡

を確実かつ速やかに行えるようにする。また、そのための手順書を作成する。
⑫特定放射性同位元素の防護に必要な措置に関する詳細な事項は、当該事項を知る必要がある者以外に知られないよう管理する。
⑬特定放射性同位元素の防護のために必要な体制を整備する。

❸ 一時的な使用の防護のために講ずべき措置

　一時的に使用する場合の防護に必要な措置は、次のとおりです。なお、一時使用の場合、場所の変更を届け出る必要があります。
①一時的使用場所の管理区域に立ち入ることが必要な者であることを確認するとともに、立ち入ることを認めた者以外の立入りを禁止する。
②作業は、2人以上の防護従事者に同時に作業を行わせる。
③特定放射性同位元素の管理について、次に掲げる措置を講じる。
　・特定放射性同位元素は、一時的に使用する場所の管理区域内に置く。
　・防護従事者に、特定放射性同位元素の管理に係る異常が認められた場合には、直ちに組織的な対応をとらせること。
　これ以外に前項の⑧、⑪、⑫、⑬に対応する措置が必要です。

❹ 特定放射性同位元素防護規程の作成、届け出および変更

　許可届出使用者および許可廃棄業者は、特定放射性同位元素の取扱いを開始する前に、特定放射性同位元素防護規程（以下「防護規程」）を作成し、届け出なければなりません。防護規程を変更したときは、変更の日から30日以内に届け出ます。防護規程には、次の事項について定めます。
①防護従事者に関する職務および組織に関すること。
②特定放射性同位元素防護管理者の代理者に関すること。
③特定放射性同位元素の区分の別に関すること。
④防護区域の設定に関すること。
⑤防護区域（常時および一時使用場所の管理区域）の出入管理に関すること。
⑥監視装置の設置に関すること。
⑦特定放射性同位元素を容易に持ち出せないようにする措置に関すること。
⑧特定放射性同位元素の管理に関すること。
⑨特定放射性同位元素の防護のために必要な設備、または装置の機能を常に維持するための措置に関すること。
⑩関係機関との連絡体制の整備に関すること。

⑪特定放射性同位元素の防護のために必要な措置に関する詳細な事項に係る情報の管理に関すること。

⑫特定放射性同位元素の防護のために必要な教育および訓練に関すること。

⑬緊急時対応手順書に関すること。

⑭特定放射性同位元素の運搬に関すること。

⑮特定放射性同位元素に係る報告に関すること。

⑯特定放射性同位元素の防護に関する記帳および保存に関すること。

⑰特定放射性同位元素の防護に関する業務の改善に関すること。

⑱その他特定放射性同位元素の防護に関して必要な事項。

❺ 工場外の運搬時の特定放射性同位元素の防護と取決めの締結

　許可届出使用者、届出販売業者、届出賃貸業者および許可廃棄業者は、特定放射性同位元素を工場または事業所の外で運搬する場合、運搬を開始する前に、発送人、運搬の責任者と受取人の間で運送の時期および場所その他、運搬に関する取決めを締結する必要があります。取決めの内容には、次のことがあります。

①出発地からの搬出と、到着地への搬入の予定日時および運搬手段。

②出発地から搬出後、直ちに発送人から受取人に通知する。

③予定日までに搬出されないときは、直ちに発送人が受取人に通知する。

④到着地に搬入後、受取人は輸送物のシールの健全性を確認し、直ちに発送人に通知する。

⑤予定日までに搬入されないときは、直ちに受取人が発送人に通知する。

⑥運搬の責任が移転される（荷物が運送業者に引き渡される）予定日時、場所と責任が移転されるための手続。

⑦予定日時までに運搬の責任が移転されないと見込まれるときは、直ちに当該責任が移転される者に通知する。

⑧運搬の責任が移転された、または予定日時までに運搬の責任が移転されないときは、直ちに運搬の責任者が発送人に通知する。

　また、運搬開始前に、取決めの締結について、原子力規制委員会に届け出ます。ただし、発送人、運搬責任者と受取人が同じ者の場合、関連する事項を防護規程に盛り込めば、運搬に関する取決めやその届け出は不要です。

❻ 特定放射性同位元素に関する報告

①許可届出使用者、届出販売業者、届出賃貸業者および許可廃棄業者は、特定放

射性同位元素を譲受けまたは譲渡したとき、その数量、年月日、相手方の氏名または名称および住所などを報告する。

②許可届出使用者などは、密封された特定放射性同位元素について、次の3分類ごとに "：" の後の行為を行ったときは、実施日から15日以内に報告する。

　・許可届出使用者：製造、輸入、受入れ、輸出または払出し

　・届出販売業者、届出賃貸業者：輸入、譲受け（回収、賃借および保管の委託の終了を含む）、輸出または譲渡（返還、賃貸および保管の委託を含む）

　・許可廃棄業者：受入れまたは払出し

③許可届出使用者などは、前項で報告した特定放射性同位元素の内容を変更、または変更で当該特定放射性同位元素が特定放射性同位元素でなくなった場合、その旨と内容を、変更の日から15日以内に報告しなければならない。なお、変更が受入れまたは払出しによる場合は、同項の報告を併せて行うことができる。

④許可届出使用者および許可廃棄業者は、毎年3月31日に所持している密封特定放射性同位元素について、同日の翌日から起算して3月以内に報告する。

❼ 防護に関する教育訓練

　許可届出使用者・廃棄業者が、特定放射性同位元素を取り扱う場合、その防護に関する業務従事者に防護規程の周知を図るほか、防護に必要な教育および訓練を施さなければなりません。教育および訓練の時期と内容は、次のとおりです。

　・防護に関する教育と訓練は、初めて特定放射性同位元素の防護の業務を開始する前、およびその業務を開始後は前回の防護の教育および訓練を行った日の属する年度の翌年度の開始の日から1年以内に行う。

　・防護に関する教育および訓練は、次に定める項目について施す。イ 防護に関する概論、ロ 防護に関する法令および特定放射性同位元素防護規程

　防護従事者の職務内容に応じて、上記項目の全部または一部に関し、十分な知識などがある者には、それらに関する教育および訓練を省略できます。

❽ 防護に関する記帳義務

　許可届出使用者、届出販売業者、届出賃貸業者および許可廃棄業者は、特定放射性同位元素を取り扱う場合に帳簿を備え、特定放射性同位元素の防護のために必要な措置および事項を記載し、保存しなければなりません。帳簿に記載する事項の細目などは、次のとおりです。

①許可届出使用者および許可廃棄業者については、次によるものとする。

・防護区域の常時立入者への証明書などの発行状況およびその担当者の氏名
・防護区域の出入管理の状況およびその担当者の氏名（上記項を除く）
・監視装置による防護区域内の監視の状況およびその担当者の氏名
・特定放射性同位元素の点検の状況およびその担当者の氏名
・特定放射性同位元素の防護のために必要な設備および装置の点検および保守の状況ならびにこれらの担当者の氏名
・防護に関する教育および訓練の実施状況
・特定放射性同位元素の運搬に関する取決め
②届出販売業者および届出賃貸業者
・特定放射性同位元素の運搬に関する取決め
③許可届出使用者、届出販売業者、届出賃貸業者または許可廃棄業者は、毎年３月31日、または許可の取消や廃業などをした日に帳簿を閉鎖する。
④帳簿の保存の期間は、帳簿の閉鎖後５年間とする。
⑤帳簿が電磁的方法で記録され、必要に応じて電子計算機その他で直ちに表示できるように保存されるときは、その記録の保存で帳簿保存に代えられる。

❾ 特定放射性同位元素防護管理者

　許可届出使用者および許可廃棄業者は、特定放射性同位元素を工場または事業所で使用、保管、運搬または廃棄（廃棄物埋設を除く）する場合、取扱いを開始するまでに、特定放射性同位元素に関する業務を統一的に管理させるため、次の特定放射性同位元素防護管理者の要件を備えた者の中から、１工場、１事業所または１廃棄事業所につき、少なくとも１名を選任し、その日から30日以内に届け出なければなりません（解任の場合も30日以内に届け出ます）。
①事業所などで特定放射性同位元素の防護に関する業務を統一的に管理できる地位にある者であること。
②放射性同位元素の取扱いの一般的な知識を有すること。
③特定放射性同位元素の防護に関する業務に管理的地位にある者として１年以上従事した経験がある者、またはこれと同等以上の知識と経験を有していると原子力規制委員会が認めた者であること。
　特定放射性同位元素防護管理者の代理者の選任も同様です。特定放射性同位元素防護管理者の義務など、特定放射性同位元素防護管理者は誠実に職務を遂行しなければなりません。また、放射線施設に立ち入る者は特定放射性同位元素防護管理者の指示に従わなければなりません。使用者などは特定放射性同位元素の防護に関し、特定放射性同位元素防護管理者の意見を尊重しなければなりません。

09 運搬の基準

学習の
ポイント

図表22の輸送物に係る構造などの基準の赤字の項およびL型、A型輸送物の表面線量率および輸送物と車両への標識について頻繁に出題されます。

放射性同位元素（RI）や放射性汚染物の運搬時には、安全確保が必要です。この運搬の基準は事業所・工場内の運搬と事業所外の運搬に分けて定められています。なお近年、事業所・工場内の運搬に関する出題はないため、略します。

❶ 事業所外の運搬

事業所外の運搬に関する基準の目的は、次のように定められています。

> 許可届出使用者、届出販売業者、届出賃貸業者及び許可廃棄業者並びにこれらの者から運搬を委託された者（以下「許可届出使用者等」という。）は、放射性同位元素又は放射性汚染物を工場又は事業所の外において運搬する場合（船舶又は航空機により運搬する場合を除く。）においては、原子力規制委員会規則（鉄道、軌道、索道、無軌条電車、自動車及び軽車両による運搬については、運搬する物についての措置を除き、国土交通省令）で定める技術上の基準に従って放射線障害の防止のために必要な措置を講じなければならない。(法　第十八条)

❷ 輸送物の型式

放射性輸送物とは、容器に収納、または包装されている放射性同位元素などのことをいいます。放射性輸送物は原子力規制委員会が、収納する放射性同位元素などの放射能量や物理的形態により、次の4つの型式を定めています。

・L型輸送物：図表18に示す、危険性が極めて少ない放射性同位元素など
・A型輸送物：図表18に示す、原子力規制委員会が定める量を超えない量の放射能を有する放射性同位元素など（L型に属するものは除く）
・B型輸送物：図表18に示す、原子力規制委員会が定める量を超える放射能を有する放射性同位元素など（A型、L型に属するものは除く）。B型は、国際輸送時の許可条件によって、さらにBM型とBU型に分類される
・IP型輸送物：放射能濃度が低い放射性同位元素などのうち、危険性が少ないものや、放射性同位元素で表面が汚染されたものであって危険性が少ないもの

図表18 L型、A型、B型の区分数量と規制

項目	L 型輸送物	A 型輸送物	B 型輸送物
特別形の数量	A_1 値の 1000 分の1以下	A_1 値以下	A_1 値超
非特別形の数量	気体または固体 A_2 値の 1000 分の1以下 液体 A_2 値の 10000 分の1以下	A_2 値以下	A_2 値超
輸送物表面における 1cm 線量当量率の最大値	5μSv/h 以下	2mSv/h 以下	2mSv/h 以下
車両表面から1m の位置に おける最大線量当量率	100μSv/h 以下	100μSv/h 以下	100μSv/h 以下
表示	なし（開封時に見やすい 位置に「放射性」の表示）	1か所	1か所

✓ CHECK **特別形と非特別形、A_1値とA_2値の意味**

【特別形と非特別形】
・特別形とは、放射性同位元素などが衝撃や高温にあっても漏出しないように強固なステンレス鋼カプセル内に完全溶接密封されたもので、原子力規制委員会の承認を受けたものです。
・非特別形とは、特別形以外のもので、一般に液体や固体状の放射性同位元素等をガラスアンプルなどに封入したものをいいます。

【A_1値とA_2値】
放射性同位元素等を運搬するとき、A 型輸送物を使うかB 型輸送物を使うかを決める放射能限度を、特別形ではA_1値、非特別形ではA_2値といいます。A_1値、A_2値は、放射性同位元素の種類ごとに決められた放射能の量です。例えば、^{32}P（リン）ではA_1、A_2値ともに0.5TBqです。

第**5**章

法令

③ 輸送物への標識と表示

① 放射性輸送物への標識と表示義務

　A型輸送物およびB型輸送物の表面には、図表19に示す輸送物表面および表面から1mの地点の1cm線量当量率、ならびに輸送指数（TI：Transport Index）の基準値に応じて、図表20に示す3種のいずれかの標識を取り付けることが義務づけられています。また、輸送物の表面には、荷送人もしくは荷受人の氏名または名称と住所の記載が必要です。

CHECK　輸送指数の値

輸送物表面から1m地点の1cm線量当量率（mSv/h）の値の100倍を輸送指数といいます。なお、この値が0.05mSv/h以下のときは、輸送指数の値を0とします。

図表19 ▶ 標識の種類と条件

条件	第一類白標識	第二類黄標識	第三類黄標識
表示箇所	輸送物の表面2か所	輸送物の表面2か所	輸送物の表面2か所
輸送物表面における1cm線量当量率	5μSv/h以下	5μSv/hを超え500μSv/h以下	500μSv/hを超え2mSv/h以下
輸送物表面より1mの地点における1cm線量当量率	−	10μSv/h以下	10μSv/hを超え100μSv/h以下
輸送指数	0	1.0以下	10以下

2 車両標識の設置

輸送用の車両には、図表21に示す**車両標識**を取り付けることが義務づけられており、車の左右両面や後面の見やすい位置に取り付けます。なお、**輸送用の車両**には、原子力規制委員会が定める**危険物**を混載してはいけません。

図表20 ▶ 輸送物の標識

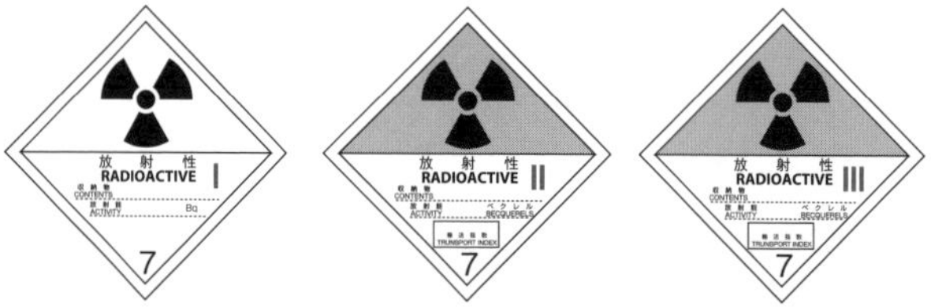

第一類白標識　第二類黄標識　第三類黄標識

図表21 ▶ 車両の標識

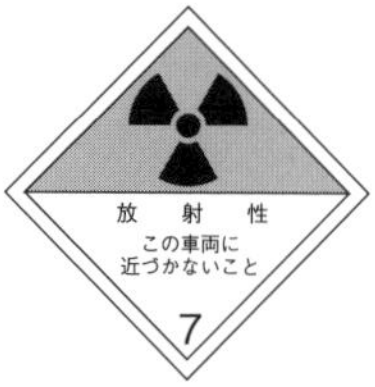

車両標識

3つの標識は、上半分の色、**輸送指数表示の有無**、および**右側の赤い線の数**が異なります。

④ 放射性輸送物に係る構造などの基準

放射性輸送物に係る構造などに対して、図表22に示す基準があります。

図表22 ▶ 輸送物に係る構造などの基準

基　準	L型輸送物	A型輸送物	B型輸送物 BM型	BU型
外接する直方体の各辺が 10cm 以上	－	○	○	
運搬中に予想される温度、内圧の変化や振動で、き裂、破損などのおそれがないこと	○	○	○	
容易、かつ安全に取り扱うことができる	○	○	○	
不用な突起物などがなく、表面汚染の除染が容易	○	○	○	
材料、収納物相互間の物理的、化学的安定性	○	○	○	
弁の誤操作防止措置	○	○	○	
内表面に「放射性」または「Radioactive」の文字の表示	○	－	－	
みだりに開封されないようシールなどの貼付けの措置	－	○	○	
－ 40 ～ 70℃の温度に対し、構成部品がき裂などを生じない	－	○	○	
周囲の圧力を 60kPa にした場合、放射性同位元素が漏えいしない	－	○	○	
液体状の放射性同位元素を収納する場合　1　2倍以上の液体を吸収できる吸収材または二重の密封装置　2　温度変化、動的影響、注入時の影響に対処できる十分な空間	－	○	－	
放射性同位元素の使用に必要な書類など以外のものの収納禁止	－	○	○	
運搬途中に予想できる最低温度～ 38℃で、き裂や破損なし	－	－	○	－
－ 40℃～ 38℃で、き裂や破損なし	－	－	－	○
フィルタ、機械的冷却装置を用いなくてもろ過冷却が可能	－	－	－	○
使用最高圧力が 700kPa	－	－	－	○
1cm 線量当量率の最大値が基準値以下　1　輸送物表面での最大値（mSv/h）　2　輸送物表面から1mでの最大値（mSv/h）	0.005　－	2　0.1	2　0.1	
輸送物表面の非固定性の放射性同位元素の密度	α核種：0.4Bq/cm² 以下　α核種以外：4Bq/cm² 以下			

放射能の標識

標識の種類と記載事項の組み合わせが頻繁に出題されます。5種の標識
のパターンと用途を覚えましょう。

❶ 放射能標識と衛生指導標識

　放射性同位元素や放射線発生装置を取り扱う部屋、設備、容器などには標識を
付けることが義務づけられています。この標識には放射能標識と衛生指導標識が
あり、衛生指導標識は緑地に白十字が記されており、汚染検査室のみに使用され
ます。

❷ 放射能標識の種類と表示形式

　放射能標識は上下に入れる文字により、図表23に示す5種類に分類されます。

図表23 ▶ 5種類の標識例

| 1 | 2 | 3 | 4 | 5 |

▌ 上だけに室名または内容物名が入る標識

　この標識は、立ち入りが制限されていない作業室と保管容器に使用します。

使用場所	上部文字
放射性同位元素の使用室	放射性同位元素使用室
放射線発生装置の使用室	放射線発生装置使用室
放射性同位元素の詰替室	放射性廃棄物詰替室
廃棄作業室	廃棄作業室
放射化物保管設備に備える容器	放射化物
廃棄物貯蔵施設に備える容器	放射性廃棄物
保管廃棄設備に備える容器	
届出使用者が廃棄を行う場所に備える容器	

❷ 上に設備名、下に「許可なくして立ち入りを禁ず」と入る標識

この標識は、中に人が入れる設備に使用します。

使用場所	上部文字	下部文字
放射化物保管設備	放射化物保管設備	許可なくして立ち入りを禁ず
貯蔵室	貯蔵室	
保管廃棄設備	保管廃棄設備	

❸ 上に設備名、下に「許可なくして触れることを禁ず」と入る標識

この標識は、中に人が入れない設備に使用します。

使用場所	上部文字	下部文字
排気設備	排気設備	許可なくして触れることを禁ず
貯蔵箱	貯蔵箱	

❹ 上に管理区域、下に「許可なくして立ち入りを禁ず」と入る標識

この標識は、管理区域に使用し、管理区域という文字の下にはカッコ付きで施設名または場所名が入ります。

使用場所	上部文字（カッコ内の施設名、場所名）
管理区域	（使用施設）、（廃棄物詰替施設）、（貯蔵施設）、（廃棄物貯蔵施設）、（廃棄施設）
許可使用者が場所の変更を届け出て一時的に行う放射性同位元素や放射線発生装置の使用の場所に係る管理区域	（放射性同位元素使用場所）、（放射線発生装置使用場所）
届出使用者が行う使用や廃棄の場所に係る管理区域	（放射性同位元素使用場所）、（放射性同位元素廃棄場所）

❺ 上に「放射性同位元素」と入る標識

この標識は、貯蔵施設に備える容器のみに使用し、標識には「放射性同位元素」という文字と、その種類、数量を記載する欄が入ります。

なお、排水設備のみ❷と❸の両方のタイプを使用するため、上部文字に「排水設備」、下部文字に「許可なくして立ち入りを禁ず」または「許可なくして触れることを禁ず」と入ります。

11 場所の測定

放射線量などの測定を定期的に行わなければならない場所と、その実施間隔や実施間隔の例外規定について問われます。

❶ 測定に関する規定

　許可届出使用者と許可廃棄業者には、次の3つの事項が定められています。

①場所の測定：放射線障害のおそれがある場所について、放射線の量や放射性同位元素などによる汚染の状況を測定しなければなりません。

②外部測定：使用施設や廃棄物詰替施設、貯蔵施設、廃棄物貯蔵施設、廃棄施設に立ち入った者について、その者の受けた放射線の量や放射性同位元素などによる汚染の状況を測定しなければなりません。

③記録の作成と保存：①と②の測定の結果について記録の作成、保存その他の原子力規制委員会規則で定める措置を講じなければなりません。(法　第二十条)

❷ 場所の測定と間隔

　場所の測定では、放射性同位元素による汚染の状況と放射線の量に関する測定が必要で、図表24に示す場所に対して測定を行います。

図表24 ▶ 場所の測定と間隔

放射性同位元素による汚染の状況の測定		放射線の量の測定	
場所	測定間隔	場所	測定間隔
作業室	1月ごとに	使用施設	1月ごとに
廃棄作業室	1月ごとに	廃棄物詰替施設	1月ごとに
汚染検査室	1月ごとに	貯蔵施設	1月ごとに
排気設備の排気口	取り扱うごとに	廃棄物貯蔵施設	1月ごとに
排水設備の排水口	取り扱うごとに	廃棄施設	1月ごとに
排気監視設備のある場所	取り扱うごとに	管理区域の境界	1月ごとに
排水監視設備のある場所	取り扱うごとに	事業所等内において人が居住する区域	1月ごとに
管理区域の境界	1月ごとに	事業所等の境界	1月ごとに

測定の間隔は作業や機器の使用を開始する前に1回、開始した後に図表24に示す期間ごとに行います。ただし、排気口や排水口などは、放射性同位元素などを取り扱うたびに測定を行います。

◻ 放射線の量の測定で使用する線量当量

放射線の量の測定は1cm線量当量または1cm線量当量率で行います。ただし、70μm線量当量（当量率）が1cm線量当量（当量率）の10倍を超えるおそれがある場所では、それぞれ、70μm線量当量または70μm線量当量率で測定します。

◻ 放射性同位元素による汚染の状況と放射線の量の測定方法

放射性同位元素による汚染の状況および放射線の量の測定は、放射線測定器を用いて行います。ただし、放射線測定器を用いて測定することが著しく困難な場合には、計算によってこれらの値を算出できます。

❸ 測定期間の例外規定

測定の期間については、次の4つの例外規定があります。

①廃棄物埋設地を設けた廃棄事業所の境界における放射線の量の測定では、すべての廃棄物埋設地を土砂などで覆うまでの間のみ、1週間を超えない期間ごとに1回行います。

②密封された放射性同位元素を固定して取り扱う場所のうち、取扱いの方法と遮へい壁その他の遮へい物の位置が一定している場合、放射線の量の測定は6か月を超えない期間ごとに1回行います（つまり、上記条件が満たされた密封放射性同位元素を扱う場合は、量によらず6か月に1回の測定で済みます）。

③密封された放射性同位元素の取扱いが、下限数量（→P.306）に1000を乗じて得た数量以下の場合、放射線の量の測定は6か月を超えない期間ごとに1回行います（つまり、密封された放射性同位元素を固定しないで使用する場合でも、使用量が少なければ、6か月に1回の測定で済みます）。

④排気設備の排気口や排水設備の排水口、排気監視設備のある場所、排水監視設備のある場所を連続して使用する場合は、測定も連続して行います。

> ✎ MEMO **下限数量と下限濃度**
>
> 放射性同位元素では、その種類ごとに下限数量と下限濃度を定め、数量と濃度のどちらか一方でも下限以下ならば、法規制の対象になりません。

12 人体被ばくの測定

放射線業務従事者が定期的に行わなければならない被ばく線量の測定方法や実施間隔、実施の例外規定について問われます。

❶ 外部被ばくと内部被ばくによる線量の測定

　使用施設などに立ち入った者は、放射性同位元素による汚染の状況と放射線の量を測定しなければなりません。この測定では、外部被ばくと内部被ばくによる線量を測定します。なお、4章19節（→P.286）の内容も参照してください。

❷ 外部被ばくによる線量の測定

❶ 外部被ばくによる線量の測定場所

　外部被ばくによる線量の測定では、図表25および図表26の場所について、測定を行います。

図表25 被ばく部位と測定場所

	被ばく場所	男性	女性
1	全身が均一に被ばくする場合	胸部	腹部
2	最も被ばくする場所が次の場合 　頭部と頸部 　胸部と上腕部 　腹部と大腿部	胸部と頭部 胸部のみ 胸部と腹部	腹部と頭部 腹部と胸部 腹部のみ
3	最も被ばくする場所が1、2以外の場合	1、2の場所に加えその部位	

図表26 均一被ばくの場合の測定位置

男性は胸部　　　　　　　　　　女性は腹部

Мемо **女性の測定場所の例外** ....

妊娠不能と診断された者と、妊娠の意思のないことを書面で申し出た女性の場合
は、男性と同じ場所を測定します。

2 外部被ばくの測定方法

外部被ばくの測定は、1cm線量当量および70μm線量当量（中性子線は
1cm線量当量）で行います。ただし、図表25の「3 最も被ばくする場所が1、
2以外の場合」では、1cm線量当量の測定は必要ありません。

なお、測定では放射線測定器を使用し、管理区域に入る者に対して管理区域に
入る間、継続して行います。

3 外部被ばく線量の算出

外部被ばくを測定器で求めるのが著しく困難な場合は、計算で算出できます。

③ 内部被ばくによる線量の測定

1 内部被ばくによる線量の測定条件

内部被ばくによる線量の測定は、次のような場合に行います。

①放射性同位元素を誤って吸入摂取、または経口摂取したとき。

②作業室、その他放射性同位元素を吸入摂取、または経口摂取するおそれがある
場所に立ち入る者は、3か月を超えない期間ごとに1回。

③妊娠した女子の場合には、出産までの間は1か月を超えない期間ごとに1回。

2 被ばく線量測定の例外規定

作業室、その他放射性同位元素を吸入摂取、または経口摂取するおそれがある
場所に一時的に立ち入る者であって、放射線業務従事者でない者は、その者の内
部被ばくによる線量が、原子力規制委員会が定める線量を超えるおそれがないと
き、内部被ばくの測定は不要です。

④ 測定結果の記録

測定結果から、実効線量および等価線量を4月1日、7月1日、10月1日お
よび1月1日を始期とする各3月間、4月1日を始期とする1年間ならびに妊娠
した女子については出産までの間、毎月1日を始期とする1月間について、当該
期間ごとに算定し、記録します。

13 放射線障害予防規程

学習の
ポイント 誰が放射線障害予防規程をつくらなければならないのか、届け出の時期と規程に定めるべき事項は何かということが問われます。

① 放射線障害予防規程

許可届出使用者、届出販売業者（表示付認証機器等のみを販売する者を除く）、届出賃貸業者（表示付認証機器等のみを賃貸する者を除く）および許可廃棄業者は、②に示す18項目を含む放射線障害予防規程をつくり、使用や事業の開始までにそれを原子力規制委員会に届け出ることが求められます。

1 放射線障害予防規程の届け出が必要な場合

次の3つを開始するときには、放射線障害を防止するため、開始前に放射線障害予防規程を作成し、原子力規制委員会に届け出をしなければなりません。
①放射性同位元素や放射線発生装置を使用するとき。
②放射性同位元素の販売や賃貸の業を開始するとき。
③放射性同位元素や放射性汚染物の廃棄の業を開始するとき。

2 放射線障害予防規程の変更に関する規定

①放射線障害予防規程を変更したときには、変更の日から30日以内に、原子力規制委員会に届け出をしなければなりません。
②原子力規制委員会は、放射線障害を防止するために必要があると認めるときは、放射線障害予防規程の変更を命じることができます。

 MEMO **放射線障害予防規程の作成が不要な者**

放射性同位元素の運搬を委託された者は、放射線障害予防規程を作成する必要はありません。

② 放射線障害予防規程に記載する事項

放射線障害予防規程に盛り込む内容には、次の事項が定められています。
①放射線取扱主任者その他、放射性同位元素等または放射線発生装置の取扱いの安全管理に従事する者に関する職務および組織について。

②放射線取扱主任者の代理者の選任について（→P.358）。

③放射線施設の維持および管理（管理区域以外に立ち入る者の立入管理を含む）、ならびに放射線施設（届出使用者が密封された放射性同位元素を使用し、または密封された放射性同位元素もしくは放射性同位元素によって汚染されたものを廃棄する場合にあっては管理区域）の点検について。

④放射性同位元素または放射線発生装置の使用について（密封されていない放射性同位元素の数量の確認の方法を含む）。

⑤放射性同位元素等の受入れ、払出し、保管、運搬または廃棄について（届出賃貸業者では、放射性同位元素を賃貸した許可届出使用者により適切な保管が行われないときの措置を含む）。

⑥放射線の量および放射性同位元素による汚染の状況の測定ならびにその測定の結果について。

⑦放射線障害を防止するために必要な教育および訓練について（→P.342）。

⑧健康診断について（→P.344）。

⑨放射線障害を受けた者、または受けたおそれがある者に対する保健上必要な措置について（→P.346）。

⑩帳簿への記帳および保存について（→P.347）。

⑪地震、火災その他の災害が起こったときの措置について（危険時の措置を除く）（→P.354）。

⑫危険時の措置について（→P.354）。

⑬放射線障害のおそれがある場合、または放射線障害が発生した場合の情報提供について。

⑭応急の措置を講じるために必要な事項であって、次に掲げるものについて。

・応急の措置を講じる者に関する職務および組織について。

・応急の措置を講じるために必要な設備または資機材の整備について。

・応急の措置の実施に関する手順について。

・応急の措置に係る訓練の実施について。

・都道府県警察、消防機関および医療機関その他関係機関との連携について。

⑮放射線障害の防止に関する業務の改善について（特定許可使用者および許可廃棄業者に限る）。

⑯放射線管理の状況の報告について（→P.359）。

⑰廃棄物埋設を行う場合、廃棄物埋設地に埋設した埋設廃棄物に含まれる放射能の減衰に応じて放射線障害の防止のために講じる措置について。

⑱その他放射線障害の防止に関し、必要な事項について。

14 教育訓練

教育訓練の対象者や実施時期、項目と時間および放射線発生装置の管理区域を管理区域とみなさない条件が問われます。

① 教育訓練

　許可届出使用者および許可廃棄業者は、使用施設や廃棄物詰替施設などに立ち入る者に対し、放射線障害予防規程の周知その他を図るほか、放射線障害を防止するために必要な教育および訓練を施さなければなりません。

② 教育訓練の対象者と実施項目

1 教育および訓練の対象者と時期

　教育訓練の対象者は、管理区域に立ち入る者と、取扱等業務に従事する者です。実施時期は、図表27のとおりです。

図表27　教育訓練の対象者と時期

対象者	教育訓練の時期
放射線取扱業務従事者	初めて管理区域に立ち入る前
	立入り後は教育訓練を行った日の属する年度の翌年度の開始の日から一年以内
取扱等業務に従事する者で、管理区域に立ち入らない者	取扱等業務を開始する前
	業務開始後は教育訓練を行った日の属する年度の翌年度の開始の日から一年以内

2 教育および訓練を施す項目と時間数

　教育および訓練を施す項目と時間数は、次の図表28のとおりです。十分な知識と技能のある者には、当該項目や事項の教育訓練を省略できます。

図表28　教育訓練の項目と時間数

	項目	時間数
1	放射線の人体に与える影響	30分以上
2	放射性同位元素等または放射線発生装置の安全取扱い	1時間以上

	項目	時間数
3	放射線障害の防止に関する法令および放射線障害予防規程	30 分以上

> 📝 **MEMO** **管理区域に立ち入る者および取扱等業務以外の者に対する教育訓練**
>
> 管理区域に立ち入る者および取扱等業務以外の者には、その者が立ち入る放射線施設で放射線障害の発生防止に必要な事項について、教育訓練を行います。
>
> なお、Ｘ線装置、またはγ線照射装置を用いて行う透過写真の撮影業務を行う労働者については、電離放射線障害防止規則により、上記項目に代わり、以下の項目について特別の教育(透過写真撮影業務特別教育規程)を行わなければなりません。
>
> ①透過写真の撮影の方法
>
> ②Ｘ線装置またはγ線照射装置の構造および取扱いの方法
>
> ③電離放射線の生体に与える影響　　④関係法令

❸ 放射線発生装置に係る管理区域に立ち入る者の特例

　修理などで放射線発生装置を7日以上停止する場合、停止している間、管理区域を管理区域でないとみなします。

　放射線発生装置の運転を工事、改造、修理若しくは点検などのために7日以上の期間停止する場合における当該放射線発生装置に係る管理区域又は放射線発生装置を当該放射線発生装置に係る管理区域の外に移動した場合における当該管理区域の**全部又は一部**(外部放射線に係る線量が原子力規制委員会の定める線量を超え、(中略)おそれのない場所に限る。)については、管理区域でないものとみなす。

2　前項の規定により管理区域でないものとみなされる区域においては、第十四条の七第一項第九号の標識の近く及び当該区域の境界に設けるさくその他の人がみだりに立ち入らないようにするための施設の出入口又はその付近に、放射線発生装置の運転を停止している旨又は放射線発生装置を設置していない旨その他必要な事項を掲示しなければならない。(則　第二十二条の三)

---

15 健康診断

学習の
ポイント
健康診断の項目と例外規定、臨時健康診断の要件、線量限度の値が出題
されます。

❶ 健康診断の義務

　許可届出使用者および許可廃棄業者は、使用施設や廃棄物詰替施設、貯蔵施設、廃棄物貯蔵施設または廃棄施設に立ち入る者に対し、健康診断を行わなければなりません。また、健康診断結果は記録を作成し、保存しなければなりません。

❷ 健康診断の対象者と時期

　健康診断の対象者と行う時期を、次にまとめました。

健康診断の対象者	放射線業務従事者（一時的に管理区域に入る者は除く）
健康診断の時期	初めて管理区域に立ち入る前
	その後1年を超えない期間ごとの定期診断

❸ 臨時健康診断

　次のような場合は遅滞なく、その者の健康診断を行わなければなりません。
①放射性同位元素を誤って吸入摂取、または経口摂取したとき
②放射性同位元素で表面密度限度を超えて皮膚が汚染され、それを容易に除去できないとき
③放射性同位元素で皮膚の創傷面が汚染される、またはそのおそれがあるとき
④図表29、図表30に示す実効線量限度または等価線量限度を超えて放射線を被ばくする、またはそのおそれがあるとき

図表29 ▶ 放射線業務従事者の線量限度

実効線量限度	
男子	100mSv/5年
	50mSv/年
女子	5mSv/3か月
妊娠中の女子	1mSv*

図表30 ▶ 眼および皮膚の等価線量限度

等価線量限度	
眼の水晶体	150mSv/1年
皮膚	500mSv/1年
妊娠中の女子の腹部表面	2mSv*

＊妊娠中の女子については、使用者が妊娠と知ったときから出産までの間

④ 健康診断の方法と項目

健康診断には、問診と、検査または検診の2つがあります。

1 問診で行う事項

問診の内容は次のとおりです。なお、問診は初めて管理区域に立ち入る前の健康診断および定期診断の場合とも実施します。

①放射線の被ばく歴の有無

②被ばく歴を有する者について、作業の場所、内容、期間、線量、放射線障害の有無その他放射線による被ばくの状況

2 検査または検診する部位と項目

検査または検診を行う部位は、次のとおりです。ただし、初めて管理区域に立ち入る前の検査では眼の検査、定期検査ではその他原子力規制委員会が定める部位および項目を除くすべての項目とも検査は医師が必要と認める場合に限り実施します。

- 末梢血液中の血色素量（けっしきそりょう）、ヘマトクリット値、赤血球数、白血球数、白血球百分率
- 皮膚　　　・眼
- その他原子力規制委員会が定める部位および項目

⑤ 結果の記録と交付

健康診断の結果は、その都度、次の事項について記録し、健康診断を受けた者に対しては記録の写しを交付します。

- 実施年月日　　　・対象者の氏名　　　・健康診断を行った医師名
- 健康診断の結果　・健康診断の結果に基づいて講じた措置

⑥ 記録の保存

許可届出使用者と許可廃棄業者は、従業者の診断記録を永久に保存する義務があります。また、この記録は電磁的方法で保存できます。ただし、次の場合には、診断記録を原子力規制委員会が指定する機関に引き渡すことができます。

①健康診断を受けた者が従業者でなくなった場合

②当該記録を5年以上保存した場合

放射線障害を受けた者への措置と記帳

> 学習の
> ポイント
>
> 放射線障害を受けた者では「則　第二十三条一項」の条文、記帳では帳簿閉鎖時期、保存期間、許可届出使用者が記載する項目が出題されます。

❶ 放射線障害を受けた者への措置

　作業中に実効線量限度（1年間につき50mSv、→P.286）、眼の水晶体や皮膚の等価線量限度（それぞれ1年間につき150mSvと500mSv、→P.286）以上の被ばくを受けた、もしくは受けたおそれがある者、また、表面汚染密度（α線を放出するもの：4Bq/cm^2、α線を放出しないもの：40Bq/cm^2、→P.278）以上の汚染を受け、その汚染を容易に除去できない者または受けたおそれがある者に対しては、遅滞なく、健康診断を行わなければなりません。

　また、健康診断以外にも次の措置を講じなければなりません。

一　放射線業務従事者が放射線障害を受け、又は受けたおそれのある場合には、放射線障害又は放射線障害を受けたおそれの程度に応じ、管理区域への立入時間の短縮、立入りの禁止、放射線に被ばくするおそれの少ない業務への配置転換などの措置を講じ、必要な保健指導を行うこと。

二　放射線業務従事者以外の者が放射線障害を受け、又は受けたおそれのある場合には、遅滞なく、医師による診断、必要な保健指導などの適切な措置を講ずること。（則　第二十三条）

---

❷ 記帳の義務

　許可届出使用者などは、その業種に応じて、図表31に示す事項を記載した帳簿を備え、保存しなければなりません。

❸ 帳簿の閉鎖と保存

◼ 帳簿の閉鎖

　記帳義務のある者は、次のような場合に帳簿を閉鎖しなければなりません。

・毎年3月31日（1年ごと）

・許可の取消しの日、届出使用者等の業の廃止、死亡、解散または分割の日

・使用もしくは販売、賃貸もしくは廃棄の業の廃止の日
・死亡、解散もしくは事業の分割（事業承継がなかった場合）の日

図表31 事業者別の帳簿記載事項

記載事項	事業者		
	許可届出使用者	届出販売業者届出賃貸業者	許可廃棄業者
放射性同位元素の使用、保管または廃棄	○	−	−
放射線発生装置の使用	○	−	−
放射性汚染物の廃棄	○	○	−
その他放射線障害の防止に関して必要な事項	○	○	○
放射性同位元素の販売、賃貸、保管または廃棄	−	○	−
放射性同位元素または放射性汚染物の保管または廃棄	−	−	○

2 帳簿の保存

帳簿は閉鎖後5年間保存しなければなりません。ただし、廃棄物埋設を行う許可廃棄業者については、次の「**1** 許可届出使用者に関する記載項目」の①から④の項目と、⑤の項目のうち廃棄物埋設地に係る部分は、それぞれ廃棄の業を廃止するまでの期間および事業所などから搬出された後5年間保存します。

4 帳簿の記載項目

帳簿には、許可届出使用者や、届出販売業者および届出賃貸業者、許可廃棄業者、廃棄物埋設を行う許可廃棄業者に応じて、各項目の記載が必要です。

1 許可届出使用者に関する記載項目
【受入れ、払出し】

①受入れまたは払出しに係る放射性同位元素などの種類および数量
②放射性同位元素などの受入れ、払出しの年月日と相手方の氏名または名称

【使用】

③使用（詰替えを除く）に係る放射性同位元素の種類および数量

④使用に係る放射線発生装置の種類

⑤放射性同位元素、放射線発生装置の使用の年月日、目的、方法および場所

⑥放射性同位元素または放射線発生装置の使用に従事する者の氏名

【保管】

⑦貯蔵施設における保管に係る放射性同位元素および放射化物保管設備における保管に係る放射化物の種類および数量

⑧貯蔵施設における放射性同位元素および放射化物保管設備における放射化物の保管の期間、方法および場所

⑨貯蔵施設における放射性同位元素および放射化物保管設備における放射化物の保管に従事する者の氏名

【運搬】

⑩工場または事業所の外における放射性同位元素などの運搬の年月日、方法および荷受人または荷送人の氏名または名称ならびに運搬に従事する者の氏名または運搬の委託先の氏名もしくは名称

【廃棄】

⑪廃棄に係る放射性同位元素などの種類および数量

⑫放射性同位元素などの廃棄の年月日、方法および場所

⑬放射性同位元素などの廃棄に従事する者の氏名

⑭放射性同位元素等を海洋投棄する場合であって放射性同位元素等を容器に封入し、または容器に固型化したときは、当該容器の数量および比重ならびに封入し、または固型化した方法

【施設の点検】

⑮放射線施設（届出使用者が密封された放射性同位元素の使用または密封された放射性同位元素もしくは放射性同位元素によって汚染されたものの廃棄をする場合にあっては管理区域）の点検の実施年月日、点検の結果およびこれに伴う措置の内容ならびに点検を行った者の氏名

【教育訓練】

⑯放射線施設に立ち入る者に対する教育および訓練の実施年月日、項目ならびに当該教育および訓練を受けた者の氏名

【その他】

⑰管理区域でないものとみなされる区域に立ち入った者の氏名

2 届出販売業者および届出賃貸業者に関する記載項目

【譲受け、販売、譲渡、賃貸】

①譲受け（回収および賃借を含む）または販売その他譲渡（返還を含む）もしくは賃貸に係る放射性同位元素の種類および数量

②放射性同位元素の譲受けまたは販売その他譲渡もしくは賃貸の年月日およびその相手方の氏名または名称

【運搬】

③放射性同位元素または放射性同位元素によって汚染されたものの運搬の年月日、方法および荷受人または荷送人の氏名または名称ならびに運搬に従事する者の氏名または運搬の委託先の氏名もしくは名称

【保管】

④保管を委託した放射性同位元素の種類および数量

⑤放射性同位元素の保管の委託の年月日、期間および委託先の氏名または名称

【廃棄】

⑥廃棄を委託した放射性同位元素または放射性同位元素によって汚染されたものの種類および数量

⑦放射性同位元素または放射性同位元素によって汚染されたものの廃棄の委託の年月日および委託先の氏名または名称

3 許可廃棄業者（廃棄物埋設を行う者を除く）に関する記載項目

【受入れ、払出し】

①受入れまたは払出しに係る放射性同位元素などの種類および数量

②放射性同位元素などの受入れまたは払出しの年月日およびその相手方の氏名または名称

【保管】

③保管に係る放射性同位元素などの種類および数量

④放射性同位元素などの保管の期間、方法および場所

⑤放射性同位元素などの保管に従事する者の氏名

【運搬】

⑥廃棄事業所の外における放射性同位元素などの運搬の年月日、方法および荷受人または荷送人の氏名または名称ならびに運搬に従事する者の氏名または運搬の委託先の氏名もしくは名称

【その他】

⑦「1 許可届出使用者に関する記載項目」の⑪から⑯までに掲げる事項

17 合併と使用の廃止

> 学習の
> ポイント
>
> 合併では、法 第二十六条の二−1の条文が、使用の廃止では、報告などの期日、その間に実施すべき内容が問われます。

❶ 合併の場合の地位承継

合併の場合の地位承継には、次のような規定があります。

許可使用者が合併する場合、使用者の地位を承継するための条件は、次のように規定されています。届出使用者などにも同様の規定があります。

> 許可使用者である法人の合併の場合（許可使用者である法人と許可使用者でない法人とが合併する場合において、許可使用者である法人が存続するときを除く。）又は分割の場合（当該許可に係るすべての放射性同位元素又は放射線発生装置及び放射性汚染物並びに使用施設等を一体として承継させる場合に限る。）において、当該合併又は分割について原子力規制委員会の認可を受けたときは、合併後存続する法人若しくは合併により設立された法人又は分割により当該放射性同位元素若しくは放射線発生装置及び放射性汚染物並びに使用施設等を一体として承継した法人は、許可使用者の地位を承継する。（法　第二十六条の二−1）

❷ 使用の廃止の届け出

次のような場合には、遅滞なく、許可証および廃止措置計画を添えて、廃止の届け出を原子力規制委員会に提出しなければなりません。

①許可届出使用者（表示付認証機器届出使用者を含む）がその許可または届け出に係る放射性同位元素や放射線発生装置のすべての使用を廃止したとき。

②届出販売業者や届出賃貸業者、許可廃棄業者がその業を廃止したとき。

❸ 許可の取消しや使用の廃止などに伴う措置など

許可を取り消された、もしくは使用の廃止を報告した許可使用者などは、次に示す放射性同位元素の譲渡、放射性同位元素等による汚染の除去、放射性汚染物の廃棄その他の措置を講じなければなりません。

①所有する放射性同位元素は輸出する、許可届出使用者、届出販売業者、届出賃貸業者もしくは許可廃棄業者に譲り渡す、または廃棄する。

②借り受けている放射性同位元素は輸出する、または許可届出使用者、届出販売業者、届出賃貸業者もしくは許可廃棄業者に返還する。

③放射性同位元素による汚染を除去する。ただし、廃止措置に係る事業所などを許可使用者または許可廃棄業者に譲り渡す場合には不要（すべての放射性同位元素等や放射線施設などを一体として譲り渡す場合）。

④廃棄物埋設地の管理の終了に係る措置では、埋設した埋設廃棄物による放射線障害のおそれがないようにするために必要な措置を講じる。

⑤放射性汚染物を許可使用者か許可廃棄業者に譲り渡す、または廃棄する。

⑥汚染の除去の前と後に場所の測定を行い、この測定結果を記録する。

⑦帳簿を備え、次に掲げる事項を記載する（以下略）。

⑧廃止措置中は廃止の日または死亡、解散もしくは分割の日の許可取消使用者などの区分に応じた放射線取扱主任者免状を有する者、または同等以上の知識および経験を有する者に措置の監督をさせる。

⑨廃止措置は、廃止措置計画の計画期間内にしなければならない。

なお、届出販売業者または届出賃貸業者は⑥と⑨が、表示付認証機器届出使用者は⑥から⑨が除かれます。

◻1 廃止措置計画

許可取消使用者などは、廃止の措置を講じるとき、あらかじめ次に掲げる事項について定めた廃止措置計画を、原子力規制委員会に届け出なければなりません。

①放射性同位元素の輸出、譲渡、返還または廃棄の方法

②放射性同位元素による汚染の除去の方法

③放射性汚染物の譲渡または廃棄の方法

④汚染の広がりの防止その他の放射線障害の防止に関し、講じる措置

⑤計画期間

届け出た廃止措置計画を変更する場合は、あらかじめ変更後の廃止措置計画を添えて届け出なければなりません。

◻2 廃止措置終了の報告

許可取消使用者などは、廃止措置が終了したとき、遅滞なく、その旨およびその講じた措置の内容（2項目前の①、③、⑤、⑦の措置の内容）を原子力規制委員会に報告しなければなりません。

①放射性同位元素を輸出〜 → 措置を講じたことを証明する書面

③放射性同位元素による汚染を除去〜 → 措置を講じたことを証明する書面

⑤放射性汚染物を許可使用者か〜 → 講じたことを証明する書面

⑦帳簿を備え、次に掲げる事項を記載〜 → 帳簿の提出

譲渡しと譲受けは輸出の可否が問われます。所持の制限では業の廃止時の所持物や運搬時の所持が、取扱いの制限では制限される人が出題されます。

❶ 譲渡しと譲受け

放射性同位元素は、次のいずれかに該当する場合以外は、譲渡し、譲受け、貸付け、または借受けをしてはいけません。

【許可使用者】

許可証に記載された種類の放射性同位元素を輸出する、他の許可届出使用者や届出販売業者、届出賃貸業者、許可廃棄業者に譲渡しや貸し付ける、または許可証に記載された貯蔵施設の貯蔵能力の範囲内で譲受けや借り受ける。

【届出使用者】

届け出た種類の放射性同位元素を輸出する、他の許可届出使用者や届出販売業者、届出賃貸業者、許可廃棄業者に譲渡しや貸し付ける、または届け出た貯蔵施設の貯蔵能力の範囲内で譲受けや借り受ける。

【届出販売業者、届出賃貸業者】

その届け出た種類の放射性同位元素を輸出する、または許可届出使用者や他の届出販売業者、届出賃貸業者、許可廃棄業者に譲渡し、貸付け、譲受け、借り受ける。

【許可廃棄業者】

許可届出使用者や届出販売業者、届出賃貸業者、他の許可廃棄業者に譲渡しや貸付け、またはその許可証に記載された廃棄物貯蔵施設の貯蔵能力の範囲内で譲受けや借り受ける。

【許可を取り消された許可使用者または許可廃棄業者】

その許可を取り消された日に所有していた放射性同位元素を輸出する、または許可届出使用者や届出販売業者、届出賃貸業者、許可廃棄業者に譲り渡す。

【放射性同位元素の使用や販売、賃貸、廃棄の業を廃止した日】

それぞれ廃止した日に所有していた放射性同位元素を輸出する、または許可届出使用者や届出販売業者、届出賃貸業者、許可廃棄業者に譲り渡す。

【事業者の死亡または法人の解散】

許可届出使用者や届出販売業者、届出賃貸業者、許可廃棄業者が死亡する、または法人が解散、もしくは分割をした日に所有していた放射性同位元素を輸出す

る、または許可届出使用者や届出販売業者、届出賃貸業者、許可廃棄業者に譲り渡す。

❷ 所持の制限

放射性同位元素は、次に該当する場合以外では、所持してはいけません。

①許可使用者が、その許可証に記載された種類の放射性同位元素を、その許可証に記載された貯蔵施設の貯蔵能力の範囲内で所持する。

②届出使用者が、その届け出た種類の放射性同位元素を、その届け出た貯蔵施設の貯蔵能力の範囲内で所持する。

③届出販売業者または届出賃貸業者が、その届け出た種類の放射性同位元素を運搬のために所持する。

④許可廃棄業者が、その許可証に記載された廃棄物貯蔵施設の貯蔵能力の範囲内で所持する。

⑤表示付認証機器などを、認証条件に従った使用、保管または運搬をする。

⑥許可を取り消された許可使用者または許可廃棄業者が、その許可を取り消された日に所持していた放射性同位元素を所持する。

⑦放射性同位元素の使用または廃棄の業を廃止した日に所持していた放射性同位元素を所持する（30日間）。

⑧放射性同位元素の販売または賃貸の業を廃止した日に所有していた放射性同位元素を運搬のために所持する。

⑨許可届出使用者や許可廃棄業者が死亡する、または法人が解散、もしくは分割をした日に所持していた放射性同位元素を所持する（30日間）。

⑩届出販売業者や届出賃貸業者が死亡する、または法人が解散、もしくは分割をした日に所有していた放射性同位元素を運搬のために所持する（30日間）。

⑪運搬を委託された者が、その委託された放射性同位元素を所持する。

⑫従業者が職務上放射性同位元素を所持する。

❸ 取扱いの制限

18歳未満の者、および心身の障害で放射線障害防止の措置を行えない者は、放射性同位元素または放射性汚染物の取扱い、放射線発生装置の使用ができません。

事故届、危険時の措置、濃度確認

事故届では届出先、危険時の措置では緊急時に行わなければならないこと、濃度確認書類に記載すべき事項が問われます。

① 警察官などへの届け出

放射性同位元素の盗難や事故は、警察官などに届け出るよう定められています。

> 許可届出使用者等（表示付認証機器使用者及び表示付認証機器使用者から運搬を委託された者を含む）は、その所持する放射性同位元素について盗取（盗まれること）、所在不明その他の事故が生じたときは、遅滞なく、その旨を警察官又は海上保安官に届け出なければならない。（法　第三十二条）

② 危険時の措置

【許可届出使用者などが行う措置】

所持する放射性同位元素、放射線発生装置や放射性汚染物が、放射線障害のおそれがある場合または放射線障害が発生した場合は、直ちに原子力規制委員会規則の定めにより応急の措置を講じなければなりません。

【発見者が行う措置】

この事態の発見者は、直ちに警察官または海上保安官に通報しなければなりません。

■ 危険時の応急措置

次の場合には、許可届出使用者などは応急の措置を講じなければなりません。
①放射線施設や放射性輸送物で火災が起こる、または延焼するおそれがある場合、消火や延焼の防止に努めるとともに直ちにその旨を消防署に通報する。
②放射線障害を防止する必要があるときは、放射線施設の内部にいる者や、放射性輸送物の運搬に従事する者、付近にいる者に避難するよう警告する。
③放射線障害を受けた者または受けたおそれがある者がいる場合は、速やかに救出し、避難させるなどの緊急の措置を講じる。
④放射性同位元素による汚染が生じた場合には、速やかに広がりの防止および除去を行う。

⑤放射性同位元素等を他の場所に移す余裕がある場合には、必要に応じて安全な場所に移す。また、その場所の周囲には縄を張り、標識などを設け、かつ見張人をつけることで、関係者以外の立入りを禁止する。

⑥その他放射線障害を防止するために必要な措置を講じる。

② 緊急作業

緊急作業を行う場合、遮へい具やかん子、保護具を用いる、放射線に被ばくする時間を短くするなどにより、緊急作業に従事する者の線量をできる限り少なくします。なお、緊急作業に係る線量限度は、実効線量で100mSv、眼の水晶体と皮膚の等価線量でそれぞれ300mSv、1Svです（→P.287）。

③ 原子力規制委員会への届け出

許可使用者などは、次の事項を原子力規制委員会に届け出なければなりません。

①緊急の事態が生じた日時および場所ならびに原因

②発生し、または発生するおそれがある放射線障害の状況

③講じた、または講じようとしている応急の措置の内容

❸ 濃度確認

許可届出使用者などは、放射性汚染物に含まれる同位元素の放射能濃度が規則で定める基準を超えていないか、原子力規制委員会または原子力規制委員会の登録を受けた者（登録濃度確認機関）に濃度確認を受けることができます。

濃度確認を受けた物は、放射性汚染物でない物として取り扱うものとします。

【濃度確認に必要な書類】

濃度確認を受けようとする者は、濃度確認を受けようとする物に含まれる放射線を放出する同位元素の放射能濃度の測定および評価を行い、結果を記載した申請書その他の書類を登録濃度確認機関に提出しなければなりません。

①放射能濃度の測定および評価に係る施設に関すること

②放射能濃度確認対象物の発生状況、材質、汚染の状況と推定量に関すること

③評価単位に関すること

④評価対象放射性物質の選択に関すること

⑤放射能濃度を決定する方法に関すること

⑥放射線測定装置の選択および測定条件の設定に関すること

⑦放射能濃度の測定および評価のための品質保証に関すること

20 放射線取扱主任者と報告徴収

学習の
ポイント　放射線取扱主任者や代理者の選任と資格と届け出の時期、報告徴収では報告を30日以内に行うことを覚えましょう。

❶ 放射線取扱主任者

❶ 放射線取扱主任者の選任

　事業者は、次の図表32の区分により、第1種から第3種の免状を有する者の中から放射線取扱主任者を選任しなければなりません。

　なお、第1種と第2種の主任者は、それぞれの放射線取扱主任者試験に合格後、主任者講習を修了して初めて免状を取得できます。

図表32　事業者ごとの放射線取扱主任者の区分

事業者	第1種放射線	第2種放射線	第3種放射線
密封されていない放射性同位元素使用者 放射線発生装置使用者 特定許可使用者	○	×	×
上記を除く許可使用者	○	○	×
届出使用者 届出販売業者 届出賃貸業者	○	○	○

　次のような場合は、医師または歯科医師、薬剤師を放射線取扱主任者として選任できます。なお、表示付認証機器のみを認証条件に従って使用する場合は、放射線取扱主任者の選任は不要です。

①**医師または歯科医師**：放射性同位元素や放射線発生装置を診療のために用いるとき

②**薬剤師**：医薬品や医薬部外品、化粧品、医療機器、または再生医療等製品の製造所

2 放射線取扱主任者の設置人数

放射線取扱主任者の設置人数は、次の図表33のように定められています。

図表33 放射線取扱主任者の設置人数

事業者	設置人数
許可届出使用者	工場、事業所または廃棄事業所ごとに少なくとも1人
許可廃棄業者	
届出販売業者	少なくとも1人
届出賃貸業者	

3 放射線取扱主任者の選任の時期と届け出

放射線取扱主任者を選任または解任したときは、その日から30日以内に原子力規制委員会に届け出なければなりません。

> 選任は、放射性同位元素を使用施設若しくは貯蔵施設に運び入れ、放射線発生装置を使用施設に設置し、又は放射性同位元素の販売若しくは賃貸の業若しくは放射性同位元素等の廃棄の業を開始するまでにしなければならない。(則　第三十条)

② 放射線取扱主任者の義務など

放射線取扱主任者の義務は、次のように定められています。

> ・放射線取扱主任者は、誠実にその職務を遂行しなければならない。
> ・使用施設、廃棄物詰替施設、貯蔵施設、廃棄物貯蔵施設又は廃棄施設に立ち入る者は、放射線取扱主任者がこの法律若しくはこの法律に基づく命令又は放射線障害予防規程の実施を確保するためにする指示に従わなければならない。
> ・許可届出使用者、届出販売業者、届出賃貸業者及び許可廃棄業者は、放射線障害の防止に関し、放射線取扱主任者の意見を尊重しなければならない。(法　第三十六条)

❸ 定期講習

■ 定期講習の意義

定期講習の意義は、次のように規定されています。

> 許可届出使用者、届出販売業者、届出賃貸業者及び許可廃棄業者のうち原子力規制委員会規則で定めるものは、放射線取扱主任者に、原子力規制委員会規則で定める期間ごとに、原子力規制委員会の登録を受けた者（以下「登録定期講習機関」という。）が行う放射線取扱主任者の資質の向上を図るための講習（以下「登録放射線取扱主任者定期講習」という。）を受けさせなければならない。(法　第三十六条の二)

放射線取扱主任者は、放射線業務従事者や一般公衆などに対して放射線障害が起こらないように、放射性同位元素などの取扱いについて監督を行っています。この放射線障害の防止の要となる選任された放射線取扱主任者の力量の維持および向上を図るために、定期講習を受けます。

■ 定期講習の受講対象者

定期講習の対象者は、許可届出使用者、届出販売業者、届出賃貸業者および許可廃棄業者の放射線取扱主任者です。

■ 定期講習の時期

放射線取扱主任者に選任された日から1年以内に「放射性同位元素等の規制に関する法律」に基づく原子力規制委員会の登録を受けた登録定期講習機関が行う定期講習を受けなければなりません。

ただし、選任前1年以内に定期講習を受けた場合は不要です。また選任後、前回の定期講習を受けた日の属する年度の翌年度の開始の日から3年以内（届出販売業者および届出賃貸業者は5年以内）に受ける必要があります。

❹ 放射線取扱主任者の代理者

放射線取扱主任者が旅行や疾病その他の事故により、その職務を行うことができない場合には、その職務を行うことができない期間中、放射性同位元素もしくは放射線発生装置を使用、または放射性同位元素もしくは放射性汚染物を廃棄し

ようとするときは、放射線取扱主任者の代理者を選任しなければなりません。この場合、代理者の資格は放射線取扱主任者と同じです。

また、代理者を選任または解任したときは、選任または解任した日から30日以内に原子力規制委員会に届け出なければなりません。ただし、職務を行うことができない期間が30日に満たないときは、届け出をする必要はありません。

❺ 報告徴収

原子力規制委員会、国土交通大臣または都道府県公安委員会は、表示付認証機器届出使用者を含む許可届出使用者、届出販売業者、届出賃貸業者もしくは許可廃棄業者またはこれらの者から運搬を委託された者に対し、原子力規制委員会規則、国土交通省令または内閣府令で定める項目の報告をさせることができます。

❻ 報告の提出時期と項目

各事業者は、その事業形態ごとに、次に示す内容を原子力規制委員会に報告しなければなりません。

①許可届出使用者または許可廃棄業者

放射線施設を廃止したときは、放射性同位元素による汚染の除去その他の講じた措置を、30日以内に報告します。

②許可届出使用者、届出販売業者、届出賃貸業者または許可廃棄業者

毎年4月1日からその翌年の3月31日までの期間の報告書を作成し、当該期間の経過後3月以内に提出します。

③許可届出使用者、表示付認証機器届出使用者、届出販売業者、届出賃貸業者もしくは許可廃棄業者

原子力規制委員会より、次に掲げる事項について、期間を定めて報告を求められたときは、当該事項を当該期間内に報告します。

・放射線管理および特定放射性同位元素の防護の状況
・放射性同位元素の在庫およびその増減の状況
・工場または事業所の外で行われる放射性同位元素などの廃棄または運搬の状況

第5章│法令 一問一答式確認テスト

次の問題文を読み、正しい（適切な）ものには○、誤っている（不適切な）ものには×で答えましょう。

1
□□□
★

放射線発生装置のみの使用の許可を受けようとする者が提出する申請書には、放射線発生装置の種類、台数および性能の記載が必要である。

○ 他に使用施設および廃棄施設の位置、構造および設備の記載が必要です。

2
□□□
★★★

下限数量を超える密封されていない放射性同位元素（RI）を使用しようとする者は、工場または事業所ごとに許可を受けなければならない。

○ 工場、事業所単位で原子力規制委員会に許可を受けなければなりません。廃棄事業者の場合も同様です。

3
□□□
★

放射性同位元素を業として販売しようとする者は、届出書に販売業を遂行するに足りる経理的基礎を有することを明らかにする書面を添付する。

✕ 廃棄業で必要な項目です。販売業では予定事業開始時期、年間販売予定数量が必要です。許可使用者が法人の場合は、登記事項証明書が必要です。

4
□□□
★★

許可使用者の許可証に記載される事項には、使用の方法、使用の目的、使用の場所が定められている。

✕ 使用の目的、使用の場所は定められていますが、使用の方法は定められていません。

5
□□□
★★

許可使用者は、X線を発生させる直線加速装置を、橋脚の非破壊検査のために一時的に使用の場所を変更して使用できる。

○ 原子力規制委員会に届け出ることにより、許可使用者が一時的に使用の場所を変更して使用できます。

6
□□□
★

容量が20m³の鉄筋コンクリート製の排水浄化槽を、同じ容量のステンレス製に更新しようとする場合、許可は不要である。

✕ 容量が同じでも構造などが異なるので、原子力規制委員会の許可を受けなければなりません。

7
□□□
★

表示付認証機器を販売するときに添付する文書には、認証番号、当該設計認証に係る使用、保管および運搬に関する条件の記載が必要である。

○ 他に当該機器について法の適用がある旨の記載などが必要です。

8 ☐☐☐ ★★★	保管の基準では、密封されていない放射性同位元素は容器に入れ、かつ貯蔵室で保管しなければならない。	✗ 貯蔵室以外に貯蔵箱で保管できます。ただし、保管中に持ち運ぶことができないようにする措置が必要です。
9 ☐☐☐ ★★	L型輸送物は、表面における1cm線量当量率の最大値が5μSv/hを超えてはいけない。	◯ A型輸送物とB型輸送物では、表面における1cm線量当量率の最大値が2mSv/hを超えてはいけません。
10 ☐☐☐ ★	廃棄施設の技術上の基準では、密封されていない放射性同位元素等を使用する場合、必ず排気設備を設けることが定められている。	✗ 排気設備の設置が使用目的を妨げ、もしくは作業の性質上困難な場合で、気体状の放射性同位元素を発生しない場合などは設置が不要です。
11 ☐☐☐ ★★★	放射線の量の測定で、密封放射性同位元素を固定して使用し、遮へい壁などの位置が一定なので、測定を6月を超えない期間ごとに1回行った。	◯ 通常は1月を超えない期間ごとに行いますが、密封であり、固定して使用し、かつ遮へい壁などの位置が一定の場合は、6月ごとに行います。
12 ☐☐☐ ★★★	業務従事者が初めて特定放射性同位元素の防護の業務を開始する前に防護の教育および訓練を行う。	◯ さらに、業務開始後には前回の防護の教育および訓練を行った日の属する年度の翌年度の開始の日から1年以内に行います。
13 ☐☐☐ ★★	4月1日を始期とする1年間で、実効線量について50mSv被ばくし、または被ばくしたおそれがあるときは、遅滞なく健康診断を行う。	◯ 他に皮膚（500mSv）や眼（150mSv）の等価線量限度を超えたとき、皮膚が汚染されたときなども、遅滞なく健康診断を行います。
14 ☐☐☐ ★★	非密封放射性同位元素のみを使用する許可使用者が帳簿へ記載する項目には、廃棄に係るRIなどを収納する容器の外形寸法などがある。	✗ 放射線障害防止法の規制に関する法律では、RIの受入れまたは払出しの年月日、相手方の氏名などの記載が必要ですが、廃棄容器の記載は不要です。
15 ☐☐☐ ★★★	表示付認証機器のみを業として販売するときは、放射線取扱主任者の選任を要しない。	✗ 表示付認証機器のみを認証条件に従って使用する場合は放射線取扱主任者の選任は不要ですが、販売するときは必要です。

16 □□□ ★★★	密封された放射性同位元素のみを診療のために使用するときは、放射線取扱主任者に放射線取扱主任者免状を持たない医師を選任できる。	◯ 同様に、医薬品や医薬部外品、化粧品、医療機器の製造所では薬剤師を放射線取扱主任者に選任できます。
17 □□□ ★★	届出使用者が、その届け出に係る放射性同位元素のすべての使用を廃止したときは、使用の廃止の日の30日前までに届け出なければならない。	✗ あらかじめ廃止措置計画を定め、原子力規制委員会に届け出なければなりません。
18 □□□ ★	届出賃貸業者から放射性同位元素の運搬を委託された者は、その委託を受けた放射性同位元素を保持できる。	◯ 運搬を委託された者は、その間、放射性同位元素を保持できます。
19 □□□ ★★	密封された放射性同位元素を使用する施設で火災が起こった場合には、消火に努めるとともに、放射性同位元素による汚染の防止や除去を行う。	◯ 他に消防署への通報、放射線施設の内部および付近にいる者への避難警告を行い、火災の日時、場所と原因を原子力規制委員会に届け出ます。
20 □□□ ★★	届出使用者が放射線施設を廃止したとき、放射性同位元素の汚染除去その他の講じた措置を、30日以内に原子力規制委員会に報告しなければならない。	✗ 遅滞なく、許可証および廃止措置計画を添え、廃止の届け出を提出します。
21 □□□ ★	放射線施設とは、「使用施設、廃棄物詰替施設、貯蔵施設、廃棄物貯蔵施設、廃棄施設または廃棄物廃棄施設」をいう。	✗ はじめの5つの施設は含まれますが、廃棄物廃棄施設というものはありません。
22 □□□ ★★	許可使用者は放射線業務従事者が計画外で1mSvの被ばくをしたとき、直ちにその状況と処置を10日以内に原子力規制委員会に報告する。	✗ 放射線業務従事者が5mSv以上の場合に必要です。ただし、非放射線業務従事者の場合は0.5mSv以上で必要です。
23 □□□ ★★★	非密封放射性同位元素のみを使用する特定許可使用者は、使用施設等について前回の定期検査を受けた日から5年以内に定期検査を受けなければならない。	✗ 非密封線源を扱う特定許可使用者と許可廃棄業者は3年以内、密封線源と放射線発生装置は5年以内に定期検査が必要です。

巻　末

模擬試験

問題

法令／実務／物理学／化学／生物学

解答・解説

法令／実務／物理学／化学／生物学

模擬試験は本書の構成とは異なり、本試験の出題の順番に合わせています。
本試験では、**1日目**に「放射性同位元素等の規制に関する法律に関する課目（**法令**）」
「第一種放射線取扱主任者としての実務に関する課目（**実務**）」「物理学のうち放射
線に関する課目（**物理学**）」が、**2日目**に「化学のうち放射線に関する課目（**化学**）」「生
物学のうち放射線に関する課目（**生物学**）」が出題されます。

問題 法令

(放射性同位元素等の規制に関する法律に関する課目)

合計 **30**問

問1 放射性同位元素等規制法の目的に関する次の文章の［A］〜［D］に該当する語句について、放射性同位元素等規制法上定められているものの組合せは、下記の選択肢のうちどれか。

「この法律は、原子力基本法の精神にのっとり、放射性同位元素の使用、［ A ］、廃棄その他の取扱い、放射線発生装置の使用および放射性同位元素または放射線発生装置から発生した放射線によって汚染された物（以下「［ B ］」という。）の［ C ］その他の取扱いを［ D ］することにより、これらによる放射線障害を防止し、および特定放射性同位元素を防護して、公共の安全を確保することを目的とする。」

	A	B	C	D
1	販売、賃貸	放射性廃棄物	処理	制限
2	保管、運搬	放射化物	廃棄	制限
3	販売、賃貸	放射性汚染物	廃棄	規制
4	保管、運搬	放射性汚染物	廃棄	規制
5	販売、賃貸	放射化物	処理	規制

問2 用語の定義に関する次の記述のうち、放射性同位元素等規制法上定められているものの組合せはどれか。

A 放射線施設とは、「使用施設、廃棄物詰替施設、貯蔵施設、廃棄物貯蔵施設または廃棄施設」をいう。

B 作業室とは、「密封されていない放射性同位元素の使用もしくは詰替えをし、または放射性同位元素もしくは放射線発生装置から発生した放射線により生じた放射線を放出する同位元素によって汚染された物で密封されていないものの詰替えをする室」をいう。

C 汚染検査室とは、「人体または作業衣、履物、保護具等人体に着用している物の表面の放射性同位元素による汚染の検査を行う室」をいう。

D 廃棄作業室とは、「放射性同位元素等を焼却した後その残渣を焼却炉から搬出し、またはコンクリートその他の固型化材料により固型化（固型化す

364

るための処理を含む）する作業を行う室」をいう。

1　ＡＢＣのみ　　　　2　ＡＢＤのみ　　　3　ＡＣＤのみ　　　4　ＢＣＤのみ
5　ＡＢＣＤすべて

問3 使用の許可に関する次の記述のうち、放射性同位元素等規制法上正しいものの組合せはどれか。ただし、コバルト60の下限数量は100キロベクレルであり、かつ、その濃度は、原子力規制委員会の定める濃度を超えるものとする。また、密封されたコバルト60が製造されたのは、平成20年4月1日とする。

A　1個当たりの数量が、100メガベクレルの密封されたコバルト60を装備した密度計のみ1台を使用しようとする者は、原子力規制委員会の許可を受けなければならない。

B　1個当たりの数量が、3.7メガベクレルの密封されたコバルト60を装備した表示付認証機器のみ10台を使用しようとする者は、原子力規制委員会の許可を受けなければならない。

C　1個当たりの数量が、10メガベクレルの密封されたコバルト60を装備した照射装置のみ10台を使用しようとする者は、原子力規制委員会の許可を受けなければならない。

D　1個当たりの数量が、3.7メガベクレルの密封されたコバルト60を装備したレベル計を10台および放射線発生装置を使用しようとする者は、原子力規制委員会の許可を受けなければならない。

1　ＡＣＤのみ　　　　2　ＡＢのみ　　　　3　ＢＣのみ　　　　4　Ｄのみ
5　ＡＢＣＤすべて

問4 許可または届け出の手続きに関する次の記述のうち、放射性同位元素等規制法上正しいものの組合せはどれか。

A　下限数量を超える密封されていない放射性同位元素の詰替えをしようとする者は、工場または事業所ごとに、原子力規制委員会の許可を受けなければならない。

B　放射性同位元素または放射性同位元素によって汚染された物を業として廃棄しようとする者は、廃棄事業所ごとに、原子力規制委員会の許可を受け

なければならない。

C 放射線発生装置のみを業として賃貸しようとする者は、賃貸事業所ごとに、あらかじめ、原子力規制委員会に届け出なければならない。

D 表示付認証機器のみを使用しようとする者は、工場または事業所ごとに、かつ、認証番号が同じ表示付認証機器ごとに、あらかじめ、原子力規制委員会に届け出なければならない。

1 ABCのみ	2 ABのみ	3 ADのみ	4 CDのみ
5 BCDのみ			

問5 密封された放射性同位元素のみを使用する特定許可使用者が、放射線障害予防規程に記載するべき事項として、放射性同位元素等規制法上定められているものの組合せは、次のうちどれか。

A 特定放射性同位元素の防護措置に関すること。

B 放射線障害の防止に関する業務の改善に関すること。

C 放射線取扱主任者の義務に関すること。

D 放射線管理の状況の報告に関すること。

1 ACDのみ	2 ABのみ	3 ACのみ	4 BDのみ
5 BCDのみ			

問6 変更の手続きと許可証に関する次の記述のうち、放射性同位元素等規制法上正しいものの組合せはどれか。

A 許可使用者が、法人の代表者の氏名を変更したときは、変更の日から30日以内に、許可証を添えてその旨を原子力規制委員会に届け出なければならない。

B 許可使用者が、変更の許可を要しない軽微な変更をしようとするときは、あらかじめ、許可証を添えてその旨を原子力規制委員会に届け出なければならない。

C 許可廃棄業者が、廃棄の方法を変更しようとするときは、その申請の際に、許可証を原子力規制委員会に提出しなければならない。

D 許可使用者が、密封された放射性同位元素を機械、装置等の非破壊検査のために一時的に使用の場所を変更しようとするときは、あらかじめ、許

可証を原子力規制委員会に提出し、訂正を受けなければならない。

1　AとB　　　2　AとC　　　3　AとD　　　4　BとC　　　5　BとD

問7 次のうち、変更の許可を要しない軽微な変更に該当する事項として、放射性同位元素等規制法上定められているものの組合せはどれか。

A　放射線発生装置の台数の減少
B　放射線発生装置の使用時間数の減少
C　放射線発生装置の最大使用出力の減少
D　放射線発生装置の最大出力の減少

1　ABCのみ　　　2　ABDのみ　　　3　ACDのみ　　　4　BCDのみ
5　ABCDすべて

問8 特定放射性同位元素防護規程に関する次の文章の［A］〜［C］に該当する語句について、放射性同位元素等規制法上定められているものの組合せは、下記の選択肢のうちどれか。

「第25条の4　［　A　］は、前条第1項の政令で定める場合においては、特定放射性同位元素を防護するため、原子力規制委員会規則で定めるところにより、特定放射性同位元素［　B　］に、特定放射性同位元素防護規程を作成し、原子力規制委員会に届け出なければならない。
3　［　A　］は、特定放射性同位元素防護規程を変更したときは、［　C　］、原子力規制委員会に届け出なければならない。」

	A	B	C
1	許可届出使用者及び許可廃棄業者	の取扱いを開始する前	変更の日から30日以内に
2	許可届出使用者及び許可廃棄業者	を防護区域に運び入れるまで	変更の日から15日以内に
3	許可届出使用者等	を防護区域に運び入れるまで	遅滞なく
4	許可届出使用者等	を防護区域に運び入れるまで	変更の日から15日以内に
5	許可届出使用者等	の取扱いを開始する前	変更の日から30日以内に

許可証の再交付に関する次の記述のうち、放射性同位元素等規制法上正しいものの組合せはどれか。

A 許可証を失った許可使用者が、許可証再交付申請書を原子力規制委員会に提出する場合には、その許可証の写しを添えなければならない。

B 許可証を失って再交付を受けた許可使用者が、失った許可証を発見したときは、速やかに、これを原子力規制委員会に返納しなければならない。

C 許可証を損じた許可使用者が、許可証再交付申請書を原子力規制委員会に提出する場合には、その許可証を添えなければならない。

D 許可証を汚した許可使用者は、許可証再交付申請書を原子力規制委員会に提出し、その再交付を受けることができる。

1 ＡＢＣのみ　　2 ＡＢのみ　　　3 ＡＤのみ　　　4 ＣＤのみ
5 ＢＣＤのみ

定期検査に関する次の記述のうち、放射性同位元素等規制法上正しいものの組合せはどれか。

A 許可廃棄業者は、廃棄物詰替施設等について前回の定期検査を受けた日から５年以内に定期検査を受けなければならない。

B 直線加速装置のみを使用する特定許可使用者は、使用施設について前回の定期検査を受けた日から５年以内に定期検査を受けなければならない。

C 密封されていない放射性同位元素のみを使用する特定許可使用者は、使用施設等について前回の定期検査を受けた日から５年以内に定期検査を受けなければならない。

D 密封された放射性同位元素のみを使用する特定許可使用者は、使用施設等について前回の定期検査を受けた日から５年以内に定期検査を受けなければならない。

1 ＡとＢ　　2 ＡとＣ　　3 ＢとＣ　　4 ＢとＤ　　5 ＣとＤ

廃棄の基準に関する次の記述のうち、放射性同位元素等規制法上正しいものの組合せはどれか。

A 廃棄に従事する者（放射線業務従事者を除く）については、その者の線量

が原子力規制委員会の定める線量限度（放射線業務従事者の一定期間内における線量限度）を超えないようにする。

B 表示付認証機器等を廃棄しようとする者（許可使用者、届出使用者または許可廃棄業者であるものを除く。）は、許可廃棄業者のみに委託しなければならない。

C 管理区域内において保管廃棄した陽電子断層撮影用放射性同位元素等については、封をした日から起算して5日間を経過した後は、放射性同位元素等ではないものとする。

D 放射性同位元素によって汚染された物が大型機械等であってこれを容器に封入することが著しく困難な場合においては、特別な措置を講じ、保管廃棄設備において保管廃棄する。

1 AとB　　2 AとC　　3 AとD　　4 BとC　　5 BとD

問12 使用施設の技術上の基準に関する次の記述のうち、放射性同位元素等規制法上定められているものの組合せはどれか。

A 作業室の内部の壁、床その他放射性同位元素によって汚染されるおそれのある部分は、突起物、くぼみおよび仕上材の目地等のすきまの少ない構造とすること。

B 作業室には、汚染の検査のための放射線測定器を備えること。

C 液体状の放射性同位元素を使用する作業室には、液体がこぼれにくい構造で、かつ、液体が浸透しにくい材料を用いた容器を備えること。

D 作業室に設けるフード、グローブボックス等の気体状の放射性同位元素等の広がりを防止する装置は、排気設備に連結すること。

1 AとB　　2 AとC　　3 AとD　　4 BとC　　5 BとD

問13 次の記述のうち、密封されていない放射性同位元素を保管する場合における保管の基準として、放射性同位元素等規制法上定められているものの組合せはどれか。

A 貯蔵施設のうち放射性同位元素を経口摂取するおそれのある場所での飲食および喫煙を禁止すること。

B　放射性同位元素の保管は、容器に入れ、かつ、貯蔵室または貯蔵箱において行うこと。

C　放射性同位元素を保管するときは、予想される温度および内圧の変化により、き裂、破損等の生じるおそれのない容器に入れること。

D　空気を汚染するおそれのある放射性同位元素を保管する場合には、貯蔵施設内の人が呼吸する空気中の放射性同位元素の濃度は、空気中濃度限度を超えないようにすること。

1　ABCのみ　　2　ABDのみ　　3　ACDのみ　　4　BCDのみ
5　ABCDすべて

問14　L型輸送物に係る技術上の基準に関する次の記述のうち、放射性同位元素等規制法上定められているものの組合せはどれか。

A　表面における1センチメートル線量当量率の最大値が5マイクロシーベルト毎時を超えないこと。

B　表面におけるアルファ線を放出しない放射性同位元素の密度が40ベクレル毎平方センチメートルを超えないこと。

C　表面に不要な突起物がなく、かつ、表面の汚染の除去が容易であること。

D　運搬中に予想される温度および内圧の変化、振動等により、き裂、破損等の生じるおそれがないこと。

1　ABCのみ　　2　ABDのみ　　3　ACDのみ　　4　BCDのみ
5　ABCDすべて

問15　貯蔵施設に備えるべき、液体状の放射性同位元素を入れる容器に関する次の記述のうち、放射性同位元素等規制法上定められているものの組合せはどれか。

A　容器は、気密な構造とすること。

B　容器は、液体がこぼれにくい構造とし、かつ、液体が浸透しにくい材料を用いること。

C　容器は、表面における1センチメートル線量当量率が2ミリシーベルト毎時以下であること。

D き裂、破損等の事故の生ずるおそれのあるものには、受皿、吸収材その他放射性同位元素による汚染の広がりを防止するための施設または器具を設けること。

1　AとB　　　2　AとC　　　3　BとC　　　4　BとD　　　5　CとD

問16 実効線量及び等価線量の算定に関する次の記述のうち、放射性同位元素等規制法上正しいものの組合せはどれか。ただし、中性子線による被ばくはないものとする。

A 妊娠中である女子の腹部表面の等価線量は、1センチメートル線量当量とすること。
B 内部被ばくによる実効線量は、吸入摂取または経口摂取した放射性同位元素の排泄量と実効線量係数の積により算出したものとすること。
C 眼の水晶体の等価線量は、1センチメートル線量当量または70マイクロメートル線量当量のうち、適切な方とすること。
D 皮膚の等価線量は、70マイクロメートル線量当量とすること。

1　ACDのみ　　　2　ABのみ　　　3　BCのみ　　　4　Dのみ
5　ABCDすべて

問17 次の標識のうち、放射線障害防止法上定められているものの組合せはどれか。ただし、この場合、放射能標識は工業標準化法の日本工業規格によるものとし、その大きさは放射線障害防止法上で定めるものとする。

A

B

C

D

1　ABCのみ　　　2　ABのみ　　　3　ADのみ　　　4　CDのみ
5　BCDのみ

放射線の量の測定に関する次の記述のうち、放射性同位元素等規制法上正しいものの組合せはどれか。

A 111テラベクレルの密封された放射性同位元素のみを固定して使用し、取扱いの方法および遮へい壁の位置が一定していることから、放射線の量の測定は、6月を超えない期間ごとに1回行った。

B 偶数月にのみ、密封されていない放射性同位元素を取り扱う施設であったが、放射線の量の測定は、1月を超えない期間ごとに1回行った。

C 3.7ギガベクレルの密封された放射性同位元素のみを使用施設内で移動して取り扱うことから、放射線の量の測定は、3月を超えない期間ごとに1回行った。

D 3テラベクレルの密封された放射性同位元素のみを固定して使用し、取扱いの方法および遮へい壁の位置が一定していることから、放射線の量の測定は、3月を超えない期間ごとに1回行った。

1 ABCのみ　　2 ABDのみ　　3 ACDのみ　　4 BCDのみ
5 ABCDすべて

実効線量限度に関する次の文章の［A］～［D］に該当する数値について、放射性同位元素等規制法上定められているものの組合せは、下記の選択肢のうちどれか。

「第5条規則第1条第10号に規定する放射線業務従事者の一定期間内における線量限度は、次のとおりとする。

(1) 4月1日以後5年ごとに区分した各期間につき［　A　］ミリシーベルト

(2) 4月1日を始期とする1年間につき［　B　］ミリシーベルト

(3) 女子（妊娠不能と診断された者、妊娠の意思のない旨を許可届出使用者または許可廃棄業者に書面で申し出た者及び次号に規定する者を除く。）については、前2号に規定するほか、4月1日、7月1日、10月1日及び1月1日を始期とする各3月間につき［　C　］ミリシーベルト

(4) 妊娠中である女子については、第1号及び第2号に規定するほか、本人の申出等により許可届出使用者または許可廃棄業者が妊娠の事実を知ったときから出産までの間につき、人体内部に摂取した放射性同位元素からの放射線に被ばくすることについて［　D　］ミリシーベルト」

	A	B	C	D
1	100	50	5	2
2	250	100	10	2
3	250	50	5	1
4	100	10	5	2
5	100	50	5	1

問20 次のうち、放射性同位元素を業として販売しようとする者（表示付特定認証機器のみを業として販売する者を除く）が、あらかじめ原子力規制委員会に届け出なければならない事項として、放射性同位元素等規制法上定められているものの組合せはどれか。

A　氏名または名称および住所並びに法人にあっては、その代表者の氏名
B　放射性同位元素の種類
C　販売所の所在地
D　放射性同位元素の1個当たりの数量

1　ABCのみ　　2　ABのみ　　3　ADのみ　　4　CDのみ
5　BCDのみ

問21 教育訓練に関する次の記述のうち、放射性同位元素等規制法上正しいものの組合せはどれか。ただし、対象者には、教育および訓練の項目または事項の全部または一部に関し、十分な知識および技能を有していると認められる者は、含まれていないものとする。

A　放射線業務従事者に対しては、初めて管理区域に立ち入る前および管理区域に立ち入った後にあっては1年を超えない期間ごとに行わなければならない。
B　取扱等業務に従事する者であって、管理区域に立ち入らない者に対しては、取扱等業務を開始する前および取扱等業務を開始した後にあっては1年を超えない期間ごとに行わなければならない。
C　取扱等業務に従事する者であって、管理区域に立ち入らない者に対しては、教育および訓練の時間数は定められていない。
D　見学のため管理区域に一時的に立ち入る者に対しては、教育および訓練を行うことを要しない。

1　AとB　　2　AとC　　3　AとD　　4　BとC　　5　BとD

問22 放射線業務従事者に対し、初めて管理区域に立ち入る前に行う健康診断の方法としての問診および検査または検診のうち、医師が必要と認める場合に限り行うものとして、放射性同位元素等規制法上正しいものは、次のうちどれか。

1　放射線の被ばく歴の有無（問診）
2　末梢血液中の血色素量またはヘマトクリット値、赤血球数、白血球数および白血球百分率
3　眼
4　皮膚
5　原子力規制委員会が定める部位および項目

問23 放射線障害を受けた者または受けたおそれのある者に対する措置に関する次の文章の［A］～［D］に該当する語句について、放射性同位元素等規制法上定められているものの組合せは、下記の選択肢のうちどれか。

「放射線業務従事者が放射線障害を受け、または受けたおそれのある場合には、放射線障害または放射線障害を受けたおそれの程度に応じ、［　A　］への立入時間の短縮、［　B　］の禁止、放射線に被ばくする［　C　］業務への配置転換等の措置を講じ、必要な［　D　］を行うこと。」

	A	B	C	D
1	放射線施設	取扱い	おそれのない	健康診断
2	管理区域	取扱い	おそれのない	保健指導
3	放射線施設	立入り	おそれのない	保健指導
4	管理区域	立入り	おそれの少ない	保健指導
5	放射線施設	立入り	おそれの少ない	健康診断

問24 次のうち、許可使用者が備えるべき帳簿に記載しなければならない事項の細目として、放射性同位元素等規制法上定められているものの組合せはどれか。

A　放射性同位元素または放射線発生装置の使用の年月日、目的、方法および

場所

B 放射性同位元素等の廃棄の年月日、方法および場所

C 放射線施設に立ち入る者に対する教育および訓練の実施年月日、項目並びに当該教育および訓練を受けた者の氏名

D 受入れまたは払出しに係る放射性同位元素の種類および数量

1 ABCのみ　　　2 ABDのみ　　3 ACDのみ　　4 BCDのみ
5 ABCDすべて

問25 使用の廃止等に伴う措置および使用の廃止等の届け出に関する次の記述のうち、放射性同位元素等規制法上正しいものの組合せはどれか。

A 許可使用者が、その許可に係る放射性同位元素もしくは放射線発生装置のすべての使用を廃止したときは、その旨を原子力規制委員会に届け出なければならない。

B 許可使用者が、その許可に係る放射性同位元素もしくは放射線発生装置のすべての使用を廃止したときは、放射線業務従事者の受けた放射線の量の測定結果および健康診断の結果の記録を原子力規制委員会の指定する機関に引き渡さなければならない。

C 許可使用者が、その許可に係る放射性同位元素もしくは放射線発生装置のすべての使用を廃止したときは、放射性同位元素によって汚染された物を許可使用者に引き渡さなければならない。

D 表示付認証機器届出使用者は、その表示付認証機器のすべての使用を廃止した日から3月以内に、その旨を原子力規制委員会に届け出なければならない。

1 AとB　　2 AとC　　3 AとD　　4 BとC　　5 BとD

問26 所持の制限に関する次の記述のうち、放射性同位元素等規制法上正しいものの組合せはどれか。

A 許可使用者は、その許可証に記載された種類の放射性同位元素をその許可証に記載された貯蔵施設の貯蔵能力の範囲内で所持できる。

B 許可使用者から放射性同位元素の運搬を委託された者は、その委託を受けた放射性同位元素を、委託を受けた日から荷受人に引き渡すまでの間、所

持できる。

C 届出販売業者は、放射性同位元素の運搬を委託された場合にあっては、その届け出た種類の放射性同位元素以外であっても、運搬のために所持できる。

D 許可廃棄業者は、その許可証に記載された廃棄物貯蔵施設の貯蔵能力の範囲内で所持できる。

1 ABCのみ　　2 ABDのみ　　3 ACDのみ　　4 BCDのみ
5 ABCDすべて

問 27 危険時の措置等に関する次の記述のうち、放射性同位元素等規制法上正しいものの組合せはどれか。

A 放射線障害を防止する必要があったので、放射線施設の内部にいる者または放射線施設の付近にいる者に避難するよう警告した。

B 許可使用者は、放射線施設内で火災が起こったので、消火に努めるとともに直ちに、その旨を消防署に通報した。

C 届出使用者が、その所持する放射性同位元素に所在が不明となっているものがあることに気付き、10日間探したが発見できなかったため、直ちに、原子力規制委員会に報告した。

D 放射線業務従事者が実効線量限度を超えて被ばくしたおそれがあったので、放射線障害の発生が確認されたときに、原子力規制委員会に報告することにした。

1 AとB　　2 AとC　　3 AとD　　4 BとC　　5 BとD

問 28 放射線取扱主任者および放射線取扱主任者の代理者の選任等に関する次の記述のうち、放射性同位元素等規制法上正しいものの組合せはどれか。

A a製造所において、薬事法第2条に規定する医薬品の製造のために、新たに放射線発生装置1台と密封されていない放射性同位元素の許可を受けて使用することとなった。使用開始後30日以内に放射線取扱主任者免状を有していない薬剤師を放射線取扱主任者として選任することとした。

B b病院では、放射線発生装置を診療のために使用することとなったので、放射線取扱主任者免状を有していない歯科医師を放射線取扱主任者として選任することとした。

C　c事業所では、740 ギガベクレルの密封されたコバルト 60 を 2 個使用している。放射線取扱主任者に第 1 種放射線取扱主任者免状を有する者を選任していたが、当該放射線取扱主任者が職務を行うことができなくなったため、その期間中、第 2 種放射線取扱主任者免状を有する者を放射線取扱主任者の代理者として選任することとした。

D　d販売所では、表示付認証機器のみを販売しているが、当該法人に放射線取扱主任者免状を有する者はなく、放射線取扱主任者を選任していない。

1　AとB　　2　AとC　　3　BとC　　4　BとD　　5　CとD

問 29 放射線取扱主任者の義務等に関する次の文章の [　A　] ～ [　C　] に該当する語句について、放射性同位元素等規制法上定められているものの組合せは、下記の選択肢のうちどれか。

「第36条　放射線取扱主任者は、[　A　] にその職務を遂行しなければならない。

2　使用施設、廃棄物詰替施設、貯蔵施設、廃棄物貯蔵施設または廃棄施設に [　B　] は、放射線取扱主任者がこの法律もしくはこの法律に基づく命令または放射線障害予防規程の実施を確保するためにする指示に従わなければならない。

3　前項に定めるもののほか、許可届出使用者、届出販売業者、届出賃貸業者及び許可廃棄業者は、放射腺障害の防止に関し、放射線取扱主任者の [　C　] ならない。」

	A	B	C
1	確実	立ち入る者及び使用者等から運搬を委託された者	指示に従わなければ
2	誠実	立ち入る者	意見を尊重しなければ
3	正確	立ち入る放射線業務従事者	指示に従わなければ
4	確実	立ち入る者	意見を尊重しなければ
5	誠実	立ち入る者及び使用者等から運搬を委託された者	意見を尊重しなければ

問 30 5テラベクレルの密封された放射性同位元素のみを研究のために使用している許可使用者において、放射線取扱主任者が海外出張をすることになった。当該放射線取扱主任者がその職務を遂行することはできないが、放射性同位元素の使用を継続することとした。この出張期間中における放射線取扱主任者の代理者の選任に関する次の記述のうち、放射性同位元素等規制法上正しいものの組合せはどれか。

A 出張の期間が40日であったので、第1種放射線取扱主任者免状を有している者を、放射線取扱主任者の代理者として選任し、選任した日から10日後、原子力規制委員会にその旨の届け出を行った。

B 出張の期間が10日であったので、第2種放射線取扱主任者免状を有している者を、放射線取扱主任者の代理者として選任したが、原子力規制委員会にその旨の届け出は行わなかった。

C 出張の期間が40日であったので、第3種放射線取扱主任者免状を有している者を、放射線取扱主任者の代理者として選任したが、原子力規制委員会にその旨の届け出は行わなかった。

D 出張の期間が10日であったので、放射線取扱主任者の代理者の選任は行わなかった。

1 ＡＢＣのみ   2 ＡＢのみ   3 ＡＤのみ   4 ＣＤのみ
5 ＢＣＤのみ

問 1 次のⅠ〜Ⅲの文章の［　　］の部分に入る最も適切な語句または数値を、それぞれの解答群から１つだけ選べ。

外部被ばく管理におけるγ線の線量測定は、作業環境の線量測定と作業者自身の個人線量測定に大別される。これらの測定で対象とする実用量はそれぞれ異なり、放射線測定器も使い分けられている。また、測定器の指示値の校正についても異なる方法がとられている。

Ⅰ　作業環境の線量測定に用いるサーベイメータには、電離箱、GM計数管、シンチレーション検出器などの放射線検出器が利用される。サーベイメータの使用にあたっては、これらの特徴を十分に把握しておくことが重要である。

　電離箱では、γ線と電流箱内部の空気やそれを取り囲む壁材などとの相互作用の結果生じた電子による［　A　］電流を測定することにより、空気カーマ（率）にほぼ相当する量が得られる。このため、電離箱は線量当量へ換算するのに適しているが、GM計数管やシンチレーション検出器に比べて［　B　］が低く、測定対象とする線量率に応じた適切な使用が必要である。

　GM計数管では、ガイガー［　C　］を利用したパルス計測のため、電子回路が比較的簡単ではあるが、そのパルスは放射線のエネルギー情報を持たない。また不感時間が長いため、高線量率では［　D　］現象による指示値の低下に注意することも必要である。

　シンチレーション検出器では、NaI（Tl）、CsI（Tl）、$LaBr_3$（Ce）など、密度や［　E　］が高いシンチレータを選択することにより高い［　B　］が得られ、低い線量率の場での使用にも適している。

　GM計数管式やシンチレーション検出器式のサーベイメータは、電離箱式サーベイメータに比べて［　F　］がよくない。しかしながら、NaI（Tl）シンチレーション検出器式サーベイメータでは、パルスの［　G　］を利用し、［　F　］を補償する機能を付加することが可能である。

【A〜Gの解答群】
1　放電　　　2　発光　　　3　窒息　　　4　再結合　　　5　電離　　　6　励起
7　時定数　 8　波高　　　9　方向特性　　　　　　　10　エネルギー特性
11　発光減衰時間　　　12　実効原子番号　　13　感度　　14　校正定数

Ⅱ 　個人線量測定に用いる線量計には、受動型線量計と能動型線量計があり、いずれも体表面に密着させて測定できるよう工夫されている。

　　受動型線量計では、一定期間を経て検出素子に蓄積された線量情報を読み取り、積算線量を測定する。かつては ［ Ｈ ］ が主流であったが、近年は発光現象に基づいた線量計に代わっている。

　　［ Ｉ ］ 線量計では、γ 線照射により形成された蛍光中心をパルス紫外線で励起することで生じる発光を利用している。同様に発光現象に基づくが、光刺激による発光（輝尽発光）を利用する ［ Ｊ ］ 線量計、また熱を外部刺激とした発光を利用する線量計もある。

　　その他には、原理的に空気の電離量の測定に基づくが、低い線量まで使用できる ［ Ｋ ］ 線量計などもある。

　　能動型線量計には、［ Ｌ ］ 半導体検出器を用いた電子式線量計が多く、測定中においても積算線量や線量率を読み取ることができ、［ Ｍ ］ としても使用できる。

【H～Mの解答群】
1　シリコン　　　2　ゲルマニウム　　　3　OSL　　4　DIS　　5　TLD
6　蛍光ガラス　7　アラニン　　　　　8　エッチピット
9　フィルムバッジ　　　　　　　　10　スペクトロメーター
11　警報付線量計　　12　絶対測定器　　　　　　13　表面汚染検査計

Ⅲ 　γ 線の線量測定に使用する放射線測定器は、指示値が目的の実用量を示すように、［ Ｎ ］ とのトレーサビリティが明確な γ 線場において校正されていることが必要である。^{137}Cs γ 線源を使用する作業場での実用量に関する校正において、作業環境の測定に用いるサーベイメータは、γ 線場の特定の位置に線量計をそのまま置いて行う。一方、個人線量計の校正では、アクリル樹脂などでつくられた ［ Ｏ ］ に線量計を取り付けて γ 線場に置く必要がある。

　　作業環境の線量測定を行うに際して、^{137}Cs の標準点線源（1mの距離における線量率：$36\,\mu$Sv・h^{-1}、不確かさ：$2.2\,\mu$Sv・h^{-1}）を用いてサーベイメータを校正し、校正定数を求めることとした。散乱線及びバックグラウンドの影響が無視できる条件下で、線源から0.80m（距離の不確かさ：0.01m）の位置にサーベイメータを置き、指示値を繰り返し読み取った。その結果、指示値の平均値は $62\,\mu$Sv・h^{-1}、その不確かさは $5.0\,\mu$Sv・h^{-1} であった。線源からの距離の ［ Ｐ ］ 則に従い、この校正作業の結果求められる校正定数の値は約 ［ ア ］、また各パラメータの不確かさが標準偏差で与えられているとすると、校正定数の合成された相対標準不確かさは約 ［ イ ］ ％になる。

1	遮へい板	2	ICRU球	3	ファントム	4	吸収板
5	国家標準	6	エンドユーザ			7	日本工業規格
8	指数関数	9	逆自乗	10	比例	11	反比例

【ア、イの解答群】

| 1 | 0.58 | 2 | 0.73 | 3 | 0.91 | 4 | 1.1 | 5 | 1.4 |
| 6 | 1.7 | 7 | 8.5 | 8 | 10 | 9 | 12 | 10 | 15 |

問 2 次のⅠ～Ⅲの文章の [　　] の部分に入る最も適切な語句、記号または数値を、それぞれの解答群から1つだけ選べ。

Ⅰ　放射性同位元素の管理は受け入れに始まる。放射性同位元素はその種類や数量に対応した形態で事業所外から搬入される。^{134}Cs γ線源（点線源）を収納した容器（20cm × 20cm × 20cm）がL型輸送物として運び込まれた。線源は輸送物の中心に位置している。L型輸送物表面の1cm線量当量率が5 μSv・h^{-1}以下であった。この場合、輸送物表面から1mの位置での線量当量率は最大 [　A　] μSv・h^{-1}である。

　受け入れた放射性同位元素は事業所内でさらに運搬され、使用・貯蔵される。一般的には、事業所外から搬入された輸送物はそのまま事業所内を運搬することとなるが、事業所内では不特定の一般公衆や一般車両が存在しないため、事業所外を運搬する場合と比べ、その基準が緩和されている。

　事業所内の運搬の際の1cm線量当量率の基準を運搬物の表面から1mで100 μSv・h^{-1}以下とする。例えば、貯蔵されている別の^{134}Cs γ線源（点線源）を容器に封入し、立方体（20cm × 20cm × 20cm）の中心に収納した運搬物の表面から1mで100 μSv・h^{-1}とした場合、前述のL型輸送物として受け入れた線源のおおよそ [　B　] 倍の数量までこの運搬物で1cm線量当量率の基準を満たせる。さらに、遮へい体を用いることで、線量当量率を下げられる。

　遮へい材料の選択の際には、放射線と物質との相互作用を考慮し、線質・エネルギーに注意する。使用時にも遮へい体の適切な使用は外部被ばく線量の低減に効果がある。例えば、100keV以下の低エネルギーγ線源として使用される [　C　] のγ線遮へいでは薄い鉛板が用いられる。しかし、エネルギーの高いβ線源の [　D　] の遮へいに鉛板を用いると [　E　] が発生する。鉛板の代わりに、実効原子番号が小さくて加工も容易な [　F　] 板を用いると、[　E　] の発生を大幅に抑止できる。

【Aの解答群】

| 1 | 0.01 | 2 | 0.04 | 3 | 0.05 | 4 | 0.10 | 5 | 0.40 | 6 | 0.50 |

【Bの解答群】

| 1 | 20 | 2 | 50 | 3 | 120 | 4 | 200 | 5 | 960 | 6 | 2000 |
| 7 | 2400 | 8 | 3500 | 9 | 5600 | 10 | 12000 | | | | |

【C、Dの解答群】

| 1 | ^{3}H | 2 | ^{11}C | 3 | ^{14}C | 4 | ^{18}F | 5 | ^{32}P | 6 | ^{35}S |
| 7 | ^{109}Cd | 8 | ^{131}I | 9 | ^{137}Cs | 10 | ^{210}Po | | | | |

【E、Fの解答群】

1	オージェ電子	2	内部転換電子	3	消滅放射線
4	σ線	5	制動放射線	6	スズ	7	真ちゅう
8	ステンレス	9	アクリル	10	ベリリウム

Ⅱ 放射性同位元素の使用の際には、その挙動に注意を払うことで作業リスクを低減できる。放射性核種の空気中への揮散は、作業者の内部被ばくを招く可能性があるので特に注意する。揮散の可能性は放射性核種を含む化合物の化学的性質に依存する。［ G ］などのハロゲンや^{3}H（T）には揮発しやすい化合物が数多く知られているので、これらの核種を取り扱う際にはその化学形に注意する。

有機標識化合物は揮散のリスクの指標であり、分子構造からもある程度予測が可能である。例えば、同程度の分子量であるカルボン酸、アルコール、アルデヒド、エーテルでは［ H ］の［ I ］が最も高い。揮散が避けられない場合には、発生する放射性気体を吸収して固定化する。気体状のCH$_3^{31}$Iが発生する場合の吸収材としては［ J ］が有効である。また、^{14}CO$_2$が発生する場合には［ K ］が用いられる。

この他に、非密封の［ L ］などのα放射体を使用する場合には、内部被ばくの防止が特に重要である。密封線源の場合も、密封状態に影響するような変化が発生しないように注意する。^{241}Am密封線源は低エネルギーγ線源として［ M ］に用いられているが、α放射体でもある。α線源としての利用では［ N ］が窓材によく用いられるが、薄いので破損しないように注意する。

【Gの解答群】

| 1 | ^{14}C | 2 | ^{32}P | 3 | ^{99}Tc | 4 | ^{131}I | 5 | ^{137}Cs |

【Hの解答群】

| 1 | カルボン酸 | 2 | アルコール | 3 | アルデヒド | 4 | エーテル |

【Iの解答群】

| 1 | 融点 | 2 | 凝固点 | 3 | 沸点 | 4 | 屈折率 | 5 | 誘電率 |

【J、Kの解答群】

1　シリカゲル　　2　希硫酸　　3　有機アミン添着活性炭　　4　石英砂
5　水酸化ナトリウム水溶液

【Lの解答群】

1　^{203}Hg　　2　^{208}Tl　　3　^{210}Po　　4　^{228}Ra　　5　^{239}Np

【Mの解答群】

1　蛍光X線分析　　2　^{57}Feメスバウアー分光法　　3　陽電子消滅寿命測定
4　中性子放射化分析　　5　ラザフォード散乱

【Nの解答群】

1　ステンレス　　2　雲母　　3　ベリリウム　　4　テフロン　　5　金

Ⅲ　放射性同位元素の使用の際には、作業室の実験台や床面の汚染に注意する。
汚染が発生した場合には、汚染核種の特定、汚染範囲の確認、汚染の拡大の可
能性の予測などが必要となる。サーベイメータの利用による汚染状況の把握は、
対策の第一歩である。スミア法による汚染検査を併用することで、汚染核種の
特定や　［　O　］　の状況についての基礎データを得る。

　汚染状況に基づいて除染計画が立案される。短半減期核種による汚染では、
汚染が広がらないような措置等を講じて、除染せずに　［　P　］　による放射能
の減少を待つ場合もある。例えば、^{3}H、^{18}F、^{57}Co、^{131}I、^{134}Csを使用する施設
の場合には、最も半減期の短い使用核種である　［　Q　］　による単独の汚染な
どで、こうした対処もあり得る。

　複数の核種を使用している施設での汚染では、汚染核種の特定が必要である。
［　R　］　放出核種の同定には、Ge検出器によるエネルギースペクトル測定が
有効である。ただし、^{134}Csなどの定量の際には、［　S　］　の寄与の補正を要
する場合もある。

　除染作業では、まず吸湿紙でふき取ることがよく行われる。水溶性の汚染に
対しては、水、中性洗剤のほか、［　T　］　などのキレート性除染剤を脱脂綿
にしみこませてふき取ることもよく行われる。

【Oの解答群】

1　反応性　　2　酸化性　　3　固着性　　4　潮解性　　5　光分解性

【Pの解答群】

1　化学反応　　2　揮発　　3　浸透　　4　壊変　　5　核反応

【Qの解答群】

1　^{3}H　　2　^{18}F　　3　^{57}Co　　4　^{131}I　　5　^{134}Cs

【Rの解答群】

1 α線 2 β線 3 γ線 4 X線 5 中性子線

【Sの解答群】

1 全吸収ピーク 2 コンプトンエッジ 3 サムピーク

4 エスケープピーク 5 自己吸収

【Tの解答群】

1 EDTA水溶液 2 希塩酸 3 アセトン 4 エチルエーテル

5 キシレン

問 3 密封されていない放射性同位元素を用いた作業計画に関する次のⅠ～Ⅳの文章の [ ] の部分に入る最も適切な語句または数値を、それぞれの解答群から1つだけ選べ。

Ⅰ 作業内容のプランニング作業中の化学変化についての予測

放射性同位元素の化学的挙動の予測だけではなく、危険な反応の進行や放射性同位元素の飛散などによる放射線被ばくの抑止の上で重要である。例えば、基礎的な放射化学分離法として沈殿分離法や溶媒抽出法があるが、それぞれの化学反応に関わる定数である [A] および [B] から、それぞれの分離状況を予測できる。また、pHなどの実験条件の変化による放射性同位元素の挙動の変化も、このような反応に関する定数から予測できる。実際の実験では、さまざまな化合物が混在するような複雑な系となる場合が多く、あらかじめ [C] 実験を行い、作業計画の精密化が必要とされる。気体の発生を伴う反応は、放射性気体の発生のほか、急速な [D] による物質の飛散を招く可能性がある。同様の意味で、[E] を発生する反応も、突沸などによる放射性物質の飛散を招く可能性があることから、対策を立てておく必要がある。

【A～Eの解答群】

1 加水分解定数	2 イオン交換容量	3 溶解度積	4 分配係数
5 錯生成定数	6 水和数	7 ホット	8 in Situ
9 コールド	10 粘度上昇	11 重量増加	12 圧力上昇
13 沈殿	14 粉体	15 熱	

Ⅱ 作業に伴う放射性廃棄物の取り扱いについてのプランニング

廃棄物の化学的性質に注意する必要がある。固体廃棄物は物理的化学的な性質の一つである [A] に基づいて分類されるのが普通である。例えば、マイクロピペットのチップなどは [B] 廃棄物に分類される。しかし、

［　C　］製品などについては、廃棄物の処分に伴うダイオキシン類の発生が懸念される場合には、［　D　］廃棄物とすることが望まれる。液体廃棄物については、特に［　E　］廃液の発生を避けることが望まれている。発生を避けることができない場合にも、水溶液と混合して放射性同位元素を分離する［　F　］法などの放射化学分離法を適用し、放射性同位元素の濃度を低減させることができる。水溶液の場合には、［　G　］の調節が必要とされるが、［　H　］に注意する。

【A〜Dの解答群】

1　剛性　　　2　燃焼性　　　3　電気伝導性　　　4　可燃性　　　5　難燃性
6　不燃性　　7　ゴム　　　　8　ポリエチレン　　9　ポリ塩化ビニル

【E〜Hの解答群】

1　酸　　　　　　　2　アルカリ性　　3　有機　　　　4　吸着
5　イオン交換　　　6　溶媒抽出　　　7　比重　　　　8　酸化還元電位
9　pH　　　　　　 10　熱の発生　　 11　体積の増加　　　　12　着色

Ⅲ　液体シンチレータ廃液の処理方法についてのプランニング

有機廃液のうち、液体シンチレータ廃液の処理方法については、放射性同位元素の種類、数量、［　A　］に依存するが、施設によっては［　B　］も可能である。トルエン系、キシレン系、［　C　］系など、主な溶媒の種類によって分類して処分されるのが普通である。これらの条件を満たすために、放射化学分離や溶媒の分離精製の方法を計画しておく必要がある。

【A〜Cの解答群】

1　酸化状態　　2　電子密度　　3　濃度　　4　地層処分　　5　希釈放流
6　焼却処分　　7　クロロホルム　8　ジオキサン　　9　アセトン

Ⅳ　排水設備の使用についてのプランニング

貯留槽中の排水前の排液に含まれる放射性同位元素の濃度・化学形・半減期、排水中の濃度限度、貯留槽および希釈槽の容量を考慮する必要がある。半減期10日の放射性同位元素X（排水中の濃度限度は$1\,\mathrm{Bq/cm^3}$）のみを使用する施設で、貯留槽中の排液$1\,\mathrm{m^3}$を排水することとした。排液中のXの全量が16MBqとすると、［　A　］日を過ぎた後には、希釈することなく排水できる。しかし、10日後に排水する場合には、少なくとも［　B　］倍以上に希釈する必要がある。

【A〜Bの解答群】

1　1.6　　2　2.0　　3　4.0　　4　8.0　　5　10
6　16　　7　20　　8　40　　9　80　　10　160

次の I、II の文章の ［　　］の部分について、解答群の選択肢のうち最も適切な答えを1つだけ選べ。

I　内部被ばくは、体内に取り込まれた放射性物質からの放射線による被ばくである。取り込まれた放射性核種は、その物理的半減期（%）で減少するが、核種や化学形によって異なる体内分布をとり、排泄などで体内から排出されるまで、その組織または臓器を照射する。さらなる取り込みがないときに、生体が代謝や排泄などにより取り込んだ物質の半分を取り除くために要する時間を生物学的半減期（T_b）と呼ぶ。体内における放射性核種は、物理的半減期と生物学的半減期の双方を考慮した有効半減期（T_e）に従って減少する。有効半減期（T_e）は、以下の式 T_e = ［　A　］により求められる。

　　告示（放射線を放出する同位元素の数量等を定める件）別表第2で定められている実効線量係数の算出に用いられた成人におけるトリチウム水の生物学的半減期は、摂取量の97%については10日、残りの部分については ［　B　］である。近似的に、摂取量の100%について生物学的半減期が10日であるとみなすと、トリチウムの物理的半減期が約 ［　C　］であることから、上記の式に従うと、成人におけるトリチウム水の有効半減期は約 ［　D　］と算出される。なお、生物学的半減期は化学形により異なる。有機結合型トリチウムに対して用いられた成人における生物学的半減期は、摂取量の ［　E　］については10日で、残りの部分については ［　B　］である。

【Aの解答群】

1　$T_b + T_p$　　2　$|T_b - T_p|$　　3　$(T_b + T_p) / 2$　　4　$\sqrt{(T_b \cdot T_p)}$
5　$T_b \cdot T_p / (T_b + T_p)$　　　　6　$2T_b \cdot T_p / (T_b + T_p)$

【Bの解答群】

1　5日　　2　10日　　3　40日　　4　100日　　5　1年
6　5年　　7　10年　　8　12年

【Cの解答群】

1　8日　　2　14日　　3　88日　　4　5年　　5　12年
6　30年　　7　5730年

【Dの解答群】

1　5日　　2　7日　　3　10日　　4　12日　　5　30日
6　135日　　7　200日　　8　210日　　9　330日　　10　5年
11　12年　　12　30年　　13　50年

【Eの解答群】

1　1%　　2　3%　　3　10%　　4　50%　　5　90%

6 97%   7 99%

II 放射性核種による被ばくと長期間にわたる放射線量の集積を規制するために、
預託線量という概念が導入された。これは、取り込まれた放射性核種から、特
定の期間内に与えられると予測される総線量であり、放射線管理の上では、そ
の放射性核種を摂取した時点でこの線量を受けたものとして取り扱う。成人に
対しては摂取時から［　F　］の総線量を評価し、幼児や小児に対しては摂取
時から［　G　］の総線量を評価する。

職業被ばくについて、国際放射線防護委員会（ICRP）は、1990年および
2007年の基本勧告で、定められた5年間の平均が1年当たり20mSvで、いか
なる1年間についても50mSvを超えるべきではないという実効線量限度を勧
告している。実際に内部被ばくが生じたときの線量評価については、さまざま
な測定により取り込まれた放射性核種の体内摂取量を推定し、その核種に対し
て告示（放射線を放出する同位元素の数量等を定める件）別表第2（抜粋を下
表に示す）で定められている実効線量係数を用いた計算により預託実効線量を
評価する。例えばトリチウムを、トリチウム水として5.5kBq、メタン以外の
有機物として0.5kBqを経口摂取した場合の預託実効線量は［　H　］μSvと
評価できる。

我が国における排液中または排水中の濃度限度は、公衆の被ばくを考慮し、
この濃度の水を［　I　］飲み続けたとき、経口摂取による内部被ばくの平均
実効線量が1年当たり1mSvとなるものとして定められている。この計算に
おいては、各年齢層に対する実効線量係数および年間摂水量が考慮されている。
年齢別の実効線量係数は、ICRPのPublication72で3か月、1歳、5歳、10歳、
15歳、成人に対して計算が行われており、例えば^{3}Hを経口摂取した場合の実
効線量係数は、年齢の増加に伴って［　J　］する。

**別表第2　放射性同位元素の種類が明らかで、かつ、一種類である場合の空気中濃度限度
等（抜粋）**

放射性同位元素の種類		吸入摂取した場合の実効線量係数（mSv/Bq）	経口摂取した場合の実効線量係数（mSv/Bq）	空気中濃度限度（mSv/Bq）	排気中または空気中の濃度限度（Bq/cm³）	排液中または排水中の濃度限度（Bq/cm³）
核種	化学形等					
^{3}H	水	1.8×10^{-8}	1.8×10^{-8}	8×10^{-1}	5×10^{-3}	6×10^{1}
^{3}H	有機物（メタンを除く）	4.1×10^{-8}	4.2×10^{-8}	5×10^{-1}	3×10^{-3}	2×10^{1}

【F、Gの解答群】

1　10年間　　　2　30年間　　　3　50年間　　　4　70年間　　　5　100年間

6　20歳まで　7　30歳まで　8　50歳まで　9　70歳まで　10　100歳まで

【Hの解答群】

1　9.0×10^{-6}　　　2　2.1×10^{-5}　　　3　9.9×10^{-5}　　　4　1.2×10^{-4}

5　2.3×10^{-4}　　　6　2.4×10^{-4}　　　7　9.0×10^{-3}　　　8　2.1×10^{-2}

9　9.9×10^{-2}　　10　1.2×10^{-1}　　11　2.3×10^{-1}　　12　2.4×10^{-1}

【Ｉの解答群】

1　20年間　　　　　　2　30年間　　　　　　3　50年間　　　　　　4　100年間

5　生まれてから20歳まで　　　　　　6　生まれてから30歳まで

7　生まれてから50歳まで　　　　　　8　生まれてから70歳まで

【Ｊの解答群】

1　増加　　　　2　減少

問5 次のⅠ、Ⅱの文章の［　　］の部分に入る最も適切な語句または数値を、それぞれの解答群から１つだけ選べ。なお、解答群の選択肢は必要に応じて２回以上使ってもよい。

Ⅰ　ICRP2007年勧告では、放射線防護体系の目的を、放射線被ばくの有害な影響から人の健康と環境を適切なレベルで防護することとし、人の健康に対しては［　Ａ　］を防止し、［　Ｂ　］のリスクを合理的に達成できる程度に減少させることとしている。［　Ａ　］は、しきい線量を下回るように被ばくを抑えることで、その発生を防止できる。一方、［　Ｂ　］には発がんと［　Ｃ　］が含まれ、線量の増加とともにリスクが増加する直線しきい値なしモデルに従うと考え、［　Ｂ　］に対する防護体系が構築されている。

　　ICRP2007年勧告では、［　Ｂ　］に対する放射線防護の目的においては、代表的［　Ｄ　］における［　Ｅ　］で平均化された生涯リスク推定値を用いることが適切であるとの判断をしている。その計算方法は、まず、疫学研究によるがんの［　Ｆ　］率および生殖線に対する遺伝的リスクデータから、各臓器・組織の生涯リスク推定値を求めた。次いで、骨髄以外の臓器・組織について、［　ア　］を考慮して生涯リスク推定値を２分の１に調整した。さらに、各臓器・組織について、集団間で疾患の自然発生率が異なっていても適用可能な生涯リスク推定値から症例数を計算する方法を定めた上で、アジアの４集団と欧米の３集団に対して適用し、これを平均して各臓器・組織の１万人当たり１Sv当たりに増加する症例数を求めた。これを［　イ　］と呼ぶ。さらに、致

死率、非致死疾患における苦痛などによる生活の質の低下、寿命損失を考慮したものを［　G　］として評価し、各臓器・組織の1万人当たり1Sv当たりの［　G　］を計算した。全臓器・組織の［　G　］の合計値に基づき、がんについて全集団で5.5％／Sv、成人では4.1％／Svという［　G　］で調整された［　イ　］が推定された。

　また、［　G　］に基づいて、以下のように［　ウ　］が定められた。まず、［　G　］の合計値に対する各臓器・組織の［　G　］の寄与割合（相対［　G　］）を計算した。この値に基づいて、各臓器・組織を大まかに4つにグループ分けし、全臓器・組織の合計が1となるように、各グループに1つの丸めた値を割り振った。［　ウ　］の値は、ICRP2007年勧告では、ICRP1990年勧告に比べ、乳房では［　エ　］、生殖線では［　オ　］、データが不十分で個々に放射線リスクの大きさを判断できない複数の臓器・組織をまとめて1つのカテゴリとした「残りの組織」では［　カ　］なっている。

【A～Cの解答群】

1　確率的影響　　2　晩発影響　　3　確定的影響　　4　遺伝性（的）影響
5　急性影響

【D、Eの解答群】

1　国および地域　　　2　社会的および経済的状況　　　3　性別および年齢
4　個人　　5　集団　　6　国　　7　地域

【F、Gの解答群】

1　疾病　　　2　有病　　　3　罹患　　　4　生存　　　5　損失
6　損害　　　7　死亡

【ア～ウの解答群】

1　放射線加重係数　　　　　2　組織加重係数　　　　　3　名目リスク係数
4　線量・線量率効果係数　　5　生物学的効果比　　　　6　過剰相対リスク
7　過剰絶対リスク

【エ～カの解答群】

1　小さく　　　　2　同じ値に　　　3　大きく

Ⅱ　外部被ばくの個人モニタリングは、身体に着用した個人線量計を用いて行われ、その実用量である個人［　H　］は、人体上の指定された点の適切な深さdにおける［　H　］である。ICRP2007年勧告では、［　I　］の評価には深さがd＝［　キ　］mm、皮膚および手足の［　J　］の評価には深さd＝［　ク　］mmが勧告された。眼の水晶体の［　J　］については、評価が必要な特別な場合には深さd＝［　ケ　］mmが適切と提案しながらも、測定機器が非常に少な

く、実際上ほとんど使用されておらず、ほかの実用量を用いてモニタリングの目的である線量限度の担保を達成できるとしていた。しかし、ICRP Publ.118（2012）に掲載された組織反応に関するICRP声明（ソウル声明）において、眼の水晶体の職業被ばくの ［　J　］ 限度を、ICRP2007年勧告で用いられていた1年間につき ［　コ　］ mSvから5年間の年間平均で年20mSv（年最大50mSv）へ変更する勧告がなされ、ほかの実用量で線量限度を担保することが難しくなった。そのため、国際的に深さd＝ ［　ケ　］ mにおける ［　H　］ の測定手法や機器の検討が進められている。

【H〜Jの解答群】

1　吸収線量　　2　実効線量　　3　預託線量　　4　等価線量
5　線量当量

【キ〜コの解答群】

1　0.07　　2　0.1　　3　0.3　　4　0.7　　5　1　　6　3
7　7　　8　10　　9　30　　10　70　　11　150　　12　500

問6 次のⅠ〜Ⅱの文章の ［　］ の部分に入る最も適切な語句または数値を、それぞれの解答群から1つだけ選べ。なお、解答群の選択肢は必要に応じて2回以上使ってもよい。

Ⅰ　放射線による影響は、しきい線量がある ［　A　］ と、しきい線量がないと仮定されている ［　B　］ に区分される。被ばく線量の増加により、［　A　］ ではその ［　C　］ が増大し、［　B　］ ではその ［　D　］ が増大する。放射線防護の目的は、しきい線量を超えなければ発生しない ［　A　］ を防止するとともに、［　B　］ を容認できるレベルまで制限することにある。

　　［　A　］ には急性障害と晩発障害があり、急性障害の例として ［　E　］ が、晩発障害の例として ［　F　］ がある。骨髄のように常に分裂する前駆細胞（幹細胞）が存在し、細胞交代率が高い臓器・組織では障害が ［　G　］ 現れ、肝臓のような細胞交代率が低い臓器・組織では障害が ［H］ 現れる。生殖腺における ［　A　］ としては不妊がある。また、妊娠中の被ばくにより胎児に ［　I　］ が生じることがあるが、これも ［　A　］ である。

　　障害のしきい線量は臓器・組織により異なる値となり、γ線の急性被ばくでのしきい線量は、末梢血中のリンパ球数減少では約 ［　ア　］ Gy、男性の一時的不妊では約 ［　イ　］ Gyで、頭髪の脱毛では約 ［　ウ　］ Gyとされている。

　　放射線業務従事者の各組織の一定期間における等価線量限度は、4月1日を始期とする1年間につき ［　J　］ については500mSv、［　K　］ については

150mSvと定められている。

【A〜Kの解答群】

1　遺伝的影響　　　　　　　　2　確率的影響　　3　確定的影響

4　遅く　　　5　早く　　　6　消化管　　　　7　皮膚炎

8　白内障　　9　重篤度　　10　発生頻度　　　11　潜伏期間

12　がん　　　13　奇形　　　14　眼の水晶体　　15　皮膚

【ア〜ウの解答群】

1　0.01　　　2　0.15　　　3　0.25　　　4　1　　　5　3

Ⅱ　内部被ばくによる身体的影響は、摂取核種の臓器親和性、物理化学的性状や
摂取経路により特徴づけられる。プルトニウム－239に関しては、可溶性プル
トニウム塩により創傷部が汚染されるとプルトニウムが骨や肝臓に移行し、こ
れらの臓器に長期間にわたり蓄積し、［　L　］が［　M　］である［　N　］
線を放出し続けて、骨肉腫などを誘発する。これに対し、酸化プルトニウムを
吸入被ばくした場合では、容易に血液中に移行せず、長期間肺にとどまること
により肺がんを誘発する。内部被ばくによる身体的影響の程度は被ばく線量に
関係するが、体内に長期にわたり残留する核種ほど被ばく線量は一般に大きく
なる。体内に摂取された放射性核種は、その壊変や体外排泄速度で決定される
［　O　］に基づいて減少するが、［　O　］は摂取核種の［　P　］に加え、
生体内の代謝や排泄に基づく［　Q　］を基に計算される。

【Lの解答群】

1　組織加重（荷重）係数　　　2　放射線加重（荷重）係数　　　3　線質係数

【Mの解答群】

1　5　　　2　10　　　3　20

【Nの解答群】

1　α　　　2　β　　　3　γ

【O〜Qの解答群】

1　物理的半減期　　　　2　生物学的半減期　　　　3　有効半減期

問 1 運動エネルギーが2.0MeVのα粒子を進行方向に電位差3.0MVで加速した後の速度 $[m \cdot s^{-1}]$ として最も近い値は、次のうちどれか。ただし、原子質量単位を 1.7×10^{-27} kg、電子の電荷を 1.6×10^{-19} C とする。

1　1.0×10^7　　　2　2.0×10^7　　　3　3.0×10^7　　　4　4.0×10^7
5　5.0×10^7

問 2 同じ磁束密度の平行磁場内へ磁力線に対して垂直に入射した場合、回転半径が最も小さくなる粒子は、次のうちどれか。

1　運動エネルギーが0.5MeVの三重水素の原子核
2　運動エネルギーが1MeVのα粒子
3　運動エネルギーが1MeVの重水素の原子核
4　運動エネルギーが1MeVの中性子
5　運動エネルギーが2MeVの陽子

問 3 次の量と単位の組合せのうち、誤っているものはどれか。

1　エネルギーフルエンス　—　$kg \cdot s^{-2}$
2　質量阻止能　—　$kg \cdot m^4 \cdot s^{-1}$
3　吸収線量　—　$m^2 \cdot s^{-2}$
4　W値　—　$kg \cdot m^2 \cdot s^{-2}$
5　線減弱係数　—　m^{-1}

問 4 次の記述のうち、正しいものの組合せはどれか。

A　原子核の結合エネルギーは、原子核の種類に依存する。
B　核子当たりの結合エネルギーは、質量数60近くで最大となる。
C　原子核内の陽子と陽子との間には、核力のほかにクーロン力が働く。

D 核子当たりの平均結合エネルギーは、15〜18MeV である。
E 核子間の結合エネルギーは、核子間の距離の逆自乗に比例する。

1 ABCのみ　　　2 ABEのみ　　　3 ADEのみ
4 BCDのみ　　　5 CDEのみ

問 5 陽電子に関する次の記述のうち、正しいものの組合せはどれか。

A 固体中において、a 線により電子と対の形で生成される。
B 電子と結合して消滅し、その際光子が放出される。
C 金属中において100ms程度の平均寿命を持つ。
D 電子対生成で放出される場合は、連続スペクトルを示す。
E 電子に比べて静止質量が大きい。

1 AとC　　　2 BとD　　　3 BとE　　　4 CとD
5 AとE

問 6 内部転換に関する次の記述のうち、正しいものの組合せはどれか。

A 内部転換は、質量数が小さい原子核よりも大きい原子核で多くみられる。
B 内部転換電子は、線スペクトルを示す。
C 原子核内の中性子が内部転換して陽子となる場合がある。
D 内部転換とオージェ効果とは互いに競合する過程である。
E 内部転換が起こっても、原子番号は変わらない。

1 ABCのみ　　　2 ABEのみ　　　3 ADEのみ
4 BCDのみ　　　5 CDEのみ

放射性核種 ^A_ZX が壊変して ^{A}Y になる壊変図式が下図に示されている。次の記述のうち、正しいものの組合せはどれか。

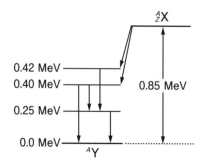

A　壊変のQ値（壊変エネルギー）は0.85MeVである。
B　消滅放射線が観測される。
C　^{A}Yの原子番号はZ＋1である。
D　0.15MeVの γ 線が放出される。
E　^A_ZXの壊変において β^- 線の放出はない。

1　ＡＢＣのみ　　　　2　ＡＢＥのみ　3　ＡＤＥのみ　4　ＢＣＤのみ
5　ＣＤＥのみ

荷電粒子の加速器に関する次の記述のうち、正しいものの組合せはどれか。

A　サイクロトロンでは、角速度一定の条件で円軌道運動させ、軌道半径を大きくしながら加速する。
B　シンクロトロンでは、磁場を変化させて一定の軌道を周回させ、高周波電場により加速する。
C　直線加速器では、直線軸上に電極を並べ、高周波電場を用いて加速する。
D　コッククロフト・ワルトン型加速器では、直流電場を多段の整流器とコンデンサを結合した回路で発生させ加速する。

1　ＡＢＣのみ　　2　ＡＢＤのみ　　　3　ＡＣＤのみ
4　ＢＣＤのみ　　5　ＡＢＣＤすべて

問 9 特性X線、オージェ電子および蛍光収率に関する次の記述のうち、正しいものの組合せはどれか。

A オージェ電子は、原子核から放出されることがある。
B 蛍光収率は、特性X線とオージェ電子の放出率の和に対する特性X線の放出率の割合である。
C 特性X線とオージェ電子のエネルギーは同じである。
D 蛍光収率は、原子番号に依存する。

1 AとB   2 AとC   3 BとC   4 BとD
5 CとD

問 10 核種Xが核反応X（p, 3n）Yにより核種Yになり、さらに核種Yが軌道電子捕獲（EC）により壊変して核種Zになるとき、次の記述のうち正しいものの組合せはどれか。

A 核種Yの原子番号は、核種Xより1つ減少する。
B 核種Yの質量数は、核種Xより2つ減少する。
C 核種Zの陽子数は、核種Xと同じである。
D 核種Zの中性子数は、核種Xより3つ減少する。

1 ACDのみ   2 ABのみ   3 BCのみ   4 Dのみ
5 ABCDすべて

問 11 1.0MBqの^{137}Csから放出される0.662MeV光子の毎秒の個数〔s^{-1}〕として正しいものはどれか。ただし、全内部転換係数を0.11とする。

1　1.0×10^6
2　9.4×10^5
3　8.9×10^5
4　8.5×10^5
5　8.3×10^4

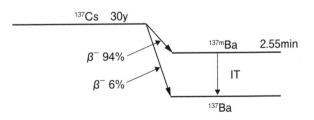

電子の静止質量の約10^4倍大きい質量を持つ原子核から1MeVの光子が放出されるときに原子核が受ける反跳エネルギーとして最も近い値は、次のうちどれか。

1　1eV　　　2　5eV　　　3　10eV　　　4　100eV　　　5　1keV

速中性子の選択的な測定に用いることができる核反応は、次のうちどれか。

1　^{3}He (n, p) ^{3}H　　　2　^{6}Li (n, a) ^{3}H　　　3　^{10}B (n, a) ^{7}Li
4　^{235}U (n, f)　　　5　^{238}U (n, f)

次の記述のうち、正しいものの組合せはどれか。

A　核反応の前後で電荷の総量は変化しない。
B　バーンは核反応断面積の単位に用いられる。
C　核反応のQ値は、常に負の値をとる。
D　核反応の全断面積は弾性散乱と非弾性散乱の断面積の和である。

1　AとB　　　2　AとC　　　3　BとC　　　4　BとD
5　CとD

チェレンコフ光に関する次の記述のうち、正しいものの組合せはどれか。

A　荷電粒子が物質中を光速より速く進むときに放射される。
B　荷電粒子の進行方向を知ることができる。
C　発光の持続時間がシンチレーション発光に比べて短い。
D　荷電粒子が減速されるときに放射される。
E　荷電粒子が結晶の格子面に沿って進むときに放射される。

1　ABCのみ　　　2　ABEのみ　　　3　ADEのみ
4　BCDのみ　　　5　CDEのみ

問16 α粒子に関する次の記述のうち、正しいものの組合せはどれか。

A 質量衝突阻止能は、物質の原子番号の自乗に比例する。
B 大角度で散乱される場合がある。
C 原子核との弾性衝突の前後においては、運動エネルギーの和が変わらない。
D 比電離は速度の減少とともに急激に増大する。

1　ABCのみ　　　　2　ABDのみ　　　　3　ACDのみ
4　BCDのみ　　　　5　ABCDすべて

問17 次の記述のうち、正しいものの組合せはどれか。ただし、空気の密度を1.3mg・cm⁻³とする。

A 5.3MeVのα線が空気中で停止するまでに生成されるイオン対の数は、約1.5×10^5である。
B 5MeVのα線の空気中の飛程は5cm以下である。
C 空気中での飛程が3cmのα線の水中での飛程は50μm以上である。
D α線の空気中の飛程については、そのエネルギーE（MeV）の自乗に比例する実験式が成立する。

1　AとB　　2　AとC　　　3　AとD　　4　BとC　　5　BとD

問18 0.1MeVの光子がタングステンと光電効果を起こし、K軌道電子が放出された。またこれに伴い、K_a－X線が発生した。それぞれのエネルギー[keV]として正しい組合せはどれか。ただし、K軌道とL軌道における結合エネルギーはそれぞれ69.5keVおよび10.9keVとする。

A　10.9　　B　30.5　　C　58.6　　D　69.5　　E　89.1

1　AとD　　2　AとE　　　3　BとC　　4　BとE　　5　CとD

問19 コンプトン効果に関する次の記述のうち、正しいものの組合せはどれか。

A コンプトン電子のエネルギーは散乱光子のエネルギーより常に大きい。
B コンプトン効果は光子の波動性を示す現象である。
C 散乱光子の波長は入射光子の波長より長い。
D コンプトン効果の原子当たりの断面積は、原子の原子番号に比例する。

1 AとB　　2 AとC　　3 BとC　　4 BとD　　5 CとD

問20 電子対生成に関する次の記述のうち、正しいものの組合せはどれか。

A 生成された陰電子と陽電子の運動エネルギーの和は、1.022MeVである。
B 断面積は物質の原子番号とは無関係である。
C 電子対生成の起きた位置で消滅放射線が発生する。
D 線減弱（減衰）係数は光子エネルギーの増加とともに増大する。

1 ACDのみ　　　2 ABのみ　　　3 BCのみ　　　4 Dのみ
5 ABCDすべて

問21 ^{60}Co γ線に対する減弱が最も大きいものは、次のうちどれか。ただし、ビルドアップ効果はないものとし、鉛、鉄およびコンクリートの密度 [g・cm^{-3}] は、それぞれ11.4、7.86および2.35とする。

1 6cm厚さの鉛
2 10cm厚さの鉄
3 30cm厚さのコンクリート
4 2cm厚さの鉛と15cm厚さのコンクリートを合わせたもの
5 5cm厚さの鉄と20cm厚さのコンクリートを合わせたもの

問 22 中性子が水素原子核（^1H）に衝突して失うエネルギーの最大値（ΔE_H）とヘリウム原子核（^4He）に衝突して失うエネルギーの最大値（ΔE_{He}）との比（$\Delta E_H / \Delta E_{He}$）として最も近い値は、次のうちどれか。

1　0.6　　　2　1.6　　　3　2.0　　　4　2.4　　　5　4.0

問 23 液体シンチレータに関する次の記述のうち、正しいものの組合せはどれか。

A　NaI（Tl）シンチレータに比べ発光の減衰時間が短い。
B　低エネルギーβ線放出核種の放射能測定に適している。
C　放射線のエネルギー情報が得られない。
D　シンチレータ内での増幅作用が大きい。
E　速中性子の検出に用いられる。

1　ABCのみ　　　2　ABEのみ　　　3　ADEのみ
4　BCDのみ　　　5　CDEのみ

問 24 Ge検出器のGe結晶中で1.33MeV γ線のエネルギーがすべて吸収された場合、発生する電荷を電気容量10pFのコンデンサに送り込んで得られる電圧 [mV] として最も近いものは、次のうちどれか。ただし ε 値を3.0eVとする。

1　4.4　　　2　5.1　　　3　6.5　　　4　7.1　　　5　8.9

問 25 分解時間0.20msのGM計数管を用いて計数するとき、数え落としによる誤差が5.0%を超えない最大の真の計数率［cps］に最も近い値は、次のうちどれか。

1　250　　　2　400　　　3　550　　　4　700　　　5　850

金属板（直径1cm、厚さ0.1mm）に付着している^{210}Poからのα線を検出できる検出器として、正しいものの組合せは次のうちどれか。

A　4π比例計数管
B　ZnS（Ag）シンチレーション検出器
C　液体シンチレーション検出器
D　固体飛跡検出器

1　ACDのみ　　　　2　ABのみ　　　　3　BCのみ　　　　4　Dのみ
5　ABCDすべて

空気等価電離箱（有効体積：50cm^3）をγ線場に置き、この電離箱に直列に接続した抵抗（0.01TΩ）の両端の電圧として、65mVを得た。このγ線場における照射線量率［C・kg^{-1}・h^{-1}］として最も近い値は、次のうちどれか。ただし、電離箱中の空気の密度を1.3×10^{-3}g・cm^{-3}とし、二次電子平衡が成り立ち、生成電荷は完全に収集されるものとする。

1　7×10^{-1}　　　2　1×10^{-7}　　　3　1×10^{-4}　　　4　4×10^{-4}
5　7×10^{-3}

β線に引き続き直ちにγ線を放出するβ壊変核種の線源をβ－γ同時計数法により測定した結果、β線測定器の計数率が800s^{-1}、γ線測定器の計数率が250s^{-1}であり、同時計数率は10s^{-1}であった。この線源の放射能［MBq］に最も近い値は次のうちどれか。ただし、これらの測定器のバックグラウンド計数率は差し引いてあるものとする。

1　0.02　　　2　0.05　　　3　0.20　　　4　0.50　　　5　2.0

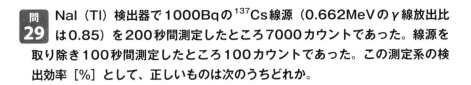

NaI（Tl）検出器で1000Bqの^{137}Cs線源（0.662MeVのγ線放出比は0.85）を200秒間測定したところ7000カウントであった。線源を取り除き100秒間測定したところ100カウントであった。この測定系の検出効率［%］として、正しいものは次のうちどれか。

1　3.7　　　2　4.0　　　3　4.2　　　4　4.5　　　5　5.0

^{90}Sr－^{90}Yのβ線のエネルギースペクトル測定に最も適している検出器は、次のうちどれか。

1　比例計数管
2　NaI（Tl）シンチレーション検出器
3　プラスチックシンチレーション検出器
4　Ge検出器
5　GM計数管

放射性壊変および放射線と物質との相互作用に関する次のⅠ～Ⅳの文章の［　　］の部分に入る最も適切な語句、数値または数式をそれぞれの解答群から1つだけ選べ。ただし、各選択肢は必要に応じて2回以上使ってもよい。

Ⅰ　親核の中性原子の質量をM_p、娘核の中性原子の質量をM_d、電子の質量をmとすると、$β^+$壊変の起こる条件は［　A　］である。一方、電子捕獲は［　B　］の場合に生じ、原子核の電荷が1だけ［　C　］すると同時に、［　D　］が放出される。このとき、［　E　］軌道電子が最も捕獲されやすく、その後に引き続く過程として、特性X線または［　F　］が放出される。
【A～Fの解答群】

1　$M_p － M_d < 2m$　　　2　$M_p － M_d < m$　　　3　$M_p － M_d < 0$
4　$M_p － M_d > 0$　　　5　$M_p － M_d > m$　　　6　$M_p － M_d > 2m$
7　減少　　　　　　　　8　増加　　　　　　　　9　中性子
10　ニュートリノ　　　11　オージェ電子　　　12　制動X線
13　K　　　　　　　　14　L　　　　　　　　　15　M

Ⅱ　高エネルギー光子の物質に対するコンプトン効果、光電効果、電子対生成による線減弱係数をそれぞれσ、τ、κ、また、線エネルギー転移係数をそれぞれ$σ_k$、$τ_k$、$κ_k$とする。1.5MeVの光子に対して特性X線として放出される平

均エネルギーが75keV、コンプトン電子の平均エネルギーが750keVとするとき、σ_k = [A]・σ、τ_k = [B]・τ、κ_k = [C]・κである。

【A〜Cの解答群】

1	0.01	2	0.06	3	0.12	4	0.23	5	0.32
6	0.50	7	0.59	8	0.68	9	0.77	10	0.86
11	0.95	12	1.0						

Ⅲ 0.5MeVの光子のフルエンスが水中のある場所で$6 \times 10^5 \mathrm{cm}^{-2}$であった。そのとき、光子と水の相互作用で最も起こる頻度が高いのは、[A]である。その結果、水の単位質量当たりに生成するイオン対の数は平均 [B] 個・g^{-1}である。ただし、水の質量エネルギー吸収係数は$0.04 \mathrm{cm}^2 \cdot \mathrm{g}^{-1}$、水中で1イオン対を生成するのに必要な電子の平均エネルギーは30eVとする。

【A〜Bの解答群】

1	チェレンコフ効果		2	光電効果	3 コンプトン効果
4	電子対生成	5 内部転換	6	1×10^7	7 4×10^7
8	8×10^7	9 1×10^8	10	4×10^8	11 8×10^8

Ⅳ 数MeV程度のエネルギーを持つ高速中性子が人体軟組織に入射するとき、その高速中性子が減速されるのは、主として軟組織中の [A] 原子内の [B] との [C] によるものである。中性子が1回の [C] により失う平均エネルギーは、4MeVの中性子では [D] MeV、2MeVの中性子では [E] MeVである。

【A〜Eの解答群】

1	水素	2 酸素	3 炭素	4 陽子	5 中性子
6	電子	7 弾性衝突	8 核反応	9 制動放射	10 0.1
11	0.3	12 0.5	13 1	14 2	15 3

次のⅠ～Ⅲの文章の［　　］の部分に入る最も適切な語句、記号または数値を、それぞれの解答群から1つだけ選べ。なお、解答群の選択肢は必要に応じて2回以上使ってもよい。

Ⅰ　ある物質の荷電粒子に対する質量衝突阻止能は、入射粒子の速度の［A］乗に［　B　］し、その有効電荷の［　C　］乗に［　D　］するが、入射粒子の質量には依存しない。また、その物質の［　E　］に比例し、質量数に逆比例する。この比は元素によらずほぼ一定であるので、質量衝突阻止能はあまり物質によらない値となる。

【A～Eの解答群】

1	1/2	2	1	3	2	4	3
5	5	6	原子番号	7	核子数	8	中性子数
9	エネルギー	10	運動量	11	比例	12	逆比例

Ⅱ　熱中性子が原子番号5の［　F　］で原子核に吸収されると、α線が放出される場合がある。この現象は荷電粒子生成反応と呼ばれ、［　ア　］反応であり、α線と［　G　］の原子核が生成される。この反応の断面積は約［　H　］b（バーン）と大きい。ここで、1 b ＝［　イ　］cm^2である。反応後の生成核は93％の確率で励起状態をとり、Q値の絶対値は2.3MeVである。放出されるα線のエネルギーは［　Ｉ　］MeVである。この反応は中性子の検出によく利用され、中・高速中性子に対して感度を高くするために中性子モデレータ（減速材）が用いられる。モデレータとしては［　ウ　］などが適切である。

【F～Ｉの解答群】

1	^6Li	2	^7Li	3	^7Be	4	^9Be
5	^{10}B	6	^{11}B	7	0.8	8	1.5
9	1.8	10	2.3	11	3.8	12	38
13	380	14	3800	15	38000		

【ア～ウの解答群】

1	共鳴	2	核融合	3	光核	4	発熱
5	吸熱	6	化学	7	ポリエチレン	8	ガラス
9	鉄板	10	鉛板	11	カドミウム板	12	10^{-17}
13	10^{-19}	14	10^{-22}	15	10^{-24}		

Ⅲ 　図に^{137}Csの壊変図を示す。図における核種Xは［　エ　］である。核種^{m}Xは Xの［　オ　］状態であり、［　カ　］によりXとなる。このとき、^{m}Xから光子が放出される代わりに、そのエネルギーを軌道電子に与えて電子を放出する場合があり、この現象を［　キ　］という。光子放出と電子放出は競合過程であり、光子の放出に対する軌道電子の放出割合aを［　ク　］という。

　　^{137}Csの放射能を10GBqとするとき、この線源から放出される662keVの光子の数は、すべての軌道電子に対するaを0.11とすると、［　J　］×10^9s^{-1}となる。このとき、線源から1m離れた位置Pにおける光子のフルエンス率は［　K　］×10^4cm^{-2}・s^{-1}であり、空気の密度を0.0013 g・cm^{-3}、線エネルギー吸収係数を$3.8×10^{-5}$cm^{-1}とすると、位置Pにおける空気の吸収線量率は［　L　］×10^{-4}Gy・h^{-1}である。ただし、線源から位置Pまでの光子の減弱は無視するものとする。

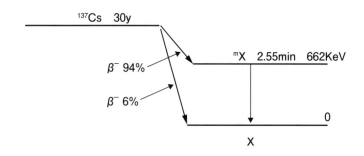

【エ〜キの解答群】

1	^{136}Xe	2	^{137}Xe	3	^{136}Ba	4	^{137}Ba	5	^{138}Ba
6	束縛	7	基底	8	準安定	9	超励起	10	内部転換
11	核異性体転移		12	オージェ効果			13	電子捕獲

【クの解答群】

1	光電変換効率	2	蛍光効率	3	内部転換係数
4	エネルギー転移係数	5	電離効率		

【J〜Lの解答群】

1	1.2	2	2.4	3	3.7	4	4.8	5	5.1
6	5.9	7	6.2	8	6.7	9	7.1	10	7.4
11	8.0	12	8.5	13	9.1	14	9.9		

化学

（化学のうち放射線に関する課目）

合計**32**問

問 1 次のうち、単核種元素（安定同位体が１つの元素）のみの組合せはどれか。

A　He、F、Na
B　Al、P、Cl
C　As、Y、Sn
D　Sc、Mn、Co
E　I、Cs、Au

1　AとB　　　2　BとC　　　3　CとD　　　4　DとE　　　5　AとE

問 2 800Bqの無担体の$^{35}SO_4^{2-}$にNa$_2$SO$_4$ 40mgを担体として加えたのち、塩酸酸性でBaCl$_2$の水溶液を加えて$^{35}SO_4^{2-}$の50%をBaSO$_4$として沈殿させた。この沈殿の比放射能 [Bq・mg^{-1}] に最も近い値は、次のうちどれか。ただし、Na$_2$SO$_4$、BaSO$_4$の式量はそれぞれ142、233とする。

1　6　　　　2　12　　　　3　16　　　　4　24　　　　5　33

問 3 放射平衡に関する次の記述のうち、正しいものの組合せはどれか。

A　親核種の壊変定数が娘核種の壊変定数より大きい場合には、放射平衡は成立しない。
B　放射平衡時、娘核種の放射能は親核種の放射能を超えることはない。
C　過渡平衡時、娘核種は親核種の半減期で減衰する。
D　永続平衡時、親核種の原子数は、娘核種の原子数のT_1/T_2倍である。ただし、T_1、T_2は親核種、娘核種の半減期である。

1　ACDのみ　　　　2　ABのみ　　　　3　BCのみ　　　　4　Dのみ
5　ABCDすべて

模擬試験

問題（化学）

問 4 放射性核種の経時変化に関する次の記述のうち、正しいものはどれか。

1 ^{60m}Co（半減期10.5分）から生成する ^{60}Co（半減期5.27年）の放射能は、十分に時間が経過すると、半減期10.5分で減衰する。

2 ^{99}Mo（半減期65.9時間）から生成する ^{99m}Tc（半減期6.01時間）の放射能は、十分に時間が経過すると、半減期6.01時間で減衰する。

3 ^{226}Ra（半減期1600年）から生成する ^{222}Rn（半減期3.82日）の放射能は、十分に時間が経過すると、^{226}Raの放射能の2倍となる。

4 ^{68}Ge（半減期271日）から生成する無担体の ^{68}Ga（半減期67.6分）の比放射能は、常に一定である。

5 ^{64}Cu（半減期12.7時間）から生成する ^{64}Ni（安定）および ^{64}Zn（安定）の生成速度は、常に等しい。

問 5 ^{90}Srおよび ^{137}Csに関する次の記述のうち、正しいものの組合せはどれか。

A 両核種ともに ^{235}Uの熱中性子核分裂反応により高い収率で生成する。

B 両核種ともに β^- 壊変する。

C 両核種ともに半減期は30年程度である。

D 両核種の娘核種はともに β^- 壊変する。

1 ABCのみ　　2 ABDのみ　　3 ACDのみ　　4 BCDのみ

5 ABCDすべて

問 6 コバルト1mg（原子数は 1.0×10^{19} 個）を原子炉で24時間照射した。照射終了直後の ^{60}Coの放射能は3.7MBqであった。熱中性子フルエンス率［$cm^{-2} \cdot s^{-1}$］として最も近い値は、次のうちどれか。ただし、^{60}Coの半減期は5.3年（1.9×10^3 日）、熱中性子放射化断面積は37バーンとする。

1 5.4×10^9　　　2 1.0×10^{10}　　　3 3.7×10^{11}　　　4 1.0×10^{13}

5 2.7×10^{13}

問7 地球上の^{14}Cは、主として宇宙線起源の中性子による^{14}N（n, p）^{14}C反応により生成する。地球全体での生成量を年8kg（1.3×10^{15}Bq/年）とすると、地球上に存在する宇宙線起源の^{14}Cの質量［kg］として最も近い値は、次のうちどれか。ただし、^{14}Cの半減期は5730年とする。

1 　1.1×10^4 　　　　2 　3.2×10^4 　　　3 　4.6×10^4 　　　4 　6.6×10^4

5 　1.1×10^5

問8 放射性ヨウ素に関する次の記述のうち、適切なものの組合せはどれか。

A 　^{123}Iは核医学診断に用いられている。

B 　^{125}Iの測定にNaI（Tl）シンチレーション検出器が用いられている。

C 　^{128}Iはラジオイムノアッセイに用いられている。

D 　^{129}Iの定量に加速器質量分析法（AMS）が用いられている。

E 　^{131}Iはポジトロン線源に用いられている。

1 　ABCのみ 　　　2 　ABDのみ 　　　3 　ACEのみ 　　　4 　BDEのみ

5 　CDEのみ

問9 熱中性子照射による（n, γ）反応で生成する放射能に関する次の記述のうち、正しいものはどれか。ただし、不純物の影響は考慮しないものとする。

1 　アルミニウム箔中に生成した放射能は、照射後1日経過して約1/2となった。

2 　アクリル板中に生成した放射能は、照射後1週間経過して約1/2となった。

3 　石英中に生成した放射能は、照射後1か月経過して約1/4となった。

4 　鉄板中に生成した放射能は、照射後3か月経過して約1/4となった。

5 　銅板中に生成した放射能は、照射後1年経過して約1/2となった。

問10 半減期20分の核種を製造する場合、20分間照射した場合の生成放射能に対して60分間照射した場合の生成放射能は何倍となるか。次のうち、最も近い値はどれか。

1 　1.25 　　　　　2 　1.50 　　　　3 　1.75 　　　　4 　2.25

5 　3.00

問11 ラジオコロイド（RC）の特性に関する次の記述のうち、正しいものの組合せはどれか。

A 無担体の^{140}Laの水溶液にアンモニア水を加えてアルカリ性とした後、ろ紙に通すと^{140}Laがろ紙に捕集される。

B 直径が1～100nm程度の分散粒子である。

C 水溶液のpHが7よりも2のほうが、RCは生成しやすい。

D 長期間静置した溶液中のRCは、均一に分布する。

1 AとB　　2 AとC　　3 BとC　　4 BとD　　5 CとD

問12 次の核種のうち、娘核種が放射性でないものはどれか。

1 ^{90}Sr　　2 ^{68}Ge　　3 ^{99}Mo　　4 ^{210}Po　　5 ^{226}Ra

問13 天然における同位体存在度の変動に関する次の記述のうち、正しいものの組合せはどれか。

A 火成岩の^{3}He/^{4}He比は、ウラン含有量が高いほど小さくなる。

B 大気の^{14}N/^{15}N比は、太陽からの宇宙線強度の増加とともに大きくなる。

C 火成岩の^{39}Ar/^{40}Ar比は、カリウム含有量が高いほど大きくなる。

D ウラン鉱床の^{235}U/^{238}U比は、地質年代の経過とともに減少する。

1 AとB　　2 AとC　　3 AとD　　4 BとC　　5 BとD

問14 放射性気体に関する次の記述のうち、正しいものの組合せはどれか。

A ウラン鉱石を酸に溶解すると、放射性気体が発生する。

B ^{14}Cで標識された炭酸カルシウム粉末に水酸化カルシウム水溶液を滴下すると、放射性気体が発生する。

C 熱中性子に照射された空気には、放射化されたアルゴンが含まれる。

D ^{125}I^{-}のアルカリ性水溶液に酸を加えていくと、放射性気体が発生する。

1　ＡＢＣのみ　　2　ＡＢＤのみ　　3　ＡＣＤのみ　　4　ＢＣＤのみ
5　ＡＢＣＤすべて

問15 水溶液中の放射性同位体の化学分離に関する次の記述のうち、正しいものの組合せはどれか。

A　$^{35}S^{2-}$は、H_2Sとして蒸留分離できる。
B　$^{60}Co^{2+}$は、クロロ錯体としてイソプロピルエーテルに抽出できる。
C　$^{65}Zn^{2+}$は、酸性溶液中で金属銅を加えると金属として析出する。
D　$^{110m}Ag^+$は、硝酸塩として沈殿分離できる。
E　^{222}Rnは、トルエンに抽出できる。

1　ＡとＢ　　2　ＡとＥ　　3　ＢとＣ　　4　ＣとＤ　　5　ＤとＥ

問16 ガラス器具に付着した放射性物質の洗浄方法に関する次の記述のうち、正しいものの組合せはどれか。

A　［^{45}Ca］炭酸カルシウムにはアンモニア水を用いる。
B　［^{54}Mn］酸化マンガン（Ⅳ）には希硫酸と過酸化水素水の混合溶液を用いる。
C　［^{110m}Ag］臭化銀にはチオ硫酸ナトリウム水溶液を用いる。
D　［^{59}Fe］水酸化鉄（Ⅲ）には過酸化水素水を用いる。

1　ＡとＢ　　2　ＡとＣ　　3　ＡとＤ　　4　ＢとＣ　　5　ＢとＤ

問17 水相中の放射性同位元素Ｘ（110MBq）を有機相へ溶媒抽出する際に、Ｘの分配比（有機相中濃度／水相中濃度）が10のとき、次の記述のうち、正しいものの組合せはどれか。

A　有機相の容積が水相の10倍の場合、Ｘの水相の放射能は100MBqとなる。
B　有機相と水相の容積が等しい場合、Ｘの有機相の放射能は100MBqとなる。
C　有機相の容積が水相の1/10の場合、Ｘの抽出率は50％である。
D　有機相の容積が水相の1/2の場合、Ｘの抽出率は25％である。

1　ＡとＢ　　2　ＡとＣ　　3　ＡとＤ　　4　ＢとＣ　　5　ＢとＤ

次のうち、測定の目的と使用する検出器が正しく対応しているものの組合せはどれか。

A ろ紙上に捕集した^{32}Pの放射能測定 ─ ガスフローカウンタ

B 有機相中に抽出した^{55}Feの放射能測定

　　　　　　　　　　　　─ 井戸型NaI（Tl）シンチレーション検出器

C 有機溶媒中の^{14}C標識有機化合物の放射能測定

　　　　　　　　　　　　─ 液体シンチレーションカウンタ

D ビーカーに入れた廃水中のγ線放出核種の同定 ─ Ge検出器

E 金属箔に電着したα線放出核種の同定 ─ Si（Li）半導体検出器

1 ABCのみ　　2 ACDのみ　　3 ADEのみ　　4 BCEのみ

5 BDEのみ

担体に関する次の記述のうち、正しいものの組合せはどれか。

A 放射性核種の担体として、ほかの元素を用いることもある。

B 担体には、放射性核種の製造時から存在するものと、使用あるいは保管する際に加えられるものがある。

C 水溶液から水酸化鉄（Ⅲ）の沈殿とともに^{90}Sr^{2+}が共沈するのを防ぐために Sr^{2+}の担体を加える場合、Sr^{2+}をスカベンジャーという。

D 水溶液から水酸化鉄（Ⅲ）の沈殿とともに多数の放射性核種を共沈させて除去する場合、水酸化鉄（Ⅲ）を保持担体という。

1 AとB　　2 AとC　　3 BとC　　4 BとD　　5 CとD

問20 $^{22}Na^+$、 $^{526}Al^{3+}$、$^{64}Cu^{2+}$、$^{89}Sr^{2+}$、$^{110m}Ag^+$を含む微酸性硝酸溶液がある。この溶液にそれぞれの担体を加えて次のア～ウの操作を順に行った。沈殿A、B、Cに含まれる放射性核種の組合せとして正しいものはどれか。

ア　希塩酸を加えたところ、白色の沈殿Aを生じた。これをろ別し、その一部をとり、アンモニア水を加えると溶解した。

イ　アで得られたろ液に硫化水素を吹き込んだところ黒色の沈殿Bを生じた。

ウ　沈殿Bをろ別し、ろ液を煮沸したのち、アンモニア水でアルカリ性にしたところ白色沈殿Cを生じた。

	沈殿A	沈殿B	沈殿C
1	^{110m}Ag	^{64}Cu	^{89}Sr
2	^{110m}Ag	^{64}Cu	^{26}Al
3	^{89}Sr	^{110m}Ag	^{26}Al
4	^{89}Sr	^{26}Al	^{110m}Ag
5	^{64}Cu	^{110m}Ag	^{89}S

問21 ^{33}Pで標識されたある化合物の試料を検定した。この化合物として標識されている^{33}Pは772kBqであり、そのほかに^{32}Pで標識された同じ化合物が16kBq、ほかの化学形の^{33}P 12kBqが含まれていた。この試料の検定時の核種純度［%］として最も近い値は、次のうちどれか。

1　96.5　　　　2　97.0　　　　3　97.5　　　　4　98.0　　　　5　98.5

問22 標識化合物に関する次の記述のうち、正しいものの組合せはどれか。

A　標識化合物の放射化学的純度は、同位体希釈法によって求めることができる。

B　［^{14}C］トルエンを酸化して得られる［^{14}C］安息香酸の比放射能［Bq/g］は、原料のトルエンのそれより小さい。

C　G標識化合物は、放射性原子が化合物の各位置に全般的に入っているが、その分布が一様でなく、また各位置における標識の比率が不明確なものである。

D 一般に、ヒドロキシ（ル）基（–OH）やアミノ基（–NH$_2$）に標識された ^{3}H は、ベンゼン環などに結合した水素原子に比べて水や OH を持つ溶媒と同位体交換反応を起こしやすい。

1 ＡＢＣのみ　　2 ＡＢＤのみ　　3 ＡＣＤのみ　　4 ＢＣＤのみ
5 ＡＢＣＤすべて

問 23　有機標識化合物に関する次の記述のうち、正しいものの組合せはどれか。

A 有機化合物にリチウム化合物を混合して熱中性子照射することにより、トリチウム標識化合物を合成できる。
B トリチウム化合物の水溶液は、冷凍して保存する。
C 非放射性の不純物の混入は、放射性核種純度を低下させる。
D 化学純度を上げていくと、比放射能は一定の値に近づく。
E 保管時にはできるだけ放射能濃度の低い状態とする。

1 ＡＢＣのみ　　2 ＡＢＥのみ　　3 ＡＤＥのみ　　4 ＢＣＤのみ
5 ＣＤＥのみ

問 24　ホットアトム効果に関する次の記述のうち、正しいものの組合せはどれか。

A 地下水中の ^{234}U/^{238}U 放射能比は 1 より大きいことがある。
B 室温で熱中性子照射した液体の C$_2$H$_5$I を水と混合すると、放射能の一部が水相に移動する。
C 有機化合物に Li$_2$CO$_3$ を混合し、原子炉で熱中性子を照射すると、トリチウム標識化合物が得られる。
D 原子炉で熱中性子照射した ［Co（NH$_3$）$_6$］Cl$_3$ を水に溶解すると ^{60}Co^{2+} が得られる。

1 ＡＢＣのみ　　2 ＡＢＤのみ　　3 ＡＣＤのみ　　4 ＢＣＤのみ
5 ＡＢＣＤすべて

問25 有機標識化合物の保管方法に関する次の記述のうち、正しいものの組合せはどれか。

A 標識化合物の溶液は高温で保存する。
B 水溶液の場合、ラジカルスカベンジャーとしてベンゼンを加える。
C 比放射能はできるだけ高くする。
D 強い γ 線放出体の近くに置かない。

1 ＡＣＤのみ　　2 ＡＢのみ　　　3 ＢＣのみ　　　4 Ｄのみ
5 ＡＢＣＤすべて

問26 アクチバブルトレーサに関する次の記述のうち、正しいものの組合せはどれか。

A トレーサの検出に放射化分析が用いられる。
B 放射化断面積の大きい元素が適している。
C 自然界における存在量の少ない元素が適している。
D 魚類の回遊調査に利用された例がある。

1 ＡＢＣのみ　　2 ＡＢＤのみ　　3 ＡＣＤのみ　　4 ＢＣＤのみ
5 ＡＢＣＤすべて

問27 ^{210}Poは5.304MeVの α 線を放出し、安定な ^{206}Pbになる。 α 線による ^{206}Pbの反跳エネルギー [keV] に最も近いものはどれか。

1 83　　　　2 96　　　　3 103　　　　4 110　　　　5 122

問 28 医療分野で利用される放射性核種に関する次の記述のうち、正しいものの組合せはどれか。

A ^{99m}Tc の製造には、加速器が必要である。
B ^{125}I は、ミルキングで製造される。
C ^{123}I は、シングルフォトン放射断層撮影法（SPECT）で用いられる。
D ^{18}F は、陽電子放射断層撮影法（PET）で用いられる。

1　AとB　　　2　AとC　　　3　BとC　　　4　BとD　　　5　CとD

問 29 水の放射線分解で生成する次の化学種のうち、水溶液中で酸化力を示すものの組合せはどれか。

A　水和電子　　　B　Hラジカル　　　C　H_2　　　D　OHラジカル
E　H_2O_2

1　ABのみ　　　2　AEのみ　　　3　BCのみ　　　4　CDのみ
5　DEのみ

問 30 線量計に関する次の記述のうち、正しいものの組合せはどれか。

A　フリッケ線量計は、Fe^{2+} の酸化反応を利用する。
B　フリッケ線量計のG値は、^{60}Co の γ 線に対して約15.5である。
C　セリウム線量計は、感度は低いが大線量の測定に適している。
D　アラニン線量計はラジカル生成を利用する。

1　ABCのみ　　　2　ABDのみ　　　3　ACDのみ　　　4　BCDのみ
5　ABCDすべて

414

問31 次のⅠ～Ⅳの文章の［　　］の部分に入る最も適切な語句、数値または数式をそれぞれの解答群から1つだけ選べ。

Ⅰ　中性子照射によって放射性同位元素（RI）を製造するときには、以下のように照射条件を設定する。生成核（半減期T）の放射能は、標的核の数がn、反応断面積がσのとき、粒子フルエンス率fで照射時間をtとすると［　**A**　］×［　**B**　］で与えられる。［　**B**　］は飽和係数と呼ばれ、tがTの2倍に等しいときには［　**C**　］となる。また、飽和係数はtがTに比較して十分小さいときには［　**D**　］と近似することができる。

　^{197}Au（n，γ）^{198}Au反応および^{23}Na（n，γ）^{24}Na反応を用いて、^{198}Auと^{24}Naを製造するために、金2.0mgとナトリウム2.3mgを同時に、熱中性子フルエンス率1.0×10^{12}cm^{-2}・s^{-1}で100秒間照射した。それぞれの核反応断面積と生成核の半減期は下表のとおりとする。照射した^{197}Auと^{23}Naの原子数の比（n_{Au}/n_{Na}）は［　**E**　］、^{198}Auと^{24}Naの生成反応の断面積の比（σ_{Au}/σ_{Na}）は200、100秒間照射による^{198}Auと^{24}Naの生成反応の飽和係数の比（Auの飽和係数/Naの飽和係数）は［　**F**　］となるので、生成した^{198}Auと^{24}Naの放射能の比（A_{Au}/A_{Na}）は［　**G**　］となる。

反応	反応断面積（バーン）	生成核の半減期（時間）
^{197}Au（n，γ）^{198}Au	100	65
^{23}Na（n，γ）^{24}Na	0.5	15

【Aの解答群】

1　nσf　　　　2　nf/σ　　　　3　σf/n

【Bの解答群】

1　$(1/2)^{t/T}$　　　2　$1-(1/2)^{t/T}$　　　3　$(1/2)^{T/t}$　　　4　$1-(1/2)^{T/t}$

【Cの解答群】

1　0.25　　　2　0.71　　　3　0.75　　　4　1.5

【Dの解答群】

1　0.693t/T　　2　0.693T/t　　3　1.44t/T　　4　1.44T/t

【Eの解答群】

1　0.10　　　2　1.0　　　3　10　　　4　100

【Fの解答群】

1　0.23　　　2　0.43　　　3　2.3　　　4　4.3

【Gの解答群】

1　0.32　　　2　0.46　　　3　3.2　　　4　4.6

Ⅱ　荷電粒子で照射してRIを製造する場合には、まず、[　A　]に基づいて適切な照射エネルギーを設定する。また、ターゲット中で照射粒子が運動エネルギーを失い、発熱するので、冷却が必要となる。^{65}Cu（p, n）^{65}Zn反応によって^{65}Znを製造するのに、銅箔のターゲットに16MeVの陽子をビーム電流6.4 μAで照射した。ターゲット通過後の陽子のエネルギーが10MeVであるとすると、ターゲット内での発熱量は、ほぼ[　B　]W（ワット）となる。なお、電気素量は1.6×10^{-19}Cとする。

【Aの解答群】

1　励起関数　　2　仕事関数　　3　検量線

【Bの解答群】

1　23　　　　　2　38　　　　　3　75　　　　　4　149

Ⅲ　RIの分離において、溶媒抽出法は有用な方法の一つである。1.0kBqの^{59}Fe（Ⅲ）および1.0MBqの^{65}Zn（Ⅱ）を含む6M塩酸溶液100mlに、イソプロピルエーテル100mlを加えて振り混ぜ、^{59}Feを有機相に抽出する。この系でのFe（Ⅲ）とZn（Ⅱ）の分配比が下表のような値であるとき、有機相中の^{59}Feの放射能は[　A　]kBq、^{65}Znの放射能は[　B　]kBqとなる。したがって、有機相の全放射能に占める^{59}Feの放射能の割合は[　C　]％である。

　次に、この有機相から水相を完全に除去した後、RIを含まない新たな6M塩酸溶液100mlを加え、同じ操作を繰り返すと、有機相中の^{65}Znの放射能は[　D　]kBqとなり、有機相の全放射能に占める^{59}Feの放射能の割合は[　E　]％となる。

化学種	分配比（有機相中濃度／水相中濃度）
Fe（Ⅲ）	99
Zn（Ⅱ）	0.002

【Aの解答群】

1　0.01　　　　2　0.99　　　　3　2.0　　　　4　98

【Bの解答群】

1　0.01　　　　2　0.99　　　　3　2.0　　　　4　98

【Cの解答群】

1　33　　　　　2　50　　　　　3　90　　　　　4　99

【Dの解答群】

1　0.0001　　　2　0.004　　　3　96　　　　　4　99

【Eの解答群】

1　66　　　　　　　2　90　　　　　　　3　96　　　　　　　4　99.6

Ⅳ　標識化合物を合成するときには、目的化合物の収率の高い反応が望ましいが、短寿命のRIの場合には反応操作に要する時間も考慮する必要がある。半減期が20分のRIの標識化合物を合成するときに、化学反応収率が80％で30分かかる操作では、化学反応収率が50％で10分かかる操作に比較して、得られる標識化合物の放射能が［　A　］倍になる。副生成物は［　B　］などの方法によって分離・除去する。

【Aの解答群】

1　0.7　　　　　　　2　0.8　　　　　　　3　1.3　　　　　　　4　1.4

【Bの解答群】

1　クロマトグラフィ　　　2　オートラジオグラフィ　　　3　シンチグラフィ

問32　水溶液系の放射性核種分離法に関する次のⅠ～Ⅲの文章の［　　　］の部分に入る最も適切な語句、記号または数値を、それぞれの解答群から1つだけ選べ。

Ⅰ　イオン交換樹脂を用いる分離系では、吸着の強さを表す指標として分配係数が用いられる。U（Ⅵ）イオンを例にとると、吸着平衡のときにイオン交換樹脂に吸着したU量が$1.0 \times 10^4 \mathrm{Bq \cdot g^{-1}}$（乾燥樹脂重量）、水溶液中に残ったUの濃度が$5 \mathrm{Bq \cdot ml^{-1}}$のとき、分配係数は$2.0 \times 10^3$である。それぞれ$1.0 \times 10^4 \mathrm{Bq}$の$^{137}\mathrm{Cs}$（Ⅰ）、$^{51}\mathrm{Cr}$（Ⅲ）、$^{95}\mathrm{Zr}$（Ⅳ）の各イオンのトレーサを含む0.2M H_2SO_4水溶液10mlがある。その溶液に、陰イオン交換樹脂1g（乾燥重量）を加えてから、よく撹拌して吸着平衡にした。この系におけるそれぞれのイオンの分配係数を求めたところ、次表に示す値が得られた。

	分配係数		
陰イオン交換樹脂 − 0.2M H_2SO_4	$^{137}\mathrm{Cs}$（Ⅰ）	$^{51}\mathrm{Cr}$（Ⅲ）	$^{95}\mathrm{Zr}$（Ⅳ）
	1.0×10^{-3}	［　E　］	1.0×10^3

$^{95}\mathrm{Zr}$（Ⅳ）は、そのほとんどが［　A　］。溶液中の$^{95}\mathrm{Zr}$濃度は約［　B　］$\mathrm{Bq \cdot ml^{-1}}$となった。$^{137}\mathrm{Cs}$（Ⅰ）はほとんどが［　C　］。$^{137}\mathrm{Cs}$（Ⅰ）は溶液中で［　D　］として存在していると考えられる。$^{51}\mathrm{Cr}$（Ⅲ）では95％が水溶液中に見出され、その分配係数はおよそ［　E　］であった。

【A～Eの解答群】

1　0.01　　　2　0.05　　　3　0.1　　　4　0.5　　　5　1.0　　　6　5.0

7　10　　　　8　100　　　9　樹脂に吸着した　　　10　溶液中に残った

11　陽イオン　　　　　　12　陰イオン　　　　　　13　ラジオコロイド

Ⅱ　溶媒抽出法では、溶質の抽出特性を表す指標として分配比が用いられる。有機相中の溶質の全濃度をC_0、水相中のそれをC_aとすると、分配比は［　A　］で表される。通常は有機相への抽出を増すために［　B　］などの抽出剤を有機相に加える。有機相を30％リン酸トリブチル/n－ドデカン、水相を硝酸溶液としたときの、いくつかの金属元素について分配比を表に示す。

	分配係数		
有機相：30％リン酸トリブチル/n－ドデカン 水　相：3M硝酸溶液	U（Ⅵ）	Eu（Ⅲ）	Tc（Ⅶ）
	20	0.1	0.1

　等容積の有機相と3M硝酸溶液を用いた1回の抽出では、U（Ⅵ）は［　C　］％が有機相に抽出され、Eu（Ⅲ）とTc（Ⅶ）は［　D　］％が水相に残ることがわかる。この水相に対して、新たに等容積の有機相を用いて2回目の抽出を行うと、水相中に残るU（Ⅵ）量は、最初に存在した量の［　E　］％となる。

【A～Eの解答群】

1　$C_0/(C_0+C_a)$　　2　$C_a/(C_0+C_a)$　　3　C_0/C_a　　　4　ブタノール

5　HDEHP　　　6　EDTA　　　7　85　　　　8　90

9　95　　　　　10　99　　　　11　0.15　　　12　0.25

13　0.50　　　14　1.0

Ⅲ　約100年前、キュリー夫妻はウラン鉱石に含まれるラジウムを発見した。ウラン鉱石中に存在するラジウム^{226}Raは^{238}Uと永続平衡にあるので、この鉱石中に含まれる^{226}Raと^{238}Uの重量をW_{Ra}とW_U、それぞれの半減期をT_{Ra}とT_U（$T_{Ra}=1.6\times10^3$年、$T_U=4.5\times10^9$年）とすると、次式の関係が成立する。

$$\frac{W_{Ra}}{226}=\frac{W_U}{238}\times[\quad A\quad]$$

　したがって、その鉱石に含まれているW_Uが5.0×10^3gの場合には、約［　B　］mgの^{226}Raが含まれていることになる。

ところで、キュリー夫妻は原子量を確定できるだけのラジウム量を得るために、ウラン回収後の残渣である鉱さい数トンを用いてラジウムの分離作業を行った。原料である鉱さいを溶解し、その中に含まれるラジウムなどの微量金属を硫酸塩の沈殿として回収した。分離した硫酸塩の沈殿は、さらにさまざまな沈殿分離法を経て、バリウム成分が精製された。その結果、$BaCl_2$に微量の［　C　］が含まれる結晶が得られた。最終段階では、同じ［　D　］金属の塩である$BaCl_2$と［　C　］とを分離するために、両者の水への溶解度の差を利用する分別結晶法を用いた。試料を溶かした水溶液を蒸発濃縮して新たな結晶を得るごとに、結晶中の^{226}Raの放射能濃度は増大した。この操作を何回も繰り返し、約100mgの［　C　］結晶を得た。

　なお、純粋な^{226}Ra100mgの放射能は［　E　］Bqである。

【A～Eの解答群】

1	T_{Ra}/T_U	2	T_U/T_{Ra}	3	0.20	4	1.7
5	2.0	6	17	7	$^{226}RaSO_4$	8	$^{226}RaCO_3$
9	$^{226}RaCl_2$	10	アルカリ土類	11	アルカリ	12	3.7×10^8
13	3.7×10^9	14	3.7×10^{10}	15	3.7×10^{11}		

生物学

合計 **32** 問

（生物学のうち放射線に関する課目）

問 1 自然放射線源による内部被ばくに関する次の記述のうち、正しいものの組合せはどれか。

A 世界平均では、内部被ばく線量は外部被ばく線量よりも大きい。

B ラドンおよびその娘核種による肺がんの発生では、喫煙との相乗効果が認められる。

C 呼吸による経路で被ばく線量への寄与が最も大きいのは、ラドンおよびその娘核種である。

D 経口摂取物中に含まれる核種で被ばく線量への寄与が最も大きいのは ^{14}C である。

1 ABCのみ　　2 ABDのみ　　3 ACDのみ　　4 BCDのみ
5 ABCDすべて

問 2 次の放射性核種と主な集積臓器の組合せのうち、正しいものはどれか。

1 ^{32}P — 肺臓　　2 ^{59}Fe — 腎臓　　3 ^{60}Co — 肝臓
4 ^{90}Sr — 脾臓　　5 ^{137}Cs — 骨

問 3 次の放射性核種のうち、物理的半減期と有効半減期がほぼ等しいものの組合せはどれか。

A ^{3}H　　　　B ^{32}P　　　　C ^{131}I　　　　D ^{137}Cs

1 AとB　　2 AとC　　3 AとD　　4 BとC　　5 BとD

問4 確率的影響と確定的影響に関する次の記述のうち、正しいものの組合せはどれか。

A 晩発障害には確定的影響はない。
B 早期障害には確率的影響はない。
C 遺伝的影響は確率的影響である。
D 不妊は確定的影響である。

1 ABCのみ　　2 ABDのみ　　3 ACDのみ　　4 BCDのみ
5 ABCDすべて

問5 生殖腺の局所被ばくによる放射線障害に関する次の記述のうち、正しいものの組合せはどれか。

A 精巣のγ線1回短時間の被ばくによる男性の一時的不妊のしきい線量は、0.15Gyである。
B 精原細胞は、精（子）細胞より突然変異誘発率が高い。
C 卵巣が被ばくした後、卵胞刺激ホルモンの一過性の上昇が見られることがある。
D 卵巣が被ばくした場合、成人女性では被ばくした年齢が低いほど、少ない線量で永久不妊になる。

1 ACDのみ　　2 ABのみ　　3 ACのみ　　4 BDのみ
5 BCDのみ

問6 培養ヒト線維芽細胞の細胞周期による致死感受性の変化に関する次の記述のうち、正しいものの組合せはどれか。

A G_1期に比べてM期は致死感受性が高い。
B S期前半に比べてS期後半からG期前半は致死感受性が高い。
C X線に比べて高LET放射線では致死感受性の細胞周期依存性が大きい。
D S期に比べてM期の細胞の肩は小さい。

1 AとC　　2 AとD　　3 BとC　　4 BとD　　5 CとD

問 7 水へのX線照射によって生じるヒドロキシルラジカルに関する次の記述のうち、正しいものの組合せはどれか。

A DNA損傷を引き起こす主要な原因の1つである。
B スーパーオキシドラジカルよりも寿命が長い。
C 強い酸化力を有する。
D ヒドロキシルラジカルはpHを決める要因である。

1 AとB　　2 AとC　　3 BとC　　4 BとD　　5 CとD

問 8 X線照射による酵素の不活化に関する次の記述のうち、正しいものの組合せはどれか。

A 水溶液中で間接作用に関与するのは主にHラジカルである。
B 水溶液中で直接作用により不活化される酵素の数は濃度と無関係である。
C 水溶液中で直接作用により不活化される比率は濃度が増加すると上昇する。
D 乾燥系にすると間接作用は起こりにくい。

1 ACDのみ　　2 ABのみ　　3 BCのみ　　4 Dのみ
5 ABCDすべて

問 9 放射線によるDNA損傷に関する次の記述のうち、正しいものの組合せはどれか。

A 放射線に特異的なDNA損傷はない。
B 細胞周期の時期によりDNA二本鎖切断の修復様式に違いが認められる。
C 細胞の生死に関してはDNA一本鎖切断が最も重要である。
D 塩基損傷は発がんの原因とならない。

1 AとB　　2 AとC　　3 AとD　　4 BとC　　5 BとD

問10 細胞生存率曲線に関する次の記述のうち、正しいものの組合せはどれか。

A　1標的1ヒットモデルでは、片対数グラフ上で直線となる。

B　D_0とは、生存率が0.1になる線量である。

C　D_0が大きいほど、放射線致死感受性が低い。

D　α/β比（値）が大きいほど、亜致死損傷回復の程度が大きい。

1　ABCのみ　　2　ABDのみ　　3　ACDのみ　　4　BCDのみ

5　ABCDすべて

問11 放射線によるアポトーシスに関する次の記述のうち、正しいものの組合せはどれか。

A　核の断片化が観察される。

B　核の膨潤が観察される。

C　クロマチンの凝縮が観察される。

D　細胞内容物の流出が観察される。

1　AとC　　　2　AとD　　　3　BとC　　　4　BとD　　　5　CとD

問12 放射線による細胞死に関する次の記述のうち、正しいものの組合せはどれか。

A　線維芽細胞の細胞死は、主に増殖死による。

B　末梢リンパ球の細胞死は、主に増殖死による。

C　固形がん細胞の細胞死は、主に間期死による。

D　神経細胞の細胞死は、主に間期死による。

1　AとB　　2　AとC　　3　AとD　　4　BとC　　5　BとD

原爆被ばく者の疫学調査において、がん死亡の過剰相対リスクに有意な増大が見られる臓器の組合せは次のうちどれか。

A 肺
B 直腸
C 前立腺
D 乳房
E 子宮

1 AとC　　2 AとD　　3 BとC　　4 BとE　　5 DとE

組織加重係数（ICRP2007年勧告）の値を比較した次の記述のうち、正しいものの組合せはどれか。

A 赤色骨髄＝乳房＝甲状腺
B 胃＝結腸＞食道
C 甲状腺＝膀胱＞骨表面
D 肺＞肝臓＞皮膚

1 ABCのみ　　2 ABのみ　　3 ADのみ　　4 CDのみ
5 BCDのみ

放射線加重係数（ICRP2007年勧告）に関する次の記述のうち、正しいものの組合せはどれか。

A 光子では1である。
B α 粒子と重イオンでは20である。
C 陽子では5である。
D 中性子では25である。

1 AとB　　2 AとC　　3 BとC　　4 BとD　　5 CとD

問16 職業被ばくおよび医療被ばくによる発がんに関する次の記述のうち、正しいものの組合せはどれか。

A　ウラン鉱夫において、肺がんの増加が見られた。
B　ラジウム時計文字盤工において、骨がんの増加が見られた。
C　頭部白癬X線治療を受けた患者において、甲状腺がんの増加が見られた。
D　トリウムを含む造影剤を投与された患者において、肝がんの増加が見られた。

1　ABCのみ　　2　ABDのみ　　3　ACDのみ　　4　BCDのみ
5　ABCDすべて

問17 RBEに関する次の記述のうち、正しいものの組合せはどれか。

A　LETの増加とともに増加する。
B　基準の放射線として中性子線が用いられる。
C　線量率によって異なる。
D　生物学的指標により異なる。
E　酸素濃度による影響を受けない。

1　AとB　　2　AとE　　3　BとC　　4　CとD　　5　DとE

問18 低LET放射線と比較した高LET放射線の特徴に関する次の記述のうち、正しいものの組合せはどれか。

A　線量率効果が小さい。
B　細胞周期による影響が小さい。
C　放射線防護剤や増感剤による修飾効果が大きい。
D　DNA修復能に依存する致死感受性の違いが大きい。

1　AとB　　2　AとC　　3　BとC　　4　BとD　　5　CとD

皮膚の急性X線被ばくによる影響に関する次の記述のうち、正しいものの組合せはどれか。

A 紅斑(こうはん)に対するしきい値は、約3〜5Gyである。
B 乾性落屑(らくせつ)は、被ばく後約3週間で発症する。
C 湿性落屑のしきい値は、約20Gyである。
D 50Gy以上の被ばくで壊死が起こる。

1 ABCのみ　　2 ABDのみ　　3 ACDのみ　　4 BCDのみ
5 ABCDすべて

4GyのX線を全身に均等被ばくした場合の末梢血液の変化に関する次の記述のうち、正しいものの組合せはどれか。

A 血小板は赤血球より早期に減少する。
B リンパ球数の減少は被ばく後4時間以内に起こる。
C 好中球数は一過性に増加する。
D 赤血球数は被ばく後1週間前後で最低値を示す。

1 ABCのみ　　2 ABDのみ　　3 ACDのみ　　4 BCDのみ
5 ABCDすべて

放射線白内障に関する次の記述のうち、正しいものの組合せはどれか。

A 同一吸収線量では、γ線に比べ速中性子線で発生しやすい。
B しきい値が存在する。
C 線量率効果は認められない。
D 潜伏期は認められない。

1 AとB　　2 AとC　　3 BとC　　4 BとD　　5 CとD

問 22 放射線の遺伝的影響に関する次の記述のうち、正しいものの組合せはどれか。

A 急性被ばくの場合、倍加線量は 4 Gy 程度と推定されている。
B 原爆被ばく者の疫学調査では、有意な増加は認められていない。
C 生殖腺以外の被ばくによって生じることはない。
D 閉経後も考慮する必要がある。

1 AとB　　2 AとC　　3 BとC　　4 BとD　　5 CとD

問 23 X線による全身被ばくの影響に関する次の記述のうち、正しいものの組合せはどれか。

A 半数致死線量の被ばくでは骨髄死が起こる。
B 骨髄死は消化管死よりも潜伏期間が長い。
C 消化管死は骨髄死より低線量で起こる。
D 中枢神経死は10Gy程度の被ばくで起こる。

1 AとB　　2 AとC　　3 BとC　　4 BとD　　5 CとD

問 24 全身被ばくによる急性障害に関する次の記述のうち、正しいものの組合せはどれか。

A 大腸は十二指腸より障害が強い。
B 動物種により致死感受性が異なる。
C 細胞再生系では幹細胞の障害が主因である。
D 造血器系障害は骨髄移植により回復できる可能性がある。

1 ABCのみ　　2 ABDのみ　　3 ACDのみ　　4 BCDのみ
5 ABCDすべて

器官形成期にある胎児がγ線に急性被ばくした場合、奇形の発生に関する
しきい線量（Gy）として最も近い値は、次のうちどれか。

1　0.005　　　　2　0.02　　　　3　0.1　　　　4　0.5　　　　5　2

γ線の生物作用を利用した応用例として、数10kGyのγ線の吸収線量を
照射する正しいものの組合せは次のうちどれか。

A　ウリミバエの不妊化
B　ジャガイモの芽止め
C　米の品種改良
D　医療用器具の滅菌

1　ABのみ　　2　Bのみ　　3　BCのみ　　4　CDのみ　　5　Dのみ

^{99m}Tcの医療応用に関する次の記述のうち、正しいものの組合せはどれか。

A　^{99m}Tcは^{99}Moからのミルキングによって製造する。
B　^{99}Moの半減期は6時間である。
C　^{99m}Tcから放出される511keVのエネルギーを持つγ線を検出する。
D　［^{99m}Tc］MAA（テクネチウム大凝集人血清アルブミン）は肺シンチグラ
フィに用いられる。

1　ABCのみ　　　2　ABのみ　　　3　ADのみ　　　4　CDのみ
5　BCDのみ

問 28 標識化合物を用いた生物実験に関する次の記述のうち、正しいものの組合せはどれか。

A 細胞周期の測定には［^{14}C］ウリジンがよく用いられる。

B ミクロオートラジオグラフィには^{32}P標識化合物がよく用いられる。

C イムノラジオメトリックアッセイでは^{125}Iで標識した抗体がよく用いられる。

D ミクロオートラジオグラフィに^{3}H標識化合物を用いると、高い解像度が得られる。

E ［^{14}C］ウリジンと［^{3}H］チミジンの二重標識により、DNA合成時期の違いを識別できる。

1　ABのみ　　2　AEのみ　　3　BCのみ　　4　CDのみ　　5　DEのみ

問 29 次のうち、陽電子放射断層撮影（PET）診断に用いられるものの正しい組合せはどれか。

A ［^{3}H］チミジン

B ［^{11}C］メチオニン

C ［^{18}F］フルオロデオキシグルコース（FDG）

D ［^{67}Ga］クエン酸ガリウム

1　AとB　　2　AとC　　3　BとC　　4　BとD　　5　CとD

問 30 次の記述のうち、悪性腫瘍の炭素イオン線治療がX線治療に比べて優れている点として、正しいものの組合せはどれか。

A 腫瘍組織に集中して線量を与えることができる。

B 腫瘍組織の吸収線量が同じ場合、抗腫瘍効果が大きい。

C 酸素効果が大きい。

D 細胞周期依存性が大きい。

1　AとB　　2　AとC　　3　AとD　　4　BとC　　5　BとD

模擬試験

問題（生物学）

問 31 次のⅠ～Ⅳの文章の [　　] の部分に入る最も適切な語句または記号を、それぞれの解答群から1つだけ選べ。

Ⅰ　放射線のDNA分子への作用の中で、[　A　] は、DNA分子を構成する原子と光子の相互作用によって飛び出した [　B　] によってDNAに損傷を生じることである。[　C　] では、[　B　] が [　D　] と反応し、主に [　E　] ラジカルと [　F　] ラジカルが発生する。特に [　E　] ラジカルがDNA損傷形成に重要である。

【Aの解答群】
1　メチル化作用　　2　間接作用　　　3　直接作用　　　4　複合作用

【Bの解答群】
1　中性子　　　　　2　特性X線　　　3　陽子　　　　　4　二次電子

【Cの解答群】
1　メチル化作用　　2　間接作用　　　3　直接作用　　　4　複合作用

【Dの解答群】
1　遊離脂肪　　　　2　タンパク質　　3　水分子　　　　4　窒素

【E～Fの解答群】
1　OH　　　　　　 2　H　　　　　　 3　NO　　　　　　4　RO

Ⅱ　低LET放射線によるDNA損傷のうち、塩基損傷はチミンやシトシンなどの [　A　]、アデニンやグアニンなどの [　B　] の5位の炭素と6位の炭素の間の二重結合に [　C　] ラジカルが作用して生じる付加体が主である。損傷を受けた塩基が鎖から遊離すると、塩基の欠失した場所が生じる。ここを [　D　] といい、そのまま残るとDNA複製が阻害され、突然変異の原因ともなる。

【A～Bの解答群】
1　ヌクレオチド　　2　プリン　　　　3　アミン　　　　4　ピリミジン

【Cの解答群】
1　OH　　　　　　 2　H　　　　　　 3　NO　　　　　　4　RO

【Dの解答群】
1　ギャップ　　　　2　AP部位（脱プリン・脱ピリミジン部位）
3　ニック　　　　　4　脆弱部位

Ⅲ　紫外線によるDNA損傷とその修復機構についてはよく調べられてきた。紫外線は [　A　] ではないが [　B　] で、ピリミジン同士が隣接している部

430

位に作用し、シクロブタン型のピリミジン2量体と［　C　］などをつくる。

【A～Bの解答群】

1　電磁波　　　　　2　電離放射線

【Cの解答群】

1　チミングリコール　　　　2　鎖内架橋　　　　3　6－4光産物

4　鎖間架橋

Ⅳ　DNAにできた傷はさまざまな機構で修復される。紫外線によるピリミジン
2量体は［　A　］により認識され、320～410nmの光の存在下でシクロブタ
ン環が直接開裂されて、元のピリミジンに戻る。ラジカルなどによりできた塩
基損傷は、その損傷部位の前後でDNAの一部が切り出され、向かい側のDNA
鎖を鋳型として埋め戻される。損傷のある部位だけが切り出される場合を
［　B　］、損傷部位を含めて広い範囲が切り出される場合を［　C　］という。
この修復過程に関与する遺伝子に異常がある遺伝性疾患が色素性乾皮症である。
放射線による致死的で重要な傷はDNAの［　D　］で、［　E　］または
［　F　］で修復される。

　［　E　］は、修復の際に鋳型として、相同な染色体を用いて本来の遺伝情
報に基づいて修復するため、突然変異が起こりにくい。この機構は精子や卵子
などの［　G　］の過程で両親のゲノムDNAの再編成を行う機構と関連があ
る。

　　他方、［　F　］は損傷により生じた2つの切断端同士を直接つなぐ機構で
あるが、この過程ではDNA配列がしばしば失われ、突然変異の原因となるこ
とがある。

【Aの解答群】

1　エンドヌクレアーゼ　　　　2　DNAリガーゼ　　　　3　光回復酵素

4　DNA依存性プロテインキナーゼ

【B～Cの解答群】

1　ヌクレオチド除去修復　　　2　塩基除去修復

3　非相同末端結合　　　　　　4　相同組換修復

【Dの解答群】

1　一本鎖切断　　　2　二本鎖切断　　　3　鎖間架橋　　　4　塩基遊離

【E～Fの解答群】

1　ヌクレオチド除去修復　　　2　塩基除去修復

3　非相同末端結合　　　　　　4　相同組換修復

【Gの解答群】

1　減数分裂　　　2　有糸分裂　　　3　無糸分裂　　　4　直接分裂

問 32
次のⅠ～Ⅲの文章の [ ] の部分に入る最も適切な語句、記号または数値を、それぞれの解答群から1つだけ選べ。ただし、各選択肢は必要に応じて2回以上使ってもよい。

放射線の生物作用の線量効果関係を説明するためにさまざまなモデルが提唱されてきた。

Ⅰ 放射線のエネルギー吸収過程の量子性を踏まえ、物理学の方法論を用いて放射線の生物に対する致死作用を説明しようとしたのが「標的理論（ヒット理論）」である。

これらの理論では、「細胞内には細胞の生存に重要な標的があり、この標的を放射線がヒットする。」と仮定する。また、ヒットは互いに [A] して起こり、[B] 分布に従うと仮定する。

ヒット理論において、ある線量Dの放射線により、標的に平均m個のヒットが生じたとすると、実際に標的r個のヒットが生じる確率P（r）は、

$$P（r）= e^{-m}m^r/r! \cdots\cdots (1)$$

で表される。この理論では、標的数とヒット数の組合せにより、「1標的1ヒットモデル」「多重標的1ヒットモデル」「1標的多重ヒットモデル」および「多重標的多重ヒットモデル」がある。

「1標的1ヒットモデル」では、細胞内に標的が1個あり、これがヒットされると細胞は死に至ると仮定する。この場合に細胞が生き残るためには、標的が受けるヒット数は [C] 個でなければならない。したがって、生存する確率（生存率）SはS = [D] となる。標的に平均1個のヒットを生じるのに必要な線量をD_0とした場合、ある線量Dを照射すると平均 [E] 個ヒットすることになる。この値は [F] であることから、生存率Sは、

$$S = [G] \cdots\cdots (2)$$

となる。

横軸に線量Dをとり、縦軸を生存率Sとして自然対数で表すと直線となる。また、式（2）において、線量DがD_0のときを考えると、標的の受けるヒット数は平均して1個であるので、生存率Sは約 [H] となる。D_0は [I] 線量と呼ばれ、放射線感受性を評価する際に用いられる。D_0が小さければ感受性は [J] ことになる。

【A～Bの解答群】

1	ガウス	2	ポアソン	3	直接作用	4	間接作用
5	独立	6	依存	7	生存	8	死

9　低い　　　　　10　高い

【C～Jの解答群】

| 1 | 0 | 2 | 0.37 | 3 | 0.5 | 4 | 1.0 |

1　0　　　　　　　2　0.37　　　　　3　0.5　　　　4　1.0

5　平均致死　　　6　半数致死　　　7　低い　　　8　高い

9　exp（－m）　　10　exp（－D×D$_0$）　　　　11　exp（－D/D$_0$）

12　m　　　　　　13　D$_0$　　　　　14　D×D$_0$　　15　D/D$_0$

Ⅱ　標的理論とは別に次のようなモデルも提唱されている。放射線によって生じる染色体異常のうち、［　A　］異常は細胞死の原因になる。［　A　］異常には二動原体染色体や［　B　］が含まれる。いずれも2か所でDNA二本鎖切断が起こり、これらが誤って再結合したものである。2か所の二本鎖切断が放射線の1本の飛跡によって一挙に生じる場合と、独立した2本の放射線の飛跡によって生じる場合を想定すると、前者の起こる確率は線量の［　C　］乗に比例し、後者の起こる確率は線量の［　D　］乗に比例すると考えられる。したがって、これらの染色体異常の生ずる頻度は両者の［　E　］となる。

　このような式で表されるモデルを［　F　］モデルという。

【A～Bの解答群】

1　安定型　　　　　2　不安定型　　　　3　相互転座　　　4　環状染色体

5　逆位　　　　　　6　断片

【C～Dの解答群】

1　1　　　　　　　2　2　　　　　　　　3　3　　　　　　4　0

【Eの解答群】

1　和　　　　　　　2　差　　　　　　　　3　積　　　　　　4　商

【Fの解答群】

1　直線（L）　　　2　直線2次（LQ）　　　　　　　3　2次（Q）

4　相乗予測　　　　5　相加予測　　　6　絶対リスク　　7　相対リスク

Ⅲ　放射線を組織に分割照射した場合、1回照射に比べて放射線障害は低減するが、その度合いは組織により異なる。組織には、照射後約1か月以内に［　A　］のような障害が現れる早期反応組織と、照射後半年から1年後に［　B　］のような障害が現れる晩期反応組織とがあり、分割照射の影響は早期反応組織と晩期反応組織では異なっている。総線量を同じにして分割回数を増やした場合、早期反応組織では晩期反応組織に比べ、放射線障害の低減の度合いは小さい。組織の障害は組織を構成する細胞の死を反映すると考えられる。線量と細胞の生存率の関係は一般に、$S = \exp\left(-\left(\alpha D + \beta D^2\right)\right)$ で表される。ここで、Sは生存率、Dは線量、α、β は定数である。下図はこの線量効果関係を図示したもので、縦軸に生存率Sを対数目盛で、横軸に線量Dを線形目盛で表している。線量効果関係は、早期反応組織では［　C　］に近くなり、晩期反応組織では［　D　］に近くなる。

【A〜Bの解答群】

1　変形性関節症　　　2　肺気腫　　　　3　脊髄麻痺　　　4　痛風
5　粘膜炎　　　　　　6　関節リウマチ

【C〜Dの解答群】

1　下図の曲線（a）　　　2　下図の曲線（b）　　　3　下図の曲線（c）

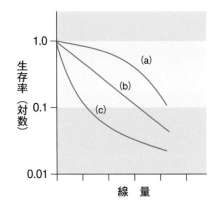

法令

問1 解答 **3**

▶P.305

放射性同位元素等規制法（以下、法）第1条

問2 解答 **5**

▶P.307

放射性同位元素等の規制に関する法律施行規則（以下、則）第1条

問3 解答 **4**

▶P.313

法第3条

A：密封線源1個当たりの数量が下限数量の1000倍なので、許可は不要です。

B：表示付認証機器は届け出のみです。

C：1000倍を超えないので届け出のみです。

D：放射線発生装置の使用は許可が必要です。

問4 解答 **2**

▶P.310

法第3、4条

C：このような規定はありません。

D：あらかじめではなく、使用の開始から30日以内に届け出ます。

問5 解答 **4**

▶P.340

A：× 別途、特定放射性同位元素防護規程を作成します（→P.326）。

C：× 放射線取扱主任者の義務は法第36条で定められています（→P.357）。

問 6 解答 **4**

▶P.314

法第10条

A：代表者の氏名変更は届け出が不要。氏名、名称または住所の変更は必要です。

D：許可証の変更は不要。あらかじめその旨を原子力規制委員会に届け出ます。

問 7 解答 **5**

▶P.317

法第10条第2項

問 8 解答 **1**

A：許可届出使用者および許可廃棄業者が対象になります。

B、C：防護規程は取扱いの開始前に届け出る必要がありますが、変更の場合は、変更の日から30日以内に届け出ます。

なお、放射性同位元素等の規制に関する法律の第二十五条の四の第2項には、「特定放射性同位元素を防護するために必要があると認めるときは、許可届出使用者又は許可廃棄業者に対し、特定放射性同位元素防護規程の変更を命ずることができる」とあり、"及び"ではありませんので注意しましょう。

問 9 解答 **5**

▶P.316

則第14条、法第12条

A：失った許可証の写しを添える必要はありません（失ったらその写しはつくれません）。

D：失ったときと同じ手続き、汚した許可証も添えます。

問 10 解答 **4**

▶P.320

法第12条の9、放射性同位元素等の規制に関する法律施行令（以下、令）第14条

A、C：両方とも5年ではなく3年以内です。

解答 3

▶P.350

法第19条、則第19条

B：許可廃棄業者以外に許可・届出使用者にも委託できます。

C：5日間でなく7日間です。

問 12 解答 3

複合問題　法第6条第1号、則第14条の7

B：作業室ではなく、汚染検査室に備えます。

C：作業室の基準ではなく、貯蔵施設の基準です。

問 13 解答 2

▶P.323

則第17条第1項

C：このような定めはありません。

問 14 解答 3

▶P.330

則第18条の4

B：40ベクレルではなく、4ベクレルです。

問 15 解答 4

▶P.323

則第14条の9第4号

A：容器外の空気を汚染するおそれがあるRIを入れる容器のみ必要です。

C：A型輸送物に対して定められています。

問16 解答 **1**

A：○、C：○、D：○　平成12年科学技術庁告示第5号のとおりです。

B：×　吸入摂取または経口摂取した放射性同位元素の"摂取量"とそれらの実効線量係数を掛けて求めます。

問17 解答 **4**

▶**P.334**

A：「許可なくして触れることを禁ず」の記載は不要です。

B：「管理区域」の下に「(使用施設)」「(廃棄物詰替施設)」など、管理区域の区分を記載します。

問18 解答 **5**

則第20条第1項第4号

問19 解答 **5**

A：100　B：50　C：5　D：1

　現在の実効線量限度は1990年のICRP勧告を基にした値が使われています。

　胎児は母親が放射線業務従事者であっても公衆と考えられており、その限度が適用されます。

問20 解答 **1**

▶**P.311**

法第4条1〜3項

D：「1個当たりの数量」を記載する必要はありません。

問21 解答 **1**

▶**P.342**

法第22条、則第21条の2

C：放射線の人体に与える影響は30分などと定められています。なお、届出販

売業者、届出賃貸業者は教育訓練の必要がありません。

D：教育訓練の対象者は管理区域に立ち入る者と取扱等業務に従事する者です。

 解答 3

▶**P.345**

則第22条第1項第6号

1、2、4：健康診断の必須項目です。

 解答 4

▶**P.346**

則第23条第1号

　条文のとおりです。

問24 **解答** 5

▶**P.347**

則第24条第1項第1号

問25 **解答** 1

▶**P.350**

法第27条第1項、法第28条第1項

C：許可使用者ではなく、許可廃棄業者に引き渡します。

D：3月以内ではなく、30日以内に届け出ます。

問26 **解答** 2

▶**P.353**

法第30条第1項

C：届出販売業者は放射性同位元素の運搬を受託できません。また、届出販売業者は届け出た以外の放射性同位元素を所持できません。

問27 解答 1

▶ P.354

法第33条第1項、則第29条第1項、法第42条第1項、則第39条第1項

C：所在不明に気付いたとき、直ちに原子力規制委員会に報告します。

D：放射線障害の発生が確認されたときではなく、超えるおそれがある被ばくが
あった場合は直ちに報告します。

問28 解答 3

▶ P.356

法第34条第1項

A：医薬品、医薬部外品、化粧品または医療機器の製造所では、薬剤師を放射線
取扱主任者として選任できますが、装置を設置する前に選任します。

D：表示付認証機器のみを認証条件に従って使用する場合は、放射線取扱主任者
の選任は不要。届出販売業者または届出賃貸業者は第1種、第2種または第
3種放射線取扱主任者免状を有する者から選任しなければなりません。

問29 解答 2

▶ P.357

A：誠実　　B：立ち入る者　　C：意見を尊重しなければ

問30 解答 2

▶ P.358

法第37条（放射線取扱主任者の代理者）、則第33条（放射線取扱主任者の代理者
の選任等）

A：○　主任者が職務を行うことができない場合には、代理者を選任します。そ
れが30日以上になる場合は30日以内に届け出ます。

B：○　30日以内なので選任する必要はありますが、届け出は必要ありません。

C：×　密封RIを取り扱う許可使用者なので、第1または2種放射線取扱主任
者免状を有している者が必要です。

D：×　職務を行うことができない場合には、期間の日数に関わらず代理者の選
任が必要です。

問1

Iの解答 A－5　B－13　C－1　D－3　E－12　F－10　G－8

▶P.226、P.231

A：放射線で気体が電離されて生じた電子と、陽イオン電極に移動して流れる電流を測定します。

B：4章の図表13のGM計数管式やシンチレーション式と比べるとわかるように、電離箱式ではガス増幅がないため、信号強度が小さく、感度が低くなります。

C、D：ガイガー放電では電子なだれが生じるので、大きな信号が得られます。ただし、飽和現象で不感時間が長いため、高線量率では数え落としが起こります（4章図表09）。

E：シンチレーション検出器は、素子の密度が高く、原子番号が大きい物質を使用すれば、高い検出効率が得られます。

F、G：4章の図表13でわかるように、電離式測定はGM計数管式やシンチレーション検出器式と比べ、広いエネルギー範囲に渡った信号強度が一定なため、良好なエネルギーデータが得られます。

IIの解答 H－9　I－6　J－3　K－4　L－1　M－11

▶P.238

4章5節のα線検出器と個人用線量計を参照してください。

IIIの解答 N－5　O－3　P－9　ア－3　イ－8

N：放射線測定器など公的に使用する測定器は精度管理が重要で、常に国家標準へのトレーサビリティの確立が求められます。

O：個人線量計は測定時に人体に装着して使用するため、校正の際には人体に見立てたアクリル樹脂などでつくられたファントムに線量計を取り付けて校正を行います。

P：点線源からの線量率は、線源からの距離の逆自乗則に従って減少します（→P.265）。このため、校正を行うときは距離に対する補正が必要です。

ア：線源から1.0mの線量率が36μSv・h^{-1}なので、0.8mでは、
36／(0.80)^2＝56.25μSv・h^{-1}となります。これに対し、指示値の平均値は
62μSv・h^{-1}なので、校正定数＝56.25／62≒0.91となります。

イ：誤差の伝播の計算です（→P.255）。線源、距離および指示値の誤差をそれぞ
れa、b、cとすると、
a＝2.2／36≒0.06　b＝0.01／0.80＝0.0125　c＝5.0／62≒0.08
これより、合成された相対標準不確かさ ＝ $\sqrt{(a^2 + b^2 + c^2)}$
＝$\sqrt{(0.06)^2 + (0.0125)^2 + (0.08)^2}$×100≒0.10［％］となります。

問2　Iの解答　A-2　　B-7　　C-7　　D-5　　E-5　　F-9

A：L型輸送物では線源は中央にあるので、線源から表面までは10cmです。線
量当量率は距離の逆自乗則に比例するので、表面から1m（線源からは1.1m）
で、この位置での当量率は、
5μSv・h^{-1}×(0.1m/1.1m)^2≒0.041μSv・h^{-1}となります。

B：同じ位置にある物質の線量当量率は放射能に比例します。
0.041μSv・h^{-1}の線源に対し、100μSv・h^{-1}の線源には100／0.041≒
2400倍の数量があります。

C：解答群の中でγ線放出核種は^{109}Cd、^{131}I、^{137}Cs、^{210}Poで、このうち^{109}Cdが
88keVのγ線を放出します。

D：本試験に出る中で、^{32}Pは最も高いエネルギー（1.71MeV）のβ線を放出す
る核です。また、チェレンコフ光を出すので、チェレンコフ検出器を使うと
いう問いが頻繁に出題されます。

E、F：高エネルギーβ線は、遮へい物質との相互作用で制動放射線が発生しま
す。（→P.52）この発生効率はF、物質の原子番号の自乗にほぼ比例するので、
遮へいにはアクリル製プラスチック板などの原子番号の小さい物質を使い、
さらにその外側を鉄や鉛などの原子番号の大きな物質で制動放射線を遮へい
します。

IIの解答　G-4　H-1　I-3　J-3　K-5　L-3　M-1　N-5

G：解答群にハロゲンはヨウ素だけで、ヨウ素分子（I_2）として昇華します。

H：カルボン酸などイオン性化合物は高い沸点を持ちます。ただし、I$^-$イオンは
酸性溶液中ではI_2分子に変わるため揮散します。

I：揮散は物質が蒸発して広がっていくことであり、沸点が指標となります。

J：気体状ヨウ素の捕集には、ヨウ素分子では活性炭、ヨウ素含有有機物ではトリエチレンジアミン（TEDA）を添着した活性炭を用います（→P.262）。

K：二酸化炭素は、水酸化ナトリウムなどアルカリ性の水溶液やソーダ石灰管（→P.141）に通して捕集します。

L：解答群の中で^{210}Poのみがα放射核体です。

M：^{241}Amは、電源がない野外や、X線管を挿入できない狭い空間などでの蛍光X線分析用γ線源として使用します（→P.128）。

N：α線源の窓材としては多くの場合、金の薄膜が用いられます。

Ⅲの解答 O-3　P-4　Q-2　R-3　S-3　T-1

▶P.256

O：汚染の場合、はじめに簡易検査で汚染の場所と範囲、核種の特定と量、それが固着性か遊離性汚染かを確認します。

P、Q：医療検査に使う^{18}Fなど、半減期が短い核種による汚染の場合は、壊変によって減衰を待つ方法もあります。

R：γ線放出核種の同定には、エネルギー分解能が高いGe半導体検出器が使われれます。

S：複数のγ線が同時に検出されるサムピークが生じると全吸収ピークが小さくなり、放射能量が小さく計測されるので、この補正が必要です（→P.247）。

T：キレート剤としては、主にエチレンジアミン四酢酸（EDTA）が使われます。

問3 **Ⅰの解答** A-3　B-4　C-9　D-12　E-15

C：放射能物質を入れずに同じ実験を行うことをコールドランといいます。

E：発熱反応で溶媒が沸騰すると、気化や突沸で飛散が起こります。

Ⅱの解答 A-2　B-5　C-9　D-6　E-3　F-6　G-9　H-10

A：低レベル放射性廃棄物は焼却して減容措置を行うので、燃焼性で分類します。

C：ポリ塩化ビニルなど塩素を含む物質は、低温で焼却するとダイオキシン類が生じます。

F：有機廃液中のRIを水溶液に抽出します。

G：廃液処理する場合、水溶液が中性であることが必要です。

H：多くの酸アルカリ反応は発熱反応です。

B：焼却排気口における排気中のRI濃度などの条件を満たせば焼却可能です。

C：ジオキサンは水溶性試料に適した溶媒です。クロロホルムやアセトンは通常、液体シンチレータに使用しません。

Ⅳの
解答　A - 8　　B - 4

A：排液 $1\,m^3$ 中に16MBqのXが含まれているので、その濃度は、

$16 \times 10^6 \,/\, (1 \times 10^6) = 16Bq \cdot cm^{-3}$

排水中の濃度限度は $1\,Bq \cdot cm^{-3}$ なので、現在の1/16（＝ $(1/2)^4$）の濃度になれば希釈せずに排水できます。すなわち、半減期の4倍＝40日以降はそのまま排水できます。

B：10日は半減期なので、濃度は $8Bq \cdot cm^{-3}$ です。これは濃度限度の8倍なので、それ以上に希釈します。

問
4
Ⅰの
解答　A - 5　　B - 3　　C - 5　　D - 3　　E - 4

A：T_b と T_p の逆数の平均の逆数（調和平均）になります。

B：約30日〜45日滞留するとされています。

C：12.3年

D：$T_b \cdot T_p \,/\, (T_b + T_p) = 10 \times (365 \times 12) \,/\, (10 + (365 \times 12)) \fallingdotseq 10$ 日

E：身体に取り込まれた有機結合型トリチウムの約50%は、代謝でトリチウム水となり10日で排泄され、残りが40日で排泄されます。

Ⅱの
解答　F - 3　　G - 9　　H - 10　　I - 8　　J - 2

F、G：世界の平均寿命が約70歳であることから、20歳で成人になってから死亡するまでの50年間の総被ばく線量を評価します。

H：トリチウム水と有機結合型トリチウムの有効半減期はそれぞれ10日と40日なので、1年後にはほぼ体内に残っていません。このため、預託実効線量は1年目の被ばく線量となります。

別表第2で、経口摂取した場合の実効線量係数 [mSv/Bq] は、

1.8×10^{-8} と 4.2×10^{-8} なので、預託実効線量は、

$1.8 \times 10^{-8} \times 5.5kBq + 4.2 \times 10^{-8} \times 0.5kBq = 12 \times 10^{-5}mSv = 1.2 \times 10^{-1}\,\mu Sv$

Ｉ：人間は生涯にわたって水を飲み続けることから、生まれてから70歳までで
評価します。

Ｊ：年齢が若いほど大きな値となります。3か月児：0.000064、5歳児：0.000031、
成人：0.000018

問5 **Ｉの解答** A－3 B－1 C－4 D－5 E－3 F－3 G－6
ア－4 イ－3 ウ－2 エ－3 オ－1 カ－3

Ａ：確定的影響にはしきい値（影響が発生する最低の線量）が存在します。

Ｂ、Ｃ：確率的影響にはにしきい値がなく、線量の増加とともに影響が増加しま
す。

Ｄ：集団

Ｅ：性別および年齢

Ｆ：罹患（病気にかかること）

Ｇ：損害

ア：線量・線量率効果係数

イ：名目リスク係数

ウ、エ：組織加重係数は、各臓器・組織のリスクの相対的な影響的度合いを数値
化したもので、総和は1になります。

オ：小さい

Ⅱの解答 H－5 I－2 J－4 キ－8 ク－1 ケ－6 コ－11

▶P.286

Ｈ、Ｉ：被ばく線量は直接測定できないので、体内の臓器位置での仮想的な線量
を基に評価します。

キ、ク、ケ：国際放射線単位測定委員会は、個人被ばく線量測定位置として体内
部の組織には10mm、眼の水晶体には3mm、表層部組織には70μmを推奨
しています。

コ：日本では水晶体の等価線量限度に70μmが使われていますが、海外では3
mm線量当量も使われています。

模擬試験

解答・解説（実務）

A～D：確定的影響と確率的影響の基礎知識です。

F：白内障は確定的影響で晩発障害の代表例です。

G、H：細胞分裂が盛んな細胞ほど放射線の影響を受けます。

Ⅰ：器官形成期に被ばくすると奇形が生じる場合があります。

Ⅱの 解答　L-2　M-3　N-1　O-3　P-1　Q-2

L～N：プルトニウムは放射線荷重計数が20の α 線を放出するので、内部被ばくの要因となります。骨と肝臓に親和性があるので、可溶性物質として吸収されると、これらの臓器に蓄積します。不溶性物質として経口吸収すると肺に溜まります。

O～Q：1/有効半減期 = 1/物理的半減期 + 1/生物学的半減期の関係があります。

▶P.72

α線は電荷が2なので、3.0MVで加速後、6.0MVだけ運動エネルギーが増え、全運動エネルギーEは8.0MeVとなります。これをジュール単位で表すと、

$E = 8.0 \times 10^6 \times 1.6 \times 10^{-19} = 1.28 \times 10^{-12}$J

一方、運動エネルギーは$E = 1/2 \cdot \alpha$線の質量$\cdot (\alpha$線の速度$)^2$ですから、

α線の速度$= \sqrt{(2E / \alpha 線の質量)}$
$= \sqrt{(2 \times 1.28 \times 10^{-12}) / (4 \times 1.7 \times 10^{-27})} = 1.9 \times 10^7 \, [\mathrm{m \cdot s^{-1}}]$

▶P.73

磁束密度Bの磁場に垂直な平面内を、非相対論的速度vで運動する粒子（質量M、電荷ze）の円軌道の半径をrとすると、このときローレンツ力zevBと遠心力Mv^2/rは等しくなります。

$zevB = Mv^2/r$　　　これより、$r = Mv/zeB$が得られます。

また、運動エネルギー$E = 1/2Mv^2$なので、$v = \sqrt{(2E/M)}$、これより、

$r = Mv/zeB = \sqrt{(2E \cdot M)} / (ze \cdot B)$

ここで磁場は一定なので、$r \propto \sqrt{(2E \cdot M)} /ze$と表されます。

5つの場合について、この値を計算すると次のようになり、2が最も半径が小さくなります。

番号	電荷ze	質量M	エネルギーE	半径$r \propto \sqrt{(2E \cdot M)}$ /ze
1	1	3	0.5	$\sqrt{3} \fallingdotseq 1.73$
2	2	4	1	$\sqrt{2} \fallingdotseq 1.41$
3	1	2	1	2
4	0	1	1	∞
5	1	1	2	2

解答 2

複合問題 エネルギーの単位はJで、このSI組立単位はkg・m^2・s^{-2}です。

1：○ 単位面積を通過するエネルギー。J・m^{-2} = kg・s^{-2}

2：× 単位面密度当たりに失うエネルギー。J・(kg・m^{-2})$^{-1}$ = m^4・s^{-2}

3：○ 単位質量当たりの付与エネルギー。J・kg^{-1} = m^2・s^{-2}

4：○ 1イオン対をつくるのに必要なエネルギー。eV→J = kg・m^2・s^{-2}

5：○ 単位長さ当たりの相互作用の割合。m^{-1}

問
4
解答 1

▶P.27

D：× 原子番号が小さいもの以外は、核子1個当たり約8MeVとなります。

E：× クーロン力の説明です。核子間力は核子間距離が大きくなると急激にゼロに近づきます。

問
5
解答 2

▶P.34

A：× 固体中では、電子－正孔対が生成されます。

C：× 平均寿命は数n秒です。

E：× 電子と陽子の静止質量は同じです。

問
6
解答 2

▶P.32

C：× 励起原子核のエネルギーがγ線の放射ではなく軌道電子を放出します。

D：× 内部転換で軌道電子が放出された後、オージェ電子が生じます。

問
7
解答 3

▶P.37

B：× β$^+$電子は核反応で消滅するので、0.511MeVの消滅放射線は観測されません。

C：× XからYの壊変でYが図の左にあるので、この壊変はβ$^+$です。β$^+$壊

変では、原子番号はＺ－１になります。

問8 解答 5

▶P.68

ＡＢＣＤすべて正しい説明です。

問9 解答 4

複合問題

Ａ：× オージェ電子は軌道電子の放出で、原子核からは放出されません。

Ｂ：○ 特性Ｘ線放出とオージェ電子放出は競合過程で、そのうち特性Ｘ線を放出する割合を蛍光収率といいます。

Ｃ：× オージェ電子のエネルギーは、特性Ｘ線より電子の結合エネルギーだけ小さくなります。

特性Ｘ線：$E = (E_k - E_l)$、オージェ電子：$E = (E_k - E_l) - E_l$

Ｄ：○ オージェ電子の放出率は原子番号が大きくなると減少するので、特性Ｘ線の蛍光収率は増加します。

問10 解答 3

▶P.33

ＸからＹは陽子が１個増加し、中性子が３個減少する反応なので、原子番号などは次のように変わります。

原子番号：＋１、質量数：－２、中性子数：－３、陽子数：＋１

ＹからＺへの反応で原子番号などは次のように変わります。

原子番号：－１、質量数：０、中性子数：＋１、陽子数：－１

これよりＸからＺの反応全体では、次のようになります。

原子番号：０、質量数：－２、中性子数：－２、陽子数：０

Ａ：× Ｘより１つ増加する。

Ｄ：× Ｘより２つ減少する。

模擬試験

解答・解説（物理学）

問11 解答 4

▶P.39

^{137}Csが内部転換を起こす割合をI、γ線を放出する割合をγとすると、内部転換係数はI/γとなります。またI＋γ＝1なので、γ≒0.9となります。

また図より、^{137}Csが^{137m}Baの励起準位にβ壊変する割合が0.94なので、^{137m}Baから放出される0.662MeVのγ線は1秒当たり、

$$10^6 \times 0.9 \times 0.94 ≒ 8.5 \times 10^5 \ [s^{-1}]$$

問12 解答 4

▶P.49

光子のエネルギーをE、速度をcとすると、光の運動量はE/cなので、反跳原子核の質量をM、速度をvとすると、運動量保存則からE/c＝Mvとなります。

また、原子核の反跳エネルギーE'は1/2Mv^{2}で、これに前式を代入すると、

$$E' = 1/2Mv^2 = E^2 / (2 \cdot c^2 \cdot M)$$

電子の質量をmとするとM＝10^4m、またmc^{2}は電子の静止質量＝0.511MeVなので、

$$E' = E^2 / (2 \cdot c^2 \cdot 10^4 m) = E^2 / (2 \cdot 10^4 \cdot mc^2)$$
$$= (1MeV)^2 / (2 \cdot 10^4 \cdot 0.511MeV) ≒ 100eV$$

問13 解答 5

▶P.236

速中性子の測定は、中性子と水素などで減速した後、熱中性子の検出器で測定します。速中性子のみを選択的に測定するためには、約0.5MeV以上のしきい値エネルギーがある放射化反応を使います。例えば、^{32}S（n, p）^{32}Pや^{27}Al（n, α）^{24}Naの反応が使われます。設問の1から5の核反応では、5番の^{238}U（n, f）は反応にしきい値があり、核分裂計数管として原子炉内の高速中性子の計測に使われています。

問14 解答 1

複合問題

A：〇　核反応前後で電子や陽電子の数は変わりますが、全電荷は保存します。

B：○　バーンは核反応の断面積の単位で、1バーン＝$10^{-28}m^2$です。

C：×　Q値は発熱反応となる正の場合と吸熱反応となる負の場合があります。

D：×　全断面積は弾性散乱、非弾性散乱以外に捕獲反応、破砕反応など多くの核反応の総和です。

問15 解答 1

▶P.58

B：○　荷電粒子の軌跡に沿って放射されるので、進行方向がわかります。

C：○　発光時間は、シンチレーション光で約3ns、チェレンコフ光ではその1/1000の数ps程度です。

D、E：×　放射機構はAのとおりです。

問16 解答 4

▶P.35

A：×　荷電粒子の質量衝突阻止能は、物質の原子番号をZ、物質の原子量をAとすると、Z/Aに比例します。Z/Aは元素によらず、およそ0.5なので、質量阻止能の物質によらず一定となります。

C：○　弾性衝突では運動量の和と運動エネルギーの和は一定となります。

D：○　ブラッグピークの説明です。

問17 解答 1

複合問題

A：○　空気のW値は35eVより、5.3MeVで生じるイオン対の数は、
$5.3 \times 10^6/35 \fallingdotseq 1.5 \times 10^5$ ［個］

B：○　α線の空気中の飛程の実験式は$R = 0.318E^{3/2}$で与えられます。ここで、E＝5とするとR＝3.6cm（＜5cm）となります。

C：×　荷電粒子の飛程Rと密度ρとの間には、飛程×密度＝一定の関係が成り立ちます。空気中の飛程が3cmで、密度が$0.0013g/cm^3$から、水中の飛程は、
$3\,cm \times 0.0013g/cm^3/（1\,g/cm^3）= 39\,\mu m$となります。

D：×　α線の空気中の飛程の実験式は$R = 0.318E^{3/2}$で、RはEの3/2乗に比例します。

解答 3

▶P.53

光電効果では、入射エネルギーから結合エネルギーを差し引いたエネルギーの電子が放出されます。

100 − 69.5 = 30.5keV

K軌道とL軌道の結合エネルギーの差がK_a−X線のエネルギーとなります。

69.5 − 10.9 = 58.6keV

解答 5

▶P.65

A：×　コンプトン電子のエネルギーは入射光のエネルギーや散乱角によって変化しますが、常に散乱光子のエネルギーより大きいとは限りません。

B：×　コンプトン効果は電子と光が衝突して電子が放出されるもので、光子が粒子の性質を示す現象です。

解答 4

▶P.65

A：×　陰電子と陽電子の運動エネルギーの和は、光子エネルギー［MeV］から両電子の静止質量の和1.022MeVを差し引いた値になります。

B：×　電子対生成の反応断面積は物質の原子番号の自乗に比例します。

C：×　陽子がほぼ静止した位置で消滅放射線が発生します。

解答 5

▶P.66

^{60}Coは1.17MeVと1.33MeVのγ線を放出します。このエネルギー領域ではコンプトン効果が主要な相互作用です。コンプトン効果では質量減弱係数は物質の原子番号にあまり依存しません。このため、γ線の線減弱係数はほぼ物質の密度に比例するので、全減弱は「密度×厚さ」で決まります。

問題の5つの場合について、密度×厚さを求めると、次のようになります。

1：68.4　　　2：78.6　　　3：70.5　　　4：58.1　　　5：86.3

これより、5の場合が最も減衰が大きくなります。

▶P.46

質量Mの原子核とエネルギーE_n、質量mの中性子が散乱角ϕで衝突するとき、中性子が失うエネルギーΔEは次式で与えられます。

$$\Delta E = [2mM/(m+M)^2] \cdot (1-\cos\phi) E_n$$

この式より、ϕが180度（正面衝突）のとき、$1-\cos\phi$（$=-2$）の絶対値が最大となります。ここで、水素と中性子の質量は1で、ヘリウムの原子核は4なので、

$$\Delta E_H = 2\times2\times1\times1/(1+1)^2 \cdot E_n = 1E_n$$
$$\Delta E_{He} = 2\times2\times1\times4/(1+4)^2 \cdot E_n = 0.64E_n \quad より、$$
$$\Delta E_H/\Delta E_{He} ≒ 1.6$$

問 23 解答 2

▶P.232

C：×　液体シンチレータにより、^{3}Hや^{14}Cなどの低エネルギーβ線のスペクトルを測定できます。

D：×　シンチレータには増幅はなく、光電子増倍管で増幅します。

問 24 解答 4

▶P.228

ε値が3.0eVなので、1.33MeVのγ線から、$1.33\times10^6/3.0 = 4.4\times10^5$個の電子が生じます。また、電気素量$= 1.60\times10^{-19}$Cなので、生じる電気量は、

$$4.4\times10^5\times1.60\times10^{-19}C = 7.1\times10^{-14}C \quad となります。$$

一方、コンデンサの電圧をV、容量をFとすると、貯まる電気量は$V\times F$となります。これが生じた電気量と等しくなるので、$V\times F = 7.1\times10^{-14}$より、

$$V = 7.1\times10^{-14}/F = 7.1\times10^{-14}/10^{-11} = 7.1\times10^{-3}V = 7.1mV$$

問 25 解答 1

▶P.227

分解時間τのGM計数管で、カウント数nを得たときの真のカウント数n_0は、$n_0 = n/(1-\tau\cdot n)$で表されます。この式から相対誤差は、

$(n_0 - n) / n_0 = 1 - n/n_0 = \tau \cdot n$ で与えられます。この値が5％以下となるには、

$\quad (1 - n/n_0) = (\tau \cdot n) < 0.05$

ここで、分解時間 $\tau = 0.2$ms なので、n < 250 となります。

問26 解答 5

▶P.238

α 線の測定では、線源からの α 線が検出器に入る前に空気や入射窓に吸収されてしまい、検出されないことが問題となります。

4つの検出器のうちAとCは検出器の内部に試料を入れて測定するので、不検出は起こりません。Bは α 線の検出用に入射窓を、α 線が透過できるように薄くつくられているので測定可能です。固体飛跡検出器には検出窓がなく、検出部分が外部に露出しているので、α 線の測定が可能です。

問27 解答 4

▶P.250

0.01T Ω の抵抗の両端電圧として65mVが得られたことから、ここに流れる電流Iは、I = 65×10^{-3} / (0.01×10^{12}) = 6.5×10^{-12}A となります。

つまり、電離箱内で毎秒 6.5×10^{-12}C のイオン対が発生しています。電離箱の体積は50cm^3 で、密度が 1.3×10^{-3}g・cm^{-3} なので、1kg当たりでは、

$\quad 6.5 \times 10^{-12}$ / $(50 \times 1.3 \times 10^{-3})$ $\times 1000 = 1.0 \times 10^{-7}$C・kg^{-1}・s^{-1}

これを時間単位に直すと、次のようになります。

$\quad 1.0 \times 10^{-7} \times 3600 = 3.6 \times 10^{-4}$C・kg^{-1}・h^{-1}

問28 解答 1

▶P.237

$\beta - \gamma$ 同時計数法で、β 線の計数率を n_β、γ 線の計数率を n_γ、同時計数率 n_c とすると、この線源の放射能sは次式で与えられます。

$\quad s = n_\beta \cdot n_\gamma / n_c = 800 \times 250/10 = 20000$s^{-1} = 0.02MBq

問 29　解答 2

複合問題

　検出効率は、測定対象の放射能［Bq］のうち検出器で測定された放射能の割合をいいます。また、NaI（Tl）検出器は γ 線を検出します。^{137}Cs線源の放射能のうち0.85が γ 線として放出されるので、

　　γ 線の放射能 = 1000・0.85 = 850s^{-1}

　検出器で測定された1秒当たりのカウント数は、

　　^{137}Cs線源＋バックグラウンド = 7000/200 = 35s^{-1}

　　バックグラウンドのみ = 100/100 = 1s^{-1}

これより、^{137}Cs線源のみからのカウント数 = 35 − 1 = 34s^{-1}

検出効率 = カウント数 / 線源の放射能 = 34/850・100 = 4.0%

問 30　解答 3

▶P.245

　^{90}Sr − ^{90}Y では、^{90}Srの壊変で0.546MeV、^{90}Yの壊変で2.28MeVの高エネルギーの β 線を放出します。5つの検出器のうちGM計数管はエネルギーを測定できません。β 線のエネルギーが高いため、比例計数管の有効体積内で全エネルギーが吸収されないので、使用できません。

　残りの3種の検出器は β 線のエネルギーを測定できますが、加工が容易で、信号の応答性もよいなどの理由から、プラスチックシンチレーション検出器が最も広く使われています。

問 31　Ⅰの解答　A−6　B−4　C−7　D−10　E−13　F−11

A：β^+壊変で核は次の反応を起こします。

　　$p^+ \rightarrow n + e^+ + \nu_e$

　すなわち、壊変で、陽電子とニュートリノを放出します。さらに、壊変後、核の電荷Zが1減少し、軌道電子を1個放出します。つまり、親核から娘核になる反応全体で電子が2個放出されます。この結果、この反応が進行するには、$M_p - M_d - 2m > 0$ であることが必要条件です。

B：電子捕獲で核は次の反応を起こします。

　　$p^+ + e^- \rightarrow n + \nu_e$

　すなわち、壊変で、電子1個を捕獲しニュートリノを放出します。さらに、

壊変後、核の電荷Zが1減少し、軌道電子を1個放出します。つまり、親核から娘核の反応全体で電子数は変化しません。この結果、この反応が進行するためには、$M_p － M_d ＞ 0$ が必要条件です。

C：両反応とも陽子が1個消滅するので、電荷は1減少します。

D：両反応ともニュートリノを放出します。

E：電子捕獲では、核に近いK軌道電子が最も捕獲されやすく、次にL、Mとなります。

F：K軌道電子などの電子が捕獲された後、そこへ外側の軌道電子が遷移するときに余剰エネルギーをX線として放出するのが特性X線、余剰エネルギーをほかの電子に与えてそれを放出するのをオージェ電子といいます。この両過程は競合的に生じます。

Ⅱの解答　A-6　B-11　C-5

高エネルギー光子のエネルギーをE_γ、コンプトン電子の平均エネルギーをE_c、放出される特性X線の平均エネルギーをE_X、電子の質量をm、光の速度をcとすると、各転移係数は次のようになります。

A：コンプトン効果のエネルギー転移係数 $= E_c/E_\gamma = 750/1500 = 0.5$

B：光電効果のエネルギー転移係数 $= 1 － E_X/E_\gamma = 1 － 75/1500 = 0.95$

C：電子対生成のエネルギー転移係数 $= 1 － 2mc^2/E_\gamma = 1 － 1022/1500 = 0.32$

Ⅲの解答　A-3　B-10

A：光子と物質の主な相互作用には、光子のエネルギーが小さい順に光電効果、コンプトン効果、電子対生成があります。電子対生成は、光子のエネルギーが電子2個分の静止エネルギー（1.022MeV）以上で生じます。光電効果は、エネルギーが小さいときの相互作用です。0.5MeVのエネルギーの場合はほとんどの原子で、コンプトン効果が主要な相互作用です。

B：光子フルエンスが$6 \times 10^5 \mathrm{cm}^{-2}$で、光子のエネルギーが0.5MeVより、エネルギーフルエンスは、$6 \times 10^5 \cdot 0.5 \times 10^6 = 3.0 \times 10^{11} \mathrm{eV} \cdot \mathrm{cm}^{-2}$となります。
さらに、水の質量エネルギー吸収係数が$0.04 \mathrm{cm}^2 \cdot \mathrm{g}^{-1}$より、吸収エネルギーは、$3.0 \times 10^{11} \cdot 0.04 = 1.2 \times 10^{10} \mathrm{eV} \cdot \mathrm{g}^{-1}$となります。
ここで、1イオン対生成のエネルギーが30eV/個なので、単位質量当たりのイオン対数は、$1.2 \times 10^{10}/30 = 4.0 \times 10^8$個$\cdot \mathrm{g}^{-1}$となります。

A − 1　　B − 4　　C − 7　　D − 14　　E − 13

A〜C：粒子が弾性衝突でエネルギーを失う場合、衝突する粒子と衝突される粒子の質量が近いほど大きく減速されます。中性子の質量は水素の原子核とほぼ等しいので、人体の軟組織（骨以外の組織）ではそれに含まれる水素による減速が最も大きくなります。

質量m、入射エネルギーEの粒子が、質量Mの粒子と弾性衝突するとき、入射粒子が失うエネルギーは、$0 \sim (4mM) / (m + M)^2 \times E$の間に一様分布します。

これより、失うエネルギーの平均は、$1/2 \cdot (4mM) / (m + M)^2 \times E$

ここでは中性子と水素核の場合、$m \fallingdotseq M$なので、失うエネルギー $= E/2$

この式より、DとEは次のようになります。

D：$E = 4MeV$とすると、$4/2 = 2MeV$

E：$E = 2MeV$とすると、$2/2 = 1MeV$

問 32 Iの解答　A − 3　　B − 12　　C − 3　　D − 11　　E − 6

A〜E：衝突阻止能Sは、ベーテの理論式によって表されます。この式では、入射粒子の電荷zの自乗に比例し、速度の自乗に逆比例します。

また、被衝突物質の原子番号/質量数に比例します。この比はほとんどの元素について1/2となるので、質量衝突阻止能はあまり物質によらない値となります。

IIの
解答
F − 5　　G − 2　　H − 14　　I − 8　　ア − 4　　イ − 15　　ウ − 7

F：原子番号が5なので、元素はBです。その中で^{10}Bは中性子を捕捉し、^7Liを生じる反応として広く使われます。

G：この反応で、質量が − 3、原子番号が − 2の核が生じます。

H：反応断面積が大きいことが知られています。

I：Q値の$7 / (4 + 7)$が^7Li、$4 / (4 + 7)$がα線に与えられます。

ア：この反応では、ほかにエネルギー供給源がないので、発熱反応でなければ進行しません。

イ：バーンの定義です。しっかりと覚えましょう。

ウ：問31で説明したように、中性子の減速材としては水素含有量の多いものが使われます。

J：10GBqの^{137}Csが、662keVのγ線を放出する^{m}Xが生じる壊変全体の94%です。また、光子の放出に対する軌道電子の放出割合aが0.11なので、^{m}Xのうち光子の放出割合は、1/（1 + 0.11）となります。これより光子の数は、
$$10 \times 0.94 \times 1/ (1 + 0.11) = 8.5\text{GBq} = 8.5 \times 10^9 \text{s}^{-1}$$

K：点Pは線源から1mで、γ線は全方向に均一に放射されているとします。半径1mの球の表面積$4\pi \times 100 \times 100 \text{cm}^2$なので、光子のフルエンス率は、
$$8.5 \times 10^9/ (4\pi \times 100 \times 100) = 6.7 \times 10^4 \text{cm}^{-2} \cdot \text{s}^{-1}$$

L：光子のフルエンス率が$6.7 \times 10^4 \text{cm}^{-2} \cdot \text{s}^{-1}$で、光子のエネルギーが662keVなので、エネルギーフルエンス率は、
$$6.7 \times 10^4 \cdot 6.62 \times 10^5 \cdot 1.6 \times 10^{-19}$$
$$= 7.09 \times 10^{-9} \text{J} \cdot \text{cm}^{-2} \cdot \text{s}^{-1}$$
$$= 7.09 \times 10^{-5} \text{J} \cdot \text{m}^{-2} \cdot \text{s}^{-1}$$
一方、線エネルギー吸収係数と空気密度から質量エネルギー吸収係数は、
　　質量エネルギー吸収係数＝線エネルギー吸収係数/空気密度
$$= 3.80 \times 10^{-5}/0.0013 = 2.9 \times 10^{-2} \text{cm}^2 \cdot \text{g}^{-1} = 2.9 \times 10^{-3} \text{m}^2 \cdot \text{kg}^{-1}$$
これより、吸収線量率は
　　質量エネルギー吸収係数×エネルギーフルエンス率
$$= 7.09 \times 10^{-5} \times (2.9 \times 10^{-3}) = 2.056 \times 10^{-7} \text{Gy} \cdot \text{s}^{-1}$$
$$= 2.056 \times 10^{-7} \times 3600 \text{Gy} \cdot \text{h}^{-1}$$
$$= 7.40 \times 10^{-4} \text{Gy} \cdot \text{h}^{-1}$$

エ：β^{-}反応なので質量は変わらず、原子番号が1つ増加した^{137}Baになります。

オ、カ：^{m}XはXの準安定な核異性体で、核異性体転移でγ線を放出して安定なXとなります。

キ：励起状態の原子核がγ線を放出せず、エネルギーを軌道電子に直接与え、その軌道電子を放出する現象があります。この現象は内部転換と呼ばれ、放出される電子を内部転換電子といいます。

ク：遷移の際に電子が放出される確率I_eと、γ線が放出される確率I_γの比a（$= I_e/I_\gamma$）を内部転換係数といいます。これより、
$$\gamma \text{線が放出される割合} = I_\gamma/ (I_\gamma + I_e) = 1/ (1 + I_e/I_\gamma) = 1/ (1 + a)$$

問 1 解答 4

▶P.144

A：^{19}F、^{23}Na は単核種元素ですが、He は ^{3}He と ^{4}He があります。

B：^{27}Al、^{31}P は単核種元素ですが、Cl は ^{35}Cl と ^{37}Cl があります。

C：^{75}As、^{89}Y は単核種元素ですが、Sn は ^{112}Sn から ^{124}Sn まで10種の安定同位体があります。

D：すべて単核種元素です。

E：すべて単核種元素です。

ほかに、^{9}Be、^{93}Nb、^{103}Rh、^{197}Au、^{209}Bi などがあります。

問 2 解答 2

▶P.124

反応は次の式で、$BaSO_4$ が沈殿します。

$$Na_2SO_4 + BaCl_2 \rightarrow 2NaCl + BaSO_4 \downarrow$$

Na_2SO_4 40mg の半分が沈殿したので、$BaSO_4$ の沈殿量は、$20 \times 233/142 = 32.8$mg となります。

一方、$^{35}SO_4^{2-}$ の50%を $BaSO_4$ として沈殿したので、沈殿物の放射能は、$800/2 = 400$Bq となります。これより、

$$400/32.8 = 12.2 Bq \cdot mg^{-1}$$

問 3 解答 1

▶P.108

B：過渡平衡時は娘核種の放射能を A_2、親核種の放射能 A_1 とすると、

$A_2/A_1 = T_1/(T_1 - T_2) > 1$ なので、娘核 A_2 のほうが大きくなります。

D：永続平衡では、$N_2(t)/N_1(t) = T_2/T_1$ より、$N_1(t) = T_1/T_2 \cdot N_2(t)$ となります。

解答 4

▶P.108

1：親核の半減期T_1が娘核の半減期T_2より短い場合、十分に時間が経過すると、親核は消滅し、残った娘核は自分の半減期で減衰します。

2：過渡平衡の場合なので、娘核は親核の半減期で減衰します。

3：永続平衡なので、^{226}Raと^{222}Rnの放射能は一致します。

5：生成速度の比は常に等しくなりますが、生成速度の値は減少します。

問
5
解答 1

▶P.98

A：^{90}Sr、^{137}Csともに、^{235}Uに対する熱中性子核分裂反応収率は6％を超えています。

B：^{90}Srはβ^-壊変で^{90}Yになります。^{137}Csはβ^-壊変で^{137}Baになります。

C：^{90}Srの半減期は28.8年、^{137}Csの半減期は30.1年です。

D：^{90}Srの娘核種は^{90}Yで、半減期64.1時間でβ^-壊変します。^{137}Csの娘核種は^{137m}Baで、半減期2.5分で核異性体転移を起こし、^{137}Baになります。

問
6
解答 5

▶P.114

熱中性子フルエンス率をf $[cm^{-2} \cdot s^{-1}]$とすると、照射終了時の放射能は、

$A = nf\sigma (1 - \exp(-\lambda t))$ で与えられます。

ここで、照射時間が半減期と比べて短いので、$(1 - \exp(-\lambda t)) \fallingdotseq \lambda t$と近似できます。

$A = n\sigma f \cdot (\lambda t) = n\sigma f \cdot (0.693 \cdot t/T)$ これより、

$f = A \cdot T/t / (n \cdot \sigma \cdot 0.693)$ ここで、

$A = 3.7MBq = 3.7 \times 10^6 [s^{-1}]$、$T/t = 1.9 \times 10^3$、$\sigma = 37 \times 10^{-24} [cm^2]$、

$n = 1.0 \times 10^{19}$を代入すると、

$f = 3.7 \times 10^6 \cdot (1.9 \times 10^3) / (1.0 \times 10^{19} \cdot 37 \times 10^{-24} \cdot 0.693) = 2.7 \times 10^{13}$

問7 解答 4

▶P.104

　地球の寿命と比べて半減期が短いので、現在は年間生成量と年間消滅量が等しくなります。平衡存在量をA、壊変定数をλとすると、

　　Dは$A \times (1 - \exp(-\lambda t))$となります。

　ここで$|-\lambda t| \ll 1$なら、$\exp(-\lambda t) \fallingdotseq 1 - \lambda t$と近似できるので、

　　$D = A \times \lambda t = A \times \ln(2) \times t/T$となります（ただし、Tは半減期）。

　ここで、D = 8kgなので、

　　$A = 8kg/\ln(2) \times t/T$　ここにT = 5730年、t = 1年を入れると、

　　$A = 8/0.693 \times 5730/1 \fallingdotseq 6.6 \times 10^4 kg$　となります。

問8 解答 2

▶P.99

C：中性子放射化分析による含有量測定に使われます。ラジオイムノアッセイには^{125}Iが使われます。

E：再処理工場や原子爆弾から生じる人工放射能です。ポジトロンCTには^{124}Iが使われます。

問9 解答 4

複合問題

1：^{27}Alの(n, γ)反応で生成する^{28}Alの半減期は2.25分と短く、1日後はほぼ0となります。

2：アクリルの成分であるH、C、Oは、(n, γ)反応を起こしません。

3：石英の成分Si中の^{30}Siが反応して^{31}Siが生成しますが、半減期が2.62時間と短く、1か月後にはほぼ0となります。

4：^{58}Feから生成する^{59}Feが半減期44.5日で、3か月後に1/4になります。

5：銅の成分^{63}Cuと^{65}Cuから^{64}Cuと^{66}Cuが生成しますが、いずれも半減期が短い核種です。

模擬試験

解答・解説（化学）

解答・解説　461

問 10 解答 3

▶P.114

t時間照射後の放射能生成量Aは、

A＝nfσ（1−exp（−λt））＝nfσ（1−（1/2）$^{t/T}$）　で与えられます。

　ここで、fは照射粒子密度、σは反応断面積、nは標的核の数、Tは生成核の半減期＝20分。これより、20分および60分照射後の生成量をそれぞれA_{20}、A_{60}とすると、

A_{60} ＝ nfσ（1−（1/2）$^{60/20}$）＝ 7/8nfσ

A_{20} ＝ nfσ（1−（1/2）$^{20/20}$）＝ 1/2nfσ

これより、A_{60}/A_{20} ＝（7/8）/（1/2）＝1.75　となります。

問 11 解答 1

▶P.127

C：RC法は弱アルカリ性溶液に極微量の放射性核種が混入するとRCが生成されることを利用した分離法で、酸性では沈殿物は生成しません。

D：RCは長時間静置するとガラスなどに吸着します。

問 12 解答 4

複合問題

1：^{90}Srの娘核は^{90}Yで、^{90}Yは半減期64時間でβ^-壊変して^{90}Zrになります。

2：^{68}Geの娘核は^{68}Gaで、^{68}Gaは半減期68分でγ壊変して^{68}Znになります。

3：^{99}Moの娘核は^{99m}Tcで、核異性体転移で^{99}Tcになります。

4：^{210}Poは約5.4MeVのα線を放出し、安定同位体の^{206}Pbになります。

5：^{226}Raの娘核は^{222}Rnで、^{222}Rnは壊変して^{218}Poになります。

問13 解答 ③

複合問題

A：ウランの α 壊変により ^{4}He の原子核が放出され、それが岩石中に残るので、^{4}He が多くなり、^{3}He/^{4}He 比は小さくなります。

B：宇宙線で ^{14}N (n, p) ^{14}C 反応が起こります。宇宙線強度が大きくなるとより多く反応が起こり、^{14}N が多く減少するので、^{14}N/^{15}N 比は小さくなります。

C：カリウム含有量が多いと ^{40}K の EC 壊変で生成する ^{40}Ar が増加するため、^{39}Ar/^{40}Ar 比は小さくなります。

D：^{235}U の半減期（7.04×10^8 年）は ^{238}U の半減期（4.47×10^9 年）より短いため、年代とともに ^{235}U は早く減少し、比も減少します。

問14 解答 ③

▶P.134

A：ウラン鉱石を溶かすと、ウランの核壊変系列で生じた放射性の Rn が気体として放出されます。

B：炭酸カルシウムはアルカリでは分解しません。

C：空気中の微量アルゴンが、^{40}Ar (n, γ) ^{41}Ar 反応で放射性 ^{41}Ar が生成します。

D：酸性中では I$^-$ が I$_2$ となり、気体として放出されます。

問15 解答 ②

▶P.118-127

A：S イオンを含む水溶液を酸性にすると、H$_2$S が発生します。

B：Co (Ⅱ) のクロロ錯体は塩酸溶液中で生じますが、イソプロピルエーテルには抽出されません。

C：亜鉛は銅よりもイオン化傾向が大きいため析出しません。

D：硝酸銀は水によく溶けるので、沈殿分離には使用しません。通常 Ag はハロゲン化物として沈殿分離します。

E：ラドンはトルエンで抽出できます。

問16 解答 4

複合問題

洗浄は付着物を可溶性にする薬品で行います。

A：アンモニア水とは化学反応を起こしません。

B：次の反応で可溶性の硫酸マンガンが生じます。

$$MnO_2 + H_2O_2 + H_2SO_4 \rightarrow MnSO_4 + 2H_2O + O_2$$

C：次の反応で可溶性の$Na_3[Ag(S_2O_3)_2]$が生じます。

$$AgBr + 2Na_2S_2O_3 \rightarrow Na_3[Ag(S_2O_3)_2]（可溶性）+ NaBr$$

D：過酸化水素水とは化学反応を起こしません。

問17 解答 4

▶P.118

抽出率Eは、$E = D/(D + (V_1/V_2))$で求められます。

ここでV_1、V_2は水相および有機相の体積、Dは分配比となります。

A：$D = 10$、$V_1 = 1$、$V_2 = 10$より、$E = 10/(10 + (1/10)) \fallingdotseq 0.99$から、水相には放射能が約1MBq残ります。

B：$D = 10$、$V_1 = 1$、$V_2 = 1$とすると、$E = 10/(10 + 1) \fallingdotseq 0.909$から、有機相の放射能は100MBq移動します。

C：$D = 10$、$V_1 = 10$、$V_2 = 1$とすると、$E = 10/(10 + 10) = 0.5$となります。

D：$D = 10$、$V_1 = 2$、$V_2 = 1$とすると、$E = 10/(10 + 2) \fallingdotseq 0.83$となります。

問18 解答 2

複合問題

B：^{55}FeはEC壊変で^{55}Mnとなり、5.9keVのX線を放出しますが、NaI（Tl）シンチレーション検出器の測定エネルギーは50keV以上なので、これを検出できません。

E：Si（Li）半導体検出器はα線用ではなく、低エネルギーγ線検出器です。α線検出にはZnS（Ag）シンチレーション検出器やSi表面障壁型半導体検出器を用います。

▶P.124

C：誤り。2種類以上の放射性同位元素の混合物から目的とする放射性同位元素を沈殿によって分離する場合、共存する放射性同位元素を吸着共沈させず、液中に残すための担体を加えます。これを保持担体といいます。Sr^{2+}は保持担体として加えています。

D：誤り。目的とする放射性同位元素を液中に残し、ほかを一括して吸着共沈により分離する方法があります。この目的で加える担体をスカベンジャーといいます。水酸化鉄（Ⅲ）はスカベンジャーとして加えます。

▶P.124

A：希塩酸を加えると、白色の$AgCl$が沈殿します。これに、アンモニア水を加えると、$[Ag(NH_3)]^{2+}$イオンになります。

B：アを強酸性にし、還元作用があるH_2Sを吹き込むと、黒色のCuSが沈殿します。

C：ろ液を煮沸してH_2Sを除いた後、アルカリ性にすると、白色の$Al(OH)_3$が沈殿します。

▶P.131

核種純度とは、全放射能に対する目的核種の放射能の割合なので、

$(772 + 12) / (772 + 12 + 16) \times 100 = 98.0$ ［%］

▶P.131

A：逆希釈法や二重希釈法で純度を求めることができます。

B：安息香酸（MW = 122.12）のほうが、トルエン（MW = 92.14）より分子量が大きいので、比放射能は小さくなります。

C：G標識化合物は全般標識化合物のことで、定義は設問のとおりです。

D：－OHや－NH_2は常時プロトンを交換するので、速やかに同位体交換反応

模擬試験

解答・解説（化学）

を起こします。

複合問題

A：^{3}HeやLi$_2$CO$_3$を混合した有機化合物に中性子を照射すると、^{3}He（n, p）^{3}Hや^{6}Li（n, α）^{3}H反応で^{3}Hのホットアトムが生成します。これが有機化合物と反応して標識します。

B：水を凍結させると、化合物が氷の結晶の外に濃縮されるので、トリチウム化合物自身のβ線が自己分解を促進するため、凍結保存ではなく、数℃の低温で保存します。

C：放射性核種純度は放射性核種のみの比率なので、非放射性の不純物が増えても影響を受けません。

D：有機標識化合物の化学純度が上がると、比放射能は化合物の構造で決まる一定の値に近づきます。

E：有機標識化合物の濃度が高いと化合物からの放射線で化合物が分解される確率が高くなるので、低濃度で保存します。

▶**P.128**

A：水に接している岩石表面で^{238}Uがα壊変を行うと、α線の反跳で壊変生成物の^{234}Thが水相に放出されます。これが2回β壊変して^{234}Uになるため、地下水中の^{234}U/^{238}U放射能比が大きくなります。

B：^{127}I（n, γ）^{128}I反応を起こさせると、反跳エネルギーにより化学結合が切断し、^{128}I$^-$イオンを生じます。

C：^{6}Liと熱中性子が反応し、ホットアトムのトリチウムが生成します。これで有機化合物を標識する方法を反跳合成法といいます。

D：熱中性子の照射により^{59}Co（n, γ）^{60}Coで生じた^{60}Coが3価から2価に還元されます。

複合問題

A：放射線で溶媒に生じたラジカルの拡散係数が大きくなり、化合物を分解しやすくなるので、低温で保存します。

B：ベンゼンと水は混じり合わないので、水に溶けるエタノールをラジカルスカベンジャーとして入れます。

C：比放射能が高いと化合物が分解しやすくなるので、低比放射能とします。

問 **26** 解答 5

▶**P.143**

A：安定同位体をトレーサ実験で行い、原子炉で中性子を照射し、放射化して検出します。

B：中性子照射時に放射化断面積が大きいほど効率よく放射化できます。

C：トレーサとして用いるため、実験に用いた元素と自然界に存在するものとを分離するため、自然存在量が少ないものほど特定が容易となります。

D：設問のとおりです。

問 **27** 解答 3

▶**P.48**

　粒子を放出するとき、全エネルギーがEの場合、α線と鉛が受け取るエネルギーは、$E_a = (M_{Pb}) / (M_{Pb} + M_a) \cdot E$

　$E_{Pb} = (M_a) / (M_{Pb} + M_a) \cdot E$　で与えられます。

　これより、$E_{Pb} = M_a / M_{Pb} \cdot E_a$　となります。

　$E_a = 5.304\text{MeV}$なので、$E_{Pb} = 4/206 \times 5.304\text{MeV} = 103\text{keV}$　となります。

問 **28** 解答 5

複合問題

A：$^{99}\text{Mo} - {}^{99m}\text{Tc}$のミルキングによってつくられます。

B：$^{124}\text{Xe}(n, \gamma){}^{125}\text{Xe} \rightarrow$（EC壊変）$\rightarrow {}^{125}\text{I}$の核反応により製造されます。

問29 解答 **5**

▶P.170

D、E：過酸化水素とOHラジカルは強い酸化剤。

A、B：水和電子と水素ラジカルは強い還元剤。

C：水素ガスは還元剤になります。

問30 解答 **5**

▶P.138

A：Fe^{2+}イオンが赤色のFe^{3+}に変わる反応を利用します。

B：フリッケ線量計のG値は15.5、セリウム線量計は4.5です。

C：G値が低いので低感度ですが、大線量の測定に適しています。

D：放射線でアラニンがラジカルとなる反応を利用します。

問31 Ⅰの解答 　A−1　B−2　C−3　D−1　E−1　F−1　G−4

A、B：元素に中性子や荷電粒子を照射し、(n, γ)反応などで生成する放射性同位元素の放射能Aは次式で与えられます。公式なので、そのまま覚えましょう。

$$A = n\sigma f \cdot (1 - \exp(-\lambda t)) = n\sigma f \cdot (1 - (1/2)^{t/T})$$

C：$1 - (1/2)^{t/T}$に$t = 2T$を代入すると、$1 - 1/4 = 0.75$

D：$|-\lambda t| \ll 1$のとき、$\exp(-\lambda t) \fallingdotseq 1 - \lambda t$と近似できます。これを代入し、$1 - \exp(-\lambda t) = \lambda t = 0.693t/T$

E：^{197}Auと^{23}Naの原子数の比＝モル数の比です。

　Auのモル数 $= 2.0 \times 10^{-3}/197 = 1.0 \times 10^{-5}$

　Naのモル数 $= 2.3 \times 10^{-3}/23 = 1.0 \times 10^{-4}$　より、

　$(n_{Au}/n_{Na}) = 0.1$

F：照射時間が半減期より十分短いので、飽和係数の比は問Dの解答式より、

　$(0.693t/T_{Au}) / (0.693t/T_{Na}) = 15/65 \fallingdotseq 0.23$

G：生成する放射能は$n\sigma f \cdot \lambda t$で与えられますが、fとtは共通なので、$n \cdot \sigma \cdot \lambda$の比を求めることになります。この比は問E、Fおよび問題内で与えられているので、$A_{Au}/A_{Na} = 0.1 \times 200 \times 0.23 = 4.6$　となります。

A－1　B－2

A：そのまま覚えましょう。

B：16MeVの陽子がターゲット通過後、10MeVとなったので、ターゲット中で6MeVのエネルギーを失います。一方、ビームの電流は6.4×10^{-6}Aから、ターゲットに与えるエネルギーは電圧と電流の積なので、

$W = V \cdot A = 6 \times 10^{6} \cdot 6.4 \times 10^{-6} = 38.4W$　となります。

A－2　B－3　C－1　D－2　E－4

抽出率Eは次式で与えられます。

$E = D/(D + V_1/V_2)$

ここで、Dは分配比、V_1/V_2は有機相と水相の体積比で、本問題では両者の体積が等しいので1となります。

A：^{59}FeはD＝99より、E＝99/（99＋1）＝0.99

これより有機相には、1.0kBq × 0.99 ＝ 0.99kBqが抽出されます。

B：Dが0.002より、E＝0.002/（0.002＋1）＝0.002

これより有機相には、1.0MBq × 0.002 ＝ 2kBqが抽出されます。

C：有機相の全放射能に占める^{59}Feの放射能の割合（%）は、

0.99kBq/（0.99kBq＋2.0kBq）× 100 ≒ 33%

D：有機相を残し、新たに6M塩酸溶液100mlを加えているので、有機相に抽出されたものが、水相に逆抽出されます。このとき有機相に残るのは、

^{59}Feは、0.99kBq × 0.99 ≒ 0.98kBq

^{65}Znは、2kBq × 0.002 ＝ 4Bq

E：上記計算結果より、^{59}Feの放射能割合は、0.98/（0.98＋0.004）× 100 ≒ 99.6%

A－2　B－1

A：合成後の放射能は反応収率と半減期による減衰の積となります。合成開始時の放射能をAとすると半減期が20分なので、合成後の放射能は化学反応収率が80%で30分かかる反応は、$A \times 0.8 \times (1/2)^{(30/20)}$

化学反応収率が50%で10分かかる反応は、$A \times 0.5 \times (1/2)^{(10/20)}$

これより、$(A \times 0.8 \times (1/2)^{(30/20)}) / (A \times 0.5 \times (1/2)^{(10/20)}) = 0.8$

B：3種の方法のうち、クロマトグラフィのみが分子、元素の分離・除去能力があります。

A－9 B－7 C－10 D－11 E－4

イオン交換樹脂に吸着しているAイオンの濃度を $[A]_r$、水溶液中のAイオンの濃度を $[A]_a$ とすると、分配係数 K_d は次式で与えられます。

$K_d = [A]_r / [A]_a$

A：Zrは分配係数が 1.0×10^3 と大きいので、樹脂に吸着されます。

B：Zrの溶液中の濃度を $X Bq \cdot ml^{-1}$ とすると、1gのイオン樹脂に吸着されたZr量は、$1 \times 10^4 - 10X$ となります。

　　陰イオン交換樹脂の比重を1とすると、イオン樹脂内のZr濃度は、

　　$(1 \times 10^4 - 10X) Bq \cdot ml^{-1}$ となります。

　　Zrの分配係数は 1.0×10^3 なので、次式が成り立ちます。

　　$(1 \times 10^4 - 10X) / X = 1.0 \times 10^3$ これより、$X ≒ 9.9 Bq \cdot ml^{-1}$

C、D：Csは分配係数が 1.0×10^{-3} と小さいので、溶液中に陽イオンとして残ります。

E：95%が水溶液中に見出されることから、10mlの水溶液中には、

　　$1.0 \times 10^4 \times 0.95 = 0.95 \times 10^4 Bq$

　　樹脂中には $1.0 \times 10^4 \times (1 - 0.95) = 0.05 \times 10^4 Bq$ の放射能が含まれます。

　　これより、それぞれの濃度は、

　　水溶液中 $= 0.95 \times 10^4 Bq/10ml = 0.095 \times 10^4 Bq/ml$

　　樹脂中 $= 0.05 \times 10^4 Bq/ml$

　　これより分配係数は、$(0.05 \times 10^4 Bq/ml) / (0.095 \times 10^4 Bq/ml) = 0.53$

Ⅱの解答 A－3 B－5 C－9 D－8 E－12

A：定義なので、しっかりと覚えましょう。

B：HDEHP（ジ-2-エチルヘキシルリン酸）は、有機溶液に可溶なウランや希土類の錯体をつくります。EDTA（エチレンジアミン四酢酸）は、水溶性の錯体をつくります。この性質を利用し、金属イオンなどを有機相に抽出させないようにするマスキング剤として使用します。

C：有機相と水相が同じ量のとき、分配比をDとすると、抽出率E（%）は、$D/(D + 1) \times 100$ となります。

　　U（Ⅵ）の分配比は20なので、$E = 20/(20 + 1) \times 100 ≒ 95$

　　また、水相に残る量は、$100 - 95 = 5\%$

D：Eu（Ⅲ）とTc（Ⅶ）の分配比は0.1なので、$E = 0.1/(0.1 + 1) \times 100 ≒ 9.1$

　　これより水相に残るのは、$100 - 9.1 = 90.9\%$

E：等容量の有機溶媒による抽出なので、分配比は1回目と同じです。1回目に残った5％のうち、さらにその5％が残るので、$5 \times 0.05 = 0.25$％が水相に残ります。

Ⅲの解答　A－1　B－4　C－9　D－10　E－13

A：永続平衡状態では、放射能の比$A_{Ra}/A_U = N_{Ra} \cdot \lambda_{Ra}/N_U \cdot \lambda_U = 1$が成り立ちます。この式から$N_{Ra} = N_U \cdot \lambda_U / \lambda_{Ra} = N_U \cdot T_{Ra}/T_U$

この式に$N = W/$原子量の関係を入れると答えの式になります。

B：問題の式より、

$W_{Ra} = 226/238 \times W_U \times T_{Ra}/T_U$

$\qquad = 226/238 \cdot 5 \times 10^3 \cdot 1.6 \times 10^3/\ (4.5 \times 10^9)\ = 1.69 \times 10^{-3}$g ≒ 1.7mg

C：$BaCl_2$との共沈で$^{226}RaCl_2$が得られます。

D：Baはアルカリ土類の代表的な元素です。

E：放射能Aと半減期$t_{1/2}$（秒）の関係は、$N = A \cdot t_{1/2}/0.693$なので、

$A = N/t_{1/2} \times 0.693$

また、^{226}Ra100mgの原子数Nは、$N = 0.1/226 \times 6.02 \times 10^{23}$

これより、

$A = 0.1/226 \times 6.02 \times 10^{23}/\ (1.6 \times 10^3 \times 365 \times 24 \times 60 \times 60)\ \times 0.693$

$\qquad ≒ 3.7 \times 10^9$

問1 解答 1

▶P.202

A：年間被ばく線量は、約2.4mSv。そのうち外部被ばくは0.6mSvです。

C：吸入摂取による被ばくは、ラドンおよびその娘核種がほとんどです。

D：日本人の場合、最も大きいのは^{210}Pb、^{210}Poです。

問2 解答 3

▶P.160

1：骨はリン酸カルシウムでできているので、^{32}Pが集積します。

2：鉄はヘモグロビンなので、^{59}Feが造血器、肝臓、脾臓 に集積します。

3：^{60}Coは肝臓、脾臓に集積します。

4：骨はリン酸カルシウムでできているので、アルカリ土類の^{90}Srが集積します。

5：^{137}Csは全身の筋肉に分布します。

問3 解答 4

▶P.160

　有効半減期＝物理的半減期・生物学的半減期／（物理的半減期＋生物学的半減期）で表せます。

　物理的半減期＜＜生物学的半減期のときに、物理的半減期と有効半減期はほぼ等しくなります。骨と筋肉に親和性が高い^{32}Pと^{137}Csは生物学的半減期が長いので、物理学的半減期と有効半減期が等しくなります。

問4 解答 4

▶P.155

A：被ばくしてから数か月経過した後に生じる疾患です。これには確定的影響の白内障があります。

B：急性影響のことです。短時間の被ばくにより臓器の細胞死で生じる影響で確率的影響ではありません。

C：遺伝的影響は確率的影響に分類されます。

D：確定的影響は多数の細胞が傷ついたときに生じます。不妊もその1つです。

問5 解答 ▶ 3

▶P.195

A：○ 男性は精巣の0.1〜0.15Gyの被ばくで一時的不妊、3.5〜6Gyで永久不妊になります。

B：× 精原細胞は活発に細胞分裂を行っているので感受性は高いですが、精子は非分裂細胞なので放射線耐性があります。

C：○ 5.6〜20Gyで卵胞刺激ホルモンの上昇、11.3〜26Gyで黄体刺激ホルモンの上昇が報告されています。

D：× 年齢とともに卵母細胞の量が少なくなるためです。

問6 解答 ▶ 2

B：× 細胞の感受性は、G_2期〜M期 ＞ G_1期 ＞ S期前半 ＞ S期後半 となります。

C：× 高LET放射線は間期死（非増殖死）が見られるため、細胞周期の影響を受けにくくなります。

問7 解答 ▶ 2

▶P.171

A：設問のとおりです。

B：ヒドロキシルラジカル（OHラジカル）の寿命は短く、数μs程度です。

C：OHラジカルは極めて高い反応性と酸化力があります。

D：OHラジカルの電荷は中性で、pHに影響はしません。

解答 ▶ 4

▶P.170

A：OHラジカルがDNA損傷を引き起こす主要な原因です。

B：直接作用では不活化される酵素の数は濃度に比例します。間接作用では濃度と無関係です。

C：不活化される酵素の数は濃度に比例しますが、比率は一定です。

D：乾燥系では水がなく、OHラジカルなどが生じないので、間接作用は起こりにくくなります。

解答 ▶ 1

▶P.164

C：一本鎖切断より二本鎖切断のほうが修復は困難で、細胞の生死に影響します。

D：塩基損傷を含むDNAの損傷は、すべて発がんの原因となります。

解答 ▶ 3

▶P.176

A：○　細胞に標的が1か所あると考えるモデルで、片対数プロットで直線になります。

B：×　平均致死線量。標的1個当たり平均1ヒットを生ずるのに必要な線量です。このとき平均0.37個の細胞にはヒットが起こらず、生き残ります。

C：○　D_0が大きいと直線の傾き（$1／D_0$）が緩やかになり、致死感受性が低くなります。

D：○　二本鎖切断が起こる割合（β）が小さくなるので、亜致死損傷回復の程度が大きくなります。

解答 ▶ 1

▶P.181

A：○　核のDNAが一定間隔で断片化されます。

B：×　核は小さくなります。

C：○　アポトーシスではアシナスというタンパクでクロマチンが凝縮します。

D：×　細胞内容物の流出はクロマチン（壊死）に見られる現象です。

問12 解答 3

▶P.180

放射線による細胞死には増殖死と間期死の2種類があり、AとCは増殖死に属し、BとDは間期死に属します。

問13 解答 2

▶P.203

A：○　B：×　C：×　D：○　E：×

被ばく時に年齢30歳（男女平均）の人が70歳に達したとき、がんの過剰相対リスクとして、膀胱、乳房、肺、脳などが大きく、前立腺、子宮、皮膚などが小さくなります。

問14 解答 5

▶P.292

A：赤色骨髄、乳房：0.12　甲状腺：0.04
B：胃、結腸：0.12　食道：0.04
C：甲状腺、膀胱：0.04　骨表面：0.01
D：肺：0.12　肝臓：0.04　皮膚：0.01

問15 解答 1

▶P.291

C：陽子は2。
D：中性子はエネルギーの関数となります。

問16 解答 5

▶P.203

A：○　吸入したラドンによる肺の被ばくと考えられています。
B：○　蛍光塗料中のラジウムを経口吸収したと考えられています。
C：○　ふけ治療に使用したX線が首部にあたり、甲状腺がんが発現しました。
D：○　トリウムが肝臓に沈着して発がんしたと考えられています。

問 17 解答 4

▶P.169

A：LETの値が100keV/μm付近でRBEが最大になります。

B：基準の放射線として^{60}Coのγ線がよく使われます。

E：酸素効果の影響があります。

問 18 解答 1

▶P.168

いずれも高LET放射線では低LET放射線と比べ、本鎖切断が多く、影響が生じます。

問 19 解答 5

▶P.190

設問のとおりです。

問 20 解答 1

▶P.194

D：赤血球は被ばく後、数週間で最低値を示します。

問 21 解答 1

▶P.192

A：中性子線による被ばくを注意しなければならない臓器です。

C：線量率効果が見られます。

D：確定的影響で潜伏期が長い代表例です。

問 22 解答 3

▶P.157

A：人間の倍加線量は0.2〜2.5Gy程度です。

D：閉経後は子どもができないので、考慮する必要はありません。

問23 **解答** 1

▶P.198

A：半数致死線量としてLD$_{50/60}$を用います。LD$_{50/60}$は骨髄死で約4Gyで生じます。

B：潜伏期は、中枢神経死（1～2日以内）＜腸死（消化管死、10日程度）＜骨髄死（数週間）

C、D：骨髄死（約4Gy）＜腸死（消化管死、約10Gy）＜中枢神経死（50～100Gy以上）

問24 **解答** 4

▶P.198

A：腸上皮細胞は放射線感受性の高い細胞で、十二指腸は大腸より障害を強く受けます。

D：チェルノブイリ事故などで被ばく者に骨髄移植手術が実施されました。

問25 **解答** 3

▶P.197

動物実験からの推測値。男性の一時不妊とともに、最も低い線量で放射線の影響が現れます。

問26 **解答** 5

A：× 50～100Gy

B：× 50～100Gy

C：× 数100Gy

D：○ 医療用器具の滅菌には20～35kGyが使用されています。世界では25kGyが主流です。

模擬試験

解答・解説（生物学）

問27 解答 3

▶P.114、P.209

B：× ミルキングが成り立つ条件は、親核の半減期＞＞娘核の半減期で永続平衡となることです。しかし、^{99}Moの半減期は65.9時間で、^{99m}Tcの半減期は6.01時間なので、両者は過渡平衡状態ですが、慣習的にミルキングで生成するといわれます。

C：× ^{99m}Tcは0.14MeVのγ線を放出します。511keVは消滅放射線のエネルギーです。

D：○ ^{99m}Tcは^{67}Gaとともに、シンチレーション検査に使用する代表的な核種です。

問28 解答 4

▶P.204

A：ウリジンはRNAに取り込まれ、RNAの合成解析に使われます。細胞周期の解析にはチミジンが使われます。

B：ミクロオートラジオグラフィでは、微細な解析を行うために、エネルギーが小さく、飛程の短い^{3}Hや^{14}Cが使われます。

E：細胞周期を調べることはできますが、DNA合成時期の違いの識別はできません。

問29 解答 3

▶P.211

PETは^{18}F、^{15}O、^{11}C、^{13}Nなどの陽電子放出核種から放出される陽子を検出し、画像化します。

A：^{3}Hはβ^-壊変で、陽子は放出しません。

D：^{67}Gaはγ線放出核種でシンチレーションカメラに使われます。

問 30 解答 　1

▶P.216

A：線源のエネルギーを調節することで、ブラッグピークを腫瘍位置に合わせることができます。

B：重イオン線は大きな生物学的効果比があります。

C：LETの高い放射線では酸素効果が小さくなります。

D：G_1期の細胞では非相同末端結合が、S期後半では相同組換が主となります。

問 31 Ⅰの解答 　A－3　B－4　C－2　D－3　E－1　F－2

A：γ線やX線など光子の放射能による直接作用と間接作用のうち、直接作用についての説明です。

B：光子は間接電離放射線で二次的に荷電粒子線を発生させます。

C：間接作用についての説明です。

D：DNA分子の間接作用による損傷は、水分子から生じるラジカル類です。

E、F：生じるラジカルはOHとHが主で、水分子からはNOやROは生じません。このうち、OHは反応性が高くDNAを損傷します。

Ⅱの解答 　A－4　B－2　C－1　D－2

A：核酸前駆体のプリン塩基やピリミジン塩基と、リボースまたはデオキシリボースがグリコシル結合した化合物の総称です。

B：アデニンやグアニンなどが持つプリン塩基の7、8位または4、5位の不飽和二重結合部位と反応し、OHやHを添加します。

C：前間にあるように、OHは特に反応性の高いラジカルです。

D：DNAの塩基が失われている場所をAP部位（またはアベージック部位）といいます。特にプリン塩基が抜けた部位を脱プリン部位、ピリミジン塩基が抜けた部位を脱ピリミジン部位といいます。

模擬試験

解答・解説（生物学）

Ⅲの 解答　A－2　B－1　C－3

A、B：紫外線は電離放射線の定義の中には入りません。可視光線より短くX線
より長い波長の電磁波で、短い波長の成分はX線と同じようにDNA損傷を
起こします。

C：紫外線によるDNA損傷の主なものにピリミジン2量体と6－4光産物がよ
く知られています。

Ⅳの 解答　A－3　B－2　C－1　D－2　E－4　F－3　G－1

A〜G：これらの修復機能については頻繁に出題されます。各修復機構をしっか
りと覚えましょう。

問 32　**Ⅰの 解答**　A－5　B－2　C－1　D－9　E－15　F－12
G－11　H－2　I－5　J－8

Ⅱの 解答　A－2　B－4　C－1　D－2　E－1　F－2

Ⅲの 解答　A－5　B－3　C－2　D－1

　Ⅰ〜Ⅲとも、放射線の生物作用を説明するさまざまな教科書的説明が、そのま
ま問題文となっています。問題を解くと同時に内容も理解しましょう。

覚えておきたい数値と効果など

> 巻 末 資 料

■ 計算問題に必要な物理定数と数値

試験の計算問題では、次表の物理定数や式の数値を知っていることを前提にして出題されます。値をしっかり記憶しましょう。

量	記号	値	単位
理想気体のモル体積	V_m	22.413968×10^{-3}	$m^3 \cdot mol^{-1}$
真空中の光速	c	299792458	$m \cdot s^{-1}$
電子ボルト	eV	1.6022×10^{-19}	J
アボガドロ定数	N_a	6.0221412×10^{23}	mol^{-1}

■ いくつかの数値

試験の計算問題では、以下の式の数値を知っていることを前提にして出題されます。値を記憶しましょう。

$\ln(2) ≒ 0.693$ $\qquad \sqrt{2} ≒ 1.41$ $\qquad \sqrt{3} ≒ 1.73$

$2^{10} ≒ 1000$ $\qquad \pi ≒ 3.14$

■ 各粒子の物性

粒子	質量 kg	質量 MeV	統一原子質量単位	質量数	電荷
β^-線	9.109×10^{-31}	0.511	0.00055	0	$-1e$
β^+線	9.109×10^{-31}	0.511	0.00055	0	$+1e$
陽子	1.6726×10^{-27}	938.27	1.0073	1	$+1e$
中性子	1.6749×10^{-27}	939.56	1.0085	1	0
α線	6.6447×10^{-27}	3727.44	4.0015	4	$+2e$

■ 光子と物質の3種の相互作用

	光電効果	コンプトン効果	電子対生成
エネルギー範囲	数10eV〜	数100keV〜	5MeV以上
エネルギー依存性	$1/E^{3.5}$に比例	$1/E'$に比例	1.02MeV以上で発生
原子番号依存性	Z^5に比例	Zに比例	Z^2に比例
その他の特性	特性X線を放出	—	消滅放射線を放出

⑤－1 過渡平衡が成り立つ主な核種の組合せ

親核	半減期	娘核	半減期	孫核
^{87}Y	79.8 時間	^{87m}Sr	2.80 時間	^{87}Sr
^{99}Mo	65.9 時間	^{99m}Tc	6.01 時間	^{99}Tc
^{132}Te	3.20 日	^{132}I	2.30 時間	^{132}Xe
^{140}Ba	12.8 日	^{140}La	1.68 日	^{140}Ce
^{42}Ar	32.9 年	^{42}K	12.4 時間	^{42}Ca

⑤－2 永続平衡が成り立つ主な核種の組合せ

親核	半減期	娘核	半減期	孫核
^{90}Sr	28.8 年	^{90}Y	64.1 時間	^{90}Zr
^{137}Cs	30.1 年	^{137m}Ba	2.55 分	^{137}Ba
^{226}Ra	1600 年	^{222}Rn	3.82 日	^{218}Po
^{238}U	44.7 億年	^{226}Ra	1600 年	^{222}Rn

⑥ 放射線源として使用する機器

核種	用途	放射線	使用原理
^{55}Fe	硫黄計	γ 線	γ 線の吸収
^{57}Co	メスバウアー分光装置	γ 線	γ 線の共鳴吸収
^{60}Co	非破壊検査	γ 線	γ 線の透過・吸収
^{60}Co	レベル計	γ 線	γ 線の透過・吸収
^{63}Ni	ECD ガスクロマトグラフ	β 線	電離作用
^{90}Sr	たばこ量目計	γ 線	γ 線の透過・吸収
^{137}Cs	レベル計	γ 線	γ 線の透過・吸収
^{137}Cs	非破壊検査	γ 線	γ 線の透過・吸収
^{147}Pm	厚さ計	β 線	β 線の散乱
^{192}Ir	非破壊検査	γ 線	γ 線の透過・吸収
^{210}Po	静電除去器	α 線	α 線の電離作用
^{241}Am	水分計	α 線	^{9}Be に照射し中性子を発生
^{241}Am	煙探知機	α 線	煙のイオン化
^{241}Am	厚さ計	γ 線	γ 線の透過・吸収
^{241}Am	蛍光 X 線分析装置	γ 線	γ 線の線源・吸収
^{252}Cf	水分計	中性子	水素核による弾性散乱

7 水から生じる主な活性種とその特徴

活性種	特徴
酸素分子	不対電子を2個持つフリーラジカル。ビラジカルと呼ばれる
過酸化水素	不対電子はなくラジカルではない。強い酸化剤
ヒドロキシラジカル	極めて反応性が高い。強い酸化剤。中性で、pHに影響を与えない。寿命はμ秒オーダー
水和電子	強い還元剤
水素ラジカル	強い還元剤
スーパーオキサイド	酵素反応により過酸化水素を生じる

8 元素の臓器親和性（親和性臓器）

元素	放射性核種	親和性臓器	特徴・その他
トリチウム	^{3}H	全身	水、有機物
炭素	^{14}C	全身	炭酸ガス、有機物
りん	^{32}P	骨	―
カルシウム	^{45}Ca	骨	―
鉄	^{55}Fe、^{59}Fe	造血器、肝臓、脾臓	―
コバルト	^{60}Co	肝臓、脾臓	―
ストロンチウム	^{90}Sr	骨	―
ヨウ素	^{125}I、^{131}I	甲状腺	
セシウム	^{137}Cs	全身	特に筋肉
ラドン	^{222}Rn、^{220}Rn	肺	呼吸で吸収
ラジウム	^{226}Ra	骨	―
コロイド状の鉄や金	^{55}Fe、^{59}Fe	細網内皮系の細胞	―

9 組織の放射線感受性

分類群	細胞分裂頻度	放射線感受性	臓器・組織
A群	高い	最も高い	リンパ組織、造血組織（骨髄）、生殖腺（睾丸 精上皮、卵胞上皮）、腸上皮（クリプト）
B群	かなり高い	高度	咽頭口腔上皮、皮膚の基底細胞、毛のう（毛包）上皮、水晶体上皮、胃腺上皮
C群	中程度	中程度	脊髄、乳幼児の軟骨・骨組織、脳
D群	低い	かなり低い	成人の軟骨・骨組織、汗腺上皮、肺上皮、副腎上皮
E群	分裂しない	低い	神経組織、筋肉組織、脂肪組織、結合組織

🔟 放射線と検出素子の種類

検出素子		検出器	放射能測定				エネルギー測定				備考
			α線	β線	γ線	中性子	α線	β線	γ線	中性子	
気体式	電離箱	空気電離箱	○	○	○	×	○	○	○	×	
		グリッド付電離箱	○	△	△	×	○	△	△	×	
		通気型電離箱	△	△	△	×	△	△	△	×	ガス状トリチウム
	比例計数	PR ガス式	○	○	○	×	○	○	○	×	
		³He	×	×	×	◎	×	×	×	◎	
		BF₃	×	×	×	◎	×	×	×	○	
		レムカウンタ	×	×	×	◎	×	×	×	×	高速中性子
	GM		○	◎	○	×	×	×	×	×	端窓型ともいう
半導体	Si 半導体	Si (Li) 検出器	△	△	◎	×	○	△	○	×	
		表面障壁型	○	○	△	×	◎	◎	×	×	
	Ge 半導体		×	×	◎	×	×	×	◎	×	
シンチレータ	無機	NaI (Tl)	×	×	◎	×	×	×	◎	×	
		ZnS (Ag)	○	×	×	×	×	×	×	×	
		⁶LiI (Eu)	×	×	×	○	×	×	×	△	
	有機	液体	○	○	○	×	△	△	△	×	
		プラスチック	×	○	△	×	×	◎	△	×	

◎：最適　○：適する　△：不可能ではない　×：測定不可能

🔟🔟 種々の効果に対する LET の影響

効果	低 LET	高 LET	効果	低 LET	高 LET
スカベンジャー効果	大	小	直接作用の寄与	小	大
防護剤の効果	大	小	間接作用の寄与	大	小
酸素効果	大	小	細胞周期依存性	大	小
線量率効果	大	小	被ばく後の回復	大	小
細胞致死作用	小	大	生存率曲線の肩	大	小

12 医学検査に使用する薬剤と検査疾患

検査名	核種	半減期	薬剤	検査疾患
PET検査	^{18}F	110 分	[^{18}F] フルオロデオキシグルコース	心機能、腫瘍、脳機能
			[^{18}F] フルオロドーパ	脳機能（ドパミン代謝）
	^{11}C	20.4 分	[^{11}C] メチオニン	アミノ酸代謝、腫瘍
			[^{11}C] 酢酸	心筋
			[^{11}C] メチルスピペロン	脳機能 （ドパミン D2 受容体）
	^{13}N	9.97 分	[^{13}N] アンモニア	心筋血流量
	^{15}O	2.04 分	[^{15}O] 酸素ガス	脳酸素消費量
			[^{15}O] 水	脳血流量
シンチレーション検査（SPECT）	^{99m}Tc	6.01 時間	[^{99m}Tc] － HMPAO、－ ECD	脳血流
			[^{99m}Tc] － MAA	肺
			[^{99m}Tc] － MDP	骨病変
			[^{99m}Tc] －フチン酸	肝疾患
			[^{99m}Tc] －MIBI	心筋病変
	^{67}Ga	78.3 時間	[^{67}Ga] クエン酸ガリウム	腫瘍、炎症
	^{201}Tl	72.9 時間	[^{201}Tl] 塩化タリウム	心筋病変、腫瘍
	^{123}I	13.3 時間	[^{123}I] ヨウ化ナトリウム	甲状腺疾愚
	^{111}In	67.3 時間	[^{111}In] 塩化インジウム	骨髄病変

13 主な試薬と用途

試薬	用途
チミンにデオキシリボースを付加したチミジン	DNA の合成量の測定 パルスラベル法による細胞周期の測定
ウラシルにリボースを付加したウリジル	RNA の合成量の測定
[^{35}S] メチオニン	たんぱく質の合成量
[^{3}H] ロイシン	たんぱく質の代謝速度の研究
[^{51}Cr] クロム酸ナトリウム	赤血球の寿命と循環血液量の測定
マクロオートラジオグラフィ	^{14}C、^{35}S、^{32}P などの β 線放出核種
ミクロオートラジオグラフィ	^{3}H、^{14}C、^{35}S
超ミクロオートラジオグラフィ	^{3}H

索引

488

【参考文献】

http://www.rist.or.jp/atomica/
http://www.mext.go.jp/b_menu/shuppan/sonota/attach/1314251.htm
http://www.med.teikyo-u.ac.jp/~ric/html/RI-HP6/kisotisiki.htm
http://www.stelab.nagoya-u.ac.jp/jpn/topics/2012/06/ad774-775.php
http://www.020329.com/x-ray/bougo/contents/chapter3/3-1-ref12.html
http://www.rish.kyoto-u.ac.jp/houga/projects/er201410.html
http://www.ies.or.jp/publicity_j/publicity305.html
http://www.kek.jp/ja/Research/ARL/RSC/
https://www.nmij.jp/public/event/2011/forum2011/presentation/yamada.pdf
http://www.med.teikyo-u.ac.jp/~ric/html/RI-HP6/himippuu.htm
http://www.eri.u-tokyo.ac.jp/wp-content/uploads/2014/06/8-2.pdf
https://www.ncc.go.jp/
https://www.env.go.jp/
https://elaws.e-gov.go.jp/
https://www.nsr.go.jp/
https://www.icrp.org/page.asp?id=5
G. Audi et al., Chinese Physics C Vol. 41, No. 3 (2017) 030001

【写真提供】（順不同）

MEASURE WORKS株式会社
東芝メディカルシステムズ株式会社
株式会社千代田テクノル
日立アロカメディカル株式会社
長瀬ランダウア株式会社

● 著 者 ●

戸井田 良晴（といだ・よしはる）
東京工業大学工学部卒。その後、大手化学会社の研究部門でエックス線使用装置や放射線を扱う業務などに従事。この間、中央職業能力開発協会で労働省技能検定試験（化学分析）の問題作成業務に従事。現在、SCE・Netに所属（www.sce-net.jp）。著書には『一発合格！よくわかるエックス線作業主任者試験テキスト＆問題集』（ナツメ社）がある。

● スタッフ ●

本文デザイン	株式会社エディポック・鈴木昌弘
イラスト	佐藤加奈子・角愼作・株式会社ディ・トランスポート
編集協力	株式会社エディポック
編集担当	小髙真梨（ナツメ出版企画株式会社）

本書に関するお問い合わせは、書名・発行日・該当ページを明記の上、下記のいずれかの方法にてお送りください。電話でのお問い合わせはお受けしておりません。
・ナツメ社Webサイトの問い合わせフォーム
　https://www.natsume.co.jp/contact
・FAX（03-3291-1305）
・郵送（下記、ナツメ出版企画株式会社宛て）
なお、回答までに日にちをいただく場合があります。正誤のお問い合わせ以外の書籍内容に関する解説・受験指導は、一切行っておりません。あらかじめご了承ください。

ナツメ社Webサイト
https://www.natsume.co.jp
書籍の最新情報（正誤情報を含む）は
ナツメ社Webサイトをご覧ください。

一発合格！ よくわかる
第1種放射線取扱主任者試験 テキスト＆問題集 第2版

2015年6月 8 日　第1版第1刷発行
2021年8月 2 日　第2版第1刷発行
2023年5月10日　第2版第3刷発行

著 者　戸井田 良晴　　　　　　　　　　　© Toida Yoshiharu, 2015, 2021
発行者　田村 正隆

発行所　株式会社ナツメ社
　　　　東京都千代田区神田神保町1-52　ナツメ社ビル1F（〒101-0051）
　　　　電話　03 (3291) 1257（代表）　　FAX　03 (3291) 5761
　　　　振替　00130-1-58661
制 作　ナツメ出版企画株式会社
　　　　東京都千代田区神田神保町1-52　ナツメ社ビル3F（〒101-0051）
　　　　電話　03 (3295) 3921（代表）
印刷所　ラン印刷社

ISBN978-4-8163-7048-9　　　　　　　　　　　　　　　Printed in Japan
〈定価はカバーに表示してあります〉〈乱丁・落丁本はお取り替えします〉

一発合格!よくわかる

第1種 放射線取扱主任者試験

テキスト&問題集 第2版

戸井田良晴[著]

別冊 赤シート対応

頻出重要項目 BOOK

ナツメ社

本別冊では、試験に出題される内容に関連した重要項目をまとめています。取り外して持ち運ぶこともできるので、試験直前に学習内容を復習したり、出題されるポイントを確認するなど、上手に活用しましょう。

第1章　物理学

□ **01** □ 運動量と □ エネルギーの保存則	古典力学、量子力学および相対性理論とも、2個の粒子の衝突の前後で2つの運動量の和とエネルギーの和は保存される。
□ **01** □ 光子の運動量と □ エネルギー	光子（γ線とX線）は波の性質と粒子の性質の両方を持つ。光子の運動量とエネルギーは次式となる。 運動量 $P = h\nu/c$、　エネルギー $E = h\nu$
□ **01** □ 相対性理論的運動量 □ とエネルギー	光速に近い速度の運動量とエネルギーは次の式となる。 $P = mv/\sqrt{(1-(v/c)^2)}$ $E = mc^2/\sqrt{(1-(v/c)^2)}$
□ **01** □ ド・ブロイ波長	電子などは、粒子の性質と波の性質を持っている。質量mで速度vの粒子のド・ブロイ波の波長は $\lambda = h/(m \cdot v) = h/p$ となる。
□ **01** □ 衝突断面積	粒子の衝突（散乱、反応）が起きる確率を表す面積の次元を持つ量。原子と核の衝突断面積はそれぞれ $10^{-20}m^2$、$10^{-28}m^2$ 程度である。
□ **03** □ 電離放射線	物質に電離作用を及ぼすことができる放射線。一般に「放射線」というときは、この電離放射線を指す。
□ **03** □ 直接電離放射線	直接、原子や分子の電子に電気的な力を及ぼして、電離や励起を起こさせる放射線。α線、β線、陽子線、重陽子線、重荷電粒子線（炭素の原子核など）がある。
□ **03** □ 間接電離放射線	電荷を持たない光子や中性子線で原子核との相互作用を介して二次的に荷電粒子線を発生させ、それが分子や原子の電離を起こさせる放射線。γ線などの光子と中性子および特性X線がある。

03 放射能	放射線を出す能力で、単位時間当たりに壊変（崩壊）する原子数。単位はs^{-1}で、その名称としてベクレル（Bq）が用いられる。
03 照射線量	光子の照射で、単位質量の空気中に発生したすべての電子－イオンの対が空気中につくる、イオンの正または負のどちらか一方の全電荷の絶対値。単位は$C \cdot kg^{-1}$。
03 吸収線量	電離放射線の照射で単位質量の物質が吸収したエネルギー。単位は$J \cdot kg^{-1}$。名称としてグレイ（Gy）が用いられる。吸収線量はすべての電離放射線で使われる。
03 フルエンス	単位面積当たりの放射線量。照射エネルギー量を表すエネルギーフルエンス $[J \cdot m^{-2}]$ と、照射放射線の数を表す粒子フルエンス $[m^{-2}]$ の2つがある。
03 質量エネルギー吸収係数	光子が物質と相互作用したとき、物質を電離や励起して二次電子を放出する。このとき、光子が物質に与えるエネルギーの$g \cdot cm^{-2}$当たりの割合。
03 電子ボルト	荷電粒子に直流電圧をかけると加速され運動エネルギーを得る。電圧差が1Vの電極間で1個の電子が得るエネルギーを1eVという。1eVは1.6022×10^{-19}J。
03 質量とエネルギーの等価性	相対性理論から、質量とエネルギーは同等である。定量的関係式は$E = mc^2$。1原子質量単位uは約931MeVに相当。
04 励起	基底状態にある原子が電子と衝突するなどにより、軌道電子が、エネルギーが高い軌道に移ること。励起電子は10^{-8}秒程度で特性X線を放出し基底状態に戻る。
04 電離	原子に電子などが衝突し、軌道電子が原子から飛び出すこと。電離に要するエネルギーを電離エネルギーという。この大きさは軌道電子の結合エネルギーと等しい。
04 原子核の半径	原子核はほぼ同じ大きさの陽子と中性子が接触して詰まっている。このため原子核の半径Rは質量数Aの1/3乗に比例する。 $R = 1.25 \times 10^{-15}A^{1/3}$ （m）

□ □ **04** □ 核力	核の中で、陽子、中性子を引きつける力。核力は10^{-14}m以下の距離、すなわち、ほぼ隣同士の核子間のみに働く。
□ □ **04** □ 質量欠損	次の式のBを質量欠損という。Bの値は水素原子を除いて正となる。 　$B = M_p Z + M_n (A - Z) - M$
□ □ **04** □ 原子核の 結合エネルギー	質量欠損は陽子と中性子を結合するための結合エネルギーとして使われる。質量欠損に光速の自乗をかけたものがその原子核の結合エネルギーとなる。
□ □ **04** □ 核子当たりの 結合エネルギー	結合エネルギー値を質量数で割った核子当たりのエネルギーは、質量とともに大きくなり、A＝60付近で最大値8.7MeVに達し、その後減少する。平均値は約8MeV。
□ □ **05** □ α壊変	原子番号Z、質量数Aの放射性核種の原子核が^{4}Heの原子核を放出し、原子番号Z－2、質量数A－4の原子核に変わる過程。このとき放出される^{4}He核をα粒子という。
□ □ **05** □ β壊変	β壊変にはβ$^-$壊変、β$^+$壊変および軌道電子捕獲があり、いずれも弱い相互作用によって起こる。単に「β壊変」というときはβ$^-$壊変を意味する。
□ □ **05** □ β$^-$壊変	中性子が電子と反ニュートリノを放出して陽子になる壊変。一般的に、安定同位体よりも中性子の多い核で生じる。原子番号は1つ大きくなり質量数は変化しない。
□ □ **05** □ β$^+$壊変	陽子が陽電子（β$^+$粒子）とニュートリノを放出して中性子になる壊変。一般的に、陽子数が過剰な原子核で起こる。原子番号は1つ小さくなり質量数は変化しない。
□ □ **05** □ β線の エネルギー分布	β壊変の壊変エネルギーQは、生成核、電子およびニュートリノの運動エネルギーに分配されるため、β線の運動エネルギーは連続分布となる。
□ □ **05** □ 電子捕獲（EC）	陽子が軌道電子を捕獲して中性子に変わり、ニュートリノと特性X線またはオージェ電子を放出する現象。β粒子は放出されない。多くの場合β$^+$崩壊と競合する。

□□□ **05** **β^+壊変と電子捕獲（EC）**	ECのQはβ^+壊変より電子２個分の質量（1.022MeV）小さい。β^+壊変のQ値が親核と娘核のエネルギー差＋1.022MeV以下の場合はECのみが起こる。
□□□ **05** **γ壊変**	励起状態にある原子核がγ線を放出してエネルギーのより低い状態に変わること。励起状態の原子核は、α壊変やβ壊変で生成するものが多く、一般に寿命は短い。
□□□ **05** **γ線とX線**	γ線とX線は波長範囲が重なる短波長の電磁波で、原子核から放出されるものをγ線、原子の電子軌道やX線発生装置など原子核以外から放出されるものをX線という。
□□□ **05** **核異性体**	励起状態の原子核で、半減期が長いものをいう。核異性体からの転移を核異性体転移という。核異性体は質量数の後ろにmをつけて表記する。　例：^{99m}Tc
□□□ **05** **内部転換**	励起状態の原子核がγ線を放出せずエネルギーを軌道電子に直接与えて、その軌道電子を放出する現象。放出される電子を内部転換電子という。
□□□ **05** **内部転換と原子番号**	内部転換の起こる確率は、原子番号のほぼ３乗に比例し、原子核から放出されるエネルギーが小さいほど大きくなる。内部転換に与える電子はK軌道電子が約80%。
□□□ **05** **内部転換係数**	遷移の際に電子を放出する確率I_eとγ線を放出する確率$I\gamma$の比α_k（$=I_e/I_\gamma$）をいう。γ線放出の確率I_γは、$I_\gamma=p/(1+\alpha_k)$となる。($p=I_e+I_\gamma$)
□□□ **06** **電子－陽電子対**	電子２個分の質量に相当する1.022MeV以上のエネルギーの光子と核の電磁場の相互作用で生成する、電子と陽電子の対。ポジトロニウムともいう。
□□□ **06** **中性子の性質**	質量は939.6MeVで、陽子や陽子と電子の和より重い。電子の質量の約1840倍。電荷がゼロで中性。単独では不安定で、半減期15分でβ^-壊変し陽子に変わる。
□□□ **06** **熱中性子**	周囲の原子や分子と熱的平衡状態に達した中性子。この状態の中性子の運動エネルギーは約0.025eVとなる。

☐☐☐ **07** 半減期と壊変定数	放射性核種は $N(t) = N_0 \exp(-\lambda t)$ で減少する。この λ を壊変定数、$N(t)$ が N_0 の半分になる時間を半減期という。半減期＝$\ln(2)/\lambda$ の関係が成り立つ。
☐☐☐ **07** 壊変図式	2種類以上の壊変が競合して起こり、その後、さらに別の壊変を起こすなど、複雑な壊変の様相を一見してわかるようにまとめた図。
☐☐☐ **08** Q値	核反応で生じるエネルギーをいう。この値が正の場合を発熱反応、負の場合を吸熱反応という。吸熱反応を起こすには外部からQ値以上のエネルギーを供給する。
☐☐☐ **08** 核反応式	標的原子核に粒子が衝突して、核と粒子が生成する反応を表す、$^{10}B(n, \alpha)^7L$ などの式。書式は次の通り。標的粒子（入射粒子、放出粒子）生成粒子。
☐☐☐ **09** 中性子と荷電粒子の核反応	核は陽子を持つため他の核との反応はクーロン力による反発があり大きなエネルギーが必要となる。中性子は電荷がないため、小さなエネルギーで反応する。
☐☐☐ **09** 中性子と原子核の反応	原子核と中性子が衝突した場合に起こる現象には、中性子の散乱と、中性子が核と反応する吸収反応がある。後者で生成した核を複合核という。
☐☐☐ **09** 中性子の吸収反応	・複合核から γ 線のみが放出される放射捕獲反応 ・荷電粒子が放出される荷電粒子放出反応 ・核分裂反応
☐☐☐ **09** 放射捕獲反応	中性子と核が反応して複合核が生じる。この核が γ 線を放出して、基底状態に移る、または、複合核よりエネルギーが低い励起状態に遷移する反応。
☐☐☐ **09** 荷電粒子放出反応	中性子と核が反応して生じた複合核は、核の原子番号が小さい場合は主に荷電粒子を放出し、大きい場合は陽子や中性子を放出する。
☐☐☐ **09** 核分裂反応	$^{235}U, {}^{239}Pu, {}^{233}U$ などの重い原子核が中性子を吸収した後、2つの核に分裂し、2ないし3個の中性子を放出する反応。

☐ ☐ ☐ **09** 核分裂反応の質量分布	核分裂反応で生じる2つの原子核は、2つのピークを持つ質量分布をとる。^{235}Uでは95と140のものが最も多く、110から124のものは少数になる。
☐ ☐ ☐ **09** ^{235}Uと^{238}U	^{235}Uは天然ウランの0.7%を占める。低エネルギーの中性子で核分裂を起こすので、軽水炉の燃料となる。^{238}Uは天然ウランの99.3%を占める。
☐ ☐ ☐ **09** 中性子の反応断面積	^{235}Uと中性子の反応の断面積は中性子のエネルギーが小さいほど大きく、1eV以下では、ほぼ運動速度の逆数（エネルギーのルートの逆数）に比例する。
☐ ☐ ☐ **10** 一次元衝突のエネルギー	質量Mの粒子に質量mの粒子が衝突後、そのエネルギーは元のエネルギーの$(m-M)^2/(m+M)^2$、衝突された粒子は$4mM/(m+M)^2$倍となる。
☐ ☐ ☐ **10** 中性子と原子核の衝突	質量mで速度v_0の中性子が質量Mの原子核に弾性衝突した後の速度は$(m-M)/(m+M)\cdot v_0$。質量が中性子に近い水素核と衝突すると大きく減速する。
☐ ☐ ☐ **10** 核分裂の反跳エネルギー	核分裂で質量mとMの粒子が生じたとき、その運動エネルギーは $1/2mv^2 = M/(m+M)\cdot Q$、$1/2MV^2 = m/(m+M)\cdot Q$となる。
☐ ☐ ☐ **10** 光子放出の反跳エネルギー	核がエネルギーE（=hν）の光子を放出したとき、質量Mの核が受ける反跳エネルギーは $1/2MV^2 = 1/2E^2/(Mc^2)$となる。
☐ ☐ ☐ **10** コンプトン散乱の散乱角	コンプトン散乱の光子エネルギーは$\theta = 0°$で最大で、入射光子のエネルギーと同じとなる。また、180°で最小となり、コンプトン電子のエネルギーは最大となる。
☐ ☐ ☐ **11** 電子線の発生	真空中で金属を加熱すると、金属表面から電子が飛び出す。この電子を熱電子といい、これを直流電圧で加速したものを電子線源とする。
☐ ☐ ☐ **11** X線の発生	熱電子を10k～数100kVの電圧で加速し、ターゲットと呼ばれる金属に衝突させ、連続X線と特性X線を発生させる。

☐ **11** ☐ 連続X線 ☐	電子がターゲットの原子核の近くを通るとき、核の正電荷のクーロン力により減速され、進行方向が変わるとき放出するX線。エネルギーは連続的に変化する。
☐ **11** ☐ デュエンーハントの ☐ 法則	連続X線の最短波長 λmin [nm] と、管電圧V [kV] には次の関係が成り立つ（デュエンーハントの法則）。 λmin [nm] = 1.240/V [kV]
☐ **11** ☐ 特性X線 ☐	原子の電離後、電離した電子の電子殻よりエネルギーの高い殻の電子が遷移し、同時に放出されるX線。エネルギーが殻のエネルギー差に等しい線スペクトルとなる。
☐ **11** ☐ α線源 ☐	原子炉を使用する方法とα線を放出する放射性核種（RI）を使用する場合がある。RIとしては、^{226}Ra、^{210}Poや超ウラン元素の核種が使われる。
☐ **11** ☐ β⁻線源 ☐	線源には β^- 線を放出する核種が使われる。主要用途は厚さ測定用で紙などにはエネルギーが小さい^{85}Krや^{147}Pm、厚いものには^{90}Srが使われる。
☐ **11** ☐ 陽電子（β⁺）線源 ☐	陽電子（β^+）線源として広く使用されているのは^{22}Naで、^{24}Mg（d, α）^{22}Naの核反応で製造される。主要用途はPET装置のがん診断試薬である。
☐ **11** ☐ γ線源 ☐	^{192}Irや^{60}Coなどγ線を放出する核種が使われる。要用途は工業用非破壊検査、ジャガイモの発芽防止などの農業分野、悪性腫瘍の治療など幅広い分野で使用される。
☐ **11** ☐ 中性子線源 ☐	線源には原子炉または中性子を放出する核種を使う。実用的には、^{241}Amのα線をBeに照射して中性子生成する方法と^{252}Cfからの中性子に限られる。
☐ **12** ☐ チェレンコフ現象 ☐	荷電粒子が物質中を運動するとき、荷電粒子の速度がその物質中の光速度よりも速い場合に光が出る現象。発光時間は約3p秒と有機シンチレーション光より短い。
☐ **12** ☐ チェレンコフ現象の ☐ しきいエネルギー	チェレンコフ現象が起こるには荷電粒子の速度vがc/nより大きいことが必要。そのときの運動エネルギーをしきいエネルギーという。空気中の電子で約21MeV。

☐ ☐ **13** ☐ 比電離	荷電粒子が物質中を通過するとき、原子を電離し電子－イオン対を生成する。このとき、荷電粒子が単位長さ当たりに生成するイオン対の数をいう。
☐ ☐ **13** ☐ 荷電粒子の相互作用	・原子を電離して電子－陽イオン対を生成 ・電子や核に散乱され、進行方向が変化（放射阻止） ・核の電場で、X線（制動放射線）を放出
☐ ☐ **13** ☐ 重荷電粒子	荷電粒子の中で電子とβ粒子以外を重荷電粒子という。重荷電粒子は物質の中を進むとき、進行方向は停止するまで変わらず直線的に進む。
☐ ☐ **13** ☐ 阻止能（線阻止能）	荷電粒子が物質中を進むとき、単位長さ当たりに失うエネルギーをいう。粒子の速度が減少するとともに増加する。阻止能を密度で割ったものを質量衝突阻止能という。
☐ ☐ **13** ☐ 衝突および 放射阻止能	阻止能のうち、粒子が物質を電離（衝突）してエネルギーを失うものを衝突阻止能といい、原子核の電場で曲げられ電磁波を放射して失うものを放射阻止能という。
☐ ☐ **13** ☐ ベーテの理論	重荷電粒子の衝突阻止能の理論式。衝突阻止能は ・入射粒子の電荷の自乗に比例、速度の自乗に逆比例 ・物質の単位体積中の原子数と原子番号に比例
☐ ☐ **13** ☐ 飛程	重荷電粒子が入射してから停止するまでの距離をいう。一般に粒子のエネルギーが大きいほど、また、軽い物質中ほど飛程は長くなる。
☐ ☐ **13** ☐ α線の飛程	α線の空気中での飛程R（cm）とエネルギーE（MeV）の関係は次式で表される。 $R = 0.318 E^{3/2}$、$E = 4MeV$で約2.5cmとなる。
☐ ☐ **13** ☐ β粒子の相互作用	β粒子は質量が小さいので比電離は同じエネルギーのα線の場合より小さく、物質の内部をはるかに奥まで侵入し、数m～数10mに及ぶこともある。
☐ ☐ **13** ☐ β粒子の最大飛程	β粒子には決まった飛程がない。β粒子による電離は距離とともに指数関数的に減少し、電離が事実上起こらなくなる厚さを最大飛程と定義する。

☐ **14** ☐ 光電効果 ☐	軌道電子が入射光子のエネルギーをすべて吸収し、光電子として原子外に飛び出し、同時に光子が消滅すること。これが起こる確率は、$Z^5 \cdot E^{-3.5}$に比例する。
☐ **14** ☐ コンプトン効果 ☐	入射光子が軌道電子と衝突し、軌道電子が反跳電子として飛び出し、光子の運動方向が変わる現象。これが起こる確率は$Z \cdot E^{-1}$に比例する。
☐ **14** ☐ 電子対生成 ☐	電子2個分の静止エネルギー以上の光子が原子核の近くを通過するときに電子と陽電子の対が生成され、光子が消滅する現象。反応確率はZ^2に比例する。
☐ **14** ☐ 消滅放射線 ☐	陽電子と電子が結合して消滅するとその位置から0.51MeVの2個のγ線を互いに反対方向に放出する。これを消滅放射線という。
☐ **14** ☐ 光核反応 ☐	数MeV以上の光子が物質の原子核に吸収され、中性子などを放出する現象をいう。
☐ **14** ☐ 線減弱係数 ☐	物質内を進む光子は光電効果などの相互作用によって次第に減衰する。単位長さ当たりにこの減衰を引き起こす相互作用の確率をいう。
☐ **14** ☐ 線減弱係数と強度 ☐	強度I_0の光子が線減弱係数μ（cm^{-1}）の物質中をxcm進んだ場合の強度Iは、下式で表される。$I = I_0 \exp(-\mu x)$
☐ **14** ☐ 半価層 ☐	光子が物質中を進み、強度が入射時の1/2になる厚さをいう。半価層は光子のエネルギーによって変化する。また強度が1/10になる厚さを1/10価層という。
☐ **14** ☐ 線減弱係数と半価層 ☐	線減弱係数と半価層には次の関係が成り立つ。線減弱係数×半価層 = ln（2）= 0.693
☐ **15** ☐ 線形加速器と ☐ 円形加速器	荷電粒子を真っ直ぐ走らせながら加速するのが線形加速器。荷電粒子を円運動させながら加速するのが円形加速器。

☐ **15** ☐ 直接加速方式と ☐ 間接加速方式	荷電粒子を直流高電圧で直接加速するのが直接加速方式。高周波磁場または電場を用いて加速するのが間接加速方式。
☐ **15** ☐ コッククロフト・ ☐ ワルトン	線形加速器。直接加速方式。交流電源からコンデンサと整流器を組み合わせた、倍電圧回路と呼ばれる整流回路で、直流の高電圧を発生させて荷電粒子を加速する。
☐ **15** ☐ ファン・デ・ ☐ グラーフ	線形加速器。直接加速方式。球状の高圧電極に電荷移送用絶縁ベルトで正電荷を蓄えて高電圧を発生させ、その電圧で荷電粒子を加速する。
☐ **15** ☐ ☐ 直線加速器	線形加速器、リニアックともいう。間接加速方式。直線状の加速管に円盤状の電極を並べ、その電極の1極おきに接続し、2つの極間に高周波電圧を加えて荷電粒子を加速する。
☐ **15** ☐ サイクロトロンの ☐ 特徴	円形加速器。間接加速方式。この加速器の利点は加速された荷電粒子が連続的に得られること。しかし、高エネルギーを得るには巨大な磁石が必要となる。
☐ **15** ☐ サイクロトロンの ☐ 加速法	一様な磁場の中に磁場と直角にディーと呼ぶ2個の半円形電極を置き、これに周波数一定の高周波電圧を印加して荷電粒子を加速する。
☐ **15** ☐ サイクロトロンの ☐ 角速度	粒子は2つの電極間ギャップを通過するときに印加された電圧からエネルギーを得て加速される。粒子の軌道半径は大きくなるが、角速度は一定になる。
☐ **15** ☐ ☐ シンクロトロン	円形加速器。間接加速方式。円形軌道の直径を一定とし、荷電粒子が加速されるとともに磁場を強くし、同時に加速周波数も変化させる。
☐ **15** ☐ シンクロトロンの ☐ 用途	電子や陽子の高エネルギー加速器として用いられる。シンクロトロンはある一定以上の速度を持った粒子でないと加速できないため、前段の加速器を必要とする。

第2章　化学

☐ ☐ **01** ☐ ランタノイド	原子番号57のランタン（La）から71のルテチウム（Lu）までの15元素の総称で、4f軌道が占有され始める元素の集まりで、すべて遷移元素。
☐ ☐ **01** ☐ ランタノイド収縮	セリウムから順に詰まり、イッテルビウム（Yb）で14個の全軌道が占有される。原子番号が増すと原子半径が小さくなる。これをランタノイド収縮という。
☐ ☐ **01** ☐ アクチノイド	原子番号89のアクチニウム（Ac）から103のローレンシウム（Lr）までの15元素の総称で、ウラン（U）などが含まれる。
☐ ☐ **01** ☐ 超ウラン元素	原子番号がウランの92より大きい元素をいう。半減期が地球の年齢よりかなり短く、地球誕生のときに存在していたとしても、すでに消滅している。
☐ ☐ **02** ☐ 一次放射性核種	地球が誕生したとき、宇宙空間から取り込んだ物質に含まれた核種のうち、半減期が長く46億年経った現在でも存在する核種。原始放射性核種ともいう。
☐ ☐ **02** ☐ 二次放射性核種	一次放射性核種が壊変して生成する放射性核種。^{226}Ra、^{210}Pb、^{210}Poなどがある。
☐ ☐ **02** ☐ 誘導放射性核種	宇宙線が地球大気中の原子核と反応して生じる放射性核種。^{3}H、^{7}Be、^{22}Na、^{14}C、^{36}Clなどがある。宇宙線起源核種や宇宙線生成核種ともいう。
☐ ☐ **02** ☐ 比放射能	放射性核種の単位重量当たりの放射能の強さをいう。有機分子の純度検定などに使われる。単位は$Bq \cdot g^{-1}$。
☐ ☐ **02** ☐ 放射能濃度	放射性核種の単位体積当たりの放射能の強さをいう。単位は$Bq \cdot cm^{-3}$。

□ □ □ **02** 自発核分裂	外部からの α 線や γ 線などの入射なしに起こる核分裂で、原子番号90のTh（トリウム）以上の核種で起こる。自発核分裂が発生する確率は重い核ほど大きい。
□ □ □ **03** 壊変系列	1個の核種から複数回の α および β 壊変を繰り返して最終的に安定的な核種になる核種の系列。ウラン、トリウム、アクチニウム、ネプツニウムの4系列がある。
□ □ □ **03** ウラン系列	半減期44.7億年の^{238}U（ウラン）から始まり最後に安定した^{206}Pb（鉛）になるまでの核壊変系列。質量が4n＋2（nは整数）で表され、4n＋2系列ともいう。
□ □ □ **03** トリウム系列	半減期140億年の^{232}Th（トリウム）から始まり最後に安定した^{208}Pb（鉛）になるまでの核壊変系列。質量が4n（nは整数）で表され、4n系列ともいう。
□ □ □ **03** アクチニウム系列	半減期7.06億年の^{235}U（ウラン）から始まり最後に安定した^{207}Pb（鉛）になるまでの核壊変系列。質量が4n＋3（nは整数）で表され、4n＋3系列ともいう。
□ □ □ **03** ネプツニウム系列	半減期214万年と短い^{237}Np（ネプツニウム）から始まり最後に安定した^{205}Tlになるまでの核壊変系列。4n＋1系列ともいう。^{209}Bi以外は現在は天然に存在しない。
□ □ □ **04** ^{228}Ra（ウラン）	ウラン系列の最初の核種。半減期44.7億年で α 壊変して、^{234}Th（半減期、24.1日）となる。天然ウランの99.27％を占め、重水炉や黒鉛炉の燃料に使用される。
□ □ □ **04** ^{228}R（ポロニウム）	ウラン系列の最後の放射性核種。α 壊変し^{206}Pbとなる。^{210}Poは魚に多く含まれる。料理で体内に取り込まれ、その α 壊変が日本人の自然被ばくの最大要因となる。
□ □ □ **04** ^{228}R（ラドン）	ラジウムの中で半減期が1600年と最も長い^{226}Raの娘核種。半減期3.82日（Rnの中で最長）。貴ガスで、その吸入摂取が内部被ばくの大きな原因となる。
□ □ □ **04** ^{228}Ra（トリウム）	トリウム系列の最初の核種。半減期140億年で α 壊変し^{228}Raに変わる。^{228}Raは半減期が5.75年なので^{228}Raと永続平衡の関係になる。

☐ **04** ☐ ^{228}Ra ☐ （ラドン、トロン）	^{224}Raのα壊変で生じる。これは^{222}Rnとともに吸入摂取し内部被ばく源となる。なお、^{220}Rnは歴史的経緯でトロンともいう。
☐ **04** ☐ ^{235}U（ウラン） ☐	アクチニウム系列の最初の核種で、半減期は7億年でα壊変して^{231}Thになる。天然ウラン中の0.72%を占め、日本で主に使われる軽水炉の燃料になる。
☐ **04** ☐ ^{237}Np ☐ （ネプツニウム）	ネプツニウム系列の最初の核種で、半減期214万年でα壊変し^{233}Paになる。半減期は地球年齢と比べ短いため、現在は消滅した。
☐ **04** ☐ 死滅放射性核種 ☐	太古に存在していたが、現在は地球に存在しない核種。^{237}Np（ネプツニウム）、^{129}I（ヨウ素）などがある。
☐ **05** ☐ 系列をつくらない ☐ 原始放射性核種	ウランなど4系列の核種以外の原始放射性核種で、^{40}K（カリウム、半減期12.5億年）や^{87}Rb（ルビジウム、半減期475億年）のほか約10核種ある。
☐ **05** ☐ ^{40}K（カリウム） ☐	^{40}Kの89.3%はβ^-崩壊で^{40}Ca（カルシウム）に、残りの10.7%は電子捕獲壊変で^{40}Ar（アルゴン）になる。現在の同位体存在比は0.0117%。
☐ **05** ☐ ^{40}K（カリウム）の ☐ 性質	人体の必須元素で水に溶けるので、全身に広く分布し、日本人の自然被ばく線量の10%ほどを占める。カリウム－アルゴン年代測定法として岩石の年代測定に使われる。
☐ **05** ☐ ^{87}Rb（ルビジウム） ☐	半減期が475億年と極めて長い核種で、β^-崩壊を起こして^{87}Srになる。ルビジウム中の天然存在比率は27.84%と大きな割合を占める。
☐ **06** ☐ 宇宙線起源核種の ☐ 存在量	これら核種の半減期が地球の寿命と比べて短いので、新規につくられる量と、壊変でなくなる量が等しい平衡状態にある。地表の全量は^{3}Hが7kg、^{14}Cが75t。
☐ **06** ☐ ^{14}C（炭素）の生成 ☐	高層大気中で低速の宇宙線による^{14}N（n, p）^{14}C反応で生成。半減期5730年。低エネルギーのβ^-壊変で^{14}Nになる。

☐ ☐ ☐ **06** ^{14}C（炭素）の固定	生成した^{14}Cは酸素と直ちに反応してCO_2になり、海水に吸収されたり、植物の光合成で有機物として固定される。固定された^{14}Cは、食物連鎖で人体に取り込まれる。
☐ ☐ ☐ **06** ^3H（トリチウム）の生成	中性子が^{14}Nや^{16}Oなどと衝突して破砕生成する。生じた^3Hは、大気中の水と水素交換して^3HHOとなり、大気循環を通して大気や海水中に取り込まれる。
☐ ☐ ☐ **06** ^7Be（ベリリウム）の生成	宇宙線と大気中の酸素や窒素との反応で生成する。半減期53.2日で電子捕獲し^7Li（リチウム）となる。
☐ ☐ ☐ **06** ^{14}C年代測定	植物などに取り込まれる^{14}C量は常に一定だが、植物が枯れた後に半減期に従って減少する。この残留^{14}C量からその植物が枯れた年代を測定する方法。
☐ ☐ ☐ **06** ^{14}C量の測定法	試料をアセチレンなどの気体にして比例計数管、または、ベンゼンなどの炭素含有量の多い有機液体にし、液体シンチレーションカウンタで測定。1 g以上の試料が必要。
☐ ☐ ☐ **06** 加速器質量分析法	小型加速器を用いた分析法で^{14}C核の数を直接数える。1mg程度の試料で測定でき、数万年前の試料から年代決定が可能となった。
☐ ☐ ☐ **06** ^{14}Cの測定値の変動要因	太陽活動は11年周期で変化し宇宙線量も変わるため、生成^{14}C量も変動する。産業革命以降、数億年前にできた石炭の使用が増え、炭素中の^{14}C含有率が減少した。
☐ ☐ ☐ **07** 炭素の同位体	安定同位体の^{12}C, ^{13}Cと10種類以上の放射性核種がある。^{12}Cは原子量の基準として、^{13}Cは核磁気共鳴分光法（NMR）で使われる。
☐ ☐ ☐ **07** ^{14}C	$^{14}CO_2$として光合成の研究に、また放射性トレーサやオートラジオグラフィに使われる。β線のエネルギーが小さいため、^{32}Pより高分解能画像が得られる。
☐ ☐ ☐ **07** ^{11}C	半減期20.3分で、陽電子を放出する。陽電子放射断層撮影（PET）の検査試薬に使われる。^{11}Cの製造には、小型サイクロトロンが使われる。

☐ **07** ☐ リンの同位体 ☐	天然存在核種が^{31}Pのみの単核種元素。放射性核種が20種類以上あり、主なものは^{30}P、^{32}P、^{33}P。^{31}Pは^{13}Cと同様に核磁気共鳴分光法で使われる。
☐ **07** ☐ ^{30}P（リン） ☐	キュリー夫妻らにより世界で初めて^{27}Al（α，n）^{30}P反応で人工的に得られた放射性核種。半減期2.50分で、β^+壊変して^{30}Siになる。
☐ **07** ☐ ^{32}P（リン） ☐	^{32}Sへの中性子照射による^{32}S（n，p）^{32}P反応などで生成。半減期14.3日でβ^-壊変し安定的な^{32}Sとなる。β線のエネルギーは1.71MeVで、γ線は放出しない。
☐ **07** ☐ ^{32}Pの用途 ☐	同位体標識として、DNAやRNAの塩基配列の決定、生体内の物質循環の研究に使われる。摂取すると骨や核酸に取り込まれるため、取り扱いに注意が必要。
☐ **07** ☐ ^{32}Pの放射線の ☐ 遮へい	^{32}Pのβ線はエネルギーが高く、鉛などで遮へいすると制動放射で二次X線が多く放出される。このため、1cmのアクリル樹脂など原子番号が小さい物質で遮へいする。
☐ **07** ☐ ^{33}Pの用途 ☐	^{33}Pの半減期は25.4日と^{32}Pより長い。β^-壊変を起こす。エネルギーが0.25MeVと低く、DNAシーケンスなどの実験に使われる。
☐ **07** ☐ ^{35}S（硫黄） ☐	硫黄には4種の安定同位体と約20種類の放射性核種がある。^{35}Sは半減期87.4日で、β^-壊変を起こし、0.167MeVのエネルギーを放出するがγ線は放出しない。
☐ **07** ☐ ^{35}S（硫黄）の ☐ 製法と用途	^{35}Cl（n，p）^{35}S反応で生成し、^{35}Sの分離は^{35}S^{2-}イオンをH$_2$Sとして蒸留する。^{35}Sで置換したメチオニンがタンパク質の合成量測定に使われる。
☐ **08** ☐ ^{60}Co（コバルト） ☐	^{59}Coへ中性子を照射し生成。半減期は5.27年で、318keVのβ^-壊変後、1.17MeVと1.33MeVというエネルギーが高い2本のγ線を放出し、^{60}Niに変わる。
☐ **08** ☐ ^{60}Co（コバルト） ☐ の用途	非破壊検査、密度計、レベル計などの工業用γ線源、生薬系医薬品の殺菌、ジャガイモの発芽防止、放射能測定器精度を維持する校正用標準線源に使われる。

☐ ☐ ☐ **08** ^{63}Ni（ニッケル）	半減期は101年でβ^-線のみを放出する。ガスクロマトグラフィーで、β線による電離を利用するエレクトロン・キャプチャ・ディテクタ（ECD）に使用される。
☐ ☐ ☐ **09** チェルノブイリ原発事故の放出核	事故直後には甲状腺に蓄積する^{131}I。長期的には、骨などに固定される^{90}Srと、食物連鎖で長期にわたって人体に取り込まれる^{137}Csが特に問題。福島の事故でも同様。
☐ ☐ ☐ **09** ^{90}Sr （ストロンチウム）	^{90}Srは半減期28.8年で、β^-壊変し^{90}Y（イットリウム）になる。^{90}Yは半減期2.67日でβ^-壊変する。両者は永続平衡となり、また両壊変ともγ線を放出しない。
☐ ☐ ☐ **09** ^{90}Sr（ストロンチウム）の性質	カルシウムと同じアルカリ土類で骨と親和性が高く、体内摂取すると骨に長く残留して^{90}Yからの高エネルギーβ線で大きな内部被ばくを起こす。
☐ ☐ ☐ **09** ヨウ素の性質	ヨウ素は単体（I_2）やヨウ化イオン（I^-）の形態で存在する。単体は昇華し、酸性のヨウ化イオンは加熱で揮発する。甲状腺との臓器親和性が高く、そこに蓄積する。
☐ ☐ ☐ **09** ^{127}I（ヨウ素）	天然に存在する唯一の核種で、ヨウ素は単核種元素。原発災害時に^{127}Iを含むヨウ素剤を飲み甲状腺に放射性ヨウ素が蓄積することを防ぐのに使用する。
☐ ☐ ☐ **09** ^{123}I（ヨウ素）	半減期13.2時間で、100％軌道電子捕獲（EC）で壊変し、159keVのγ線とTe（テルル）の特性X線を放出。シングルフォトン放射断層撮影（SPECT）で使用する。
☐ ☐ ☐ **09** ^{125}I（ヨウ素）	半減期59.4日で、100％軌道電子捕獲（EC）で壊変し^{125m}Teに。これは35.5keVのγ線と^{125}Teの27.5keV特性X線を放出する。ラジオイムノアッセイなどに使われる。
☐ ☐ ☐ **09** ^{128}I（ヨウ素）	^{127}Iの中性子照射で生成する。半減期は25.0分。ホットアトムによる合成に使われる。中性子放射化分析によるヨウ素含有量の測定に利用される。
☐ ☐ ☐ **09** ^{129}I（ヨウ素）	地球誕生時に存在していたが、半減期が短いために減衰して消滅した死滅放射性核種。宇宙線生成核種でもあり、天然ウランの自発核分裂によっても生成する。

☐ **09** ☐ ^{131}I（ヨウ素） ☐	Xeと宇宙線の反応で生成する宇宙線生成核種。また原発事故、再処理工場や原子爆弾から放出される人工放射能。内部被ばくで小児甲状腺がんを引き起こす。
☐ **09** ☐ ^{137}Cs（セシウム） ☐	セシウムはアルカリ金属で、天然存在核種が^{133}Csのみの単核種元素。^{137}Csの半減期は30.1年で、多くは514keVのβ^-壊変を起こし、^{137m}Ba（バリウム）となる。
☐ **09** ☐ ^{137}Cs（セシウム） ☐ による被ばく	セシウムは環境から植物に入り、食物連鎖で人体に取り込まれる。臓器親和性はないが、毎日摂取するため、長期にわたってβ線による内部被ばくを引き起こす。
☐ **10** ☐ ^{95}Zr ☐ （ジルコニウム）	Zrには4種類の安定同位体と多数の放射性同位元素がある。金属中で熱中性子の吸収断面積が最も小さいため、ジルコニウム合金は原子炉燃料の被覆材料などに使われる。
☐ **10** ☐ ^{99m}Tc ☐ （テクネチウム）	^{99m}Tcは半減期6.01時間で核異性体転移し、エネルギーの低いγ線を放出して^{99}Tcに変わるがβ線は放出しない。シンチレーションカメラの薬剤に使われる。
☐ **10** ☐ ^{192}Ir（イリジウム） ☐	半減期73.8日でエネルギーの異なる多数のγ線を放出する。このγ線の透過・減衰を利用して非破壊検査の線源として使われる。
☐ **10** ☐ ^{241}Am ☐ （アメリシウム）	アクチノイド元素で、超ウラン元素でもある。α線およびγ線の線源、またα線を^{9}Beに照射して発生させる中性子源として使われる。
☐ **10** ☐ ^{252}Cf ☐ （カリホルニウム）	アクチノイド元素で、超ウラン元素でもある。中性子源として微量の水分量を測定する中性子水分計に使用される。
☐ **12** ☐ 放射平衡 ☐	逐次壊変や系列壊変で親核とそれが壊変してできた娘核の放射能の量的な関係が、時間的にほぼ一定の比率で推移する状態を放射平衡という。
☐ **12** ☐ 過渡平衡 ☐	親核の半減期T_1が娘核の半減期T_2より大きいとき、T_2の数倍の時間後、娘核が見かけ上、親核の半減期で減衰する状態。娘核の放射能は親核の放射能より大きい。

☐ ☐ ☐	**12** 永続平衡	T_1 が T_2 よりはるかに大きい場合、娘核と親核の数の比が半減期の比と等しくなる。この状態を永続平衡という。このとき、親核の放射能と娘核の放射能は等しくなる。
☐ ☐ ☐	**12** T_1 が T_2 より 小さい場合	短時間部分では親核のみから放射能が放出される。長時間部分では親核種は消滅し、娘核だけの放射能が放出される。この場合、放射平衡は起こらない。
☐ ☐ ☐	**14** 放射性核種の 製造方法	放射性核種は、原子炉で製造する方法とサイクロトロンで製造する方法がある。原子炉は熱中性子照射を利用し、数種類のRIを大量に製造するのに適している。
☐ ☐ ☐	**14** 無担体	放射性元素で、試料中にその元素の安定同位体を含まないものをいう。一般的に高比放射能の試料が得られる。
☐ ☐ ☐	**14** ミルキング	親核と娘核が永続平衡にあるとき、娘核の分離後しばらくすると親核から娘核が生成し再度娘核を取り出すこと。核試薬の ^{99m}Tc はこの方法で ^{99}Mo から製造する。
☐ ☐ ☐	**14** サイクロトロンに よるRI製造	入射粒子として陽子、重陽子、α線など多くの放射線と、エネルギー範囲や親核種などを組み合わせた多様な核反応が選択可能で、さまざまなRIを製造できる。
☐ ☐ ☐	**14** 製造に使う核反応	・娘核の原子番号が親＋1：(p, n) や (α, pn) 反応 ・娘核の原子番号が親－1：(n, p) や (p, α) 反応 ・娘核の原子番号が親＋0：(n, γ) 反応
☐ ☐ ☐	**14** 中性子の反応断面積	中性子の捕獲反応の反応断面積は、低いエネルギー領域では中性子エネルギーを E_n とすると、$1/\sqrt{E_n}$ に比例する。
☐ ☐ ☐	**14** 核反応の 生成量速度式	元素の中性子照射などで生成するRIの放射能Aは次式で与えられる。 $A = n\sigma f \cdot (1-\exp(-\lambda t)) = n\sigma f \cdot (1-(1/2)^{t/T})$
☐ ☐ ☐	**14** 飽和係数	上式で $(1-\exp(-\lambda t))$ の項を飽和係数という。 n：標的核数　σ：反応断面積　f：粒子フルエンス率 t：照射時間　λ、T：生成核の壊変定数と半減期

□ **14** □ 核反応の生成量 □ 速度式の近似	λ t が小さいとき、exp（$-\lambda$ t）$\fallingdotseq 1 - \lambda$ t。これより $A = n \sigma f \cdot (\lambda t) = n \sigma f \cdot (0.693 \cdot t/T)$ となる。
□ **15** □ 放射性核種分離の □ 特徴	・試料の絶対量が少ない ・短作業時間が望まれる ・非密閉放射線を使うので、被ばく防御処置が必要
□ □ **15** 微量物質の分離 □	RIは少量でも検出感度は高いが、原子の絶対数は少ない。このため溶媒中の微量不純物、ろ紙やガラス容器表面へのRI吸着などが問題となる。
□ □ **15** 短時間分離 □	一般の分離では、時間がかかっても、なるべく高純度にできる方法を採用する。RIでは分離作業中に壊変で量が減少するので、短時間で分離できる方法を選択する。
□ □ **15** 分離作業の □ 放射線防御	放射線を取り扱うので、放射線の防御が重要。また、ほとんどの場合、非密封を扱うので、その漏洩や体内への取り込み防止の処置が必要。
□ □ **15** 溶媒抽出	さまざまな物質が溶解している水溶液とベンゼンなど水と混ざり合わない有機溶媒を加えて振とうし、目的成分を有機溶媒に選択的に移動させて分取する方法。
□ □ **15** 分配比 □	目的核種Cの水中の濃度をC_1、有機溶媒中の濃度をC_2とするとき、$D = C_2/C_1$を分配比といい、この値が大きいほど目的核種が有機溶媒に多く抽出される。
□ □ **15** 抽出率 □	水および有機溶媒の体積をV_1、V_2とするとき、目的核種が有機相中に移行した割合は、抽出率Eは次式となる。 $E（\%）= D/（D + V_1/V_2）\times 100$
□ □ **15** 抽出溶媒の分割 □	同じ量の有機溶媒で溶媒抽出を行う場合、有機溶媒を分割して複数回に分けて抽出を行うほうが抽出率が高くなる。
□ □ **15** キレート剤 □	金属イオンは極性の弱い有機溶媒にほとんど溶けない。この場合、ビビリジンなどのキレート剤で金属錯体を形成して疎水性を増し、極性の低い有機溶媒に移行する。

☐ **15** ☐ 分配比Dの対数と ☐ 水相のpH	キレート剤で抽出する場合、分配比Dの対数と水相のpHには直線関係が成り立つ。
☐ **15** ☐ イオン会合体抽出 ☐	イオンが大きく、電荷が全体に分布している1価の陽または陰イオンは、反対電荷のイオンとイオン会合体をつくる。これによる溶媒抽出をイオン会合体抽出という。
☐ **15** ☐ イオン交換樹脂 ☐	H^+と陽イオンを交換するスルホン基などがあるのを陽イオン交換樹脂、Xと陰イオンを交換するアルキルアンモニウム基などがあるのを陰イオン交換樹脂という。
☐ **15** ☐ イオン交換分離 ☐	水溶液中のイオンによってイオン交換樹脂に吸着する強さが異なることを利用してイオンを分離する方法。+1価イオンの吸着強度は、$Li^+ < Na^+ < K^+ < Rb^+$
☐ **15** ☐ 分配係数 ☐	(イオン交換樹脂中の濃度)÷(水溶液中濃度)を分配係数という。2種類のイオンがある場合には分配係数の大きいイオンのほうが樹脂により強く吸着される。
☐ **15** ☐ 蒸留分離 ☐	混合溶液を、沸点の差を利用して分離する方法。例:^{36}Clの塩酸水溶液を加熱し、HClとして蒸留。^{33}Sイオンを含む液を酸性にしてH_2Sとし加熱でガスとして分離。
☐ **15** ☐ 析出抽出 ☐	硫酸銅($CuSO_4$)水溶液に金属亜鉛を浸けると亜鉛が溶け出し、銅が金属銅となって亜鉛表面に析出する。これでRIを抽出する方法を析出抽出法という。
☐ **16** ☐ 沈殿分離 ☐	溶媒から目的物質を液体より比重の大きい固体粒子として沈殿させて分離する方法。
☐ **16** ☐ 溶解度積 ☐	m個の陽イオンAとn個の陰イオンBでA_mB_nの沈殿が生じるには濃度の積が溶解度積より大きい必要がある。溶解度積は、イオンや溶媒の種類や温度などで決まる。
☐ **16** ☐ 沈殿分離の担体 ☐	RIでは溶媒中の量が少ないため沈殿が起こらないときがある。この場合、RIの安定同位体を加えて沈殿させる。このとき加える同位体を担体という。

16 ☐☐☐ ハロゲン添加の沈殿物	陽イオンを沈殿分離するときハロゲンを添加すると、$AgCl$（白色）、$AgBr$（淡黄色）、AgI（黄色）、$PbCl_2$（白色）、Hg_2Cl_2（白色）が沈殿する。
16 ☐☐☐ H_2S 添加の沈殿物	酸性、アルカリ性ともCuS（黒色）、HgS（赤色）などが沈殿。アルカリ性でZnS（赤色）、CoS（黒色）などが沈殿。酸性、アルカリ性ともアルカリとアルカリ土類は沈殿しない。
16 ☐☐☐ 硫酸イオン添加の沈殿物	アルカリ土類と鉛が沈殿する。$CaSO_4$、$SrSO_4$、$BaSO_4$、$PbSO_4$。いずれも白色。
16 ☐☐☐ 水酸化物添加の沈殿物	アルカリとアルカリ土類以外の全イオンが沈殿する。$Fe(OH)_3$（赤褐色）、$Al(OH)_3$（白色）、$Cr(OH)_3$（灰緑色）。
16 ☐☐☐ 炭酸塩添加の沈殿物	アルカリ土類のみが沈殿したもの。$CaCO_3$、$SrCO_3$、$BaCO_3$。いずれも白色。
16 ☐☐☐ 共沈分離	化学的性質の類似した非放射性核種とRIが共存するとき、非放射性核種を沈殿すると、その条件で沈殿しないRI物質も沈殿することを利用した分離。
16 ☐☐☐ ラジオコロイド	RIを含むコロイドのこと。性質として：直径1～100n程度の粒子。繊維、ガラス、沈殿物などに吸着されやすい。アルカリ性で生じやすい。ろ紙に吸着される。
17 ☐☐☐ ホットアトム	原子が放射壊変で放射線を放出したとき、運動量保存の法則に従って、放射線と反対方向に高運動エネルギーを受け反跳する原子。反跳原子ともいう。
17 ☐☐☐ ホットアトムのエネルギー	γ 線のエネルギーがE_γ（MeV）、原子の質量がMのとき、ホットアトムのエネルギーは次式で与えられる。$E = 537E_\gamma{}^2/M$　つまり、原子の質量に逆比例する。
17 ☐☐☐ ホットアトムの特徴	ホットアトムのエネルギーは数100eV～1keVと、数eVの化学結合と比べてはるかに大きい。このため反応性が高く、熱平衡の原子では起こらない反応が生じる。

☐ **17** ☐ ヨウ素の ☐ ホットアトム効果	ヨウ化エチル（C_2H_5I）やヨードフォルム（CH_3I）に熱中性子照射して ^{127}I（n, γ）^{128}I 反応を起こさせると、化学結合が切断され、水に溶ける形となる。
☐ **17** ☐ 反跳合成法 ☐	安息香酸と炭酸リチウムを混合し、熱中性子を照射すると、^6Li（n, α）^3H 反応の反跳トリチウムが安息香酸の水素と置き換わって標識する。この合成法をいう。
☐ **18** ☐ 標識有機化合物 ☐	生物や医療分野領域では有機化合物の特定元素を放射性核種で置き換えた標識化合物が使用される。置き換え位置と置換率により次の4種に分類される。
☐ **18** ☐ 特定位標識化合物 ☐	特定の位置の原子だけが放射性核種で95%以上標識されたもの。表記法と例：標識位置と元素を表記。[6－^3H] ウラシル。
☐ **18** ☐ 名目標識化合物 ☐	特定の位置の大部分の原子が標識され、他の位置の原子も標識しているが純度が不明確なもの。表記法と例：元素名の後ろに（N）。[9,10－^3H（N）] オレイン酸。
☐ **18** ☐ 均一標識化合物 ☐	すべての位置の原子が均一に標識されているもの。表記法と例：元素名の後ろに（U）。[^{14}C（U）] ロイシン。
☐ **18** ☐ 全般標識化合物 ☐	特定元素がすべて標識されている。ただし、分布は不均一で、各位置の純度は不明確。表記法と例：元素名の後ろに（G）。[^3H（G）] ウリジン。
☐ **18** ☐ 標識化合物の ☐ 反跳合成法	ホットアトムを用いて標識化合物をつくる方法で直接標識法や放射合成法ともいう。複雑な構造の化合物の標識に使われる。
☐ **18** ☐ ウィルツバッハ法 ☐	トリチウムガスと有機化合物を同じ容器に入れて、数日間放置すると有機物の水素の一部が ^3H に変わることを利用した合成法。簡単だが、標識位置が一定しない。
☐ **18** ☐ 放射化学的純度と ☐ 放射性核種純度	試料中の全放射能に対し、指定の化学形の放射能の割合を放射化学的純度、化学形とは関係なく着目する放射性核種の放射能の割合を放射性核種純度という。

☐ **19** ☐ 同位体希釈法の ☐ 種類と用途	直接同位体希釈法、逆希釈法、二重希釈法などがある。標識化合物の放射化学的純度測定は、逆希釈法や二重希釈法で求める。
☐ **19** ☐ 直接同位体希釈法 ☐	濃度不明な化合物溶液に、比放射能既知の同じ化合物を一定量加えた後、混合液の化合物を分離し、その比放射能の測定値から化合物濃度を求める方法。
☐ **19** ☐ 逆希釈法 ☐	比放射能が既知の放射性核種を含有する試料に非放射性の物質を添加し、混合前後の比放射能を比較することで放射性核種の量を求める方法。
☐ **19** ☐ 二重希釈法 ☐	放射性同位元素を含有する試料を2つに分け、それぞれに異なる量の非放射性の物質を添加して比放射能と比較する方法。比放射能が不明でも濃度の測定が可能。
☐ **20** ☐ トリチウムガスを ☐ 発生する反応	・^{3}H含有水、エタノールのO^{3}Hと金属ナトリウム ・^{3}H含有水中の酸、アルカリによる金属の溶解 ・^{3}H標識水素化アルミニウムリチウムとエタノール
☐ **20** ☐ 放射性気体を ☐ 発生する反応	・^{14}C標識炭酸、炭酸水素塩と強酸で^{14}CO$_2$が発生 ・^{35}S標識硫化鉄（Ⅱ）と硫酸で、H$_2$^{35}Sが発生 ・^{35}S標識亜硫酸水素ナトリウムと硫酸で^{35}SO$_2$が発生
☐ **20** ☐ 放射性ハロゲンなど ☐ を発生する反応	・Na^{36}Clと濃硫酸でH^{36}Clが発生 ・^{125}I$^-$のアルカリ性水溶液に酸添加で^{125}I$_2$が発生 ・N^{3}H$_4$ClにCa（OH）$_2$を混合加熱で、^{3}HNH$_2$が発生
☐ **20** ☐ 電気分解や ☐ 放射性粉塵	・トリチウム水の電気分解でトリチウムガスが発生 ・ウラン鉱石の溶解で、鉱石中のラドンが放出 ・放射性粉末の取り扱い時の飛散
☐ **20** ☐ 有機化学反応 ☐	・放射性有機物を燃焼すると放射性H$_2$OとCO$_2$が発生 ・H$_2$Oは塩化カルシウム管で捕集 ・CO$_2$はソーダ石灰管（NaOH＋Ca（OH）$_2$）で捕集
☐ **21** ☐ W値 ☐	放射線が気体中にイオン対を1個つくるのに要する平均エネルギーを、その気体のW値（単位：eV）と呼ぶ。空気のW値33.97eV、貴ガスでは軽元素ほど大きい。

☐ **21** ☐ **G値** ☐	放射線の吸収エネルギー100eV当たりの生成励起分子数として定義される。γ線やX線、電子線ではほぼ一定で、G＝15.5となる。
☐ **21** ☐ **ε値** ☐	半導体や結晶の放射線照射で生じる電子－正孔対を一対発生するのに要する放射線の平均エネルギー。放射線の種類やエネルギーでは変化しない。
☐ **21** ☐ **化学線量計** ☐	放射線の電離や励起に起因する化学反応で生成量が発生電子数に比例するなら、生成物質の量から放射線量や放射線のエネルギーを求めることができる。
☐ **21** ☐ **フリッケ線量計** ☐	無色のFe^{2+}イオンが赤色のFe^{3+}に変わる反応を利用した化学線量計。5.0×10^{102}Gyの高線量まで正確な測定ができる。酸素を飽和させた水溶液を使用する。
☐ **21** ☐ **セリウム線量計** ☐	化学線量計でCe^{4+}イオンがCe^{3+}イオンに変わる反応を利用するもの。
☐ **21** ☐ **アラニン線量計** ☐	放射線でアラニンがラジカルとなる反応を利用した化学線量計。ラジカル量は電子スピン共鳴装置（ESR）で測定する。
☐ **22** ☐ **飛行時間分析法** ☐	試料へ^{252}Cfの核分裂片を照射、それから放出されるイオンを電場で加速する。イオンの最終速度は質量が小さいほど速い。その飛行時間からイオン種を同定する。
☐ **22** ☐ **PIXE** ☐ **（荷電粒子励起X線）**	重荷電粒子を数MeVに加速して試料に照射し、それから発生する特性X線を測定して元素を分析する方法。微量試料中のNaからUまでの多元素を同時に高感度で測定可能。
☐ **22** ☐ **ラザフォード後方** ☐ **散乱分光法（RBS）**	重荷電粒子を数MeVに加速して試料に照射すると、試料の原子で弾性（ラザフォード）散乱される。このエネルギーとイオン量から元素の深さ方向の組成を分析する。
☐ **22** ☐ **放射化分析** ☐	安定な原子核に中性子などを照射して放射性元素とし、それから放出される放射線のエネルギーと強度から、照射前の安定元素の種類と量を分析する方法。

□□□ **22** 放射化分析の特徴	測定試料を破壊しない非破壊分析。検出感度が高く、多くの元素を 10^{-8} g/g 以下まで測定可能。微量試料で多元素を同時分析可能などが挙げられる。
□□□ **22** 放射化分析の課題	中性子捕獲断面積の大きい元素が共存すると、微量元素の定量精度が低下。分析に原子炉や加速器などが必要。放射線防護を考慮する必要がある。
□□□ **22** 中性子放射化分析	試料に熱中性子を照射し、(n, γ) 反応を起こし放射化する分析法。Cr、Mn、Co、Cu、希土類元素や貴金属元素は感度がよい。
□□□ **22** 荷電粒子放射化分析法	試料に陽子、重陽子などを照射して放射化する分析法。ホウ素、炭素、窒素、酸素など中性子放射化分析で測定困難な軽元素に適用する。
□□□ **22** 中性子放射化分析の容器	熱中性子で放射化されない、されても極短半減期で測定を妨害しない素材の容器を使用。短照射時間はポリエチレン、長時間は石英管を使用。
□□□ **22** 容器材料に不適な材料	ホウケイ酸ガラス：中性子捕獲面積が大きいホウ素を含有。半減期が長く γ 線放出割合が高い ^{24}Na が生成。ポリ塩化ビニル：半減期が長い ^{38}Cl を生成。
□□□ **22** アクチバブルトレーサ	^{153}Eu など天然存在量が少ない安定同位体でトレーサ実験を行い、採取試料中の Eu 量を放射化分析で測定する。稚魚の回遊調査をした例が有名。
□□□ **22** 単一光子放射断層撮影（SPECT）	^{201}Tl や ^{123}I などを含む医薬品を投与し、そこから放出される γ 線を、体のさまざまな方向から測定し薬剤の体内分布を画像化する装置。
□□□ **23** 単核種元素	天然に存在する核種がただ1つである元素。^{9}Be、^{19}F、^{23}Na、^{27}Al、^{31}P、^{59}Co、^{127}I、^{133}Cs などがある。
□□□ **23** γ 線を放出しない $β^-$ 壊変核種	分岐壊変しない核種。^{3}H、^{14}C、^{32}P、^{33}P、^{35}S、^{36}Cl、^{45}Ca、^{63}Ni、^{90}Sr、^{90}Y などがある。

23 β壊変と同時に γ線の放出核種	^{24}Na、^{60}Co、^{129}I、^{147}Pm、^{131}I、^{192}Ir などがある。
23 電子捕獲で 特性X線放出核種	^{55}Fe（Mn−K）、^{68}Ge（Ga−K）、^{109}Cd（Ag−K、 γ線も放出）、^{201}Tl（Hg−K）などがある。括弧内は放 出される特性X線。
23 電子捕獲壊変のみの 核種	^{51}Cr、^{55}Fe、^{57}Co などがある。
23 β$^+$壊変する核種	^{11}C（EC）、^{13}N、^{15}O（EC）、^{18}F（EC）、^{22}Na（EC）、 ^{26}Al（EC）、^{40}K（EC，β−）、^{57}Ni（EC）、^{64}Cu（EC、 β$^-$）などがある。括弧内はその核種が起こす他の壊変。
23 内部転換する核種	^{81m}Kr、^{99m}Tc、^{137m}Ba（γ線）などがある。括弧内はそ の核種が起こす他の壊変。
23 中性子源の核種の 組合せ	^{241}Am−^{9}Be、^{241}Am−^{6}Li など。^{241}Am は α 線源、^{9}Be や ^{6}Li と反応し中性子を放出する。他に ^{252}Cf は自発核分 裂で中性子を放出する。
23 いくつかの固体の ε値とG値	・ε値：ダイアモンド：13.3eV、シリコン：3.61eV 　　　　ゲルマニウム：2.98eV ・G値：フリッケ線量計：15.5程度
23 種々の気体のW値	空気：33.97eV　　　ヘリウム：42.3eV ネオン：36.6eV　　　アルゴン：26.4eV クリプトン：24.2eV　　キセノン：22eV
24 スプール	放射線を照射するとその進路に沿ってイオン、ラジカル、 水和電子などが生じる断続的な部分をいう。単位長さ当 たりのスプール数はLETが大きいほど多い。
24 水の放射線照射 生成物	水分子の励起・電離で次のものが生成する。 ・励起：ヒドロキシルラジカルと水素ラジカル ・電離：水分子のイオンと電子

第3章　生物学

☐☐☐ **01** 潜伏期間	被ばくから疾患が発現するまでの時間。潜伏期間が2～3か月以内の影響を急性影響または早期障害といい、数か月以上の影響を晩発影響または晩発性障害という。
☐☐☐ **01** 早期影響	短時間で大量の放射線を被ばくした臓器などの細胞が死亡することで生じる。被ばく線量が高いほど潜伏期間が短い。造血器官機能不全、不妊、腸死などがある。
☐☐☐ **01** 晩発影響	被ばく後、数か月経過してから身体に生じる疾患。晩発影響には、確定的影響の白内障などと、確率的影響の発がんや遺伝的影響がある。
☐☐☐ **01** 確定的影響	影響が生じる最小線量（しきい線量）があり、それ以上被ばくすると線量の増加に伴い、発生確率と症状の重篤度が増加する影響である。
☐☐☐ **01** 確率的影響	被ばく線量が多くなるほど影響が現れる確率が高まる影響。単一体細胞の被ばくによる発がんと、単一生殖細胞の被ばくによる遺伝性疾患の2種類がある。
☐☐☐ **01** しきい線量	生体組織に機能不全や細胞死などの疾患が現れる最小の被ばく線量。それ以上では線量の増加とともに影響の発生率がS字型で増加し、障害の重篤度が増す。
☐☐☐ **01** 身体的影響と遺伝的影響	放射線の影響が被ばくした本人に生じるものを身体的影響、被ばく者の子どもや子孫に身体的または生理的な障害が現れることを遺伝的影響という。
☐☐☐ **01** 遺伝的影響の特徴	確率的影響に分類され、しきい線量がない。重篤度は線量に依存しない。子に発現しなくても、孫に発現することがある。原爆被ばく者には見つかっていない。
☐☐☐ **02** 外部被ばく	身体の外部にある放射線源から放射線を受けることをいう。γ線やX線、中性子線のような透過力の大きい放射線で起こる。

☐ ☐ **02** ☐ 内部被ばく ☐	放射性物質を体内に取り込むことで、身体の内側から放射線を受けることをいう。γ線やX線以外にα線やβ線などの飛程の短い放射線も問題になる。
☐ ☐ **02** ☐ プルームと ☐ サブマージョン	RIで貴ガスのアルゴンなどが空気中で雲状に漂ったものを放射性プルームという。これで外部と内部被ばくの両方が生じる状態をサブマージョンという。
☐ ☐ **02** ☐ 放射性物質の ☐ 取り込み経路	・経口摂取：水や食物などを口から取り込む ・吸入摂取：呼吸などで気道や肺に取り込む ・経皮吸収：皮膚から取り込む
☐ ☐ **02** ☐ 有効半減期	体内に取り込んだ放射性物質の放射能が半分になる時間 有効半減期＝物理的半減期×生物学的半減期／（物理的半減期＋生物学的半減期）
☐ ☐ **02** ☐ 臓器親和性	放射性物質が特定の組織・臓器に集積すること。ヨウ素は甲状腺、ストロンチウムやラジウムは骨、鉄は造血器、肝臓、脾臓、コバルトは肝臓、脾臓に集積する。
☐ ☐ **02** ☐ 預託等価線量	放射性物質の体内摂取後、臓器・組織が受ける等価線量率を成人は50年間、子どもの場合は70歳になるまでにわたって積算した線量。
☐ ☐ **02** ☐ 預託実効線量	各臓器・組織が受けた預託等価線量に臓器・組織の組織荷重係数をかけた値の総和。被ばく線量の計算では預託実効線量を最初の1年間にすべて被ばくしたとする。
☐ ☐ **02** ☐ リスク	リスク評価ではリスクを工学的に定義して評価する。放射線では、がんの生涯リスクを対象に6つのリスクが定義されている。
☐ ☐ **02** ☐ 相対リスク	白血病は被ばく後数年以上経って発病する影響の中で最も相対リスクが大きく、1Gy当たり約5から6になる。相対リスクが1なら、被ばくの影響がないことを示す。
☐ ☐ **02** ☐ 絶対リスク	被ばくの影響を受けて罹患した人数を表す。被ばく集団全体に対する影響の大きさを表す指標となる。白血病以外の固形がんの絶対リスクが最も大きい。

☐ ☐ ☐ **03** **DNA**	二重らせん構造を持った生物の遺伝情報を担う重要な分子。これが切れたり、構造が変わると細胞死や突然変異、遺伝的障害などが生じる。
☐ ☐ ☐ **03** **一本鎖切断と** **二本鎖切断**	DNAの二重らせんの二本鎖のうち、一方のみが切断されるのを一本鎖切断といい、二本とも切断されるのを二本鎖切断という。
☐ ☐ ☐ **03** **塩基損傷**	DNAを構成する塩基が損傷すること。脱塩基（脱プリン反応）、脱アミノ化、アルキル化、紫外線損傷などがある。
☐ ☐ ☐ **03** **鎖間架橋**	DNAが他のDNAやタンパク質、さらに自身などと共有結合して結びつく現象。約5個の二本鎖切断に対して1個の分子間架橋が生じるといわれる。
☐ ☐ ☐ **03** **DNA損傷の** **発生頻度**	X線などは、DNA鎖切断と塩基損傷の両方を生じる。X線の場合、それらの比率は一本鎖切断1に対し二本鎖切断が6〜8分の1、塩基損傷が2〜3倍となる。
☐ ☐ ☐ **03** **一本鎖切断の修復**	DNAの2本鎖はA−TまたはG−Cのみで結合するので、一方のみが切断されたとき、切断されていない鎖の対応する結合を再生することで正確に修復される。
☐ ☐ ☐ **03** **相同組換**	二本鎖切断された部分に相同な染色体を鋳型とし、遺伝情報を復元する。遺伝子情報も正確に修復できる。細胞周期のS期後半の主な修復機構。
☐ ☐ ☐ **03** **非相同末端結合**	損傷により生じた2つの末端をそのままつなぐ修復機構。切断部分のDNAの一部が失われて構造が変わり、変異が多く起こる。G_1期の主な修復機構。
☐ ☐ ☐ **03** **塩基除去修復**	塩基損傷で傷ついた部位の前後でDNAの一部を削除し、二本鎖の対となるDNA鎖を鋳型として再生する。
☐ ☐ ☐ **03** **ヌクレオチド** **除去修復**	一本鎖切断の切断部位を含む広い範囲を除去した後、鎖の欠陥を修復する。

☐ ☐ ☐ **03** 酵素	生体内のほとんどの化学変化について触媒作用を行うタンパク質。吸収や代謝などさまざまな段階に関与する。酵素の触媒活性が失われることを不活化という。
☐ ☐ ☐ **03** 線エネルギー付与（LET）	放射線の線質の違いを定量的に測る指標。X線で2〜5keV/μm、α線で120keV/μm。X線、γ線を低LET放射線と呼び、α線、β線、中性子線、陽子線などを高LET放射線と呼ぶ。
☐ ☐ ☐ **03** 生物学的効果比（RBE）	標準となる放射線が生体にある効果を与える吸収線量と、対象となる放射線が生体に同じ効果を与えるのに必要な吸収線量の比。
☐ ☐ ☐ **03** 生物学的効果比のLET依存性	RBEはLET値が80〜200keV/μm付近で最大となり、さらに高いLET値で徐々に減少する。また、RBEは指標の取り方、細胞の種類、線量率、温度などで変化する。
☐ ☐ ☐ **04** 直接作用	放射線がDNAと直接衝突し、励起または電離で損傷すること。α線や重粒子線のような高LET放射線では直接作用の寄与が大きい。
☐ ☐ ☐ **04** 間接作用	放射線が水分子を励起、電離してヒドロキシルラジカルなどを生じる。このラジカルなどがDNAを損傷すること。γ線など低LETでは間接作用の寄与が大きい。
☐ ☐ ☐ **04** 酸素効果	酸素分圧が高い状態の細胞に放射線を照射すると、無酸素状態の照射より致死率が大きくなる効果。この効果は、酸素分圧が40〜50mmHg以上になると一定となる。
☐ ☐ ☐ **04** 酸素増感比（OER）	無酸素状態と酸素分圧の高い状態で同等の効果を得るのに必要な線量の比。γ線では2〜3程度。高LET放射線は、低LET放射線に比べて酸素効果が小さい。
☐ ☐ ☐ **04** ラジカルスカベンジャー	放射線照射による生体の障害を防御する薬品をラジカルスカベンジャーまたは防護剤という。ヒドロキシルラジカルを除去するアルコールやグリセリンがある。
☐ ☐ ☐ **04** 化学的防護効果	ラジカルスカベンジャーなどの化学薬品でDNAの化学的な切断が軽減、抑制される効果。SH基を有するシステインやグルタチオンにこの効果がある。

☐ ☐ ☐ **05** 細胞周期	細胞分裂は一度分裂した後、G_1期、S期、G_2期、M期の4つの期間を経て次の分裂を行う。この4期間のサイクルを細胞周期という。
☐ ☐ ☐ **05** S期	DNAを合成する期間。この期の細胞を外形で区別できないが、DNAを合成するためチミジンを取り込むので、チミジン量を測定することで識別できる。
☐ ☐ ☐ **05** M期	細胞分裂する期間。この期間は細胞内にMitosisという糸状の物質が現れるので、外見で細胞を識別できる。M期は細胞分裂期ともいい、それ以外を間期という。
☐ ☐ ☐ **05** G_1期とG_2期	G_1期は細胞が大きくなる期間。G_2期はDNAの合成後細胞がさらに大きくなる期間。
☐ ☐ ☐ **05** 増殖が休止する期間	一部の細胞には増殖を休止するG_0期がある。神経細胞や心筋細胞は分化後G_0期に入り、分裂を起こさないまま成熟し、神経や筋肉細胞になる。
☐ ☐ ☐ **05** 放射線感受性と細胞周期	細胞はG_2期の後半からM期が最も高い放射線感受性を示す。また、G_1期の後半からS期への移行期も感受性が高い。S期後半の細胞は感受性が低くなる。
☐ ☐ ☐ **05** 細胞周期のチェックポイント	細胞周期の進行は、サイクリン依存性キナーゼ（Cdk）という一群のタンパクリン酸化酵素で制御される。細胞はDNA損傷を感知し細胞周期が一時的に停止する。
☐ ☐ ☐ **06** 線量効果関係の標的理論	細胞内に1または複数カ所の標的と呼ぶ場所があり、すべての標的が放射線でヒットされると細胞死する。標的が一か所のものを1標的1ヒットモデルという。
☐ ☐ ☐ **06** 直線一二次曲線（LQ）モデル	放射線の生物影響はDNAの二本鎖切断によって引き起こされる。DNAの二本鎖切断には、1粒子によるものと2粒子によるものがあるとするモデル。
☐ ☐ ☐ **06** LQモデルと吸収線量	1粒子によるDNAの二本鎖切断の頻度は吸収線量に比例し、2粒子によるDNAの二本鎖切断の頻度は吸収線量の自乗に比例する。全頻度は両頻度の和で表される。

☐ **06** ☐ LQモデルと ☐ 原爆被ばく	原爆被ばく者の調査では、白血病の発生率はLQモデル、それ以外のがんの発生率は2粒子によるDNAの切断がないL（直線）モデルに従う。
☐ **06** ☐ 細胞の生存率測定 ☐	細胞を7～21日ほど培養した後に50個以上の細胞が生じたコロニー数を計数するコロニー形成法を使う。生存率曲線は縦軸を生存率の対数、横軸を吸収線量で表す。
☐ **07** ☐ 増殖死（分裂死） ☐	放射線が照射された細胞が、1回または数回分裂した後、分裂が止まること。ただし、核酸合成やタンパク合成などの代謝は継続する。分裂死ともいう。
☐ **07** ☐ 間期死 ☐	放射線の被ばく後、細胞が分裂することなく不活化して短時間で死ぬこと。放射線の照射で、DNA分子以外の標的が障害を受け、その細胞が死亡すると考えられる。
☐ **07** ☐ 壊死（ネクローシス） ☐	細胞が栄養不足や外傷など外的要因により死亡すること。壊死では細胞が大きくなり細胞内容物が流出する。細胞を電気泳動で観察するとDNA断片がスメア状となる。
☐ **07** ☐ アポトーシス ☐	不要や有害な細胞を排除するため、細胞死を誘導する仕組みで、がん細胞やウイルス感染細胞を除去する。細胞を電気泳動で観察するとDNA断片がラダー状となる。
☐ **08** ☐ 亜致死損傷 ☐	DNAの二本鎖のうち一方の鎖のみが切断された状態をいう。この損傷は時間とともにDNAの修復機構によって修復される。
☐ **08** ☐ 分割照射と ☐ SLD回復	放射線を時間をおいて分割照射すると、同じ線量を1回で照射するより生存率が高い。これをSLD回復という。低LET放射線で起こるが高LET放射線では起こらない。
☐ **08** ☐ PLD回復 ☐	放射線照射された細胞を一時的に生理食塩水中などの細胞増殖を抑制する環境に置くと、その後の生存率が高くなる現象。高LET放射線ではみられない。
☐ **08** ☐ 半数致死線量 ☐	生体群に放射線照射したとき、半数が死亡する線量、LD_{50}の記号が使われる。人間では被ばく後60日以内の死亡を急性死亡の評価基準として$LD_{50/60}$を用いる。

☐☐☐ **09** 遺伝子突然変異	放射線などの影響でDNAや染色体の遺伝子に異常が生じて遺伝子情報が変化すること。親になかった新しい形質が子に遺伝する。
☐☐☐ **09** 突然変異の性質	放射線の突然変異には自然発生で認められない特別な変異はない。しかし、自然突然変異に比べて欠失型が多く発現する。高LET放射線で多く生じる。
☐☐☐ **09** 点突然変異	DNAの1塩基が他の塩基に置き換わる変異。吸収線量に対して直線的に増加し、発がんの原因となる。
☐☐☐ **09** 染色体の安定型異常	細胞分裂で除去はされず、子孫に受け継がれ、がんなどの原因になる異常。中間欠失、端部欠失、相互転座、逆位、重複などがある。
☐☐☐ **09** 染色体の 不安定型異常	細胞が正常な分裂をせず、分裂後短時間で死滅する異常。二動原体染色体、三動原体染色体、環状染色体などがある。姉妹染色分体交換は染色体異常ではない。
☐☐☐ **09** 被ばく線量の推定	二動原体染色体の発生頻度と被ばく線量には相関関係があることが知られている。この発生頻度から放射線量を推定する方法をバイオドシメトリという。
☐☐☐ **10** ベルゴニー・ トリボンドーの法則	この法則によると、細胞分裂の頻度が高い組織、将来の細胞分裂の回数が多い組織、形態および機能が未分化である組織ほど放射線の感受性が高い。
☐☐☐ **10** 成人と胎児の 放射線感受性	一般的に、骨と神経組織の放射線感受性は、成人では低く、小児では高い。しかし、生殖腺の放射線感受性は、成人では高く、胎児でも高い。
☐☐☐ **10** 組織の放射線感受性	感受性の高い組織：リンパ組織、造血組織（骨髄）、生殖腺（睾丸精上皮、卵胞上皮）、腸上皮（クリプト） 低い組織：神経組織、筋肉組織、脂肪組織、結合組織
☐☐☐ **11** 皮膚の基底細胞	皮膚の基底細胞は、細胞分裂が盛んで、放射線の影響を強く受ける。皮膚表面から約70μmにあり、皮膚の等価線量には70μm線量当量を用いる。

☐ **11** ☐ 放射線による ☐ 皮膚障害	急性障害には紅斑、脱毛、乾性落屑、湿性落屑、壊死がある。確定的影響で、しきい線量が存在。晩発障害に基底細胞がんがある、これは紫外線でも引き起こされる。
☐ **11** ☐ 毛細血管拡張性運動 ☐ 失調症	DNA損傷が発動・活性化して腫瘍化のバリアとして働くATM遺伝子が、異常を起こすことで発症する遺伝疾患。このDNAの損傷は修復できない。
☐ **11** ☐ 白内障の潜伏期間 ☐	潜伏期間は6か月から35年、平均2〜3年と非常に広範囲で、確定的影響としては極めて長い。しきい線量は急性被ばくで5Gy、慢性被ばくで10Gy。
☐ **11** ☐ 白内障の特徴 ☐	高速中性子線はγ線照射より発症しやすい。また、紫外線、糖尿病、薬の副作用や加齢など、さまざまな原因で発病する。症状は同じで放射線と他の原因の区別は困難。
☐ **11** ☐ 赤血球 ☐	骨髄でつくられ、平均寿命約120日で、脾臓で壊される。赤血球は肺で酸素を取り込み体の隅々の細胞に酸素を供給するため、赤血球が減少すると貧血になる。
☐ **11** ☐ 白血球の種類 ☐	白血球は顆粒球、単球、リンパ球の3つからなり、顆粒球はさらに好中球、好酸球、好塩基球の3種類に、リンパ球はT細胞、B細胞、NK細胞の3種類に分けられる。
☐ **11** ☐ 白血球の特徴 ☐	骨髄やリンパ組織でつくられる。病原菌や異物、体内で発生したがん細胞を取り除く。これが減少すると感染に対する抵抗力が低下する。
☐ **11** ☐ 血小板 ☐	骨髄でつくられる。血小板は外傷などによる出血を止める役割があり、血小板が減少すると血液が凝固しにくくなる。
☐ **11** ☐ 造血臓器 ☐	胎児期は主に肝臓、出生後は全身にある骨髄とリンパ節でつくられる。幼児期の骨髄は赤色を呈し赤色骨髄と呼ぶ。加齢により造血機能が低下し、黄色骨髄となる。
☐ **11** ☐ 放射線の造血器官 ☐ への影響	全身が0.25Gy以上の被ばくで末梢血液の成分が変化する。1〜10Gyの被ばくで骨髄の造血機能が抑制されて血球の供給が止まり、末梢血液中の血球数が減少する。

☐ **11** ☐ 放射線の生殖細胞へ ☐ の影響	生殖細胞は放射線感受性が高く、単一放射線の照射でも確率的影響または遺伝的影響として次世代細胞の染色体異常や突然変異を誘発する。
☐ **11** ☐ 男性生殖細胞への ☐ 影響	男性の精原細胞と精母細胞の放射線感受性は高いが、精子は放射線耐性がある。急性照射では、被ばくで最も低い0.1Gyで一時的不妊、3.5～6Gy以上で永久不妊になる。
☐ **11** ☐ 女性生殖細胞への ☐ 影響	女性の卵母細胞は成熟の中間過程で停止状態となっていて男性より放射線耐性が高い。急性照射では0.65Gyで一時的不妊、2.5～6Gyで永久不妊になる。
☐ **12** ☐ 胎内被ばく ☐	妊娠中の母親が被ばくするとき、母親と同時に胎児が被ばくすること。胎児期は盛んに細胞分裂を行っているため、放射線感受性が一生の中でも特に高い。
☐ **12** ☐ 着床前期の被ばく ☐	この期間の被ばくでは母親が自覚することなく流産する。これを胚死亡という。生き延びた胎児には、被ばくの影響はない。しきい線量は0.1Gyと推定されている。
☐ **12** ☐ 器官形成期の被ばく ☐	この期間は胎児に奇形が発生する可能性が最も高い。原爆被ばく者で小頭症が確認されている。奇形発生のしきい線量は0.1Gyで男性の一時不妊と同じで最も低い。
☐ **12** ☐ 胎児期の被ばく ☐	多量の放射線を受けても奇形は発生しないが、精神発達遅滞や発育遅延のおそれがある。しきい線量は0.2～0.4Gyで、発育遅延のしきい線量は0.5～1Gy。
☐ **13** ☐ 急性放射線症候群の ☐ 時間経過	短時間で全身が1Gy以上の放射線を被ばくすると、急性放射線症候群が発症する。被ばく後の時間経過で前駆期、潜伏期、発症期、回復期の4期に分類される。
☐ **13** ☐ 被ばく線量と疾患 ☐	・3～5Gy：造血器官の疾患、潜伏期30～60日 ・5～15Gy：消化管の疾患、潜伏期7～20日 ・15Gy以上：中枢神経系の疾患、潜伏期5日以下
☐ **13** ☐ 骨髄死 ☐	被ばくで白血球や血小板の減少で死亡すること。約3～5Gyの照射後、30～60日の間に50%の人間が死亡する。高LET放射線では低線量で生じる。

☐☐☐ **13** 腸死	被ばくで小腸の上皮の新生が絶たれ、死亡すること。約10〜50Gyの照射後、10〜20日の間にほぼ100%の人間が死亡する。
☐☐☐ **13** 腸死の仕組み	10〜50Gyの放射線被ばくで腸表面の腸腺窩（クリプト）を構成する腺窩細胞が死亡する。高LET放射線では低LETより少ない吸収線量で影響が現れる。
☐☐☐ **13** 中枢神経死	全身の50Gy以上の被ばくで脳血管や脳神経細胞が損傷して死亡すること。被ばく後2〜3日以内に死亡する。被ばく線量が大きいほど早く死亡する。
☐☐☐ **14** 自然放射線による被ばく	宇宙線起源と天然放射性核種の放射線被ばく。1年間の被ばく線量は、世界平均で約2.4mSv、日本では約2.1mSv。医療用放射線による被ばくは2.25mSv。
☐☐☐ **14** 原爆被ばく者の白血病	潜伏期間は被ばく線量が高いほど、被ばく時の年齢が若いほど短く、被ばく後2〜3年から増加し、その後低下する。相対リスクは最も大きい。
☐☐☐ **14** 原爆被ばく者のがん	胃がん、肺がん、赤色骨髄がんに発生のリスクの上昇が認められる。過剰相対リスクは胃がんが最も大きい。白血病以外は被ばく線量と潜伏期間の相関関係はない。
☐☐☐ **14** 原爆以外の非自然被ばく例	チェルノブイリの小児甲状腺がん。ウラン鉱夫の肺がん。ラジウム時計工の骨肉腫。トロトラスト血管造影の肝臓がん。頭部白癬X線治療の甲状腺がんが知られている。
☐☐☐ **15** DNAとRNAの合成量測定	・DNAの合成量測定：チミジンを使用 ・RNAの合成量測定：ウリジルを使用 ・細胞周期の研究：チミジン（S期にのみ取り込まれる）
☐☐☐ **15** タンパク質合成の測定	・タンパク質の合成：メチオニン（硫黄元素を含有） ・タンパク質の代謝速度：[^{3}H] ロイシン ・赤血球寿命と循環血液量：クロム酸ナトリウム
☐☐☐ **15** オートラジオグラフィ	試料表面に写真乾板など密着して露出を行い、試料中の放射性核種の位置や量を測定する方法。例えばラット体内の薬物分布を調べるときなどに使われる。

☐ **15** ☐ マクロオート ☐ ラジオグラフィ	黒化度計などを用いて巨視的試料の黒化度から生体中などの放射性核種の分布を測定。^{14}C、^{35}S、^{32}Pなどのβ線を放出する核種を使用する。
☐ **15** ☐ ミクロオート ☐ ラジオグラフィ	臓器内部の薬物分布を光学顕微鏡レベルで測定する。空間分解能を高めるため、^{3}H、^{14}C、^{35}Sなど低エネルギーβ線を放出する核種、特に^{3}Hが使われる。
☐ **15** ☐ 放射線農業利用 ☐	^{60}Coのγ線を照射し、ジャガイモの発芽防止や害虫のオスバエのさなぎ不妊化による根絶防除、また植物に照射して品種改良する放射線育種に使用。
☐ **16** ☐ X線写真 ☐	単純なX線撮影や、バリウムを投与して撮影する造営X線撮影、血管にヨウ素造影剤を注入する血管造影（アンジオグラフィ）や静脈性腎盂尿管造影（IVP）がある。
☐ **16** ☐ シンチレーション ☐ カメラ	心筋、血液、甲状腺などの特定臓器に集まる放射性医薬品からのγ線をシンチレーションカメラで撮影し腫瘍の有無などを測定。PETより半減期の長い核種を使用。
☐ **16** ☐ 陽電子放射断層撮影 ☐ （PET）	^{18}Fや^{11}Cなどの陽電子放出核種からの消滅放射線を測定し腫瘍などの位置を画像化する。^{18}Fで標識したフルオロデオキシグルコース（FDG）などが使われる。
☐ **16** ☐ γ線を用いた ☐ 体内照射治療	^{60}Coなどのγ線放出核種を小さなカプセルに入れそれを体内の腫瘍近くに置いて照射する治療する密封小線源治療や高線量率密封小線源治療が行われる。
☐ **17** ☐ 放射性治療薬 ☐	放射性物質の種類によって、特定の臓器・細胞に集積する。例えば、^{89}Srが骨に集積することを利用し悪性腫瘍の骨転移で生じる疼痛の緩和へ応用されている。
☐ **17** ☐ 陽子線と ☐ イオン線治療	ブラッグピークを利用し特定部位の腫瘍を選択的に照射でき、高LET放射線のため、がん細胞を殺す力が強い。酸素効果が小さく、低酸素領域のがん細胞に有効。
☐ **17** ☐ ホウ素中性子捕捉 ☐ 療法（BNCT）	中性子と^{10}Bの核反応で生じる飛程が細胞と同じ大きさのα粒子と^{7}Liが特定の細胞のみを殺傷する事を利用し他方法が困難な悪性脳腫瘍などの治療に用いる。

第4章　実務

☐☐☐ **01** 電子－陽イオン生成	陰極と陽極を設け、高電圧を印加し、放射線を照射すると、気体原子などを電離し電子－陽イオンの対を生じる。その後の挙動は、印加電圧によって6領域に分かれる。
☐☐☐ **01** 電離箱領域	印加電圧が小さいと電子と陽イオンは陽極と陰極に向かってゆっくり進み、電極に到達して電流が流れる。電子と陽イオンは、他の気体を二次的に電離しない。
☐☐☐ **01** 飽和	電離箱領域ではイオン対が再結合せず、二次的な電離を生じない。このような状態を飽和と呼び、電離箱領域を飽和領域、電流を飽和電流と呼ぶ。
☐☐☐ **01** 比例計数管領域の気体増幅	電子と陽イオンが加速され、それがほかの気体と衝突して電離し、二次的な電子－陽イオン対を生じる。これが次々と電離を起こす。この現象を気体増幅という。
☐☐☐ **01** 比例計数管領域のイオン量	生じるイオン対量は入射放射線のエネルギーに比例する。これから放射線エネルギーの測定ができる。イオン対数が増えるので、電離箱領域より信号が大きい。
☐☐☐ **01** GM計数管領域と電子なだれ	電子－陽イオン対が次々と気体増幅を起こし、最初に生成したイオン対量の$10^6 \sim 10^7$倍に増加する。この現象を電子なだれという。
☐☐☐ **01** GM計数管領域のイオン量	信号強度が電離箱領域や比例領域より大きいため検出器の電子回路が簡単になる。生成イオン対量は入射放射線のエネルギーにかかわらず一定になる。
☐☐☐ **01** 電離箱式検出器の構造	アルゴンや窒素などガスを満たした容器に、電極となる2つの金属板を入れ、その電極間に電離箱領域に対応する電圧を印加する。
☐☐☐ **01** 電離箱式検出器の窓	電離箱測定面の窓材はガラスで、α線やエネルギーの低いβ線は透過できない。これらの測定用電離箱では窓材に薄い雲母を使用する。

☐☐☐	**01** 数え落としの補正	測定時間 t の間の計数を n、分解時間 τ とすると、 $n/(t-n\cdot\tau)$ が数え落としを補正した真の計数率になる。
☐☐☐	**02** 固体素子の特徴	固体検出は、気体電離式検出器と比べて10倍以上の高い感度が得られる。装置を小型化でき、電気回路との一体製造が容易なことなどから、広く利用されている。
☐☐☐	**02** n型半導体	シリコンやゲルマニウムの単結晶に少量のリンやヒ素など5価元素やリチウムを入れたものをn型半導体という。元素に束縛されていない自由電子が存在する。
☐☐☐	**02** p型半導体	シリコンやゲルマニウムの単結晶に少量のホウ素、ガリウムやアルミなど3価元素を入れたものをp型半導体という。正孔が存在する。
☐☐☐	**02** 電荷キャリヤ	電荷を運ぶ自由な粒子をいう。n型半導体では電子が電荷のキャリヤとなり、p型半導体では正孔が電荷を運ぶキャリヤとなる。
☐☐☐	**02** 空乏層	p型とn型を接合したものがpn半導体。それの電極に逆方向に電位をかけると両者の境界に生じる、電荷キャリヤが存在しない電気の絶縁層をいう。
☐☐☐	**02** 電子−正孔対	空乏層に放射線が入射するとその中に電子−正孔対が生じ、それぞれp、n電極に到達してパルス電流が流れる。この電流の信号により放射線を検出する。
☐☐☐	**02** 半導体素子のスペクトル測定	比例計数管と同様、半導体素子の信号からエネルギー・スペクトルが得られる。測定には多重波高分析器（マルチチャンネルアナライザー）を用いる。
☐☐☐	**02** ゲルマニウム検出素子	ゲルマニウムにホウ素イオンを入れたp型半導体と、リチウムを拡散したn型半導体を使用する。ε値が小さく他の検出器と比べ高いエネルギー分解能が得られる。
☐☐☐	**02** ゲルマニウム検出素子の冷却	室温では熱により半導体内部からの雑音が多いので、測定時には液体窒素などで冷却して使用する。

☐ ☐ **02** ☐ エネルギー分解能	1対の電子-正孔対をつくるε値は3eV程度、気体1対の電子-陽イオン対をつくるW値の34eVと比べ小さい。このため半導体素子はエネルギー測定の分解能が高い。
☐ ☐ **02** ☐ 測定エネルギー下限	測定下限は50keV程度だが、ゲルマニウム表面に0.3μmの薄いホウ素の膜をつけて不感部分を薄くした検出器では数keVからのエネルギー測定が可能。
☐ ☐ **02** ☐ シリコン検出器	シリコン検出器には、結晶をつくった後、リチウムを結晶内に拡散させたSi（Li）検出器とSi表面に薄い不感層を設けたSi表面障壁型検出器がある。
☐ ☐ **02** ☐ Si（Li）検出器	低エネルギーγ線、X線用検出器で数keV～20keVの範囲でほぼ100%の検出効率がある。低エネルギーのγ線や特性X線を放出する核種の同定に使われる。
☐ ☐ **02** ☐ Si表面障壁型検出器	荷電粒子の測定用素子でα線のエネルギーを測定し核種を同定するのに使用される。測定は空気層による吸収でエネルギーが低下するのを防ぐため、真空中で行う。
☐ ☐ **03** ☐ シンチレーション	物質の放射線照射で、物質内の電子が励起状態となり、これが基底状態に戻るときに蛍光を放出する現象をシンチレーションといい、物質をシンチレータという。
☐ ☐ **03** ☐ シンチレーション 検出器	放射線の線量率やエネルギーを測る検出器で、無機結晶を使うもの、有機物質を使うもの、液体に試料を溶かして使用するものなど多くの種類がある。
☐ ☐ **03** ☐ シンチレーション光	シンチレーション光は光電子増倍管で増幅して大きな電流信号として放射線を検出する。この信号強度は入射放射線のエネルギーに比例する。
☐ ☐ **03** ☐ 無機シンチレータの 種類	無機シンチレータの多くはハロゲン化合物で、NaI（Tl）、BGO、CsI（Tl）、BaF_2、ZnS（Ag）、^6LiI（Eu）などがある。
☐ ☐ **03** ☐ 無機シンチレータの 特色	有機シンチレータと比べて発光効率、吸収係数が高く、光電効果の割合が大きいなどの利点がある。欠点は発光減衰時間が長いため、高線量率の試料では使用できないこと。

☐ ☐ **03** ☐ NaI（Tl）検出器	蛍光寿命（発光減衰時間）が短いタリウムを0.1%程度含有させて活性化したヨウ化ナトリウム結晶で、γ線やX線の検出に広く利用される。
☐ ☐ **03** ☐ CsI（Tl）検出器	NaI（Tl）と比べて潮解性が小さいため取り扱いが容易で、フォトダイオードで光を検出する。小型で安価なγ線やX線の検出装置として使われる。
☐ ☐ **03** ☐ ZnS（Ag）検出器	発光効率の高いシンチレータだが結晶化が難しい。溶剤に溶かして透明基板上に薄く塗布したものが高エネルギーα線の検出に使われる。
☐ ☐ **03** ☐ 有機シンチレーションの種類	プラスチックシンチレータ、液体シンチレータ、有機結晶のアントラセンなどがある。
☐ ☐ **03** ☐ 有機シンチレーションの特徴	無機シンチレータと比べ蛍光寿命が数n秒と2桁ほど短いため、放射線量率の高い場所の測定に向いている。また水素を多く含むので、高速中性子の検出に使用される。
☐ ☐ **03** ☐ プラスチック検出器	スチレンなどのプラスチックにアントラセン、スチルベンなどのシンチレータを加えた検出器。1mm厚程度のものがβ線測定に多用されている。
☐ ☐ **03** ☐ 液体シンチレーション法	ジフェニルオキサゾール（PPO）などの有機シンチレータをトルエンやキシレンに加えた液体に試料を溶解し、シンチレーションを測定する方法。
☐ ☐ **03** ☐ 液体シンチレーション法の特色	全方向に放出された放射線を計測できる。空気層や検出器窓による放射線吸収や自己吸収がない。広いエネルギー範囲のα線、β線、γ線を高感度で測定可能。
☐ ☐ **03** ☐ 液体シンチレーションの用途	α線、β線、γ線のすべてに使われるが、エネルギーの低いβ線を放出する^{3}Hや^{14}C、また飛跡が短いα線の測定に有効。
☐ ☐ **03** ☐ 同時計数法	シンチレーション光の測定は2本の光電子増倍管（PMT）で同時に測定する。これにより光信号とノイズを区別でき、バックグラウンド値を低減できる。

☐ **03** ☐ 液体シンチレーショ ☐ ン素材	・シンチレータ物質：PPO、butyl－BPD ・溶媒：トルエン、キシレン、水性乳化シンチレータ ・測定容器：プラスチック、カリウムの少ないガラス
☐ **04** ☐ 中性子検出の特色 ☐	電離作用がないため、中性子と核の反応や軽原子核との衝突で生じた荷電粒子で間接的に検出する。エネルギーが数keVから数10MeVと幅広い。
☐ **04** ☐ BF_3 比例計数管 ☐	BF_3 中の ^{10}B が $^{10}B (n, \alpha)^7Li$ 反応後、二次的に発生する γ 線を、BF_3 ガスに封入した比例計数管。中性子の測定に使用する。
☐ **04** ☐ ^3He 比例計数管 ☐	^3He が $^3He (n, p)^3H$ 反応後、二次的に発生する γ 線を ^3He ガスを入れた比例計数管で検出する中性子検出器。中性子のスペクトロメータにも使用される。
☐ **04** ☐ $^6LiI (Eu)$ 検出器 ☐	$^6Li (n, \alpha)^3H$ 反応後のシンチレーションを利用した検出器。検出器を小型化できるので、個人用中性子検出器として使用される。
☐ **04** ☐ 中性子放射化法 ☐	中性子捕獲反応を起こさせ、その後に放出される γ 線の強度を検出する方法。しきいエネルギーがある反応を用いると、中・高速中性子線のみの計測が可能となる。
☐ **04** ☐ レムカウンタ ☐	エネルギー特性を1cm線量当量換算係数曲線に合わせ熱中性子からMeVオーダーまでの広いエネルギー範囲にわたって1cm線量当量を直読できる測定器。
☐ **04** ☐ ロングカウンタ ☐	レムカウンタとは逆に、中性子の計数効率がエネルギーに依存せず、特性をほぼ平坦にした測定器。
☐ **04** ☐ 中性子用固体飛跡 ☐ 検出器	ポリエチレン中の水素と中性子の反応で生じる反跳陽子を、さらに ^{10}B と反応させて生じた α 粒子がつくる飛跡数で線量を測定。高速中性子の個人被ばく線量計に使う。
☐ **04** ☐ $\beta - \gamma$ 同時測定法 ☐	β 線と γ 線を放出する核種で使用する標準線源が不要な放射能の絶対測定法。測定に核反応分岐比の値などのパラメータが不要で放射能標準の測定に使われる。

☐☐☐ **05** α線測定用検出器	入射窓面積が大きい比例計数管、ZnS（Ag）シンチレーション検出器、Si表面障壁型検出器、固体飛跡検出器が使われる。
☐☐☐ **05** 個人用線量計に必要な性能	外部被ばく線量のモニタリングでは、人体に装着して一定期間の被ばく線量を測定する。このため、小型で数か月間の累積線量を測定できる積算型線量計を使用する。
☐☐☐ **05** 蛍光ガラス線量計（RPLD）	放射線照射で生じる蛍光中心と呼ぶガラス中の欠陥に紫外線照射すると発生する蛍光量から線量を測定。手指など局部被ばくに用いるものをリングバッジという。
☐☐☐ **05** 光刺激ルミネセンス線量計（OSL）	放射線照射で生じる結晶内部の欠陥に、蛍光より波長の長いレーザー光を照射すると蛍光を発する輝尽性発光の光刺激ルミネセンス現象を利用した線量計。
☐☐☐ **05** 熱ルミネセンス線量計（TLD）	放射線照射で結晶内部に生じる欠陥が、加熱により光を発して消滅する熱ルミネセンス現象を利用した線量計。加熱温度と発光強度の関係をグロー曲線という。
☐☐☐ **05** フィルムバッジ	フィルムに塗られた臭化銀に放射線が当たると分解し黒くなる感光作用を利用し、フィルムの黒化度から放射線量を測定する。
☐☐☐ **05** 固体飛跡検出器	陽子などが絶縁体を通過すると生じる飛跡数から放射線量を測定する検出器。高速中性子線や陽子の測定に使われる。素子にはADC（CR－39）が使われる。
☐☐☐ **05** 電子式ポケット線量計	小型のGM計数管やSi半導体素子を用いた積算被ばく線量計。積算線量の直読やアラーム機能があり、緊急作業中に被ばく限度を超すと予想される場合などに使用する。
☐☐☐ **05** イメージングプレート（IP）	BaFBr（Eu^{2+}）の輝尽性蛍光体を用いた2次元検出器。X線照射後にレーザー照射で生じる蛍光量がX線照射量に比例する。それをデジタル処理して画像を得る。
☐☐☐ **05** イメージングプレートの特徴	・4～5桁にわたるX線強度範囲を測定可能 ・化学的処理が不要で、再利用が可能 ・時間の経過で信号が小さくなるフェーディングがある

☐ **06** ☐ 作業環境モニタリングの種類 ☐	固定した測定機器で連続的なモニタリングと、サーベイメータ（β、γ、中性子等）を用いた非連続のモニタリングの2つがある。
☐ **06** ☐ サーベイメータ ☐	可搬型の放射線測定器のことをいう。多くの場合、1 cm線量当量率（μSv/h）の目盛がつけられている。また、積算値を測定できるものもある。
☐ **06** ☐ 電離箱式サーベイメータの特徴 ☐	感度は低いが、信号のエネルギー依存性や、線量率依存性が小さい。壁材を炭素などとして、線量率を求め、換算係数を乗じて1cm線量当量率とする。
☐ **06** ☐ シンチレーションの特徴 ☐	NaI（Tl）やCsI（Tl）が使われる。極めて高感度。信号強度は入射光子のエネルギーに比例するので、エネルギーの情報から核種の推定が可能。
☐ **06** ☐ 中性子線用サーベイメータの特徴 ☐	BF_3や^{3}Heを用いたものは熱中性子線のみ測定。速中性子線は、ポリエチレンなど水素含有量の高い材料製のモデレータ（中性子減速材）で減速後に測定する。
☐ **06** ☐ α線、β線用サーベイメータ ☐	・窓厚が薄い端窓型GM計数管 ・プラスチックシンチレーション式サーベイメータ ・ZnS（Ag）シンチレーションはα線に使用
☐ **07** ☐ 放射線スペクトロメトリ ☐	放射線の強度分布であるエネルギー・スペクトルを測定し、核種を同定するとともにその定量をすることをいい、これを測定する装置をスペクトロメータという。
☐ **07** ☐ スペクトロメータの構成 ☐	α線、β線や中性子線などに応じた検出器、前置増幅器と増幅器、パルス信号の高さを求めるマルチチャンネル分析器、制御・データ処理用コンピュータで構成される。
☐ **07** ☐ α線スペクトロメトリ ☐	自己吸収を抑える。空気層の吸収をなくすため真空中で測定する。大気中の測定では窓を極力薄くする。Si表面障壁型やイオン注入型のSi半導体は分解能が高い。
☐ **07** ☐ β線スペクトロメトリ ☐	β線は連続スペクトル、内部転換電子は線スペクトル。検出器は有機シンチレータ、Si（Li）半導体、低エネルギーβ線は液体シンチレーションカウンタを使用する。

07 フェザー法	異なる厚さのアルミの吸収板で遮へい後のβ線のエネルギーを端窓型GM計数管で測定して吸収曲線をつくって最大飛程を求め、それから核種を推定する方法。
07 アルミ中の β線最大飛程	β線の最大エネルギーE［MeV］、最大飛程R［$g \cdot cm^{-2}$］には次の関係がある。 R＝0.542E－0.133　（E＞0.8MeV）
07 γ線 スペクトロメトリ	多くの放射性核種は特定のエネルギーを持つ線スペクトルのγ線を放出するので、エネルギー分解能がよい検出器を用いれば核種を容易に同定可能。
07 検出器の種類と特徴	・NaI（Tl）：高感度、分解能が60keVと低い ・Ge半導体：分解能が高いが、感度は低い ・Si（Li）半導体：50keV以下のX線に使用
07 Ge検出器の エネルギー分解能	ピーク高さの半分の位置の幅で、次式で与えられる。 $2\sqrt{2\ln(2)} \times \sqrt{(F \cdot \varepsilon \cdot E)}$ E：γ線のエネルギー、ε：半導体のε値、F：ファノ因子
07 全吸収ピーク	1個のγ線の全エネルギーが検出素子に吸収されることで生じる鋭いピーク。
07 サムピーク	複数のγ線が同時に検出素子に入射した結果、両者のエネルギーの和の位置に現れる鋭いピーク。
07 エスケープピーク	1個のγ線の全エネルギーが吸収される前に検出素子から出てしまうことで生じるピーク。
07 消滅γ線ピーク	1本の消滅γ線による511keVのピークと2本の消滅放射線が同時に吸収される1022keVのサムピーク。サムピークは井戸型検出器以外では現れない。
07 バックグラウンド信号	バックグラウンド信号には次のものがある。 ・コンプトン散乱や2次宇宙線による連続信号 ・遮へい体の鉛など環境中RIからのピーク

07 井戸型検出器	試料を NaI 結晶の内部に作られた井戸状の穴の中に入れて測定する検出器。ほぼ全方向に放出される γ 線を検出できる。
07 中性子 スペクトロメトリ	物質中の陽子との衝突、核反応により二次的に生じる荷電粒子のエネルギーを測定する。検出器には ^{3}He 中性子計数管や反跳陽子比例計数管を使用する。
08 低レベル放射能の 測定	測定試料量の増加。大きな検出器で幾何効率を上げる。試料を検出器に近づけ長時間測定する。エネルギー分解能が高い検出器を用いる。
08 バックグラウンドの 起源	・建材、土壌、空気など周囲の環境中の放射性物質 ・検出器自体や遮へい材などに含まれる放射性物質 ・μ 粒子などの宇宙線
09 ブラッグ・グレイの 空洞原理	物質の内部にある気体の詰まった空洞に γ 線を一様に照射してその吸収線量を測定する測定法の基本原理。
09 熱量計法による 吸収線量の測定	γ 線を照射し、吸収された熱量から吸収線量を測定する方法。定義に忠実だが、水が 1.0Gy 吸収しても、温度上昇は約 0.24×10^{-3}℃と小さく、正確な測定は困難。
09 空洞電離箱	グラファイトなどの導電性材料の内部に気体を充填した空洞をつくり、その中央に電極を置き空洞壁との間に飽和領域に対応する電圧をかけた電離箱。
09 空洞電離箱の条件	壁の厚さは、二次電子の飛程よりも厚いこと。固体が絶縁体なら、内壁に導電性物質を塗布する。
09 空洞電離箱の空洞の 大きさ	空洞が二次電子の粒子束に大きく影響しないことが必要で、大きさが気体中の一次電荷と二次電荷粒子の飛程より小さいこと。
09 a/b の値	^{60}Co の γ 線で壁物質がアルミ、気体が空気の場合 a/b は 0.88、壁物質がグラファイトの場合は約 1.01。なお、a/b を Sm と表すこともある。

☐ **10** ☐ 放射線測定誤差の ☐ 種類	放射能の変動による不正確さを統計的誤差という。測定法や装置によって生じる測定結果の偏りを系統的誤差という。系統的誤差は補正することができる。
☐ **10** ☐ 標準偏差と真値の ☐ 確率	平均値Mから標準偏差（±1σ）の範囲（信頼区間）に真値が入る確率は68%、標準偏差の2倍の範囲は95%、範囲幅が±3σでは99.7%で、わずか0.3%が外れる。
☐ **10** ☐ 1回測定の標準偏差 ☐	計数時間tで計数値Nを得た場合、計数率nとσは次式で与えられる。$$n \pm \sigma = N/t \pm \sqrt{N/t} = n \pm \sqrt{(n/t)}$$
☐ **10** ☐ 誤差の伝播 ☐	2つの測定値の差や和の値の誤差は次のようになる。$$\pm \sigma = \pm \sqrt{(\sqrt{N}/t)^2 + (\sqrt{N_b}/t_b)^2}$$
☐ **10** ☐ 検出限界 ☐	ある測定装置の電気信号として検出し得る最小量のこと、検出下限ともいう。装置そのものが発生するノイズの電気信号が測定の信号より大きくなる場合が多い。
☐ **11** ☐ 放射線モニタリング ☐ の種類	放射線モニタリングには作業環境モニタリング、個人モニタリング、周辺環境モニタリングの3種がある。
☐ **11** ☐ 作業環境モニタリン ☐ グの項目	・外部放射線検査：外部被ばくの原因となるγ線線量率 ・空気汚染検査：空気中のガス・粒子状のRI量 ・表面汚染検査：RIをこぼした場所などのRI量
☐ **11** ☐ 表面汚染検査 ☐	管理区域内の作業環境、作業者の身体および管理区域からの搬出物の表面にある放射性物質の量を、次項の限度以下に保つことを目的として行う。
☐ **11** ☐ 表面汚染の管理基準 ☐	・放射線施設の人が常時立ち入る場所の表面密度限度α線放出核種：4Bq・cm²、他の核種：40Bq・cm² ・管理区域から持ち出される物品の表面は上記の1/10
☐ **11** ☐ 表面汚染の形態 ☐	放射性物質が固着して取れにくい固着性汚染と比較的取れやすい遊離性汚染がある。2つの区分に定量的な境界はない。

□ **11** □ 遊離性汚染 □	ろ紙などでふき取ることのできる汚染。蒸発、飛散などで空気を汚染し、吸入摂取などで体内へ取り込まれる。また、汚染範囲を拡大させる。
□ **11** □ 固着性汚染 □	ろ紙などでふき取ることのできない汚染。ただし固着性汚染でも時間の経過とともに遊離性汚染になることがある。
□ **11** □ 直接測定法 □ （サーベイ法）	サーベイメータで表面を直接走査しながら測定する方法。測定値は遊離性と固着性汚染の和。汚染の広がり調査に有効。測定者が被ばくを受けやすい。検出限界が小さい。
□ **11** □ 間接測定法 □	表面の一定範囲をろ紙などでふき取り、放射能を測定。この方法をスミア法という。測定値は遊離性汚染のみ。測定者が被ばくを受けにくい。局部汚染を見落しやすい。
□ **11** □ 表面汚染の除染 □	汚染時は範囲と量を調べ、ふき取って汚染拡大を防ぐ。さらに、水や中性洗剤、必要に応じてEDTA（エチレンジアミン四酢酸）などのキレート形成剤で除染する。
□ **12** □ 排水濃度限度と □ 排気中濃度限度	排水濃度限度は事業所境界の排水中濃度の3月間平均濃度、排気中濃度限度は排気口の放射性核種の3月間平均濃度について定められた濃度限度。
□ **12** □ 排水、排気時の濃度 □	排水や排気をする場合には、前項の濃度限度以下にする。2種類以上のRIがある場合には、それぞれのRIの濃度をその濃度限度で割った値の和を1以下にする。
□ **12** □ 空気中濃度限度 □	放射線業務従事者が常時立ち入る場所で、人が呼吸する空気中の放射性核種の1週間の平均濃度の濃度限度値。
□ **12** □ 廃液の放出法 □	放射能濃度が排水濃度限度を超えた場合は、廃液の濃度が排水濃度限度以下になるよう希釈して放出。半減期が短い場合は排水濃度限度以下になるまで保管後に放出。
□ **12** □ 排気設備排気の □ フィルタ	・プレフィルタ：ガラス繊維製などで大粒子を捕集 ・HEPAフィルタ：サブミクロンの微粒子を捕集 ・活性炭フィルタ：ヨウ素、不活性ガスなどを捕集

☐ **13** ☐ 非密封 RI の ☐ 取り扱い	非密封 RI を用いた実験では、作業者の被ばくを最低限度に抑え、他の作業者や一般公衆の被ばくを防止し安全確保するため、あらかじめ実験計画を立てて行う。
☐ **13** ☐ 実験手順の構築 ☐	作業時間の短縮、実験操作の自動化装置、市販の試薬キットの利用などで手作業にかかる時間が短い計画を立案する。
☐ **13** ☐ ホットラン ☐	初めての実験の場合には、同じ実験を安定同位体元素で行い（コールドランという）、実験操作手順などを精密化後 RI を用いる実験（ホットランという）を行う。
☐ **13** ☐ 緊急時の措置 ☐	緊急時には人命救助をすべてに優先する。また、安全の保持、通報、汚染拡大の防止の 3 原則に従って行動する。
☐ **13** ☐ フードと ☐ グローブボックス	フードは少量の低レベル非密封放射性物質を取り扱うときに使用。グローブボックスはグローブが装着された箱で危険度の高い放射性物質などの実験に使用。
☐ **13** ☐ 有機標識化合物の ☐ 保管	比放射能を低くする。放射能濃度を低くする。小分けして保管する。エタノールなどのラジカルスカベンジャーを添加する。溶媒が凍結しない範囲で低温保存する。
☐ **13** ☐ 点線源と ☐ 実効線量率定数	点線源は放射能の線源が 1 点に集中しているもの。放射能は点線源から全方向に均一に放射される。実効線量率定数は空間線量率を実効線量率に換算する係数。
☐ **13** ☐ 点線源による ☐ 実効線量	点線源から距離 L の地点の実効線量 I の関係 $I = A \cdot C \cdot Fa \cdot t / L^2$ A：放射能、C：実効線量率定数、t：使用時間
☐ **14** ☐ 内部被ばく防止の ☐ 5 原則	内部被ばく防止の注意事項（2C3D の原則）。閉じ込め（contain）、集中化（concentrate）、希釈（dilute）、分散（disperse）、除去（decontaminate）。
☐ **14** ☐ 管理区域内への ☐ 立ち入り	・RI 実験専用の実験服と被ばく線量計を装着する ・マスク、手袋、保護眼鏡を着装する ・退出時、服などに汚染がないことを確認する

☐☐☐ **14** RI実験時	・実験は必ず補助者と一緒など2名以上で行う ・バイアルは手で扱わず、ピンセットやトングを使う ・実験の1作業工程ごとに汚染検査を行う
☐☐☐ **14** 吸入摂取の防止	実験はフードの中で行う。飛散、揮発の大きい場合や汚染を生じやすい実験は、グローブボックスを用いる。飛散、揮発の起こる操作を避ける実験計画を立てる。
☐☐☐ **14** 経口摂取の防止	口で吸うピペットは使わず安全ピペッタやマイクロシリンジを使用する。手で汚染していない物に触れる場合は、ポリエチレン袋やペーパータオルなどを介して行う。
☐☐☐ **14** 経皮吸収の防止	手その他の露出部に傷の有無を点検する。手に傷のある場合は実験を行わない。手を頻繁に洗う。可能なら作業終了後シャワーを浴びる。
☐☐☐ **15** ^{3}Hの取り扱い	・汚染モニタはスミア法＋液体シンチレーション検出器 ・皮膚を透過して吸収されるので手袋の着用が必要 ・水溶液の保存温度は2～4℃
☐☐☐ **15** ^{14}C、^{18}Fの取り扱い	・汚染モニタ：薄い端窓型GM計数器 ・遮へい：10mm厚のアクリル樹脂板 ・ベンゼン溶液の保存温度は約6～10℃
☐☐☐ **15** ^{32}Pの取り扱い	・遮へい：10mm厚のアクリル板、制動放射線は鉛 ・放射能測定にチェレンコフ光も利用できる ・鉛入りのゴム手袋を使用する
☐☐☐ **15** ^{35}Sの取り扱い	・汚染モニタ：薄い端窓型GM計数器 ・遮へい：10mm厚のアクリル樹脂板 ・Fe^{35}SにHClを加えると、H$_2$Sガスが発生
☐☐☐ **15** すべてのヨウ素に共通する注意点	・ヨウ素化合物溶液に酸化剤添加、酸性、加熱で飛散 ・フードやグローブボックス内で取り扱う ・有機アミン添着活性炭を含むマスクを着用する
☐☐☐ **16** 内部被ばく量の測定	人の汚染は、身体内部の汚染と体表面汚染に分類される。身体内部の汚染を測定する方法として、体外計測法、バイオアッセイ法や空気中濃度計算法がある。

☐ **16** ☐ ホールボディ ☐ カウンタ	体内のRIから放出されるγ線を体外にある検出器で測定する方法。検出器にはNaI（Tl）シンチレーション検出器やGe半導体検出器が用いられる。
☐ **16** ☐ 簡易型ホールボディ ☐ カウンタ	簡易な遮へいを施したいす、あるいは寝台と、鉛遮へい体付NaI（Tl）シンチレーション検出器を使用した装置。原子力発電所などで体内汚染の検査に使われる。
☐ **16** ☐ バイオアッセイ法 ☐	放射性物質を摂取した人の尿や便、呼気、血液や毛髪などの放射能を測定し、摂取量を推定する方法。γ線を放出しない核種の測定に適する。
☐ **16** ☐ 肺モニタ ☐	肺に沈着したα線放出核種の壊変で放出されるγ線を身体外部から検出・定量する装置。検出器にはNaI（Tl）シンチレータなどが使われる。
☐ **16** ☐ 鼻スミア測定 ☐	放射性物質の吸入摂取が考えられる場合に鼻孔内の汚染物を綿棒などでふき取って採取し、その放射能を測定する方法。
☐ **16** ☐ 空気中濃度計算法 ☐	空気中の放射能測定値、または飛散量から算出した空気中濃度と被ばく者が立ち入った時間内の呼吸量とから、摂取されたRIの放射能量を算定する方法。
☐ **16** ☐ 体表面汚染の測定 ☐	γ線放出核種の測定にはGM計数管式サーベイメータ、α線放出核種の測定にはZnS（Ag）シンチレーション式表面汚染検査用サーベイメータが主に用いられる。
☐ **16** ☐ 除染治療 ☐	体内汚染がわかった場合に医師の判断に基づき、生物学的影響を低減するために行う治療。摂取した放射性物質の種類や摂取経路などで、適切な方法を選択する。
☐ **17** ☐ 管理区域 ☐	放射性物質の取り扱い、あるいは放射線発生装置を使用する事業所・病院などで、放射線作業を行う範囲を限定し、適切な管理を行う区域。
☐ **17** ☐ 管理区域の ☐ 線量限度値	・外部放射線の線量：実効線量が3月当たり1.3mSv ・空気中のRI濃度：空気中濃度限度の10分の1 ・表面の密度：表面汚染密度限度の10分の1

☐ **17** ☐ 常時人が入る場所の ☐ 線量	・外部放射線量：実効線量が１週間当たり１mSv ・空気中の濃度：３月間平均濃度が空気中濃度限度以下 ・汚染表面：表面汚染密度以下
☐ **17** ☐ 境界外の線量限度 ☐	事業所などの境界の線量限度は、実効線量で１年間につき１mSv以下。
☐ **17** ☐ 管理区域の測定間隔 ☐	・放射線作業を開始する前に１回 ・作業開始後：１月を超えない期間ごとに１回 ・取り扱いや遮へいが一定：６月を超えない期間ごと１回
☐ **17** ☐ 外部被ばく防護の ☐ ３原則	外部被ばくで問題となるのはγ線が主。γ線による被ばくを低減するための３原則は「遮へいする」「距離を離す」「作業時間を短縮する」。
☐ **18** ☐ 被ばくの種類 ☐	被ばくには自然界にある放射性核種などからの被ばく、レントゲン写真など医療行為による被ばく、放射線業務に伴う被ばくがある。
☐ **18** ☐ 一次宇宙線の構成 ☐	ほとんどが太陽起源の粒子に比べエネルギーの高い銀河宇宙線起源で、85％が陽子、12％がヘリウム原子核、１％がさらに重い核、２％が電子。
☐ **18** ☐ 二次宇宙線の構成 ☐	陽子、中性子、電子、γ線、パイオン（π中間子）およびミュー粒子などで構成される。地表ではミュー粒子の寄与が、高々度では中性子の寄与が大きい。
☐ **18** ☐ 航空機乗務員 ☐ 被ばく量	民間航空機が飛ぶ高度11km付近では、被ばく量は地表に比べ、約100倍高くなる。成田－ニューヨーク間の往復による被ばく量は約0.1～0.2mSv程度。
☐ **18** ☐ 医療用放射線による ☐ 被ばく線量	日本はレントゲン検査などの医療用放射線によって自然被ばくとほぼ等しい2.25mSv/年と他国と比べて大きな被ばくを受ける。
☐ **19** ☐ 実効線量限度値 ☐	・男性：５年間に100mSvかつ１年間に50mSv ・妊娠していない女性：３か月につき５mSv ・妊娠している女性：妊娠開始から出産までに１mSv

☐☐☐ **19** 等価線量限度値	・眼の水晶体：1年間につき150mSv ・皮膚：1年間につき500mSv
☐☐☐ **19** 線量管理の対象者	放射性同位元素の取り扱いなどで管理区域に入る者。見学者などは、1cm線量当量で外部被ばくが100μSv以下かつ内部被ばくが100μSv以下なら測定は免除。
☐☐☐ **19** 被ばく線量の測定	外部被ばくは蛍光ガラス線量計などで個人モニタ。内部被ばくは男性では3月、女性では1月以内ごとにホールボディカウンタなどで測定する。
☐☐☐ **20** 1cm線量当量	ビルドアップ効果で吸収線量は皮膚の表面からおよそ1cmのところで最大となる。この深さの吸収線量が1cm線量当量。実効線量と皮膚、眼以外の臓器の評価に使う。
☐☐☐ **20** 70μm線量当量	皮膚の表面から約70μmの場所に放射線の影響を強く受ける基底細胞がある。この細胞の被ばく量の評価に使う量。眼の水晶体の被ばくにも使う場合がある。
☐☐☐ **21** 実効線量	放射線の種類が異なっても、全身が均等に照射されても不均等に照射されても、その数値が同じなら確率的影響が起きる確率が等しくなるという線量の概念。
☐☐☐ **21** 等価線量	実効線量に対し、特定部位の被ばくに対し導入された概念。放射線の種類が異なっても、その数値が同じなら、その部位の確率的影響が等しくなる。
☐☐☐ **21** 等価線量と 放射線加重係数	臓器が被ばくした線量に、その放射線の種類とエネルギーごとに定められた放射線加重係数を乗じたのが等価線量。単位は、$J \cdot kg^{-1}$、特別な名称はシーベルト（Sv）。
☐☐☐ **21** 実効線量と 組織加重係数	人体の各組織・臓器が受けた等価線量に、その相対的な放射線感受性を表す組織加重係数を乗じ、それをすべての臓器・組織について合計したもの。

☐☐☐ **01**
原子力規制委員会

原子力利用の安全を確保するための規制を担う主管官庁。当初は科学技術庁であったが、文部科学省に変わり2012年に同委員会に変わった（以下委員会と略す）。

☐☐☐ **01**
放射性同位元素等規制法の目的

放射性同位元素、放射線発生装置、放射性汚染物の廃棄その他の取り扱いを規制することで、これらによる放射線障害を防止し、公共の安全を確保すること。

☐☐☐ **01**
放射性汚染物

放射性同位元素または放射線発生装置から発生した放射線によって汚染されたものをいう。この概念は2012年に導入された。

☐☐☐ **01**
原子力基本法の目的

原子力利用を推進することで、将来のエネルギー資源を確保し、学術の進歩と産業の振興とを図り、もって人類社会の福祉と国民生活の水準向上とに寄与すること。

☐☐☐ **02**
下限数量と下限濃度

放射性同位元素（RI）ごとに、委員会が定めた下限の数量と濃度。取り扱うRIの数量か濃度のどちらか一方でも下限以下なら、法規制の対象にならない。

☐☐☐ **02**
密封線源と非密封線源

放射性物質が漏れないように、容器に密封され、使用中に破壊しても放射能が容器から漏れないものを密封線源、それ以外のものを非密封線源という。

☐☐☐ **02**
管理区域

外部放射線の線量、空気中のRIの濃度、また、RIによって汚染される物の表面が委員会の定める量を超える場所をいう。

☐☐☐ **02**
作業室

密封されていないRIの使用や詰め替え、またはRIや放射線発生装置で二次的に発生した放射線による密封されていない汚染物の詰め替え室。

☐☐☐ **02**
廃棄作業室

RIや放射性汚染物を焼却した後、その残渣（ざんさ）を焼却炉から搬出、またはコンクリートなどで固型化する作業を行う室。

☐☐☐	**02** 汚染検査室	人体または作業衣、保護具など人が着用しているものの表面が、RIで汚染されているかどうかの検査を行う室。
☐☐☐	**02** 排気設備	排気浄化装置、排風機、排気口など気体状のRIなどを浄化、または排気する設備。
☐☐☐	**02** 排水設備	排液処理装置、排水浄化槽、排水管、排水口など液体状のRIなどを浄化、または排水する設備。
☐☐☐	**02** 固型化処理設備	粉砕装置、圧縮装置、混合装置、詰込装置などRIをコンクリートその他の固型材料により固型化する設備。
☐☐☐	**02** 放射線業務従事者	RIなどや放射線発生装置の取り扱い、管理またはこれに付随する業務に従事する者で、管理区域に立ち入る者。
☐☐☐	**02** 放射線施設	使用施設、廃棄物詰替施設、貯蔵施設、廃棄物貯蔵施設、廃棄施設をいう。
☐☐☐	**02** 線量限度	放射線業務従事者が一定期間内に受ける線量の限度 実効線量限度：従事者が全身に受ける線量の限度 等価線量限度：従事者の各組織が受ける線量の限度
☐☐☐	**02** 空気中濃度限度と表面密度限度	放射線施設内の人が常時立ち入る場所で定められる限度 空気中濃度限度：人が呼吸する空気中のRIの濃度の限度 表面密度限度：人が触れる物の表面のRIの密度の限度
☐☐☐	**03** 届出使用者	・密封線源で使用量が下限数量の1～1000倍以下を取り扱う者 ・非密封線源で使用量が下限数量以下を取り扱う者
☐☐☐	**03** 表示付認証機器届出使用者	・表示付認証機器を取り扱う者

☐ **03** ☐ 届出販売業者と ☐ 届出賃貸業者	・届出販売業者：事業としてRIを販売する者 ・届出賃貸業者：事業としてRIを賃貸する者
☐ **03** ☐ 許可使用者 ☐	・密封線源で使用量が下限数量の1000倍を超えたものを取り扱う者 ・非密封線源で使用量が下限数量を超えたものを取り扱う者
☐ **03** ☐ 特定許可使用者 ☐	・非密封線源で貯蔵能力が下限数量の10万倍以上および密封線源で使用量が1個または1式で10TBq以上のものを取り扱う者　・放射線発生装置を設置する者
☐ **03** ☐ 許可廃棄業者 ☐	・RIまたは放射性汚染物を業として廃棄する者
☐ **04** ☐ 届出使用者の ☐ 届け出と変更	届出使用者は次項の5事項をあらかじめ委員会に届け出をしなければならない。また、一の事項を変更後、30日以内に届け出をしなければならない。
☐ **04** ☐ 使用の届け出の ☐ 記載事項	一　氏名または名称と住所、法人では代表者の氏名 二　RIの種類、密封の有無および数量 三　使用の目的と方法　　四　使用場所　　五　（省略）
☐ **04** ☐ 販売および賃貸の業 ☐ の届け出と変更	届出使用者は氏名など3事項をあらかじめ委員会に届け出をしなければならない。また、氏名などの変更後、30日以内に届け出をしなければならない。
☐ **04** ☐ 表示付認証機器使用 ☐ 者の届け出と変更	表示付認証機器届出使用者は使用目的など3事項を使用の開始日から30日以内に委員会に届け出なければならない。変更の場合も同様。
☐ **04** ☐ 表示付認証機器の ☐ 販売、賃貸	これら機器を販売、賃貸するときは、認証番号、使用、保管および運搬など委員会規則で定める事項を記載した文書を添付しなければならない。
☐ **05** ☐ 許可使用者などの ☐ 許可申請	許可使用者および特定許可使用者は、工場または事業所単位で委員会に許可、特定許可機器の使用許可を申請する必要がある。

☐ ☐ **05** ☐ **申請書に記載する項目**	申請には氏名または名称、RIの種類、使用の目的および方法、使用の場所、貯蔵する施設の位置、構造など7項目を記載する。
☐ ☐ **05** ☐ **許可廃棄業者の許可申請**	許可廃棄業者の許可の申請には、廃棄方法など7項目を記載した申請書を委員会に提出しなければならない。
☐ ☐ **05** ☐ **使用施設等の変更**	許可使用者や廃棄業者が氏名または名称と住所ならびに法人では代表者の氏名を変更したときは、変更の日から30日以内に委員会に届け出なければならない。
☐ ☐ **05** ☐ **許可証の表示項目**	許可証には、許可の年月日および許可の番号、使用の目的、許可の条件など7項目を記載する。
☐ ☐ **06** ☐ **設計認証**	RI装備機器を製造や輸入する者は、装備したRIの数量が少なく、放射線障害のおそれが低いものは、委員会または登録認証機関の認証を得ることができる。
☐ ☐ **06** ☐ **特定設計認証**	設計認証装置よりさらに少ないRI装備機器では委員会などから、特定設計認証を受けることができる。
☐ ☐ **06** ☐ **販売または賃貸業者の義務**	表示付認証機器などを販売・賃貸するときは、認証番号、使用、保管および運搬方法などを記載した文書を添付しなければならない。
☐ ☐ **07** ☐ **施設検査、定期検査および確認**	特定許可使用者と許可廃棄業者は、委員会または登録検査機関から施設検査、定期検査、定期確認の3つを受けなければならない。
☐ ☐ **07** ☐ **定期検査と定期確認の間隔**	・特定許可使用者（密封線源と放射線装置）：5年以内 ・特定許可使用者（非密封線源）：3年以内 ・許可廃棄業者：3年以内
☐ ☐ **07** ☐ **基準適合義務**	許可使用者、届出使用者、許可廃棄業者は、設置が義務づけられている放射線施設を技術上の基準に適合するように維持しなければならない。

☐ ☐ ☐ **08** 特定放射性同位元素	放射線が発散すると健康に重大な影響をおよぼすおそれがある放射性同位元素で、種類や密封の有無に応じたD値以上の24の核種。
☐ ☐ ☐ **08** D値	未管理状態に放置した場合に重篤な影響を引き起こし、数日から数週間で致死線量となる放射性同位元素ごとの放射能量。
☐ ☐ ☐ **08** 区分	貯蔵施設などに保管される特定放射性同位元素の放射能をそのD値で割った値Xにより3つに区分。区分1：X≧1000、区分2：10≦X＜1000、区分3：1≦X＜10
☐ ☐ ☐ **08** 防護区域	放射性同位元素を使用をする室などを含む特定放射性同位元素を防護するために講ずる措置の対象となる場所。証明書等を発行し常時立ち入る者を制限する。
☐ ☐ ☐ **08** 防護従事者	特定放射性同位元素防護管理者を含む、特定放射性同位元素の防護に関する業務に従事する者。
☐ ☐ ☐ **08** 施設における防護措置	・防護措置の義務化 ・特定放射性同位元素防護規程の作成 ・特定放射性同位元素防護管理者の選任等
☐ ☐ ☐ **08** 施設における防護措置の内容	検知：侵入検知装置、監視カメラの設置と定期点検 遅延：堅固な扉、保管庫や固縛などに障壁設置 対応：通信機の設置。対応手順書の作成
☐ ☐ ☐ **08** その他の防護措置	・管理者の選任。規程の策定 ・出入管理と運転免許証などによる本人確認 ・鍵、生体認証装置によるアクセスと情報の取扱・管理
☐ ☐ ☐ **08** 輸送時の防護措置	・封印の取り付け ・運搬の取決め。搬出入の日時、責任の移転の明確化 ・都道府県公安委員会への届け出
☐ ☐ ☐ **09** L型輸送物	危険性が極めて少ないRIで、輸送物表面の1cm線量当量率の最大値が5μSv/h以下のもの。開封時にみやすい位置に「放射性」と表示する。

☐☐☐☐ **09** A型輸送物	委員会の定める量を超えない量の放射能を有するRIで輸送物表面の1cm線量当量率の最大値が2mSv/h以下のもの。1か所に表示を付ける。
☐☐☐☐ **09** B型輸送物	委員会の定める量を超える放射能を有するRIで輸送物表面の1cm線量当量率の最大値が2mSv/h以下のもの。1か所に表示。さらにBM型とBU型に分類される。
☐☐☐ **09** IP型輸送物	放射能濃度が低いRIなどのうち、危険性が少ないものや、RIで表面が汚染されたものであって危険性が少ないもの。
☐☐☐ **09** 放射性輸送物への標識	A型およびB型輸送物の表面には、輸送物表面および表面から1mの地点の1cm線量等量率などの基準値に応じて3種のいずれかの標識を取り付ける。
☐☐☐ **09** 車両標識の設置	輸送車両には、車の左右両面や後面の見やすい位置に車両標識の取り付けが義務づけられている。輸送車両には、委員会が定める危険物を混載してはいけない。
☐☐☐ **10** 放射能標識設置義務	RIや放射線発生装置を取り扱う部屋、設備、容器などには標識を付けることが義務づけられている。標識には放射能標識と衛生指導標識がある。
☐☐☐ **11** 場所の測定	許可届出使用者と許可廃棄業者は放射線障害のおそれのある場所について、放射線の量やRIなどによる汚染の状況を測定しなければならない。
☐☐☐ **11** 測定記録の作成と保存	測定の結果について記録の作成、保存その他の委員会規則で定める措置を講じなければならない。
☐☐☐ **11** 廃棄物埋設地測定の例外	廃棄物埋設地では、そのすべてを土砂などで覆うまでの間のみ、1週間を超えない期間ごとに1回廃棄事業所の境界の放射線量の測定を行う。
☐☐☐ **11** 密封RIを固定使用の例外	密封されたRIを固定して使う場合で取扱方法と遮へい壁その他の遮へい物の位置が一定しているときは、放射線量の測定は6か月を超えない期間ごとに1回行う。

☐ **11** ☐ 密封RIの少量使用 ☐ の例外	密封RIの取り扱い量が、下限数量の1,000倍以下のときは、放射線量の測定は6か月を超えない期間ごとに1回行う。
☐ **11** ☐ 連続使用の例外 ☐	排気設備の排気口や排水設備の排水口、排気監視設備のある場所、排水監視設備を連続して使用する場合は、測定も連続して行う。
☐ **12** ☐ 外部被ばく測定の ☐ 例外規定	放射線測定器による外部被ばく線量の測定が著しく困難な場合は、計算によってこれらの値を算出することができる。
☐ **12** ☐ 一時的に立ち入る ☐ 場合の例外	放射線業務従事者でない者が管理区域に一時的に立ち入った場合、受ける外部被ばく線量が100μSvを超えるおそれのないときは線量の測定は不要。
☐ **12** ☐ 内部被ばく測定の ☐ 条件	次の場合、内部被ばく線量の測定を行う。 ・RIを誤って吸入、または経口摂取したとき ・作業室などに立ち入る者は、3か月に1回
☐ **12** ☐ 内部被ばく測定の ☐ 例外規定	放射線業務従事者でない者が作業室などに一時的に立ち入った場合、吸入・経口摂取による実効線量が100μSvを超えるおそれのないときは線量の測定は不要。
☐ **13** ☐ 放射線障害予防規程 ☐	許可届出使用者、届出販売業者、届出賃貸業者および許可廃棄業者は放射線障害予防規程をつくることが求められる。ただし表示付認証機器等のみ扱う者は除く。
☐ **13** ☐ 届け出が必要な場合 ☐	RIや放射線発生装置を使用、RIの販売や賃貸、RIや放射性汚染物の廃棄を開始するときは、開始前に放射線障害予防規程を作成し、委員会に届け出をする。
☐ **13** ☐ 予防規程の変更に ☐ 関する規定	放射線障害予防規程を変更したときには、変更の日から30日以内に、委員会に届け出をしなければならない。
☐ **13** ☐ 予防規程の記載事項 ☐	・RIなどの取扱者、安全管理に従事の職務と組織 ・放射線主任者の代理者の選任について ・放射線施設の維持および管理と点検について

☐ ☐ ☐ **14** 教育訓練の 実施義務者	許可届出使用者および許可廃棄業者は、使用施設などに立ち入る者に対し、教育訓練を施さなければならない。届出販売業者と届出賃貸業者は教育訓練の必要がない。
☐ ☐ ☐ **14** 教育訓練の時期	放射線取扱者は初めて管理区域に入る前、および、立ち入り後1年は教育訓練を行った日の属する年度の翌年度の開始の日から1年以内
☐ ☐ ☐ **15** 健康診断	・実施者：許可届出使用者および許可廃棄業者 ・対象者：放射線業務従事者 ・時期：初めて管理区域に入る前、その後1年ごと
☐ ☐ ☐ **15** 臨時健康診断の実施	RIを誤って吸入・経口摂取したとき、皮膚がRIで限度を超えるか創傷面が汚染された、または、1年間で、実効・等価線量限度を超える場合に実施する。
☐ ☐ ☐ **15** 健康診断の問診	問診は初めて管理区域に入る前および定期診断とも実施する。問診内容：被ばく歴の有無。ある場合は作業場所、内容、期間、線量、放射線障害の有無など。
☐ ☐ ☐ **15** 検査・検診の項目	・項目：血液、皮膚、眼、その他委員会が定める検査 ・例外：初めての検査の眼、定期検査の委員会が定める検査以外の項目は、医師が必要と認める場合に限り実施
☐ ☐ ☐ **15** 結果の記録と交付	診断結果は記録し、写しを受診者に交付する。 ・記録項目：実施年月日、対象者の氏名、医師名、健康診断結果、結果に基づいて講じた措置
☐ ☐ ☐ **15** 記録の保存	診断記録は永久に保存する。ただし、受診者が従業者でなくなった場合および記録を5年以上保存した場合には、診断記録を委員会の指定機関に引き渡すことができる。
☐ ☐ ☐ **16** 放射線障害を 受けた者への措置	放射線障害を受けた場合、放射線障害の程度に応じ、管理区域への立入時間の短縮・禁止、被ばくの少ない業務への配置転換や必要な保健指導を行うこと。
☐ ☐ ☐ **16** 記帳義務	許可届出使用者などは、RIの使用と保管または廃棄、放射線発生装置の使用、RIなどの保管または廃棄の記録をした帳簿を備え、保管しなければならない。

☐☐☐ **16** 帳簿の閉鎖	帳簿は毎年３月31日、事業許可の取り消し日、事業の廃止日、使用者の死亡や事業の分割日に閉鎖しなければならない。
☐☐☐ **16** 帳簿の保存	帳簿は閉鎖後５年間保存する。ただし、許可廃棄業者はRI使用の年月日、目的などのうち廃棄物埋設地に係る部分は、事業を廃止するまで保存する。
☐☐☐ **17** 合併の場合の地位承継	届出使用者が合併する場合、委員会の認可を受けたときは、合併後存続する法人もしくは合併により設立された法人は、許可使用者の地位を承継する。
☐☐☐ **17** 使用の廃止の報告	許可届出使用者がRIなどを廃止した、許可廃棄業者が業を廃止したときには、遅滞なく、許可証および廃止措置計画を添えて、届け出を提出しなければならない。
☐☐☐ **17** 使用の廃止などに伴う措置	RIの譲渡、汚染の除去などの廃止措置計画はあらかじめ委員会に届け出る。措置終了後遅滞なく、講じた措置の内容を委員会に報告する。
☐☐☐ **18** RIの譲渡し・譲受けなどの制限	次の場合は譲受け・譲渡し、貸付けができる。 ・許可使用者、届出販売・賃貸業者：RIを輸出する ・届出使用者：届け出た貯蔵能力内で譲り、借り受ける
☐☐☐ **18** RI輸送時の所持	次の場合、RI元素を所持することができる。 ・届出販売・賃貸業者が運搬のために所持する ・運搬を委託された者がそのRIを所持する
☐☐☐ **19** 危険時の措置	RIなどが、地震、火災などで放射線障害が発生する場合は、直ちに、応急の措置を講じなければならない。また、遅滞なく、委員会に届け出なければならない。
☐☐☐ **19** 危険時の応急措置	・火災が起こった場合、消火や延焼の防止に努める ・付近にいる者を避難させ、または、速やかに救出する ・RIの汚染は、速やかに広がり防止と除去を行う
☐☐☐ **19** 危険時の措置の報告	次の事項を委員会に届け出なければならない。 ・緊急事態の日時、場所と原因　・発生した放射線障害の状況　・講じた応急措置の内容

☐ ☐ **19** ☐ 濃度確認 ☐	許可届出使用者などは、放射性汚染物に含まれるRI能濃度が基準を超えていないか、委員会などに確認を受けることができる。基準以下なら、障害防止措置は不要。
☐ ☐ **19** ☐ 管理状況報告書の ☐ 提出	毎年4月1日からその翌年3月31日までの期間の事業所ごとに放射線管理状況報告書を作成し、報告書を3月31日が過ぎてから3か月以内に委員会に提出する。
☐ ☐ **20** ☐ 放射線取扱主任者の ☐ 選任	事業者は、事業区分に応じて第1種から第3種の免状を有する者の中から放射線取扱主任者を選任する。表示付認証機器のみを使用する場合、選任は不要。
☐ ☐ **20** ☐ 医師または歯科医師 ☐ の選任	RIや放射線発生装置を診療のために用いるときは医師または歯科医師を放射線取扱主任者として選任することができる。
☐ ☐ **20** ☐ 薬剤師の選任 ☐	医薬品や医薬部外品、化粧品、医療機器の製造所では薬剤師を放射線取扱主任者として選任することができる。
☐ ☐ **20** ☐ 主任者の選任の時期 ☐ と届け出	RIを使用施設などに運び入れる、RIの販売・賃貸の業もしくはRIなどの廃棄の業を開始するまでに選任する。選任または解任後30日以内に委員会に届け出る。
☐ ☐ **20** ☐ 主任者の義務等 ☐	・主任者は誠実にその職務を遂行しなければならない ・施設に立ち入る者は主任者の指示に従うこと ・事業者は障害防止に関し、主任者の意見を尊重する
☐ ☐ **20** ☐ 主任者の代理者 ☐	主任者が旅行などで、30日以上職務をできない場合は代理者を選任する。代理人の資格は主任者と同じ。また、選定や解任した日から30日以内に委員会に届け出る。